西安交通大学 XI'AN JIAOTONG UNIVERSITY　本科“十四五”规划教材

现代仪器分析实验

主　编　郑阿群　张军杰
副主编　杜姣姣　杨国鑫
编　者（以下按姓氏笔画为序）
王　晓　王婉秦　杜姣姣　李　芬　李　瑜
杨　云　杨　帆　杨国鑫　张军杰　张　祯
范修军　郑阿群　高国新　高培红　高　瑞
谭少博

西安交通大学出版社
XI'AN JIAOTONG UNIVERSITY PRESS

内容提要

本教材是西安交通大学本科“十四五”规划教材，共分为4章，主要介绍化学、化工、材料、食品、生命、环境、药学等研究和应用领域中常用的现代仪器分析方法，结合现代分析仪器的发展动态，从光谱分析、色谱分析、热分析、电化学分析、核磁共振波谱分析、质谱分析、表/界面分析、物性分析、电子显微分析、元素分析等方面，较为全面、系统地介绍现代仪器分析实验技术、常用分析仪器的操作规程与日常维护等问题。全书共包含44个实验。

本书内容覆盖面较宽，有较强的可读性与参考价值，适合作为普通高等院校研究生、本科生的仪器分析实验教材，也可作为相关科研人员和分析测试人员的参考用书。

图书在版编目(CIP)数据

现代仪器分析实验／郑阿群，张军杰主编. —西安：西安交通大学出版社，2024. 4(2025.7 重印)

西安交通大学本科“十四五”规划教材

ISBN 978-7-5693-3672-6

Ⅰ.①现… Ⅱ. ①郑… ②张… Ⅲ. ①仪器分析-实验-高等学校-教材 Ⅳ. ①O657-33

中国国家版本馆 CIP 数据核字(2024)第045474号

书　　名	现代仪器分析实验 XIANDAI YIQI FENXI SHIYAN
主　　编	郑阿群　张军杰
责任编辑	王　娜
责任校对	李　佳
装帧设计	伍　胜
出版发行	西安交通大学出版社 (西安市兴庆南路1号　邮政编码 710048)
网　　址	http://www.xjtupress.com
电　　话	(029)82668357　82667874(市场营销中心) (029)82668315(总编办)
传　　真	(029)82668280
印　　刷	西安日报社印务中心
开　　本	787mm×1092mm　1/16　**印张** 18.5　**字数** 424 千字
版次印次	2024年4月第1版　2025年7月第2次印刷
书　　号	ISBN 978-7-5693-3672-6
定　　价	49.00 元

如发现印装质量问题，请与本社市场营销中心联系。

订购热线：(029)82665248　(029)82667874

投稿热线：(029)82668818

版权所有　侵权必究

Foreword 前言

现代仪器分析技术是科学研究和工农业生产等领域不可缺少的重要研究方法，推动了科学研究的蓬勃发展。“现代仪器分析实验”课程是一门实验技术性很强的课程，已经成为高等学校中化学、化工、材料等专业的重要基础课程。通过学习该课程，可加深学生对仪器分析方法基本原理的理解，学会正确地使用分析仪器、合理地选择实验条件、正确地处理实验数据；培养学生的动手操作能力，提高其分析和解决实际问题的能力，为学生后续的科学研究奠定必需的理论和实践基础。

本教材遵循“基础性、实用性、适应性和先进性”原则，理论联系实际，注重学生操作技能及分析问题、解决问题能力的培养。本教材是在自编讲义的基础上，结合学院教师的最新科研成果编写而成的，共 4 章内容。第 1 章介绍现代仪器分析实验的基础知识，包括仪器分析实验的要求、实验室规章、实验用水规格、常用玻璃器皿的洗涤、化学试剂、实验安全等内容。第 2 章主要介绍分析软件在数据处理中的应用，以提高学生数据处理和数据分析的能力。第 3 章优选常用分析仪器，对其基本特点和操作方法等进行介绍，包括各类分析仪器的基本原理、仪器结构、操作使用和注意事项等。第 4 章将 44 个实验分为光谱分析（含紫外、红外、分子荧光分析）实验、色谱分析（含气相、液相、气质联用、液质联用分析）实验、热分析（含差热、热重、热膨胀、动态力学分析）实验和其他仪器分析（核磁共振、流变、扫描电镜、扫描电化学显微镜、接触角、电化学、X 射线衍射、粒度分析等）实验。本教材将每类仪器开设的实验内容与该仪器的基本操作紧密结合，通过实验使学生对该类仪器有全面的了解，提高学生的综合实践能力，可作为相关研究工作的参考书。

本教材由郑阿群和张军杰承担主编工作，郑阿群组织教材编写，杜姣姣和杨国鑫统稿，郑阿群和张军杰审稿，李芬、高培红、杨云、高瑞、杨帆、张祯、王晓、李瑜、谭少博、王婉秦、范修军、高国新等老师也参加了本教材的编写工作。本教材是在西安交通大学化学实验教学中心的大力支持下完成的，在编写过程中白艳红教授给予了全力支持，在此表示衷心感谢，也感谢为教材编写提供资料和建议的所有老师。本教材编写过程中，参阅了国内外相关专业的书刊资料，从中得到了许多启发和收获，对教材中所列的相关资料的作者，在此深表感谢。

由于编者水平有限，书中不妥和错误之处在所难免，恳请读者提出宝贵建议和意见。

编　者

2023.11

Contents 目录

第1章　现代仪器分析实验基本知识

现代仪器分析实验是以分析仪器为工具，获得所需物质化学组成和结构等信息的教学实践活动，也是一门实践性很强的课程。通过学习该课程，可使学生加深对仪器分析原理和方法的理解、掌握仪器分析实验的基本知识和操作技能、合理选择实验条件、熟练使用分析仪器、正确处理数据和表达实验结果，培养学生严谨的科学态度和分析、解决问题的能力。

1.1　现代仪器分析实验的目的

通过学习现代仪器分析实验，可使学生掌握基本的仪器分析方法，深入理解仪器分析方法的基本原理，全面了解常用分析仪器的基本结构、特点和应用范围，熟练掌握仪器基本操作，正确处理实验数据，准确表达实验结果，为今后的学习和工作打下坚实基础。现代仪器分析实验目的的具体内容如下：

(1)巩固和加深对仪器分析基本原理的理解，学会各类仪器的使用方法；

(2)了解常用分析仪器的基本结构、测试原理及主要部件功能；

(3)掌握常用仪器基本操作技能，能够正确处理实验数据和分析谱图；

(4)能够利用现代仪器分析手段进行测试表征，具备在实践中发现和解决问题的能力。

1.2　现代仪器分析实验的要求

现代仪器分析实验所使用的仪器一般都比较昂贵，通常采用大循环方式组织教学，因此，学生在实验前必须做好预习，仔细阅读实验教材，熟悉仪器的工作原理、主要部件功能、操作程序及操作注意事项。

1.2.1　实验预习

实验前应当认真预习，明确实验目的，熟悉实验内容、主要操作步骤及数据的处理方法，使实验有序、高效地进行。书写预习报告应简明扼要，报告内容包括：实验目的、实验原理、操作步骤、主要仪器和试剂及实验中的注意事项等。预习时，应结合理论知识查阅参考资料，学习实验教材中的相关操作方法，了解每步操作的细节要求，以确保后续实验操作的规范化。

1.2.2　实验操作

(1)初次接触大型分析仪器的学生应在了解其基本原理的基础上，仔细阅读仪器操作规程，认真听取指导教师的实验指导，爱护仪器设备。未经允许不得私自开启或关闭设备，以防个人受伤或仪器损坏。

(2)认真听取实验前的课堂讲解，进一步明确实验原理、操作要点、注意事项，仔细观察指导教师的操作示范。

(3)按实验步骤认真操作并仔细观察实验现象，如实记录实验现象和数据。原始数据不得涂改，以培养严谨细致的实验态度。

(4)若发现个别实验现象或测定数据与理论不符，应尊重实验事实，并认真分析和检查原因，也可以做对照实验、空白实验或自行设计实验来核对。

(5)实验结束后，应将所用的玻璃仪器清洗干净，所用仪器、附件及工具复原，填好使用记录，清理好实验台面。实验记录经指导教师检查，确定实验数据合格后，方可离开实验室。

1.2.3 实验报告

实验结束后认真撰写实验报告，实验报告应简明扼要、图表清晰。实验报告的内容包括实验名称、实验者、完成日期、实验目的、方法原理、仪器名称及型号、主要仪器的工作参数、主要实验步骤、实验数据或图谱、实验现象、实验数据处理和结果处理、问题讨论等。做完实验后需进行数据整理和结果分析，撰写实验报告，要求做到：

(1)认真、独立地完成报告，对实验数据进行处理(包括计算、作图)，得出分析测定结果；

(2)在平行样的测定值之间或测定值与理论值之间进行比较，分析误差；

(3)对实验中出现的问题进行讨论，提出自己的见解，也可对实验提出改进方案。

实验报告具体包括：

(1)实验名称、完成日期、主要实验者、合作者；

(2)实验目的、实验原理(简要叙述)；

(3)仪器(名称及型号)、试剂(名称及规格)；

(4)实验步骤、仪器工作参数；

(5)实验数据及计算结果，并附上相应图表；

(6)实验思考题、结果讨论。

1.3 仪器分析实验室用水

仪器分析实验室中用于溶解、稀释和配制溶液的水的纯度会影响实验结果，因水中含有可溶性无机物、可溶性有机物、微粒子和微生物等杂质，因此需要对实验室用水进行提纯。实验室用水一般分为自来水(饮用水)或适当纯度的水。实验用水由于实验目的的不同对水质的要求也不同，除了一般的清洁用水外，分析研究、检测等实验中对水的质量具有非常严格的要求，如超纯分析和痕量分析中溶液的配制，需要使用纯度更高的水。

1.3.1 仪器分析实验室用水规格

我国国家标准 GB/T 6682—2008《分析实验室用水规格和试验方法》规定，仪器分析实验室用水共分三个级别(见表 1－1)。

表 1－1　仪器分析实验室用水规格

项目	一级	二级	三级
pH 值范围(25 ℃)	—	—	5.0～7.5
电导率(25 ℃)/(mS/m)	≤0.01	≤0.10	≤0.50
可氧化物质[以(O)计]/(mg/L)	—	≤0.08	≤0.4
吸光度(波长 254 nm,1 cm 光程)	≤0.001	≤0.01	—
蒸发残渣[(105±2)℃]/(mg/L)	—	≤1.0	≤2.0
可溶性硅[以(SiO_2)计]/(mg/L)	≤0.01	≤0.02	—

一级水用于有严格要求的分析实验,包括对颗粒有要求的实验,如高效液相色谱、电感耦合等离子体质谱分析用水。可用二级水经过石英设备蒸馏或离子交换混合床处理后,再经 0.2 μm 微孔滤膜过滤来制取。

二级水用于灵敏的仪器分析实验,如原子吸收光谱、电感耦合等离子体-发射光谱分析。可用多次蒸馏或离子交换等方法制取。

三级水电导率<5 μS/cm,适用于一般实验室工作用水,如玻璃器皿的清洗、无机物制备、化学分析等。可用蒸馏或离子交换等方法制取。

仪器分析实验室用水检验方法见图 1－1。

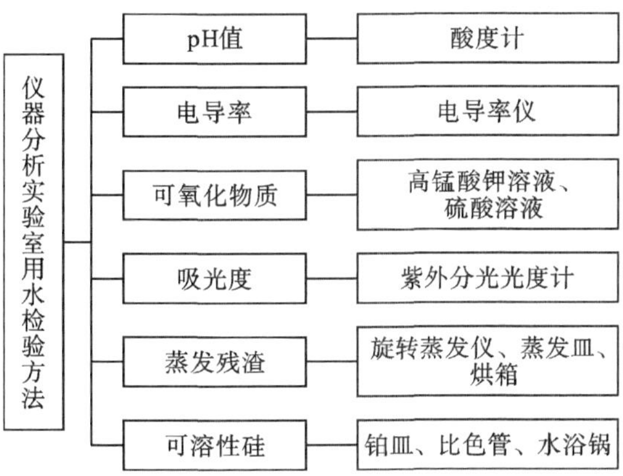

图 1－1　仪器分析实验室用水检验方法

1.3.2　仪器分析实验室常见水的种类

1. 蒸馏水(distilled water)

蒸馏水是实验室常用的一种纯水,其制取设备虽便宜,但极其耗能和费水,且制水速度慢。蒸馏水中去除了自来水内大部分的污染物,但二氧化碳、氨等挥发性杂质,二氧化硅及一些有机物无法去除。新制的蒸馏水是无菌的,但储存后易繁殖细菌,最好现用现制。

2. 去离子水(deionized water)

应用离子交换树脂法去除水中的阴离子和阳离子便可得到去离子水,但该水中仍然存在可溶性的有机物，会污染离子交换柱从而降低其功效。去离子水存放后也容易引起细菌的繁殖。

3. 反渗水(reverse osmosis water)

反渗水的原理是水分子在压力作用下，通过反渗透膜成为纯水，水中的杂质被反渗透膜截留排出。反渗水克服了蒸馏水和去离子水的许多缺点，利用反渗透技术可以有效地去除水中的溶解盐、胶体、细菌、病毒、细菌内毒素和大部分有机物等杂质，但不同厂家生产的反渗透膜对反渗水的质量影响很大。

4. 超纯水(ultra - pure water)

超纯水是电阻率为 18.2 MΩ/cm 的水，其中无机矿物质、有机物、颗粒、微生物等杂质含量极低，但各实验对超纯水在总有机碳(total organic carbon，TOC)、细菌、细菌内毒素等指标方面的要求并不相同，要根据具体的实验来确定，如细胞培养实验对细菌和细菌内毒素指标都有要求，而高效液相色谱实验则仅要求 TOC 低。

1.4 仪器分析实验室用气

实验室使用的气体种类较多，主要有氢气、氮气、氧气、氩气、二氧化碳、压缩空气、氦气及乙炔等，它们通常存储在钢瓶内。这些气体有的可燃，有的助燃，有的有毒，还有的容易使人窒息等，并且仪器分析实验常使用高压储气钢瓶，若使用不当会导致爆炸、火灾等事故，使用者需掌握相关常识和操作规程。

1.4.1 仪器分析实验室常用气体种类

仪器分析实验室常用气体主要有精密仪器使用的高纯气体及辅助实验使用的压缩空气等。气相色谱仪、气质联用仪、原子吸收光谱仪、等离子体发射光谱仪等精密仪器使用的高纯气体主要有不燃气体(氮气、二氧化碳)、惰性气体(氦气、氩气)、易燃气体(氢气、乙炔)、助燃气体(氧气)等 。气体钢瓶(以下简称“气瓶”)是储存压缩气体的特制耐压钢瓶，为了便于识别充填气体的种类，避免气瓶在充装、运输、使用和定期检验时混淆而发生事故，一般不同的气瓶颜色代表瓶中存储着不同的气体，气瓶的颜色标记是指气瓶外表面的瓶色、字样和字色，表 1 - 2 为常用气瓶的颜色标记。

表 1 - 2 常用气瓶的颜色标记

气瓶	瓶色	字样	字色
氧气	淡蓝	氧	黑
氢气	淡绿	氢	大红
氮气	黑	氮	淡黄
氩气	浅灰	氩	绿
氦气	浅灰	氦	绿
二氧化碳	白	液化二氧化碳	黑

1.4.2 气体钢瓶的安全使用规范

(1)气瓶内压缩气体、液化气体的压力受温度的影响大,因此,设计要求以 60 ℃ 时的瓶内压力作为设计压力。由于气瓶直径小,无法进行内部检查,因此,对耐压实验要求高,实验压力要求为设计压力的 1.5 倍。

(2)气瓶必须存放在阴凉、干燥、远离热源的房间,并且严禁明火。直立放置时要稳妥,避免暴晒和强烈振动。储存时气瓶应直立放置整齐,用框架或栅栏围护固定,并留有通道。

(3)气瓶不使用时气阀应拧紧,不得泄漏。如发现气瓶漏气,应立即拧紧气瓶阀并迅速打开实验室门窗通风透气,必要时将气瓶立即移至安全场所。若使用有毒气体时,应戴上防毒面具。

(4)搬运气瓶要轻搬轻放,防止摔掷、敲击、滚滑或剧烈震动。搬运时必须戴好气瓶上的安全帽。气瓶一般应直立平放,搬运或转动气瓶时,不得手执开关阀移动。

(5)气瓶上选用的减压器要分类专用,按气瓶的类别选用相应减压器。各种气压表不得混用,安装时螺扣应拧紧并用肥皂水检漏。开、关总阀和减压器时,动作必须缓慢。

开启气瓶:先开总阀(逆时针),后开减压阀(顺时针)。

关闭气瓶:先关总阀(顺时针),后关减压阀(逆时针)。

(6)瓶内气体不得全部用尽,以防倒灌,一般应保持 0.2~1 MPa 的余压。惰性气体应剩余 0.05 MPa 以上压力的气体,可燃气体应剩余 0.2 MPa 以上压力的气体,氢气应剩余 2.0 MPa 以上压力的气体。

1.4.3 色谱分析用气要求

在色谱分析检测过程中,气相色谱仪对所用的气体纯度有较高的要求,所用气体的纯度要达到或略高于仪器自身对气体纯度的要求,若使用不符合要求的低纯度气体,会造成一系列不良影响。一般情况下,气体纯度选择应掌握以下原则:①微量分析比常量分析要求高;②毛细管柱分析比填充柱分析要求高;③程序升温分析比恒温分析要求高;④浓度型检测器比质量型检测器要求高。气相色谱仪的气路系统是一个载气连续运行、管路密闭的系统。气路系统的气密性、载气流速的稳定性,以及流量测量的准确性都对色谱实验结果有直接影响,需要准确控制。

气相色谱分析中常用的载气有氢气、氮气、氦气、氩气和空气。这些气体除空气可由空气压缩机供给外,一般都由高压气瓶供给,且通常都要经过净化、稳压、控制和测量流量等环节。

若在气相色谱分析中使用不合要求的低纯度气体,可能会产生以下几种不良影响。

(1)有时某些气体杂质和固定液相互作用而产生假峰。

(2)对固定液柱保留特性的影响。如 H_2O 对聚乙二醇等亲水性固定液柱的保留指数会有所增加;载气中氧含量过高时,无论是极性还是非极性固定液柱,其保留特性都会产生变化,使用时间越长,影响越大。

(3)对检测器的影响。①热导检测器(thermal conductivity detector,TCD):信噪比减小、无法另调、线性变窄、文献中的校正因子不能使用;氧含量过大,使元件在高温时加速老化,寿命减少。②火焰离子化检测器(flame ionization detector,FID):基流激增、噪声加大而不能进行微量分析。

1.5 仪器分析实验室用电

任何电器设备都有规定的额定电流(即允许长期通过而不致过度发热的最大电流),当负荷过大或发生短路时,通过电流超过了额定电流,则会使设备过度发热,致使电器设备绝缘损坏或被烧坏,甚至起电着火,因此,仪器分析实验室安全用电非常重要,具体要求如下:

(1)实验室内电器设备及线路设施必须严格按照安全用电规程和设备的要求实施,严禁乱接、乱拉电线,一切仪器应按说明书装接适当的电源,需要接地的一定要接地。

(2)在实验室同时使用多种电器设备时,其总用电量和分线用电量均应小于设计容量,不得超载使用电器,以免电线过热引发火灾。

(3)连接在接线板上的用电总负荷不能超过接线板的最大容量,且接线板不能直接放在地面,不能将多个接线板串联。

(4)配电箱、开关、变压器等各种电器设备附近不得堆放易燃、易爆、潮湿和其他影响操作的物件。

(5)所有电线的裸露部分都应有绝缘装置。为了预防电击,电器设备的金属外壳须接地。

(6)实验前先检查用电设备,接好线路,再接通电源。实验结束后,先关闭仪器设备,再关闭电源。

(7)若是直流电器设备,应注意电源的正负极,不要接错。

(8)使用电器时,手要干燥,不能用潮湿的手接触电器,切勿带电插、拔、接电器线路。

(9)仪器发生故障时应及时切断电源,修理或安装仪器时,应先切断电源。

(10)离开实验室或遇突然断电,应关闭电源,尤其要关闭加热电器的电源。

1.6 现代仪器分析实验化学试剂

化学试剂广泛用于物质的合成、分离、定性和定量分析。化学试剂的品种繁多,通常根据用途分为一般试剂、基准试剂、高纯试剂、专用试剂等。仪器分析实验常用的试剂分为一般高纯试剂和专用试剂,具体实验中应根据试剂中所含杂质对检测有无影响选用合适的试剂。

1. 一般试剂

按照国家标准 GB 15346—2012《化学试剂　包装及标志》的规定,根据试剂中所含杂质的多少,可将其划分为表 1-3 中的等级。

表 1-3　一般试剂等级

名称	级别	标识颜色	适用范围
优级纯(GR)	一级	绿色	主要用于精密的科学研究和分析实验
分析纯(AP)	二级	红色	纯度较高，略次于优级纯，用于一般科学研究和分析实验
化学纯(CP)	三级	蓝色	用于要求较高的无机和有机化学实验，或要求不高的分析检验
实验试剂(LR)	四级	黄色	用于一般实验和要求不高的科学实验

注：GR(guaranteed reagent)、AP(analytical pure)、CP(chemical pure)、LR(laboratory reagent)。

2. 基准试剂

可用作基准物质的试剂叫基准试剂，也可称为标准试剂。基准试剂可用来直接配制标准溶液，或用来校正或标定其他化学试剂，如在配制标准溶液时用于标定标准溶液。

3. 高纯试剂

高纯试剂等级表达方式有多种，不同行业使用的高纯试剂有各自的标注方式，通用的标注是用 9 的百分数来表示，如 99.99%、99.999%等，“9”的数目越多表示纯度越高，这种纯度是由 100%减去杂质的质量百分数计算出来的。

高纯试剂是在通用试剂的基础上发展起来的，是为了专门的用途而用特殊方法生产的纯度最高的试剂，其杂质含量要比优级纯试剂低几个数量级。因此，高纯试剂特别适用于一些痕量分析，而通常的优级纯试剂就达不到这种精密分析的要求。

4. 专用试剂

专用试剂是指具有专门用途的试剂，如仪器分析中的色谱分析标准试剂、气相色谱载体及固定液、薄层分析试剂等。与高纯试剂相似之处是专用试剂主体含量较高，杂质含量很低。专用试剂与高纯试剂的区别是在特定的用途中有干扰的杂质成分只需控制在不致产生明显干扰的限度以下，例如：

(1)光谱纯试剂：光谱纯化合物，用于光谱分析；

(2)色谱纯试剂：专用于气相色谱分析和液相色谱分析；

(3)氘代试剂：专用于核磁共振波谱分析；

(4)等离子体发射光谱纯试剂：绝大多数杂质元素含量低于 1 μg/kg，适合等离子体发射光谱分析。

仪器分析实验专用试剂见表 1-4。

表 1-4　仪器分析实验专用试剂及用途

名称	用途
色谱纯	气相色谱分析
色谱纯	液相色谱分析
光谱纯	分光光度分析
等离子体质谱纯	等离子体质谱分析
等离子体发射光谱纯	等离子体发射光谱分析
原子吸收光谱纯	原子吸收光谱分析

1.7　玻璃器皿的洗涤

仪器分析实验中所使用的玻璃器皿应洁净，其内外壁应能被水均匀地润湿，且不挂水珠。在分析过程中，洗净玻璃器皿不仅是一项实验前的准备工作，也是一项技术性的工作。

仪器洗涤是否符合要求，对实验的准确度和精密度均有影响。不同分析过程（如一般化学分析、微量分析等）有不同的仪器清洗要求。

仪器分析实验中常用的烧杯、锥形瓶、量筒、量杯等玻璃器皿，可用毛刷蘸取去污粉或合成洗涤剂刷洗，再用自来水冲洗干净，然后用蒸馏水或去离子水冲洗 3 次。

滴定管、移液管、吸量管、容量瓶等具有精确度的仪器，可采用合成洗涤剂洗涤。洗涤方法：将配制好的 0.1 %～0.5 %的洗涤液倒入容器中，浸润、摇动几分钟，用自来水冲洗干净后，再用蒸馏水或去离子水冲洗 3 次。如果未洗干净，可用铬酸洗液洗涤。

分光光度法所用到的比色皿，是用光学玻璃制成的，不能用毛刷洗涤。将比色皿浸泡于热的洗涤液中一段时间后冲洗干净即可。

玻璃器皿的洗涤方法很多，应根据实验要求、污物性质、污染的程度来选用。一般说来，附着在器皿上的污物有尘土和其他不溶性杂质、可溶性杂质、有机物和油污，针对这些情况可以分别用下列方法洗涤。

1. 刷洗

用毛刷刷洗，可除去器皿上的尘土及其他可刷洗物质。注意毛刷的大小、形状要适合，如清洗圆底烧瓶时，毛刷要作适当弯曲才能接触到全部内表面。脏、旧、秃头毛刷须及时更换，以免戳破或划破器皿。

2. 用合成洗涤剂洗涤

洗涤时先将器皿用水湿润，再用毛刷蘸少许去污粉或洗涤剂将器皿内外洗刷一遍，然后用去离子水边冲边刷洗，直至干净为止。

3. 用铬酸洗液洗涤

被洗涤器皿尽量保持干燥，倒少许洗液于器皿内，转动器皿使其内壁被洗液浸润（必要时可用洗液浸泡），然后将洗液倒回原装瓶内以备再用，再用自来水冲洗器皿内残存的洗液，直至干净为止。如用热的洗液洗涤，则去污能力更强。

洗液主要用于洗涤被无机物污染的器皿，其对有机污物和油污的去污能力也较强，常用来洗涤一些口小、管细等形状特殊的器皿，如吸量管、容量瓶等。

洗液具有强酸性、强氧化性和强腐蚀性，使用时要注意以下几点：

（1）洗涤的器皿不宜有水，以免稀释洗液而失效；

（2）洗液可以反复使用，用后倒回原瓶；

（3）洗液瓶的瓶塞要塞紧，以防吸水失效；

（4）防止洗液溅在衣服、皮肤上；

（5）若洗液的颜色由原来的深棕色变为绿色时，洗液失效而不能再用。

4. 用酸性洗液洗涤

(1)稀盐酸。稀盐酸可以洗去附在器皿壁上的氧化剂等大多数不溶于水的无机物。因此,毛刷刷洗不到或不宜用毛刷洗涤的器皿如吸量管和容量瓶等,可以用稀盐酸洗涤。灼烧过沉淀物的瓷坩埚可用盐酸(1∶1)洗涤。洗涤过的稀盐酸可回收继续使用。

(2)盐酸-过氧化氢洗液。盐酸-过氧化氢洗液适用于洗去残留在容器上的 MnO_2 等物质,例如过滤 $KMnO_4$ 后的砂芯漏斗,可以用此洗涤刷洗。

(3)盐酸-酒精洗液(1∶2)。盐酸-酒精洗液适用于洗涤被有机染料染色的器皿。

(4)硝酸-氢氟酸洗液。硝酸-氢氟酸洗液是洗涤玻璃器皿和石英器皿的优良洗涤剂,可以避免杂质金属离子的黏附;常温下储存于塑料瓶中,洗涤效率高,清洗速度快,但对油脂及有机物的清除效力差;对皮肤有强腐蚀性,操作时需倍加小心。该洗液对玻璃和石英器皿有腐蚀作用,因此精密玻璃仪器、标准磨口仪器、活塞、砂芯漏斗、光学玻璃、精密石英部件、比色皿等不宜用这种洗液洗涤。

5. 用碱性洗液洗涤

碱性洗液适用于洗涤油脂和有机物,一般要将被洗物在碱性洗液中浸泡 24 h 或用浸煮的方法洗涤。

(1)氢氧化钠-高锰酸钾洗液。用此洗液洗涤过后,在器皿上会留下二氧化锰,可再用盐酸洗涤。

(2)氢氧化钠(钾)-乙醇洗液。此洗液洗涤油脂的效果比有机溶剂高,但不能与玻璃器皿长期接触。

使用碱性洗液时要特别注意,碱液有腐蚀性,千万不能溅到眼睛或皮肤上。

6. 超声波清洗

超声波清洗主要是利用超声波在液体中的空化作用进行的。液体在超声波的作用下,液体分子时而受拉,时而受压,形成一个个微小的空腔,即所谓的“空化泡”。由于空化泡的内外压力相差十分悬殊,在空化泡消失时,被洗物表面的各类污物就被剥落,从而达到清洗目的,同时超声波在液体中又能加速污物的溶解和乳化作用,因此超声波清洗质量好、速度快。尤其对于采用一般常规清洗方法难以达到清洁度要求,以及几何形状比较复杂且带有各种小孔、弯孔和盲孔的待洗玻璃仪器,超声波清洗的效果更为显著。

1.8 仪器分析实验室的安全规则

高精尖仪器设备在教学、科研中有着十分重要的作用,为确保实验的正常进行和人身及设备安全,进入仪器室人员要严格遵守实验室的安全规则,按照要求使用仪器,避免仪器故障,确保其正常运行。

(1)仪器使用者必须提前进行操作培训,在掌握仪器设备的性能、工作原理、用途和操作规范后方可使用,并服从管理人员的管理和指导,确保仪器设备的安全性和完好性。未经允许不得擅自使用任何仪器。

(2)使用时先检查仪器状态是否正常,附件是否完全。使用仪器过程中应严格遵守仪器操作规程和有关规定,禁止随意更改仪器原有参数设置和工作站内容。

(3)实验过程中需及时关注气压、电流、温度等影响或反映仪器测试状态的信号变化,若有问题应立即报告仪器管理人员,或在其指导下及时处理。

(4)仪器使用完后须及时做好清洁维护工作,防止残留在仪器上的酸、碱及一些具有挥发性化学物质对仪器的腐蚀。

(5)若仪器设备发生故障时,不得隐瞒不报或私自修理。由于人为因素违反操作规程所造成的仪器损坏,由使用者承担相应责任。

(6)在计算机的规定目录下存储所需内容,使用光盘进行拷存数据。为防止计算机病毒,不得随意安装软件,不得随意使用自带U盘拷存数据。

(7)仪器设备运行期间,不得擅自离岗,必须保障“人走机停门关”。

(8)实验结束后,整理清点仪器附件,清理所用物品后,在《仪器使用记录本》中填写仪器使用信息,按要求关闭仪器、计算机(核磁室除外),检查水、电、气关闭后,方可离开。

第 2 章　实验数据处理与分析

在现代仪器分析实验中，为了得到准确的测量结果，不仅应按照仪器操作规程和实验方法严格规范地进行实验，还应正确记录所测数据，科学表达分析结果，必要时还应对数据进行统计处理。正确记录实验数据并选择恰当的处理方法进行实验数据处理，才能科学地了解被测量或研究对象的客观规律。

2.1　实验数据及分析结果的表示

实验数据与分析结果的表达要求准确、清晰、便于应用。在现代仪器分析实验中常用的数据表示方式有列表法、图解法、数学方程式表示法三种。三种表示方式的特点和应用场合不同，在撰写实验报告和研究报告时，可根据需求选择一种或多种表示方式。

1. *列表法*

列表法是按照一定规律以表格形式表示数据的方法。列表法表示数据时，具有直观、简明的特点，因此实验的原始数据一般以列表法记录。使用列表法表示实验数据时，应注意表格规范化：①表格通常采用“三线制”表格，为便于数据读出，当数据较多时可在表格中适当添加横、竖线分割；②表格需标明表名，表名应简明且能够完整地表达表中数据的含义；③表格的第一列一般为实验序号，而第一行通常为表头，表头需注明各列数据的名称和单位如“T/℃”等；④表格中所记录数据应符合有效数字的规定，便于数据的比较分析。

2. *图解法*

图解法是将实验数据按照自变量与因变量的对应关系绘制成图形。图解法能够将变量间的变化趋势（最大、最小、转折、周期等）直观地显示出来，多条曲线可同时绘制在同一图中，便于比较分析。另外，利用图形可以直接或间接地求出实验所需的分析结果（斜率、截距、峰面积等）。图解法中的图形还可以在一定条件下利用外推法或内插法求出未进行测试的对应点。

(1)利用变量间的定量关系图形求得未知物含量。定量分析中的标准曲线，就是以自变量浓度为横坐标，以因变量即各测定方法相应的物理量为纵坐标，绘制标准曲线。对于欲求的未知物浓度，可以由测得的相应物理量值从标准曲线上查得。

(2)通过曲线外推法求值。在分析化学测量中，曲线外推法是根据已知的数据点集趋势预测未知数据点的值，是一种常用的数据测量方法。如对未知试样，可以通过连续加入标准溶液，测得相应的物理量变化，用外推作图法求得未知试样结果。

(3)求函数的极值或转折点。实验中常需要确定变量中的极大、极小、转折等数据信息，通过图形表达后，可迅速求得。如在光谱吸收曲线中，通过峰值可得到该物质的最大吸收波长；滴定分析中，通过滴定曲线上的转折点可求得滴定终点等。

(4)图解微分法和图解积分法。图解微分法和图解积分法是处理实验数据的重要方法，通常用于研究物理量的变化规律。当需要确定某一物理量关于时间的变化率时，可以借助图解微分法。以电位滴定为例，利用图解微分法可以确定滴定终点。而图解积分法则是用来计算某一物理量关于时间等的累积总量的。如在气相色谱法中，利用图解积分法可求得色谱峰面积。

3. 数学方程式表示法

现代仪器分析实验数据中的自变量与因变量通过计算机相关软件处理后可得到相关数学方程式，通过拟合的数学方程式可进行相关数据(待测组分含量等数据)的计算。数学方程式表示法适用于实验数据趋势走向复杂的关系的描述，数学方程式表示法相较于图解法能够更科学准确地描述自变量与因变量的关系。

2.2 实验数据处理

1. 误差和准确度

1)误差分类

在实验过程中，由于测量仪器不准确、方法不完善及其他因素的影响，误差是客观存在的。在一定条件下，测量的结果只能趋近于真实值，而不能达到真实值。准确度是指测量结果与真实值的接近程度，通常用误差表示。误差可分为绝对误差和相对误差两种。

绝对误差即测量结果(X)与真实值(μ)之间的差值：

$$\text{绝对误差}(E)=\text{测量结果}(X)-\text{真实值}(\mu)$$

相对误差即绝对误差与真实值之间的比值：

$$\text{相对误差}(E_r)=\frac{\text{绝对误差}(E)}{\text{真实值}(\mu)}\times 100\%$$

相对误差反映了误差值在真实值中所占的比例，但是实际上真实值往往是不知道的，一般在实验工作中使用“标准值”代替“真实值”。“标准值”是由经验丰富的科技人员用多种切实可靠的实验方法，经过反复测量得到的比较准确结果的算术平均值。

2)误差产生的原因与误差消除

误差产生的原因一般可分为系统的和偶然的，由这两种原因导致的误差分别称为系统误差和偶然误差。

(1)系统误差。在相同条件下多次测量同一物理量，测量误差的大小和符号基本保持不变，在条件改变时，按某一规律而变化的误差称为系统误差，其是由测量过程中的固定原因如仪器仪表刻度不准确、反应进行不完全、存在干扰离子、实验者感官上存在最小分辨力等造成的。系统误差具有重复性、单向性、恒定性和可校正性的特点，通常由固定原因引起，可采用对照实验、空白实验、校准仪器等方法消除。

(2)偶然误差。偶然误差是由某些偶然的因素如测定时环境的温度、湿度、气压的微小波动或仪器性能的微小变化等引起的。偶然误差难以察觉，但有规律可循：大小相等的正负误差出现的概率相等，小误差出现的频率较高，大误差出现的频率较低，随测定次数的增加而迅速减小。

偶然误差的大小可以用精密度表示，一般来说仪器的精密度越高，其测量结果的偶然误差越小，仪器的精密度越低，测量结果的偶然误差越大。适当增加测量的平行次数可有效减小测量的偶然误差。在实验过程中，一般需要设置 3～5 次平行测量；对于测量准确度要求较高的情况，可设置 10 次平行测量。

2. 偏差与精密度

在实际测量过程中，真实值往往是无法准确获知的，因此在分析结果真实值无法获知的情况下，为了评价测量结果的好坏，就引入了偏差和精密度的概念。在相同条件下、用同一方法对样品多次测量，测量结果相互接近的程度即为测量的精密度，常用偏差表示。

与误差类似，偏差也可以分为绝对偏差和相对偏差。

绝对偏差：$d_i = x_i - \overline{x}$

相对偏差：$d_r = \dfrac{d_i}{\overline{x}} \times 100\% = \dfrac{x_i - \overline{x}}{\overline{x}} \times 100\%$

多次测量结果之间的精密度用算术平均偏差表示：

$$\overline{d} = \frac{\sum_{i=1}^{n} |d_i|}{n} = \frac{\sum_{i=1}^{n} |x_i - \overline{x}|}{n}$$

式中，d_i 为绝对偏差；d_r 为相对偏差；x_i 为测得数值；$\overline{x}$ 为测得数值的算术平均值；n 为测定次数；$\overline{d}$ 为算术平均偏差。

准确度和精密度是两个不同的概念，但它们之间有一定的关系。准确度是指测量结果与真实值之间的接近程度，而精密度是指多次测量结果之间的接近程度。即使一个测量结果很精确，其准确度也可能很低，因为它可能与真实值相差很远。

3. 有效数字

在实验过程中，使用不同的仪器进行测量会得到不同的实验数据。记录实验数据能够如实地反映仪器误差。

1）有效数字的概念

有效数字是指在实际工作中能够测到的数字，是根据测量仪器和观察的精确程度来确定的。在有效数字中，只有最后一位数字是估计值，其余的数字都是确定的。例如在测量液体的体积时，在最小刻度为 1 mL 的量筒中，若液体的弯月面最低处是在 15.6 mL 的位置，其中 15 mL 是直接由量筒的刻度读出的，是准确值；而 0.6 mL 是由肉眼估计的，它可能有±0.1 mL 的出入，是可疑值。但读数 15.6 mL 均为有效数字，故有效数字为三位。此时体积的绝对误差为±0.1 mL，相对误差为$\dfrac{\pm 0.1}{15.6} \times 100\% = \pm 0.6\%$。如果该液体在最小刻度为 0.1 mL 的滴定管中测量时，其弯月面最低处是在 15.60 mL 的位置，其中 15.6 mL 是直接从滴定管的刻度读出的，是准确值；而最后一位数字“0”是由肉眼估计的，有±0.01 mL 的出入，是可疑值。但读数 15.60 mL 均为有效数字，故有效数字为四位。此时体积的绝对误差为±0.01 mL，相对误差为$\dfrac{\pm 0.01}{15.60} \times 100\% = \pm 0.06\%$。由此可见，有效数字中的每一位数都有实际意义，其位数表明了测量的精确程度，而有效数字保留的位数应根据实验方法和仪器的准确度来决定。

数字 1～9 都可以作为有效数字，“0”在数字中是否为有效数字，与“0”在数字中的位置有关。当“0”在数字前面，用于表示小数点的位置时，不是有效数字；当“0”在数字的中间或末端时，则表示一定的数值，即为有效数字。

2)有效数字修约

在取舍有效数字位数即有效数字修约时，应注意以下几点。

(1)化学计算时常遇到一些分数、整数、倍数等，这些数字可视为足够有效。

(2)某一数据首位数字≥8时，有效数字可多计一位，如8.82记为四位有效数字。

(3)计算结果采用“四舍六入五成双”规则修约。即当尾数小于或等于4时则舍弃，尾数大于或等于6时进位；尾数等于5时，且5后面的数字都为0时，若5前面数字为偶数时则舍弃，若5前面数字为奇数则进位；尾数等于5且后面还有不为0的任何数字，则无论5前面是奇数或偶数都应进位。

(4)修约数字时只允许一次修约，不能分次修约。如12.2649的四位有效数字应为12.26而非12.27。

(5)表示误差时通常取一位(最多取两位)有效数字。

3)有效数字的运算规则

有效数字运算时，应先按照修约规则对有效数字进行合理的修约，再按照有效数字运算规则进行计算。

(1)加减运算规则：在加减法运算中，运算结果保留有效数字的位数，以小数点后位数最少的为准，即以绝对误差最大的数据为准。先按小数点后位数最少的数据保留其他各数的位数，再进行加减计算，计算结果也应使小数点后保留相同的位数。例如计算“31.1＋2.45＋1.5806＝?”，修约为“31.1＋2.4＋1.6＝?”，计算后结果为35.1。

(2)乘除运算规则：在乘除法运算中，运算结果保留有效数字的位数，以有效数字位数最少的数为准，即以相对误差最大的数据为准。先按有效数字位数最少的数据保留其他各数的位数，再进行乘除计算，计算结果也使有效数字位数保留相同的位数。例如计算“0.0102×12.36×2.3235＝?”，修约为“0.0102×12.4×2.32＝?”，计算后结果为0.29343，结果仍保留为三位有效数字，记录为0.0102×12.4×2.32＝ 0.293。

2.3 Origin软件应用

Origin是具有强大图形可视化和数据分析功能的软件，是科研人员和工程师常用的高级数据分析和制图工具，其既可以满足一般用户绘制图表的需求，也可以满足高级用户数据分析、函数拟合的需求。相较于其他流行的图形可视化和数据分析软件(如MATLAB、Mathmatica、Maple)，Origin具有简单易学的特点，已成为科技工作者首选的绘图和数据分析软件。

2.3.1 Origin软件简介

Origin具有两大主要功能：科技绘图和数据分析。Origin的科技绘图功能主要借助于软件内置模板实现，其提供了几十种二维和三维的绘图模板，并且允许用户自定义设置模板，用户进行科技绘图时，选择需要的模板即可。绘制好的图形可以输出为JPEG、GIF、EPS、TIFF等多种格式的图像文件。Origin的数据分析主要包括数据统计、信号处理、图像处理、峰值分析和曲线拟合等各种完善的数据分析功能。Origin可以导入

ASCII、Excel、pClamp 等数据格式，数据导入后，选择需要分析的数据，然后再选择相应的菜单命令即可方便快捷地进行数据分析。

2.3.2　Origin 工作簿与数据导入

1. 工作簿与工作表

Origin 工作簿是一个可命名、可移动、可扩展的窗口文件，是用于数据管理的容器。每个工作簿都是一个或多个工作表的集合，每个工作表都是列的集合，每个列则包含了单元格行。每个工作表最多可以存放 1000000 行和 10000 列的数据。

1)工作簿

当打开 Origin 软件时，软件会自动加载一个空白的项目文件并添加一个工作簿模板。另外，单击标准工具栏上的“新建工作簿”，可以在 Origin 项目文件中添加工作簿。新建的工作簿窗口，会自动命名为“Book N(1，2.3)”，N 表示窗口创建的顺序。鼠标右键点击“工作簿窗口标题”栏，选择“属性”，可以对工作簿的“长名称”或“短名称”进行重命名，使其具有实际意义。点击文件菜单中的“保存窗口为”，可以将工作簿窗口独立存储为“ogwu/ogw”文件。

工作簿具有注释属性，可以通过右键单击“工作簿标题”栏选择“属性”来设置此注释。这些注释作为工作簿窗口工具的提示，显示在项目管理器中，并且在使用“在项目中查找”工具时可以被搜索到。

2)工作表

工作表的主要用途是存储、管理原始数据。Origin 工作簿最多可以存放 1024 个工作表。如果工作簿中有超过 255 个工作表，必须使用 Origin 新的 Unicode 文件类型(opju、oggu、otwu)进行保存。

如需在工作簿中添加或删除工作表，鼠标右键点击“工作表”选项卡，然后根据需要选择对应选项：

(1)插入：在活动工作表前插入一个新的工作表。

(2)删除：删除选中的工作表。

(3)添加：在当前工作簿所有工作表的后面添加一个新的工作表。

(4)复制：复制活动工作表，包括数据。

(5)不带数据的复制：复制活动工作表，但不包括工作表中的数据。

2. 数据导入

当使用 Origin 处理较少的数据时，可以选中单元格，通过键盘直接输入数据。但是用户通常用 Origin 处理的数据量较大，手动输入效率低下。因此，实际使用过程中通常应用软件的数据导入功能。Origin 支持导入多种数据类型：ASCII、CSV、Excel、二进制文件和多种第三方文件格式(包括 pClamp、NI TDM 和 NetCDF)。下面我们简单介绍不同类型数据的导入方法。

1)导入 ASCII 文件

ASCII(American Standard Code for Information Interchange，美国信息交换标准码)是由美国国家标准学会(American National Standard Institute ，ANSI)制定的一种

标准的单字节字符编码方案，用于编码基于文本的数据。ASCII 格式文件常用的扩展名为“＊.txt”和“＊.dat”。

(1)导入单个 ASCII 文件。点击软件主界面菜单命令“文件”→“导入”→“单个 ASCII 文件”，或者点击标准工具栏的“导入单个 ASCII 文件”，弹出如图 2－1 所示对话框。选择所要导入的文件，点击“打开”完成操作。需要注意的是，ASCII 文件导入后将覆盖当前工作表。

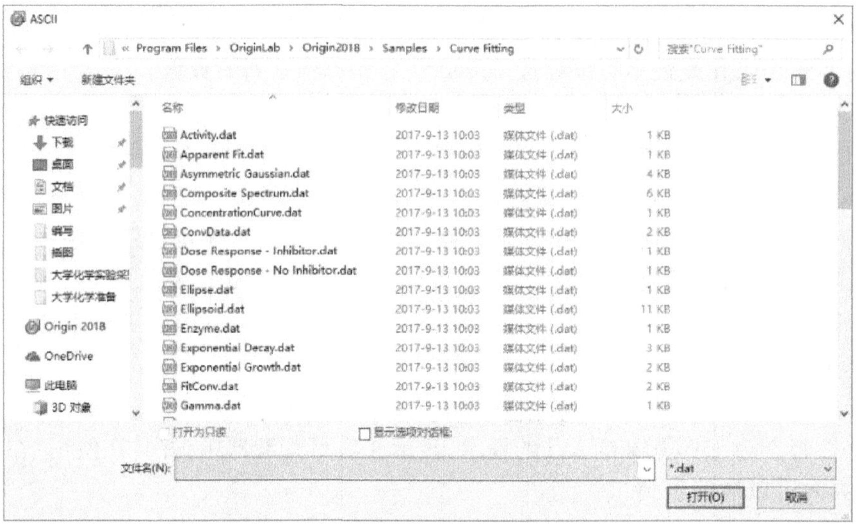

图 2－1　导入单个 ASCII 文件对话框

(2)导入多个 ASCII 文件。点击软件主界面菜单命令“文件”→“导入”→“多个 ASCII 文件”，或者点击标准工具栏的“导入多个 ASCII 文件”，弹出如图 2－2 所示对话框。选择所要导入的文件，点击“添加文件”添加文件或者点击“移除文件”删除文件，最后点击“确定”即可实现多个 ASCII 文件导入功能。

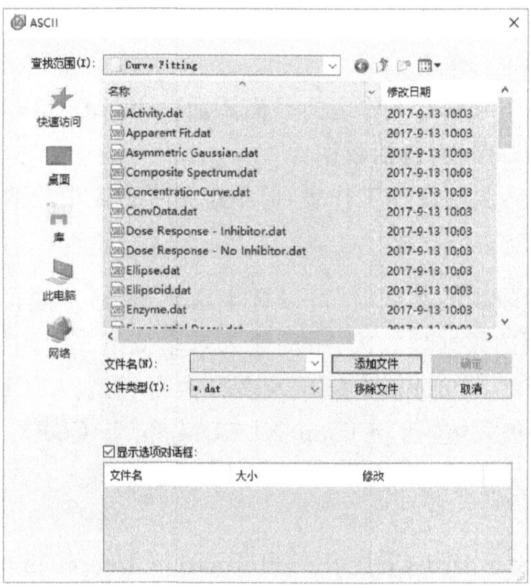

图 2－2　导入多个 ASCII 文件对话框

2)导入 CSV 文件

点击软件主界面菜单命令"文件"→"导入"→"CSV(逗号分隔)",弹出如图 2-3 所示对话框。选择所要导入的文件,点击"添加文件"添加文件或者点击"移除文件"删除文件,最后点击"确定"即可实现 CSV 文件导入功能。

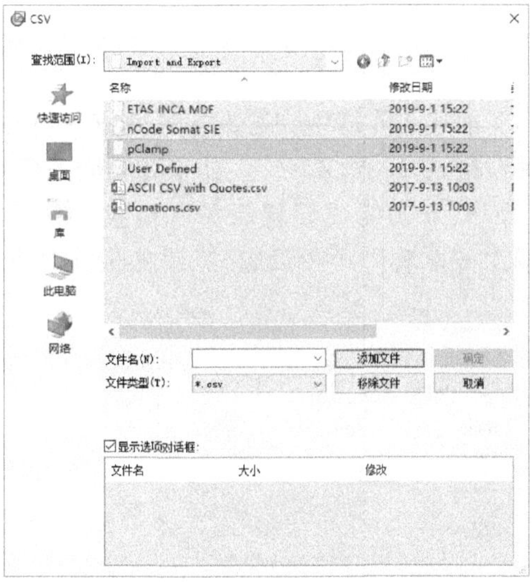

图 2-3　导入 CSV 文件对话框

3)导入 Excel 数据

Excel 作为一种应用广泛、使用方便的数据管理和运算软件,常常需要将其内数据导入 Origin 软件进行作图和数据分析。Origin 软件中导入 Excel 数据的方法:点击软件主界面菜单命令"文件"→"导入"→"Excel(XLS、XLSX、XLSM)",或者点击标准工具栏的"导入 Excel",弹出如图 2-4 所示对话框,选择所要导入的文件,点击"添加文件"添加文件或者点击"移除文件"删除文件,最后点击"确定"完成操作。

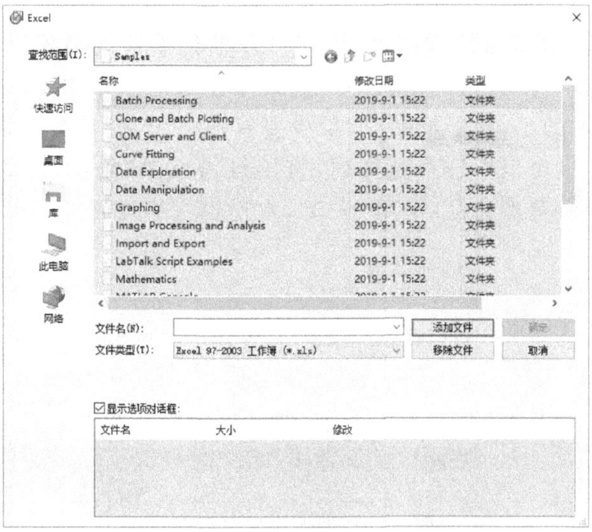

图 2-4　导入 Excel 文件对话框

2.3.3 二维图形绘制

数据曲线图主要包括二维图形和三维图形。在实验报告和论文中，数据曲线图形绝大部分都是采用二维坐标绘制的。Origin 的绘图功能灵活且强大，能绘制出各种精美的图形来满足绝大部分实验报告和科技论文的绘图需求。

1. 基本操作

二维图形的数据来源于前述工作簿中。数据导入完成后，在目标工作表中查看确定列名称和不同数据列的关联格式“X，Y，Z，…”。如果各列间关联格式不符或需要修改列名称，可按如下步骤进行操作：双击需要设置新关联格式的列，弹出列属性设置对话框（见图 2-5），设置“短名称”“长名称”“绘图设定”等列属性参数。

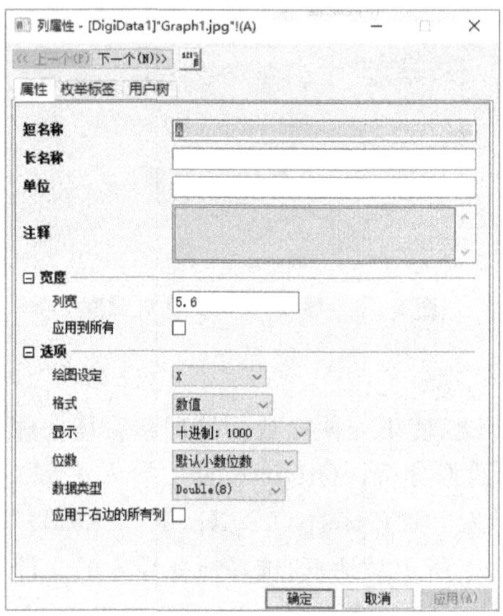

图 2-5 列属性设置对话框

Origin 提供了 29 类二维绘图类型，用户可以根据需要选择相应的绘图类型选项。绘图步骤：选中数据所在的列，点击菜单“绘图”下相应的二维图形图标，绘制出所需的二维图形。需要注意的是，图形绘制时，最少要有一个 X 列，如果有多个 Y 列则自动生成多个图形。另外，也可以不选择数据列，直接点击菜单“绘图”下相应的二维图形图标，此时会弹出图形设置对话框（见图 2-6），在对话框中设置绘图参数，即可完成图形绘制。

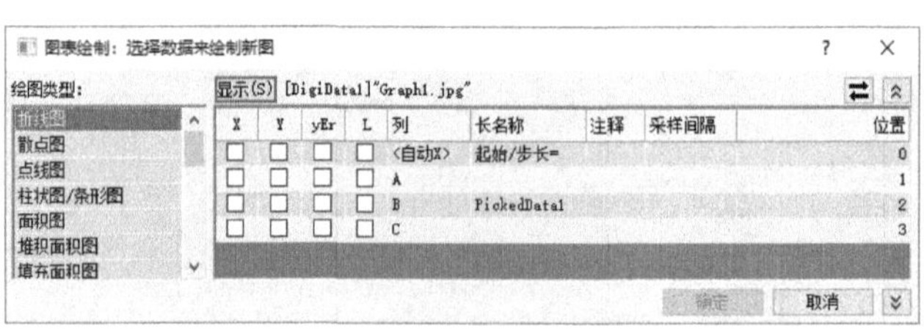

图 2-6 图形设置对话框

2. 二维图形的定制

为了使 Origin 软件绘制出美观、规范的科技图形，图形绘制完成后，通常需要对图形进行编辑。图形编辑包括对图形的数据点、图线、坐标轴、图例、图层、颜色、文字等进行编辑。

1)坐标轴的编辑

坐标轴是用来定义坐标系的一组直线或一组线。没有坐标轴的数据图形将毫无意义，不同坐标轴的图形也将无法比较。鼠标双击图形的坐标轴或者坐标轴刻度，弹出坐标轴编辑对话框(见图 2-7)。对话框内可以对坐标轴属性进行编辑修改，其中对话框的侧边栏选项用于转换选定不同的坐标轴。

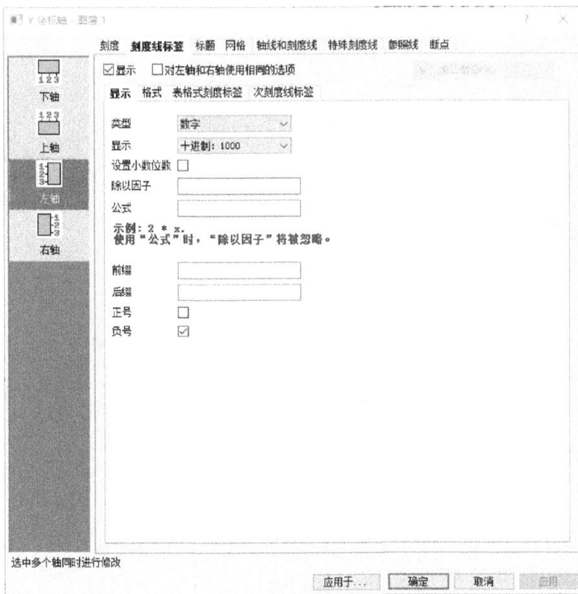

图 2-7　坐标轴编辑对话框

刻度。主要用于对坐标轴的范围、刻度和坐标类型等进行修改(见图 2-8)。其中，“起始”和“结束”用于设定坐标中的起始点和终止点；“类型”用于对坐标轴的类型和坐标值(常用线性、ln 等)进行设置。

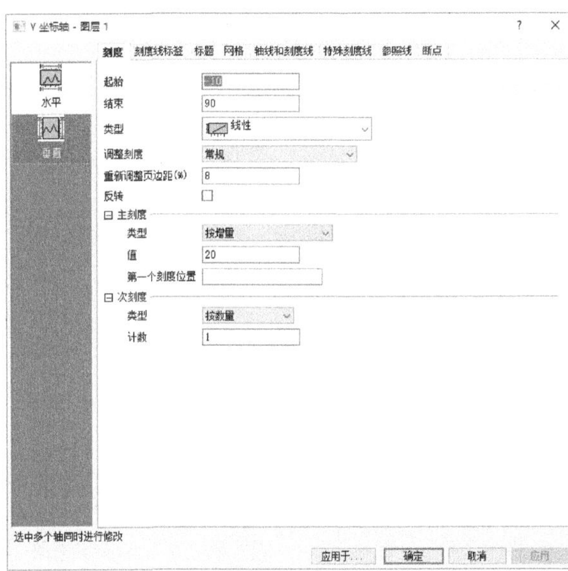

图 2-8　坐标轴编辑—刻度选项卡

刻度线标签。主要用于坐标轴刻度线标签格式(如是否显示、显示类型、文本颜色、字体大小等)的修改(见图 2-9)。其中，“类型”即数据类型，与数据源数据的格式应保持一致才能正确显示，若数据为数值型，选择“数字”；若数据为时间型，选择“时间”。“显示”主要用于确定数据的呈现格式，如十进制、科学记数法、工程学等。“前缀”“后缀”用于标签的前缀和后缀修改，如在刻度后加入单位。“格式”二级选项卡主要用于标签文字的颜色、字体、大小等格式的修改。“表格式刻度标签”和“次刻度线标签”用于标签刻度线的显示和格式调整。

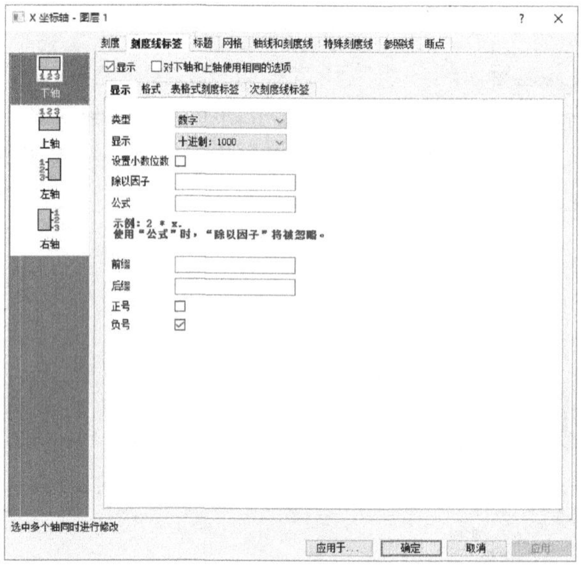

图 2-9　坐标轴编辑—刻度线标签选项卡

标题。主要用于设置坐标轴的标题、颜色、旋转、字体和文字大小(见图2-10)。其中，“文本”用于设置坐标轴的标题，输入框内显示“%(? X)”为系统的内部代码，表示会自动设置工作表 X 列的“长名称”为该坐标轴的标题。如若需要对坐标轴名称进行详细设置，可右键点击待修改坐标轴名称，选择“属性”菜单，弹出文本对象修改框(见图 2-11)，在对话框中按照需求进行标题修改。

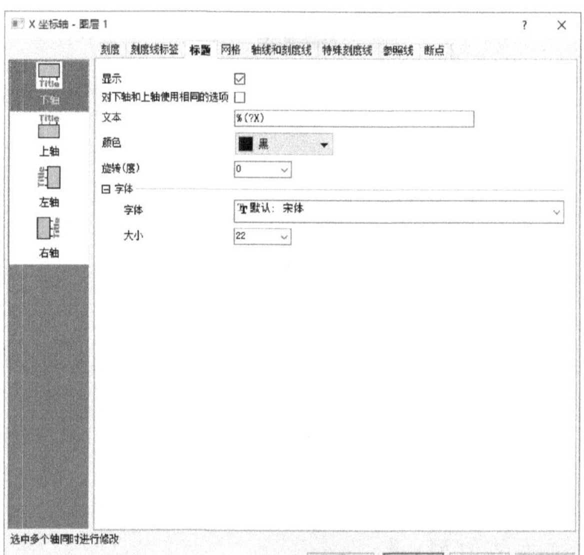

图 2-10　坐标轴编辑—标题选项卡

图 2-11　文本对象修改框

网格。主要用于设置二维图形绘制区域的网格线，以提高数据点数据的可读性，分为主网格线和次网格线两类(见图 2-12)。主网格线指通过主刻度平行于另一坐标轴的直线；次网格线指通过次刻度平行于另一坐标轴的直线。另外，主网格线和次网格线的颜色、样式、粗细格式均可调整。

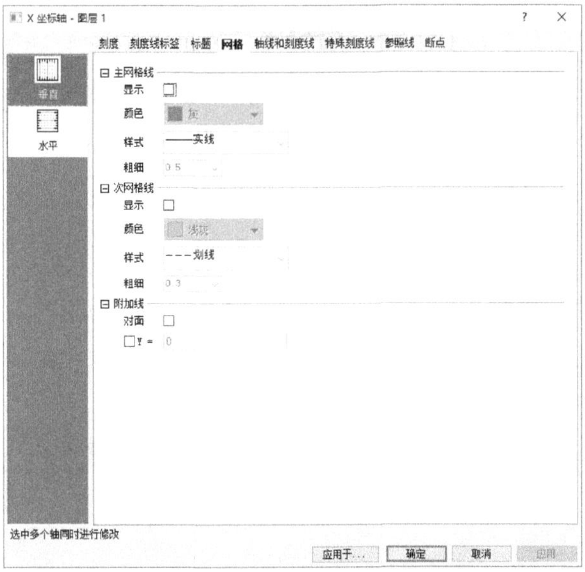

图 2-12　坐标轴编辑—网格选项卡

轴线和刻度线。主要用于设置坐标轴的主刻度/次刻度的显示格式，包括主刻度/次刻度的样式(朝内、朝外、朝内 & 朝外、无)、颜色、粗细、长度等(见图 2-13)。

断点。当坐标轴数据范围较大，且中间部分无须显示或无意义时，可以使用带有断点的坐标轴(见图 2-14)，通过删除坐标轴中间段数据，实现二维图形的美观与协调。

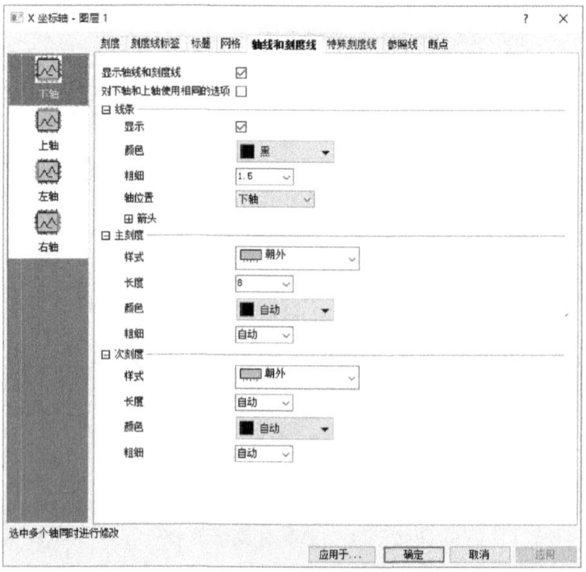

图 2-13 坐标轴编辑—轴线和刻度线选项卡

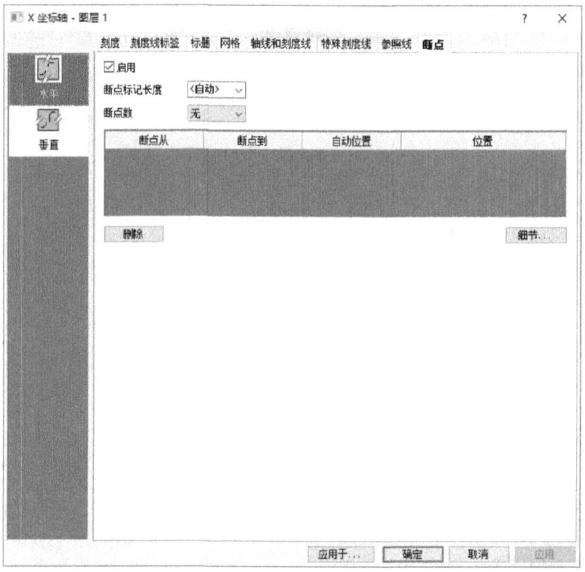

图 2-14 坐标轴编辑—断点选项卡

2)数据点和曲线编辑

在二维图形中,为了区分不同数据点或曲线,常常需要对数据点和曲线进行格式编辑和设置。双击坐标轴编辑页面中的“图形的数据点和曲线”,弹出绘图属性对话框(见图 2-15),可对图形符号、颜色、大小、线条粗细等格式进行编辑和修改。

图 2-15　绘图属性对话框

2.3.4　曲线拟合

在实验数据分析处理中，常常需要对实验数据进行线性回归分析和曲线拟合。利用 Origin（软件）可以对实验数据进行曲线拟合，建立经验公式或者数据模型。Origin 提供了强大的各式各样的用于线性拟合、多项式拟合和非线性拟合的工具。

选择主界面菜单命令"分析"→"拟合"，Origin 在拟合子菜单（见图 2-16）下可供直接使用的拟合菜单命令有线性拟合、多项式拟合、非线性曲线拟合、非线性曲面拟合等，其中非线性曲线拟合和非线性曲面拟合需要分别打开非线性曲线拟合对话框和非线性曲面拟合对话框。

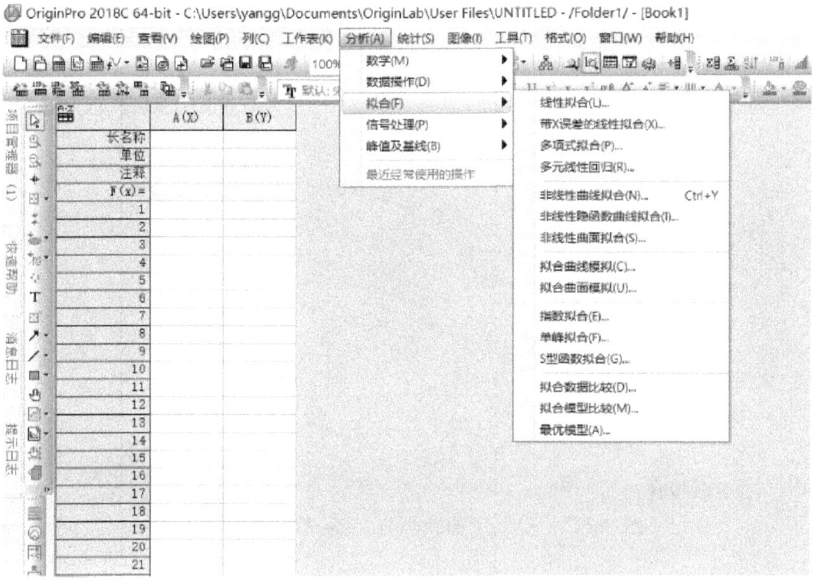

图 2-16　拟合子菜单界面

用户采用菜单命令进行拟合时，必须激活所需拟合的数据或曲线，然后选择“分析”→“拟合”菜单下相应的拟合类型进行拟合。用菜单命令进行拟合时，大多数拟合类型不需要用户输入参数，Origin 可以自动完成选择的拟合类型；部分拟合类型需要用户输入相应的参数，但是 Origin 也能根据拟合数据给出默认值进行自动拟合。因此，Origin 菜单拟合比较适合初学者学习使用。当曲线拟合完成后，Origin 将自动创建一个存放输出回归参数的结果工作表，拟合曲线结果也将自动存放于图形窗口中。Origin 曲线拟合的几种类型如图 2-17 所示。

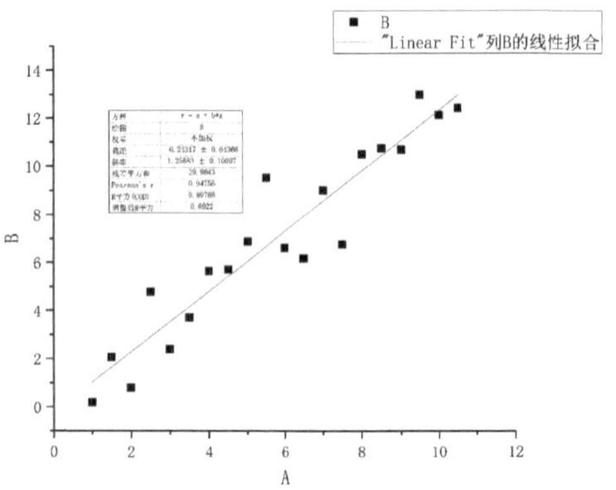

(a) 线性拟合

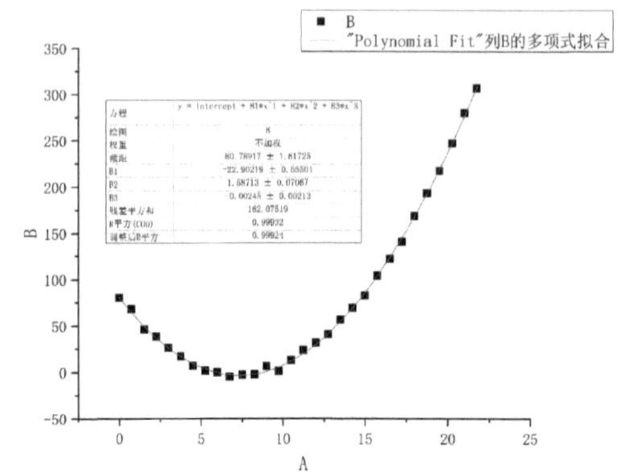

(b) 多项式拟合

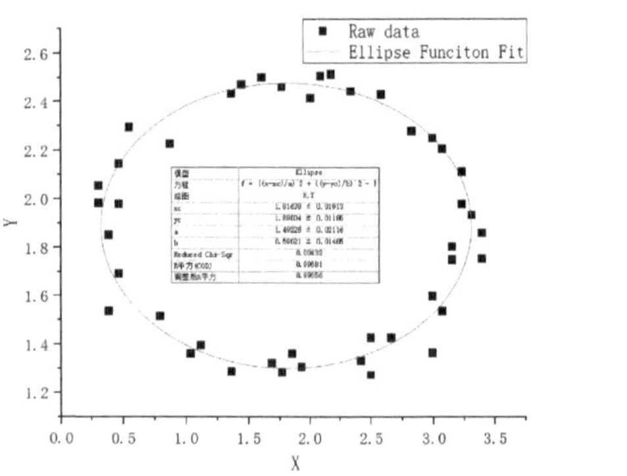

(c) 隐函数拟合

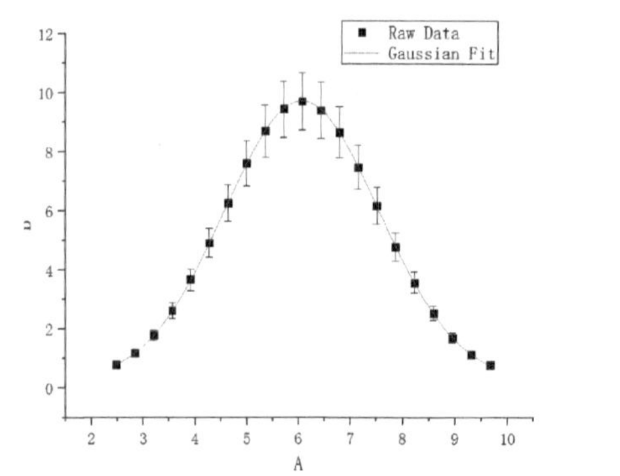

(d) 带有权重的线性拟合

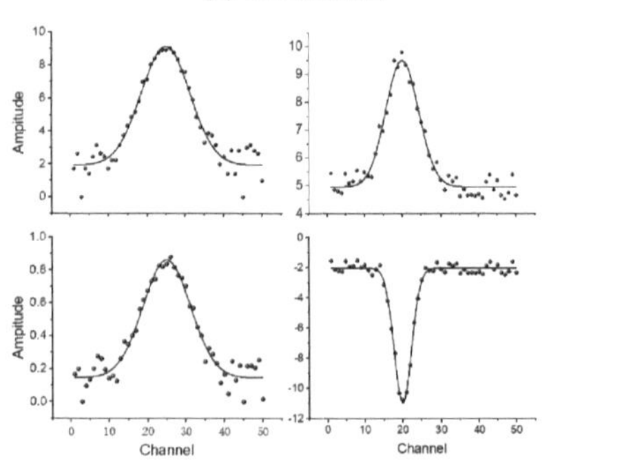

(e) 全局拟合

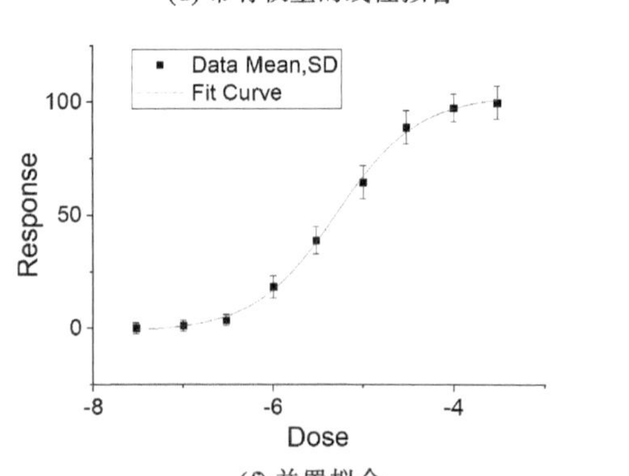

(f) 并置拟合

图 2-17 Origin 曲线拟合类型(软界界面图)

1. 线性拟合

线性拟合是曲线拟合中最简单但最为重要的一种形式。设 X 为自变量、Y 为因变量，且 Y 是 X 的函数：$Y=A+BX$，线性拟合就是通过最小二乘法计算寻求参数 B(斜率)和 A(截距)的最佳估计值，即寻求最佳的理论曲线。下面简要介绍线性拟合具体操作步骤。

(1)打开 Origin 软件，新建项目，建立数据表，导入需要进行分析的数据。

(2)选中数据表中的待分析数据，绘制散点图，如图 2-18 所示。

(3) 选择菜单命令“分析”→“拟合”→“线性拟合”，弹出线性拟合设置对话框(见图 2-19)，设置相关的拟合参数，进行待分析数据的线性拟合。

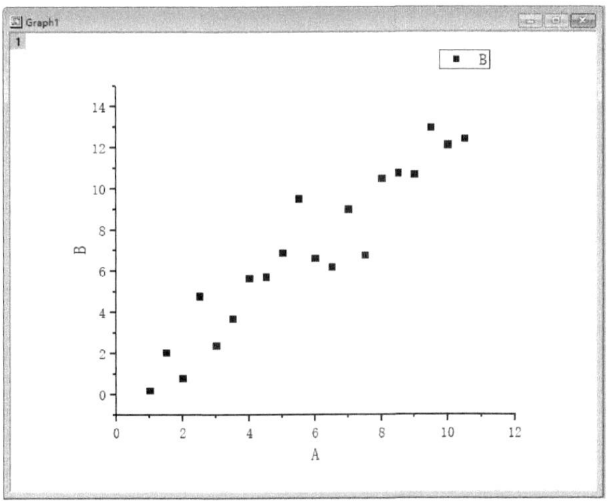

图 2-18　待分析数据绘制散点图界面

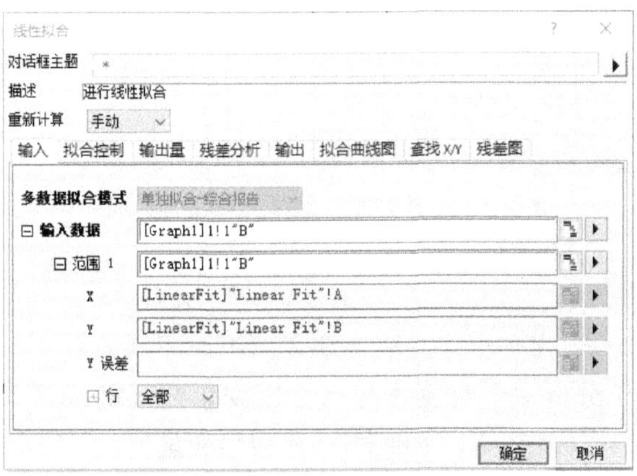

图 2-19　线性拟合设置对话框

(4)按照需求设置完成后，单击图 2-19 中的“确定”，随即完成线性拟合，其拟合直线和主要结果已在散点图上给出(见图 2-20)。Origin 还可根据需求提供线性拟合结果分析报告(见图 2-21)。

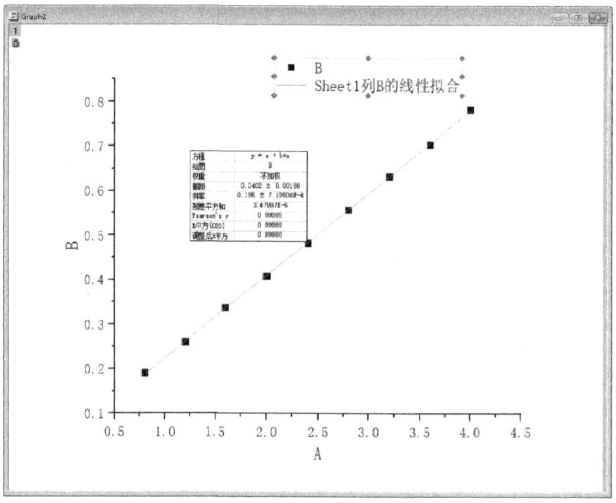

图 2-20　线性拟合结果

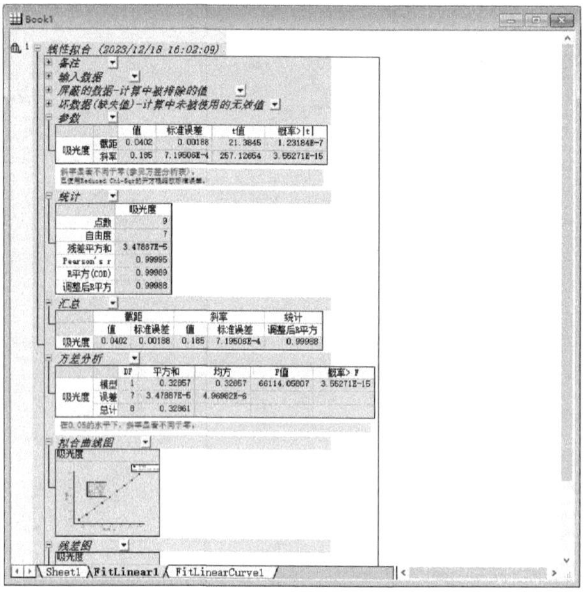

图 2-21　线性拟合结果分析报告界面

2. 多元线性回归

$$Y=A+B_1X_1+B_2X_2+\cdots+B_kX_k$$

多元线性回归用于分析多个自变量与一个因变量之间的线性关系。上式为一般的多元线性方程，其中 $X_1,X_2,\cdots,X_k$ 为自变量，Y 为因变量。

以下以 Origin 示例数据“Multiple Linear Regression. dat”为例，说明多元线性回归的一般步骤。

(1)导入“Multiple Linear Regression. dat”数据，如图 2-22 所示。

(2)选择菜单命令“分析”→“拟合”→“多元线性回归”，弹出多元线性回归设置对话框。在设置对话框中，设置因变量和自变量，如图 2-23 所示。

(3)Origin 软件会根据前面的设置自动生成专业的拟合结果分析报告(见图 2-24)。

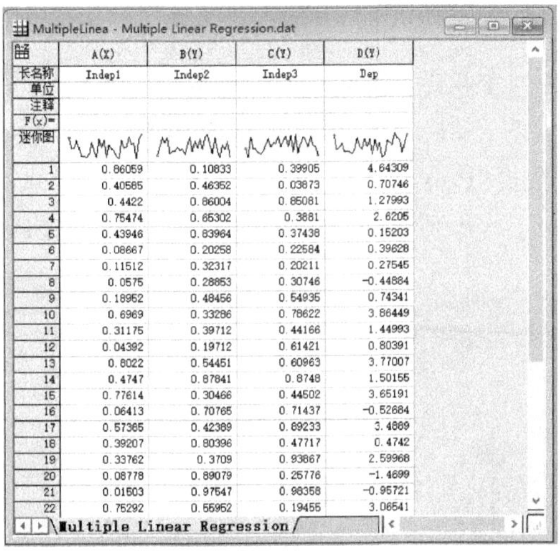

	A(X)	B(Y)	C(Y)	D(Y)
长名称	Indep1	Indep2	Indep3	Dep
单位				
注释				
F(x)=				
迷你图				
1	0.86059	0.10833	0.39905	4.64309
2	0.40585	0.46352	0.03873	0.70746
3	0.4422	0.86004	0.85081	1.27993
4	0.75474	0.65302	0.3881	2.6205
5	0.43946	0.83964	0.37438	0.15203
6	0.08667	0.20258	0.22584	0.39628
7	0.11512	0.32317	0.20211	0.27545
8	0.0575	0.28853	0.30746	-0.44884
9	0.18952	0.48456	0.54935	0.74341
10	0.6969	0.33286	0.78622	3.86449
11	0.31175	0.39712	0.44166	1.44993
12	0.04392	0.19712	0.61421	0.80391
13	0.8022	0.54451	0.60963	3.77007
14	0.4747	0.87841	0.8748	1.50155
15	0.77614	0.30466	0.44502	3.65191
16	0.06413	0.70765	0.71437	-0.52684
17	0.57365	0.42389	0.89233	3.4869
18	0.39207	0.80396	0.47717	0.4742
19	0.33762	0.3709	0.93867	2.59968
20	0.08778	0.89079	0.25776	-1.4699
21	0.01503	0.97547	0.98358	-0.95721
22	0.75292	0.55952	0.19455	3.06541

图 2－22　多元线性拟合数据导入界面

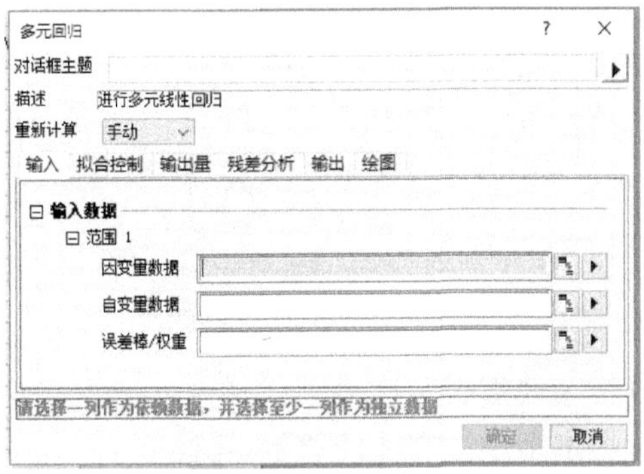

图 2－23　多元线性回归自变量和因变量的设置对话框

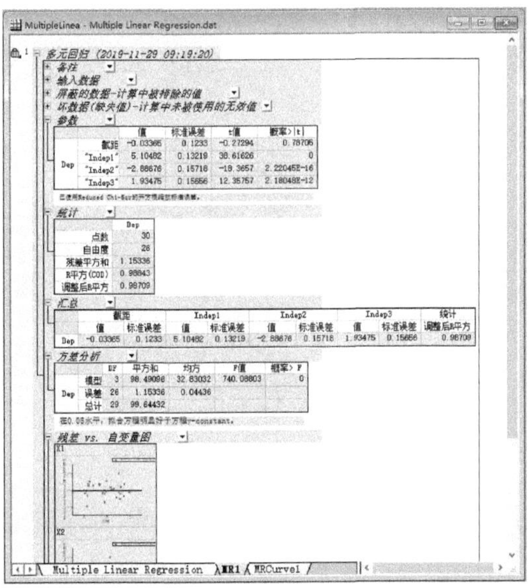

图 2－24　多元线性拟合结果分析报告界面

3. 多项式拟合

$$Y = A + B_1 X + B_2 X^2 + \cdots + B_k X^k$$

线性回归方程如上式所示，其中 X 为自变量，Y 为因变量，多项式的级数为 1～9。

以下以 Origin 示例数据“Polynomial Fit. dat”为例，说明多项式回归的一般步骤。

(1)导入“Polynomial Fit. dat”数据，选中数据文件中的对应列，绘制散点图，如图 2-25 所示。

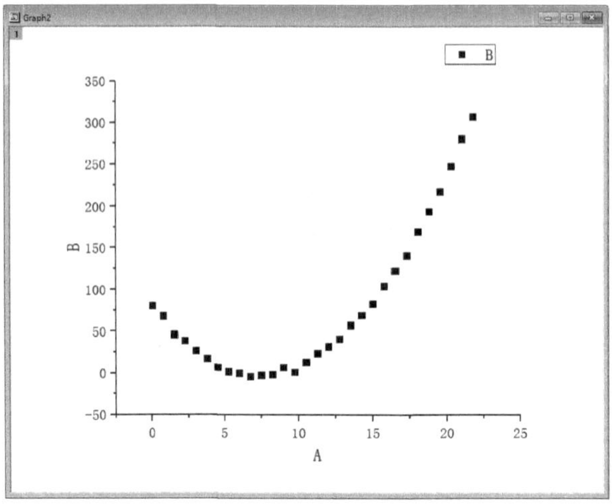

图 2-25　多项式拟合散点图

(2)选择菜单命令“分析”→“拟合”→“多项式拟合”，弹出多项式拟合设置对话框，设置回归区间并采用试验法得出多项式合适的级数(见图 2-26)。Origin 软件也会自动生成专业的拟合结果分析报告(见图 2-27)。

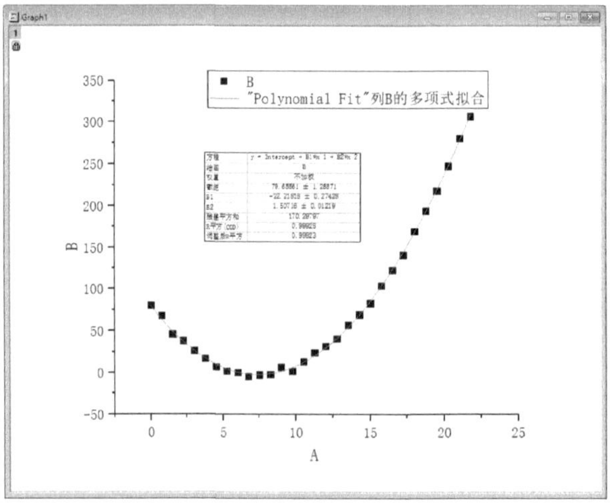

图 2-26　多项式拟合结果

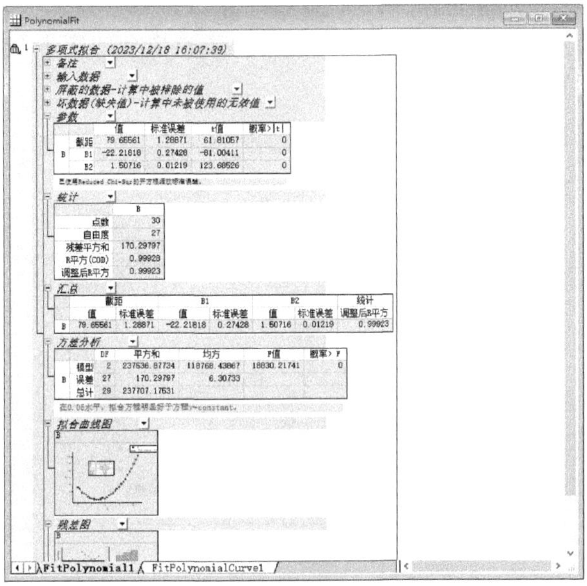

图 2-27 多项式拟合结果分析报告界面

4. 指数拟合

指数拟合分为指数衰减拟合和指数增长拟合，指数函数分为一阶函数和高阶函数。以下以 Origin 示例数据“Exponential Decay. dat”为例，说明指数衰减拟合的一般步骤。

(1)导入“Exponential Decay. dat”数据，该数据文件总共包含三列呈现指数衰减的数据，如图 2-28 所示，以 Decay 1 为例进行指数衰减拟合。

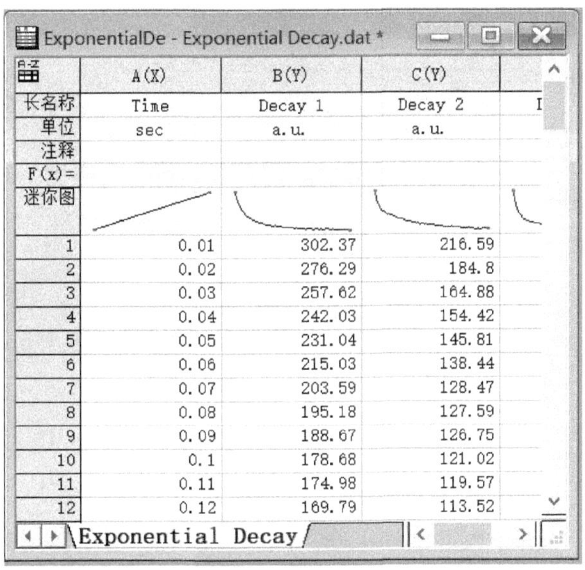

图 2-28 指数拟合工作表窗口

(2)选中数据 A、B 列绘制散点图(见图 2-29)，选择菜单命令“分析”→“拟合”→“指数拟合”，弹出指数拟合设置对话框(见图 2-30)。在设置对话框中，选择指数拟合的具体形式。此外，还可以对面板中的其他标签进行相应设置。设置完成后，点击“拟合”，Origin 软件将完成指数衰减拟合，图 2-31 为指数衰减拟合的图形。Origin 还可根据需求生成拟合结果分析报告表(见图 2-32)。

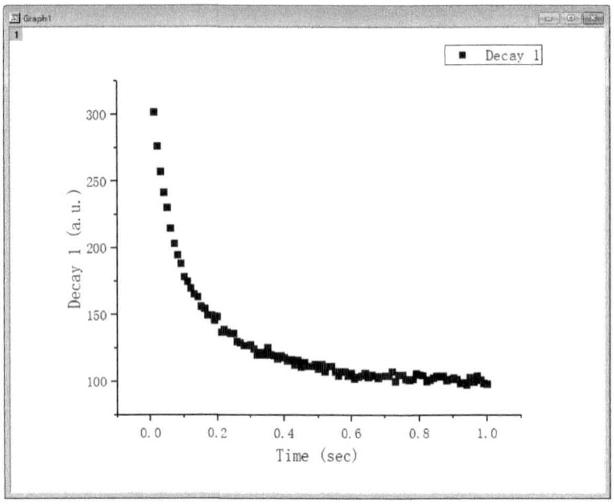

图 2-29　A、B 列散点图

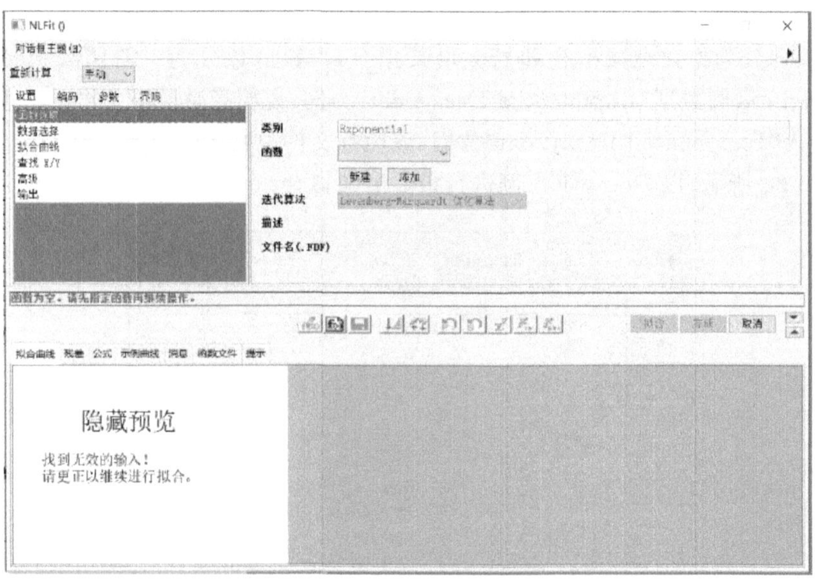

图 2-30　指数拟合设置对话框

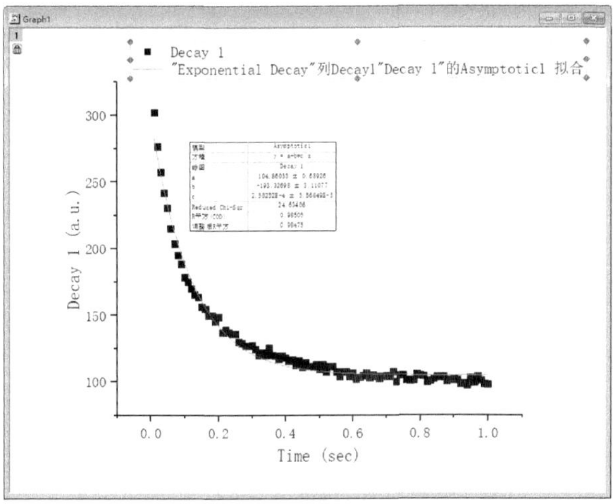

图 2-31　指数衰减拟合图形

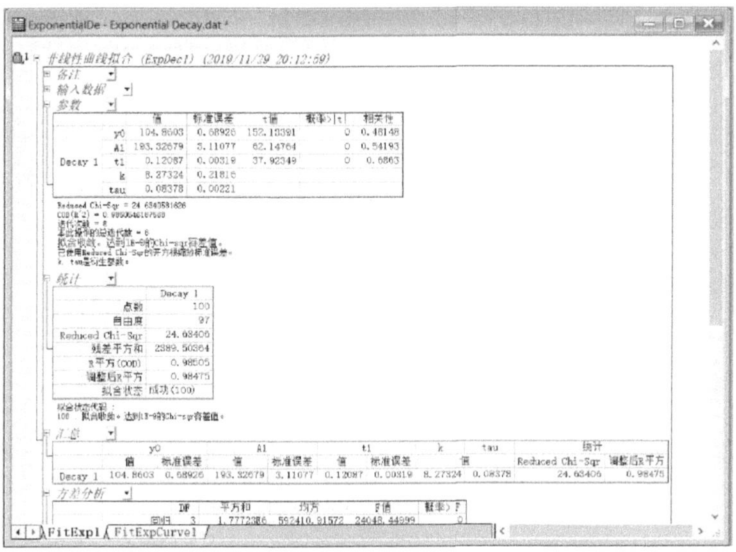

图 2-32　指数衰减拟合结果分析报告表界面

5. 非线性曲线拟合

在真实实验过程中所得到的数据大多不能简单处理成直线关系，往往需要进行非线性曲线拟合。非线性曲线拟合也是 Origin 所提供的功能最为强大的数据拟合工具之一。

以下以 Origin 示例数据“Gaussian. dat”为例，说明非线性曲线拟合的一般步骤。

(1)导入“Gaussian. dat”数据，选中数据文件中的对应列，绘制散点图，如图 2-33 所示。

(2)选择菜单命令“分析”→“拟合”→“非线性曲线拟合”，弹出非线性曲线拟合设置对话框(见图 2-34)。在设置对话框中，选择函数类别，在函数类别下选择拟合函数。此外，还可以对面板中的其他标签进行相应设置。设置完成后，点击“拟合”，Origin 软件将完成非线性曲线拟合，图 2-35 为非线性曲线拟合的图形。Origin 还可根据需求生成拟合结果分析报告表(见图 2-36)。

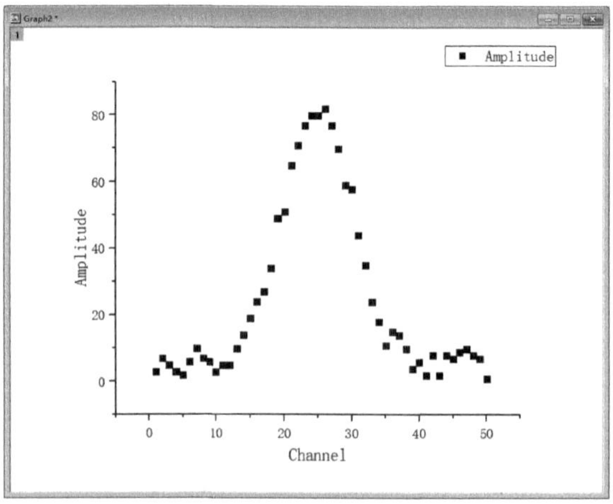

图 2-33　Gaussian. dat 数据散点图

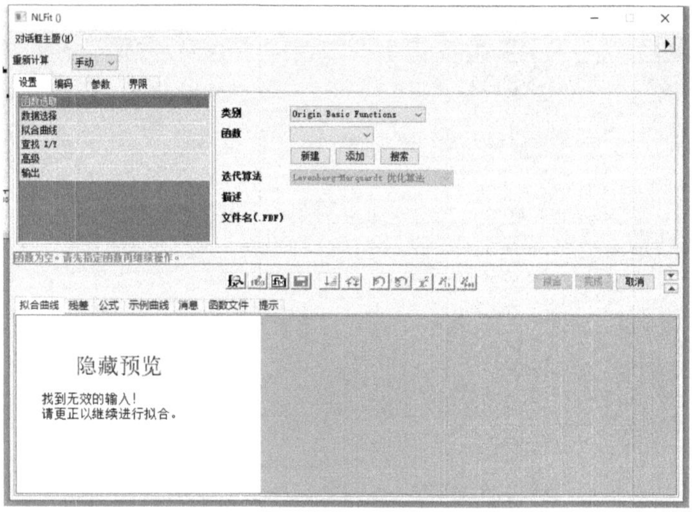

图 2-34　非线性曲线拟合设置对话框

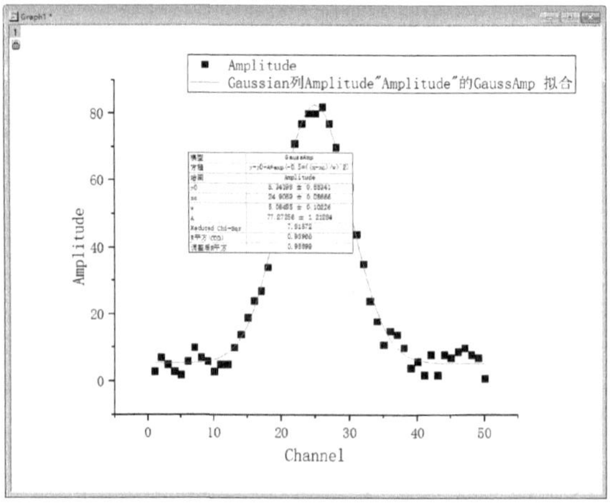

图 2-35　非线性曲线拟合图形

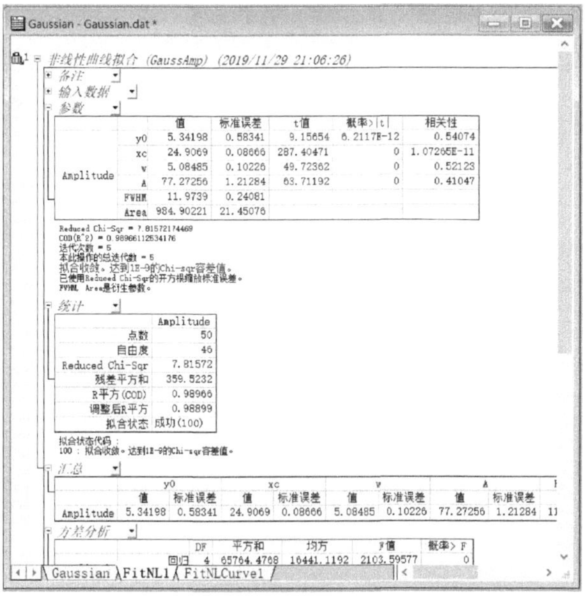

图 2-36　非线性曲线拟合结果分析报告表界面

非线性曲线拟合对话框中的“函数类别”包括基本类型、形式分类(包括指数、生长/S 曲线、曲线、对数、峰函数、多项式、幂函数、有理数等)、领域分类(包括色谱学、生理学、药理学、光谱学、统计学等)和用户自定义函数。

6. 自定义拟合函数

当所要拟合的函数表达式不在 Origin 的内置函数库中,此时需要用户定制自定义拟合函数。Origin 提供了拟合函数管理器(fitting function organizer,FFO),用于管理 Origin 的内置拟合函数和自定义拟合函数。在 Origin 中,内置拟合函数以文件(扩展名为“.FDF”)的形式存放于“Origin\FitFunc”目录下;用户自定义拟合函数以文件(扩展名为“.FDF”)的形式存放于用户子目录的“FitFunc”文件夹中。

1)拟合函数管理器

选择菜单命令“工具”→“拟合函数管理器”,打开拟合函数管理器设置面板,如图 2-37 所示。拟合函数管理器设置面板可分为 4 个区域:①为内置函数分类区,内置拟合函数按类别存放在不同的子目录下,可以用鼠标点击选择不同的拟合函数;②为所选中拟合函数的详细说明,包含函数名称、文件名、函数类型、自变量和因变量等信息;③用于显示选中函数的函数公式和图形等信息;④为拟合函数管理器操作区域,设置有新建类别、新建函数、复制、添加等功能。

2)自定义拟合函数

在拟合函数管理器中添加和使用自定义拟合函数的一般步骤如下。

(1)选择菜单命令“工具”→“拟合函数管理器”,打开拟合函数管理器设置面板,如图 2-37 所示。

(2)鼠标单击“新建类别”建立拟合函数目录。

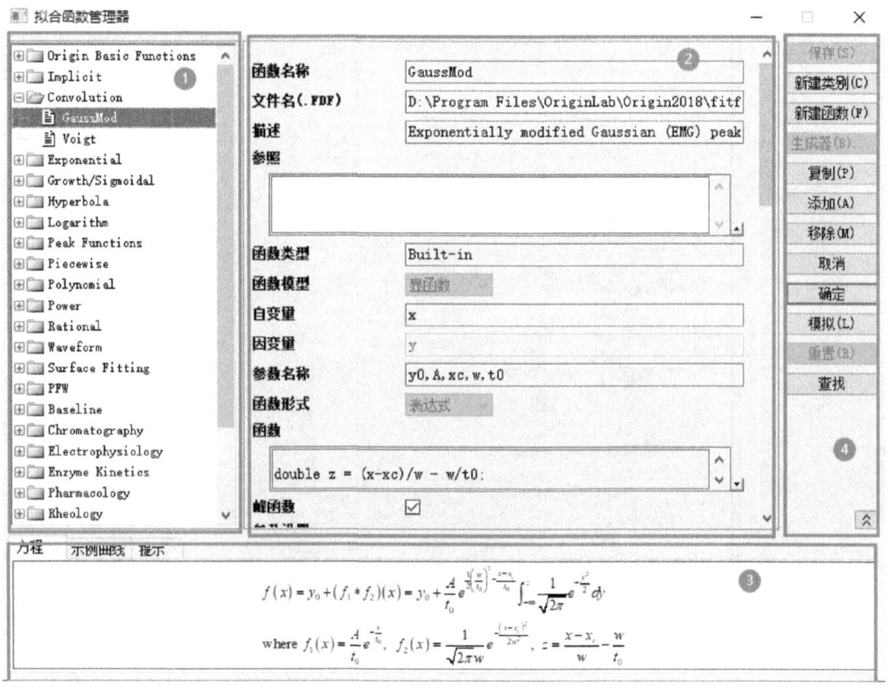

图 2 - 37 拟合函数管理器设置面板

(3)单击“新建函数”命名函数并在“函数”对话框中输入自定义函数表达式，必要时可对函数其他设置进行修改。

(4)自定义函数设置完成后，点击“ ”图标，调用“Code Builder”命令对自定义函数进行编译。编译完成后，返回拟合函数管理器界面。

(5)鼠标单击“确定”以完成自定义拟合函数的存储。

使用编译存储的自定义拟合函数进行拟合的操作方法与内置拟合函数操作方法相同，此处不再作详细说明，可参考相关内置拟合函数使用方法说明。

第3章 常用现代分析仪器简介

分析仪器种类繁多,有光谱分析仪器、色谱分析仪器、电化学分析仪器、质谱分析仪器、核磁分析仪器、热分析仪器、物性分析仪器等,可利用这些仪器对物质进行定性分析、定量分析、结构分析、物性分析及形态分析等。分析仪器在实验和工业生产中扮演着至关重要的角色,每一种分析方法所依据的原理不同,所测量的物理量不同,操作过程及应用情况也不同,如果不遵守正确的安全操作规程,可能会导致实验结果产生误差或失准,影响实验的准确性,甚至可能会对人身安全和设备造成损害。本章主要介绍几种常用仪器的分析方法、基本操作及操作注意事项。

3.1 紫外-可见分光光度计

紫外-可见分光光度计是基于紫外-可见分光光度法原理,利用物质分子对紫外-可见光谱区的辐射吸收进行分析的一种分析仪器,主要由光源、单色器、吸收池、检测器和信号处理器等部件组成。

3.1.1 紫外-可见分光光度计的原理

紫外可见吸收光谱是利用一定频率的紫外-可见光照射被分析的物质,引起分子中价电子的跃迁,紫外-可见光将有选择地被吸收从而产生的一种光谱。吸收光谱是带状光谱,反映了物质中某些基团的信息,利用标准谱图再结合其他分析手段,即可得到有关物质的结构、官能团及成分含量等信息,继而可以反映出物质的特征。紫外-可见分光光度计根据物质的吸收曲线进行定性分析,根据朗伯-比尔定律进行定量分析。

分子的紫外可见吸收光谱是由分子中的某些基团吸收了紫外-可见辐射光后,发生了电子能级跃迁而产生的。由于各种物质具有各自不同的分子、原子和不同的分子空间结构,其吸收光能量的情况也就随之不同,因此,每种物质就有其特有的、固定的吸收光谱曲线,可根据吸收光谱曲线上的某些特征波长处的吸光度的大小判别或测定该物质各组分的含量,这就是分光光度定性和定量分析的基础。

分光光度分析是根据物质的吸收光谱研究物质的成分、结构和物质间相互作用的有效手段。该吸收光谱是带状光谱,反映了分子中某些基团的信息。

根据朗伯-比尔定律说明光的吸收与吸收层厚度成正比,根据比尔定律说明光的吸收与溶液浓度成正比,如果同时考虑吸收层厚度和溶液浓度对光吸收率的影响,即得朗伯-比尔定律公式:$A=\varepsilon bc$(A 为吸光度、ε 为摩尔吸光系数、b 为液池厚度、c 为溶液浓度),就可以对溶液进行定量分析。

将分析样品和标准样品以相同浓度分别配制在同一溶剂中,在同一条件下可分别测定紫外可见吸收光谱。若二者是同一物质,则二者的光谱图应完全一致。如果没有标样,也可以和现成的标准谱图对照进行比较。这种方法要求仪器准确、精密度高,且测量条件要相同。

实验证明，不同的极性溶剂产生氢键的强度也不同，可以利用紫外可见吸收光谱来判断化合物在不同溶剂中的氢键强度，以确定选择哪一种溶剂。

3.1.2 紫外-可见分光光度计的构造

1. 光源

光源是仪器组成中比较重要的一部分。理想的光源应能提供连续辐射，光的强度必须足够大，并且在整个光谱区内其强度不应随波长有明显变化。根据不同的波长要求，采用不同的光源，紫外区和可见区通常分别用氘灯（可在 190～400 nm 波长范围内产生连续光谱）和钨灯（可在 400～1100 nm 波长范围内产生连续光谱）作为光源。

2. 单色器

单色器是能从光源辐射的复合光中分出单色光的光学装置，其主要功能：产生光谱纯度高的波长且波长在紫外-可见区域内任意可调。单色器一般由入射狭缝、准光器（透镜或凹面反射镜，使入射光成平行光）、色散元件、聚焦元件和出射狭缝等几部分组成，其中核心部分是色散元件，起分光的作用。单色器的性能直接影响入射光的单色性，从而也影响测量的灵敏度、选择性及校准曲线的线性关系等。狭缝在决定单色器性能上起重要作用，狭缝的大小直接影响单色光纯度，但过小的狭缝又会减弱光的强度。

3. 吸收池

吸收池用于盛放分析试样，一般有石英和玻璃两种材质。石英吸收池适用于可见光区及紫外光区，玻璃吸收池只能用于可见光区。为减少光的损失，吸收池的光学面必须完全垂直于光束方向。在高精度的分析测定中（紫外区尤其重要），吸收池要挑选配对，因为吸收池材料本身的吸光特征及吸收池的光程长度的精度等对分析结果都有影响。

4. 检测器

检测器的功能是检测信号、测量单色光透过溶液后光强度的变化。常用的检测器有光电池和光电倍增管等。硅光电池对光的敏感波长范围为 190～1100 nm，但由于其容易出现疲劳效应而只能用于中低档的分光光度计中。光电倍增管是检测微弱光最常用的光电元件，其灵敏度比一般的光电池要高 200 倍，因此可使用较窄的单色器狭缝，从而增强对光谱精细结构的分辨能力。

3.1.3 紫外-可见分光光度计的类型

分光光度计的分类方法有多种：按光路系统可分为单光束和双光束分光光度计；按测量方式可分为单波长和双波长分光光度计；按绘制光谱图的检测方式分为分光扫描检测与二极管阵列全谱检测分光光度计。本节主要介绍单光束分光光度计和双光束分光光度计。

1. 单光束分光光度计

单光束分光光度计中，经单色器分光后的一束平行光，轮流通过参比溶液和样品溶液，以进行吸光度的测定。这种简易型分光光度计结构简单、操作方便、易于维修，适用于常规分析。

2. 双光束分光光度计

双光束分光光度计中，经单色器分光后的一束平行光经反射镜分解为强度相等的两束光，一束通过参比池，一束通过样品池。该光度计能自动比较两束光的强度，此强度的比值即为试样的透射比，可经对数变换将其转换成吸光度并作为波长的函数记录下来。

双光束分光光度计一般都能自动记录吸收光谱曲线。由于两束光同时分别通过参比池和样品池，因此可以自动消除光源强度变化所引起的误差。

3.1.4 紫外-可见分光光度计的使用

3.1.4.1 UV－2550 紫外分光光度计

岛津 UV－2550 采用 DDM（双闪耀衍射光栅 double blazed diffraction gratings、双单色器 double monochromators）技术实现了超低杂散和高光通量。UV－2550 紫外分光光度计由光源（紫外光区使用氢灯或氘灯，可见光区使用钨灯或卤素灯）、单色器、样品池、检测器和显示系统组成，岛津 UV－2550 外观如图 3－1 所示。

图 3－1　UV－2550 紫外分光光度计外观

UV－2550 紫外分光光度计的使用方法如下所述。

1. 开机

（1）接通紫外分光光度计的电源，打开开关按钮（仪器开始自动扫描），启动计算机。

（2）运行计算机桌面上的“UVProbe”软件，等待仪器自检，当所有项目初始化完毕后，进入测试界面，如图 3－2 所示。仪器预热 15 min 后即可测试。

2. 光谱测试

（1）参数的设定。在测试界面（见图 3－2）菜单栏的“编辑”下拉菜单中，选择“方法”→“光谱方法”，再点击菜单栏上的“[M]”图标，进入光谱方法测试参数设置界面，如图 3－3 所示。在此界面中可设置“波长范围”“扫描速度”“采样间隔”等条件，点击图中“试样准备”标签，可输入重量、体积、稀释因子、光程长等信息。

（2）在仪器中放入空白溶液，在测试界面（见图 3－2），点击“基线”进行基线扫描。注意：样品比色皿放置在外侧（靠近操作人员），空白比色皿置于内侧，两比色皿内均装入空白溶液。

（3）将样品溶液放入样品池内进行样品测量，在测试界面（见图 3－2），点击“开始”开始测试；测试完毕后，在测试界面单击工具栏中的“[保存图标]（保存）”图标，将所测数据文件命名并存入文件夹。

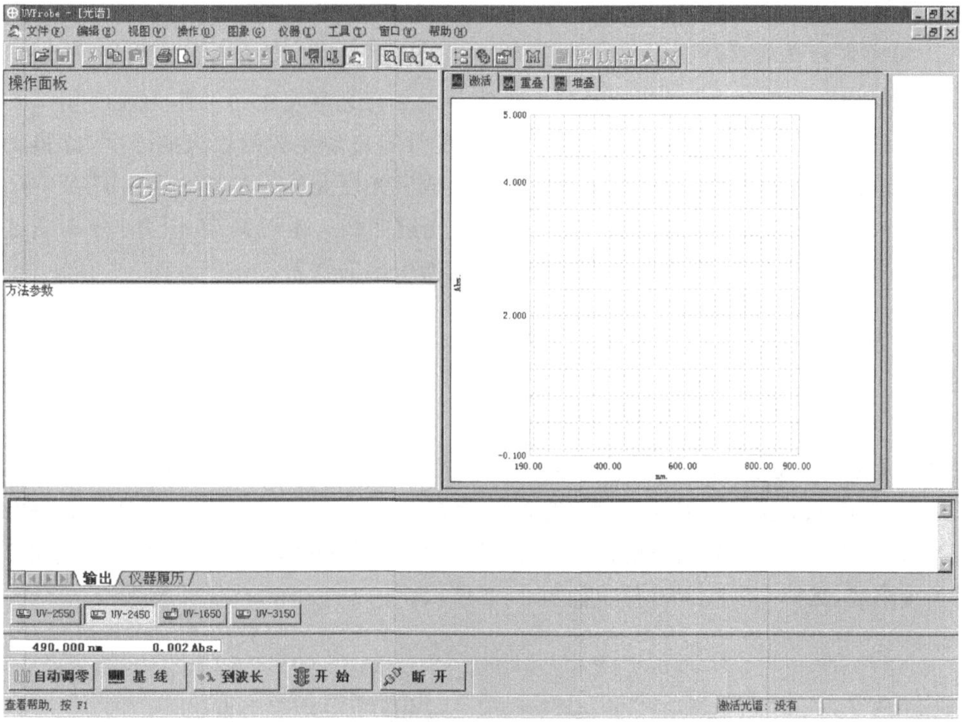

图 3-2　UV-2550 紫外分光光度计测试界面

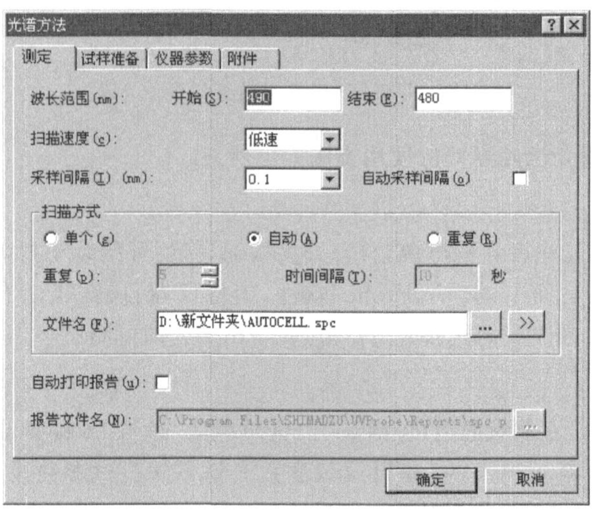

图 3-3　光谱方法测试参数设置界面

3. 定量测试

(1)在测试界面(见图 3-2)菜单栏的“编辑”下拉菜单中,选择“方法”→“光度”,点击菜单栏上的“ ”图标,进入光度测定方法向导-[标准曲线]测试参数设置界面,如图 3-4 所示。在此界面中,“类型”选择“多点”,“定量法”选择“固定波长”,输入样品浓度单位,“参数”中采用默认设置,点击“下一步”,准备测试。

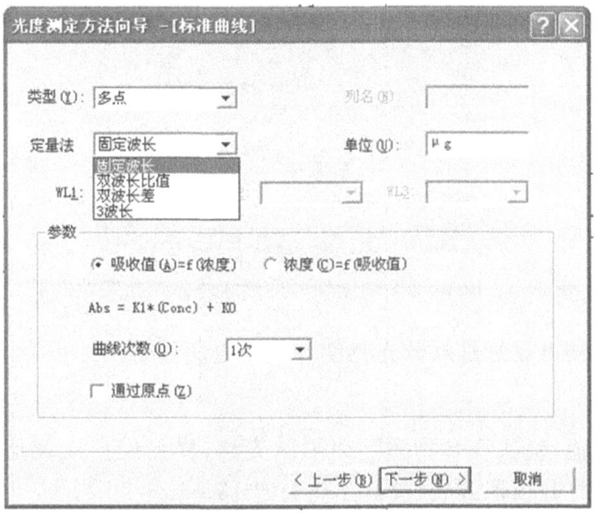

图3－4　光度测定方法向导-[标准曲线]测试参数设置界面

(2)仪器校正。在仪器中放入空白溶液，在测试界面(见图 3－2)，点击“自动调零”进行自动调零。注意：样品比色皿放置在外侧(靠近操作人员)，空白比色皿置于内侧，两比色皿内均装入空白溶液。

(3)标准曲线制作。在样品池内逐个放入标准溶液，点击测试界面的“开始”进行测试。软件自动测定各标准溶液的吸光度，并自动绘制标准曲线。标准溶液测定完毕，工作曲线自动显示。

(4)样品测试。将样品溶液放入样品池内进行样品测量，在测试界面(见图 3－2)，点击“开始”开始测试；测试完毕后，单击工具栏中的“(保存)”图标，将所测数据文件命名并存入文件夹。

4. 关机

关闭计算机，关闭仪器电源。

5. 注意事项

(1)仪器启动时检测光源是否正常，一般需预热 1 h，以减小测量误差。

(2)校准基线时，盛空白溶液的比色皿和盛试样的比色皿内均须装入空白溶液，且盛空白溶液的比色皿要放在里面；样品池内不能放入腐蚀性液体；比色皿两光面易腐蚀，勿用手触摸；每次测量时要使用配对的比色皿。

(3)检测器关机时，须先按“返回”键返回主界面，再关闭仪器开关。

3.1.4.2　Lambda 950 紫外可见近红外分光光度计

Lambda 950 紫外可见近红外分光光度计采用双光束、双单色器系统，其测量波长范围为 175～3300 nm，整机及光学系统采用宇航技术的硬件，整个光学系统均采用涂覆 SiO_2 的全息刻线光栅，且采用先进的四区分段的扇形信号收集的斩波器，确保得到准确样品和参比的信号。Lambda 950 紫外可见近红外分光光度计的外观如图 3－5 所示。

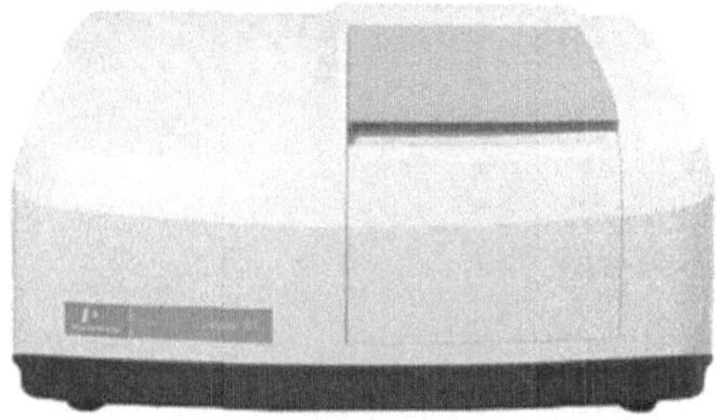

图3－5　Lambda 950 紫外可见近红外分光光度计外观

Lambda 950 紫外可见近红外分光光度计使用方法如下所述。

1. 开机

(1)打开样品舱盖,确认没有物体阻碍测试光路,样品舱内无其他多余物体,盖上舱盖。接通仪器电源,打开仪器开关(仪器预热稳定 15 min～1 h)。

(2)打开计算机,运行桌面上的软件“Perkin Elemer UV WinLab”,准备测试。

2. 使用方法

(1)启动 UV Winlab 测试软件后,在主菜单“Window”的下拉菜单中单击“Methods(方法)”选项,在弹出的“Methods(方法)”窗口中,选择相应的测试方法“Scan－Lambda 950(全波段扫描)”,进入仪器参数设置界面,如图 3－6 所示。

注:本仪器扫描波长范围为 175～3300 nm,其中 175～319.20 nm 用氘灯提供光源,319.20～3300 nm 由卤素灯提供光源。光源氘灯与卤素灯的切换点“Lamp Change(更换指示灯)”默认值为 319.20 nm,可在适当范围内调整,但不可低于 300 nm 或高于 350 nm。参数“Detector Change(更换检测器)”默认值为 860.80 nm,可在适当范围内调整,但不可低于 700 nm 或高于 950 nm。

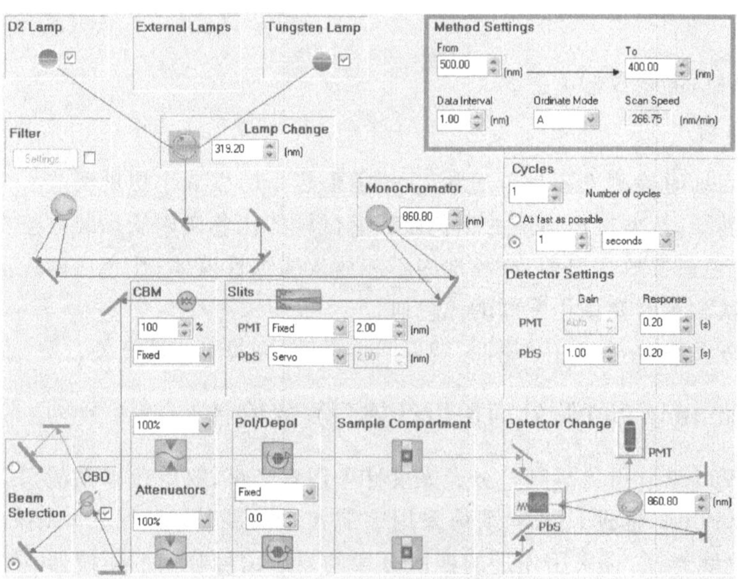

图 3－6　仪器参数设置界面

(2)Scan－Lambda 950(全波段扫描)测试。在仪器参数设置界面(见图 3－6)的“Method Settings(方法设定)”中修改“From... To...(波长区间)”“Scan Speed(扫描速度)”“Data Interval(数据间隔)”,在“Ordinate Mode(标准模式)”下拉框中选“%T(透过率)”或“A(吸光度)”,设置“Number of cycles(循环次数)”等。设置扫描范围时,“From(开始)”值必须大于“To(结束)”值,否则两数值将被互换。所有参数设置完毕后,单击“Setup(运行)”工具条,系统进行初始设置,待运行工具条转为绿色时,表明设置完毕,进入仪器测试界面,如图 3－7 所示。

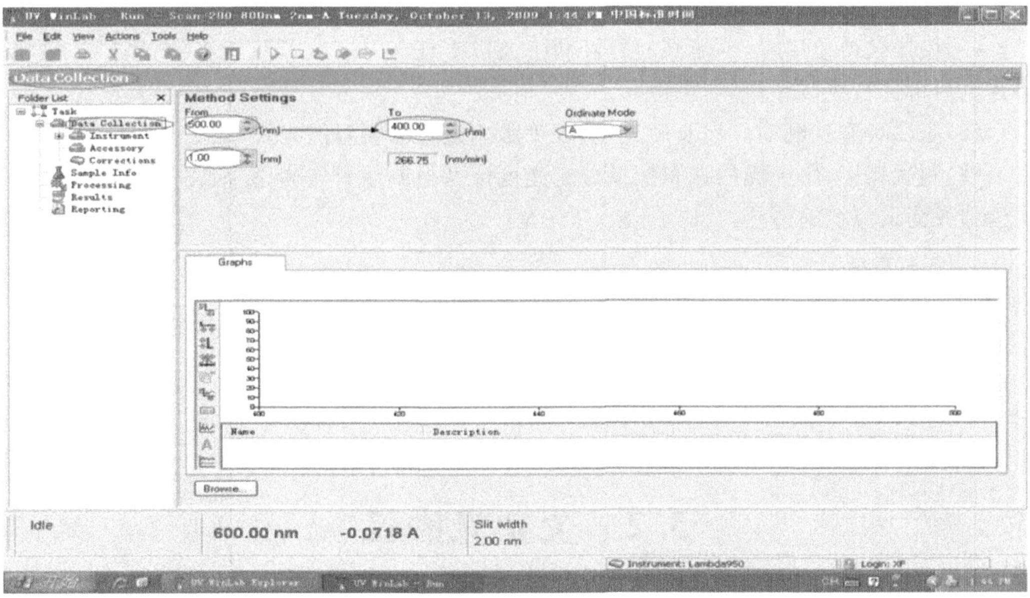

图 3－7　Lambda 950 紫外可见近红外分光光度计测试界面

(3)背景校正。打开样品舱,确认样品舱中透射测试支架已安装妥当,且没有物体阻碍测试光路,合上样品舱盖。在测试界面单击“(自动调零)”图标进行校正,当其由红色转为绿色时表明校正完毕。同一波段内的测量只需校正一次。

(4)样品测试。校正完毕后,打开样品舱放入待测样品,合上舱盖。单击测试界面的“(开始)”图标开始测量,扫描过程中,波长和读数值都实时显示。

(5)导出数据。在测试界面(见图 3－7)“File(文件)”下的“Save(保存)”命令中,选择“保存为 ASC”,选择保存路径名后进行保存。

(6)“Wavelength quant－Lambda(定波长测试)”和“Scan－Lambda 950(全波段扫描)”的设置方法一样。

(7)实验结束。关闭计算机软件,关闭仪器电源开关,取出样品,清理台面,比色皿及时清洗干净。

3. 注意事项

(1)为提高氘灯(UV Lamp)的使用寿命,使用时最好不要频繁开关仪器。若要再次开启,至少让氘灯冷却 5 min。

(2)测试时,务必保持光源处于良好通风环境中,禁止将仪器盖布、书包或其他杂物堆置于光源附近，以防光源散热不良，甚至被烧坏。

(3)测试液体样品时，必须先将比色皿透光面用吸水纸轻轻吸干，再用擦镜纸擦净。如样品为挥发性试剂，须加比色皿盖。比色皿使用完毕后，请立即用去离子水冲洗干净，并用吸水纸和擦镜纸将水迹除去，以防止比色皿表面被破坏，影响其透光率。

(4)使用溶剂时注意：同一种被测物质由于使用的溶剂不同，得到的紫外可见吸收光谱的峰形和最大吸收位置可能不一样，所以在测定物质的吸收光谱时，一定要注明所使用的溶剂；尽量选用低极性溶剂；能很好地溶解被测物，并且形成的溶液具有良好的化学和光化学稳定性；溶剂在样品的吸收光谱区无明显吸收。

(5)仪器软件使用时，不能同时打开两个及以上任务。若大幅度改变测试波长，须稍等片刻后再进行测试操作，切忌急躁。

(6)测试时避免触动灯泡及反光镜，以免影响光路和辐射的光效率。

(7)测试完毕，用干燥的抹布擦拭分光光度计及电脑组件等外表灰尘，保持样品仓内的清洁及测试环境的整洁。

4. 安全事项

强烈的紫外辐射对人体健康有害，操作时请注意以下事项。

(1)当氘灯开启时，勿打开分光光度计顶盖。

(2)当氘灯辐射暴露时，务必佩戴紫外线防护眼镜。

(3)切勿直接目视打开的氘灯。

3.2　荧光光谱仪

荧光光谱仪是用来测定荧光物质性质及含量的重要分析仪器，具有灵敏度高、线性范围宽等优点。目前，荧光光谱仪广泛应用于生物、化学、药物分析，食品检验、环境科学研究等领域。

3.2.1　荧光光谱仪的原理

荧光光谱仪的基本原理是朗伯-比尔定律，该方法除能提供激发光谱、发射光谱外，还可提供荧光强度、量子产率、荧光寿命、荧光偏振等物理参数，从各个角度反映分子的成键和结构情况。通过对这些参数的测定，不但可以对发光物质做一般的定量分析，而且还可以推断分子在各种环境下的构象变化，从而表明分子结构与功能之间的关系。

荧光光谱仪的激发波长扫描范围一般是190～650 nm，发射波长扫描范围是200～800 nm，一般可用于液体、固体样品(如凝胶条)的光谱扫描。

3.2.2　荧光光谱仪的构造

荧光光谱仪主要由光源、单色器、样品室、检测器和显示器组成。测试时，将待测样品放入样品池中，样品由激发光源发射的紫外或可见光激发，经第一单色器(激发单色器)分光后，得到需要的激发光波长，照到样品池中的被测样品上，样品受到该激发光激发后发出荧光，经第二单色器(发射单色器)分光，由光电倍增管转换成相应电信号，再经放大器放大，将模拟电信号转换成相应数字信号，并通过显示器或打印机显示和记录被测样品谱图。

1. 光源

激发光源一般要求比吸收测量中的光源有更大的发射强度，其适用波长范围宽，荧光光谱仪中常用的是高压汞灯光源和氙弧灯光源。高压汞灯是利用汞蒸气放电发光的光源，常用来发射 365 nm、405 nm、436 nm 三条谱线，以 365 nm 的谱线最强。氙弧灯是应用最广泛的一种光源，可发射波长 250～800 nm 的连续光源。

2. 单色器

荧光光谱仪一般采用两个光栅单色器，有较高的分辨率，能扫描图谱，既可获得激发光谱，又可获得荧光光谱。第一单色器作用：分离出所需要的激发光，选择最佳激发波长 λ_{ex}，用此激发光激发样品池内的荧光物质；第二单色器作用：滤掉一些杂散光和杂质所发射的干扰光，用来选择测定用的荧光波长 λ_{em}。在选定的 λ_{em} 下测定荧光强度，并进行定量分析。

3. 样品室

样品室用于放置待测样品。比色皿用于盛放待测液体样品，其通常是石英材质、四面透光的方形池，也即样品池。

4. 检测器

荧光光谱仪一般采用光电倍增管检测器。检测器将光信号转化成电信号并放大，最终转换成荧光强度。荧光的强度一般较弱，因而要求检测器有较高的灵敏度。荧光分析法比吸收光度法具有更高的灵敏度，是因为荧光强度与激发光强度成正比，提高激发光强度可大大提高荧光强度。

5. 读出装置

实验中可用记录仪记录或打印机打印出结果：扫描激发光谱和发射光谱。

3.2.3 荧光光谱仪的使用

3.2.3.1 日立 F－2700 荧光分光光度计

日立 F－2700 荧光分光光度计属于紧凑型，可独立运行，操作方便，外观如图 3－8 所示。

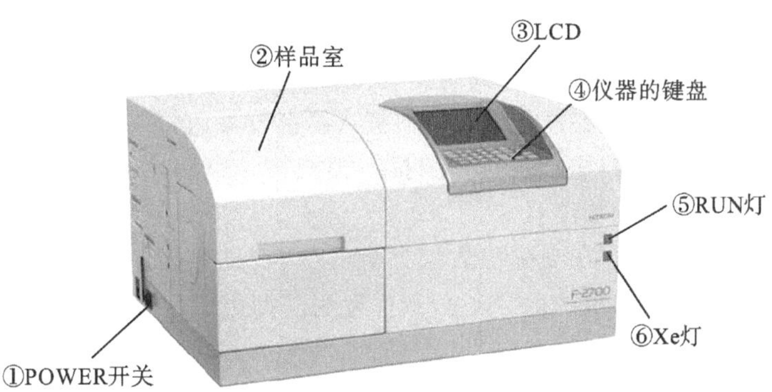

图 3－8 日立 F－2700 荧光分光光度计主机外观

①POWER 开关：荧光分光光度计主机电源开关。

②样品室：放入待测试样。

③LCD(显示器)：独立操作时显示画面，显示条件设定画面或结果。

④仪器键盘：用于独立操作时的数值或字符的输入。

⑤RUN 灯：装在荧光分光光度计主机中，显示计算机是否正确运行。计算机正确运行时，该灯保持常亮，直至 POWER 开关关闭。如果此灯处于关闭或闪烁状态，则表示仪器状态异常，此时请重启仪器。如果还不能解决此问题，请参考 F－2700 型分光荧光光度计使用说明书中的“维修检查”部分对应处理。

⑥Xe 灯显示灯：表示 Xe 灯的亮灯与否状态。

日立 F－2700 荧光分光光度计的使用方法如下所述。

1. 开机

(1)连接好仪器和计算机电源线，启动计算机。

(2)先将位于仪器右下方的“LOCAL－REMOT”切换开关调至“REMOTE”状态，再将位于仪器左下方的“POWER”键打开。

(3)待仪器前侧右下方绿色的 Xe 灯和 RUN 灯都亮后，双击计算机桌面上的“FL Solution”图标进入仪器工作界面。此时仪器进行自检及初始化，完成后，对话框各项目亮起，即可开始测定。

2. 波长扫描

(1)点击仪器键盘软件界面右侧的“Method(方法)”图标，进入测量方法设定界面；在“General(通用)”选项中“Measurement(测量)”处选取“Wavelength Scan(波长扫描)”，在“Operator(操作者)”处输入操作者名称，在“Comments(注释)”处输入注解。

(2)“Instrument(仪器)”选项中输入需要的测量条件：扫描模式(Scan Mode)可选激发谱(Excitation)、发射谱(Emission)或同步荧光谱(Synchronous)；数据模式(Data Mode)可选荧光(Fluorescence)、化学发光(Luminescence)或磷光(Phosphorescence)。

(3)在“EM WL(或 EXWL)”中填入所需的发射(EM)或激发(EX)波长值；在“EX Start WL”(或“EM Start WL”)中输入波长扫描范围的起始波长；在“EX End WL”(或“EM End WL”)中输入波长扫描范围的终止波长；在“Scan Speed(扫描速度)”里选择扫描速度；在“EX Slit”和“EM Slit”中选取激发和发射狭缝的宽度；在“PMT Voltage(PMT 电压)”中选择光电倍增管(photomultiplier，PMT)的电压值；在“Response(响应)”中选择响应时间；如需对一样品进行多次重复扫描，可在“Replicates(重复)”中选择扫描次数。以上条件设定结束后，在设定界面按确定键确认。

(4)打开样品室门，将装有样品的比色皿插入样品支架内，再将样品室门盖上。

(5)点击“PreScan(预扫描)”进行预扫描。预扫描结束后，如无错误信息出现，再点击“Measure(测量)”进行扫描测量。

(6)测量结束后，系统会自动弹出数据处理界面，在此界面内可对数据进行处理、分析。在该界面的“File”菜单里选取“Save as(保存为)”即可保存测量结果。

3. 光谱定量分析

(1)同上进入测量方法设定界面。

(2)测量方法设定界面中,在"General(通用)"选项中选取"Photometry(光度测定法)",在"Quantitation(定量)"选项中输入标准曲线的设定条件。在"Quantitation(定量)"中选择测量方法:Wavelength(波长法)、Peak Area(峰面积法)、Peak Height(峰高法)、Derivative(导数谱法)、Ratio(比率法);在"Calibration(校准)"中选择标准曲线的拟合方法:None(不拟合)、1st order(一次曲线)、2nd order(二次曲线)、3rd order(三次曲线)、Segmented(折线法);在"Concentration(浓度)"中输入浓度单位值;在"Digit after decimal(小数点后的数字)"中输入浓度值的有效数字位数;选中"Manual Calibration(手动校准)"即可输入已知标准曲线的系数;选中 "Force curve through zero(强制过零点的曲线)",可强制曲线过原点。

(3)在测量方法设定界面的"Standard(标准)"选项中输入标准样品的浓度值;在"Number of (数字)"中输入标准样品数,并点击"Update(更新)"确认,然后在列表中输入各样品的浓度值。

(4)在测量方法设定界面的"Instrument(仪器)"选项中输入需要的测量条件:在"Wavelength(波长)"中选择指定波长的方式(一般选两个波长都指定即"Both WL Fixed"),并在 EX 和 EM 栏里填入所需的波长值。

(5)以上条件设定结束后,在设定界面按确定键确认。点击"Measure(测试)"并参照提示依次放入标准样品,读出测量值。待标准样品测完后,选择测量未知样品(Sample),系统自动绘出标准曲线,并给出相关系数。

(6)在仪器中放入待测未知样品,点击软件下方的"Blank(空白)"键可测量空白样品,点击"Sample(样品)"键可测量待测未知样品。

(7)测量结束后,点击"End(结束)"键即可自动弹出数据处理界面,进行数据处理。

4. 关机

将软件菜单栏"Utility"项下拉展开,先将 Xe 灯关闭;点击 FL Solutions 软件右上角的"× Exit(退出)",或点击"File"菜单里的"Exit(退出)"退出软件;关闭计算机,等待10 min后关闭仪器"POWER(开关)"键关机,断开仪器和计算机电源线。

5. 注意事项

(1)狭缝宽度和光电倍增管电压值可配合选择。一般而言,可选择相对较小的狭缝宽度和相对较大的光电倍增管电压值。

(2)扫描速度不宜过快。

(3)若扫描同步荧光光谱,EM WL 和 EX Start 的波长差值即为 $\Delta\lambda$。

3.2.3.2　FLS－5 荧光光谱仪

1. 开机

(1)先打开计算机,再打开仪器。确认所使用样品支架的类型,并在前先把支架安装好。FLS－5 荧光光谱仪主机外观如图 3－9 所示。

(2)在计算机桌面打开软件"Fluoracle"。初始化后,进入仪器测试界面,如图 3－10 所示。在"Signal Rate(信号设置)"窗口,如图 3－11 所示,调节仪器信号。

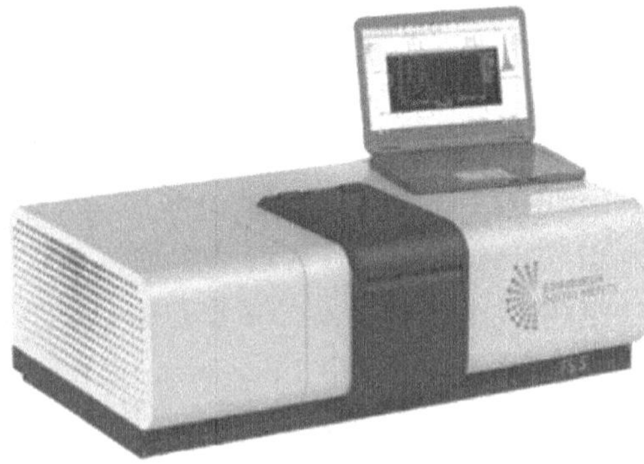

图 3-9 FLS-5 荧光光谱仪主机外观

图 3-10 荧光光谱仪测试界面

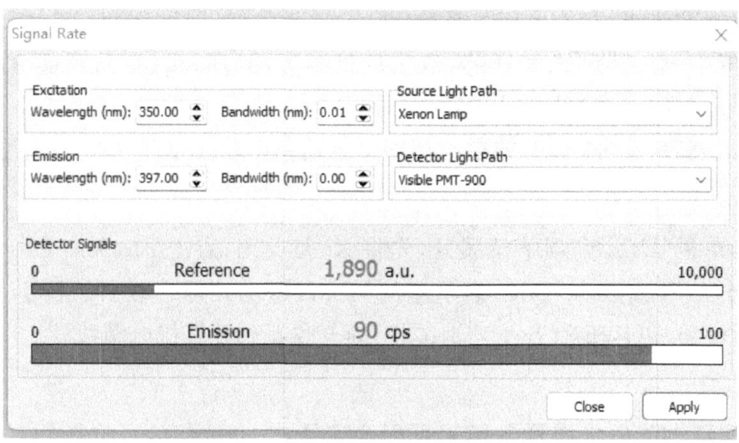

图 3-11 荧光光谱仪信号设置界面

2. 信号调节

(1)“Signal Rate(信号设置)”界面(见图 3-11)中,在“Source Light Path(光源)”中选择所需光源,在“Detector Light Path(检测器)”中选择所需检测器。勾选完后,将“Excitation(激发)”和“Emission(发射)”的“Bandwidth(狭缝)”调到最小,一般为 0.01 或者 0.02,点击“Apply(应用)”退出界面。

(2)在仪器测试界面(见图 3-10),点击“Setup(安装)”,进入氙灯安装界面,如图 3-12 所示,在“Lamp Control(灯控制)”选项选择“On”[不用点击“Apply(应用)”,图中示意选择了“OFF”]氙灯将被点亮,点击“Close(关闭)”退出界面。一般氙灯需要预热 20 min 左右。

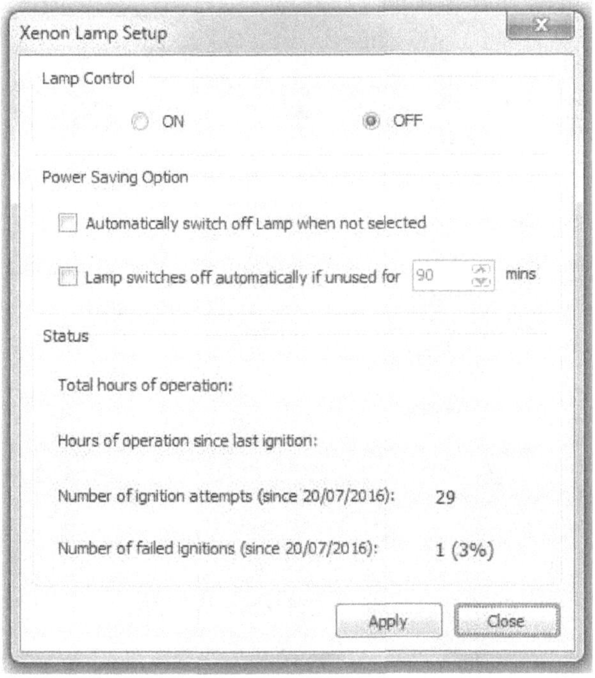

图 3－12　荧光光谱仪氙灯安装界面

(3)信号调节具体操作。打开样品室盖子，放入待测样品，然后盖好盖子。在“Signal Rate(信号设置)”界面(见图 3－11)，输入对应的“Excitation Wavelength(激发波长)”和“Excitation Wavelength(发射波长)”，将“Source Light Path(光源)”设置为“Xenon Lamp”，将“Em1 Detector Light Path(检测器)”设置为“Visble PMT－900”，调节“Excitation(激发)”和“Excitation(发射)”的“Bandwidth(狭缝)”，将“Emission(发射)”的信号调到合适值。关闭“Signal Rate(信号设置)”窗口。

“Reference(参比)”为参比检测器的信号值，一般不能超过 4,000,000。

“Emission(发射)”为发射检测器的信号值，一般不能超过 1,000,000。

“Transmission(吸收)”为吸收检测器的信号值，一般不能超过 2,000,000。

3. 样品测试

(1)Emission Scan(发射扫描)测试。在仪器测试界面(见图 3－10)点击“λ”图标，选择测试方法“Emission Scan(发射扫描)”，如图 3－13 所示，进入“Emission Scan Setup(发射扫描安装)”参数设置界面，如图 3－14 所示。在图 3－14 的“Correction(校正)”选项中，建议勾选“Excitation Correction File(校正文件)”，“Emission Correction File(发射校正文件)”选项为已扣除激发光源的波动，干扰勾选后，扫描的谱图将自动扣除校正文件；校正文件也可以先不勾选，在数据处理时再加载校正文件。“Scan from(扫描波长)”为扫描波长范围设置；“step(步径)”一般设置 0.5 nm 或 1 nm，数值越大扫描越快；“Dwell Time(积分时间)”一般设置为 0.1～0.5 s，数值越大峰值越高；“Number of Scans”为扫描次数，最终的谱图是多次扫描结果的叠加。设置完成后，点击“Start(开始)”开始测试，可得到激发光谱。加载校正文件时，在“Analysis(分析)”中的“Correction

（校正）”中，选择需要加载的校正文件。注意：狭缝只能在“Signal Rate（信号设置）”窗口中设置。

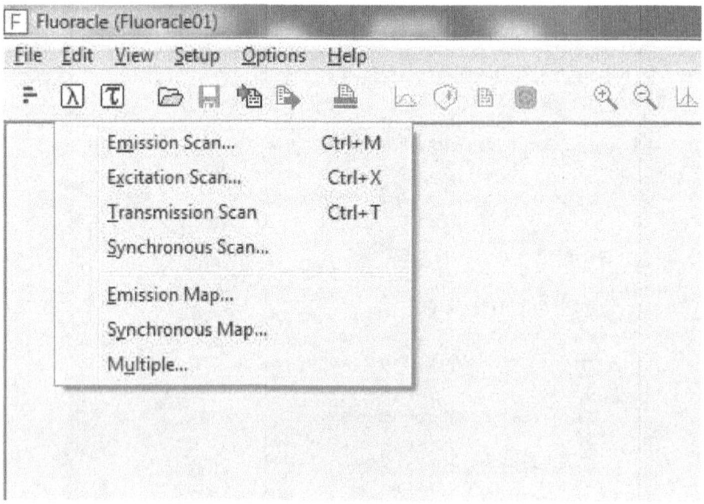

图 3-13　荧光光谱仪测试方法选择

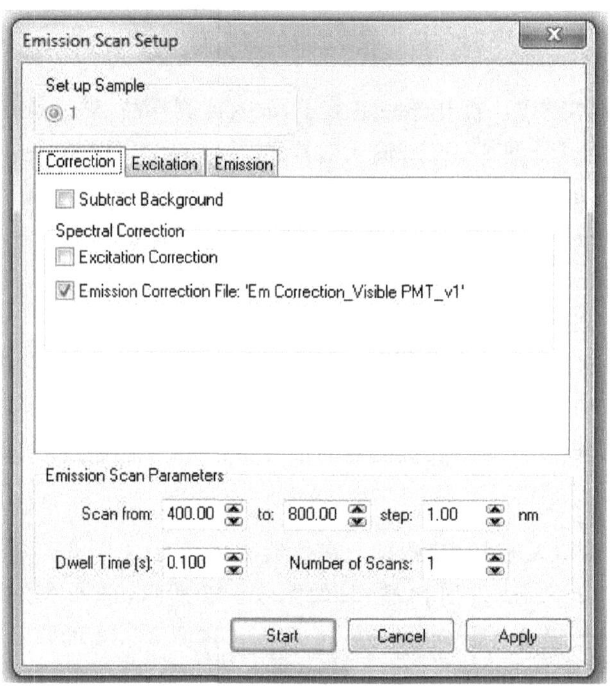

图 3-14　荧光光谱仪发射扫描参数设置界面

(2)Excitation Scan（激发扫描）测试。与 Emission Scan（发射扫描）设置方法一样。

(3)Transmission Scan（吸收光谱）测试。与 Emission Scan（发射扫描）设置方法一样。需要先测试空白溶液，测试完成后，样品谱线和空白谱线合并，点击“Analysis（分析）” 中的“Absorption（吸收）”将其转换成吸光度曲线。

(4)数据保存。数据可以保存为原始文件、ASCII 文件和图片文件等格式。

3.2.3.3　FLS－920 全功能型稳态/瞬态荧光光谱仪

FLS－920 全功能型稳态/瞬态荧光光谱仪具有两种功能：稳态测量和瞬态测量。稳态测量目标：激发光谱（荧/磷光强度-激发波长）、发射光谱（荧/磷光强度-发射波长）、同步扫描谱（固定波长差、固定能量差、可变角）。瞬态测量目标：荧光（磷光）寿命（100 ps～10 s）。该光谱仪适合各类液体和固体样品的测试。FLS－920 全功能型稳态/瞬态荧光光谱仪的结构外观如图 3－15 所示。

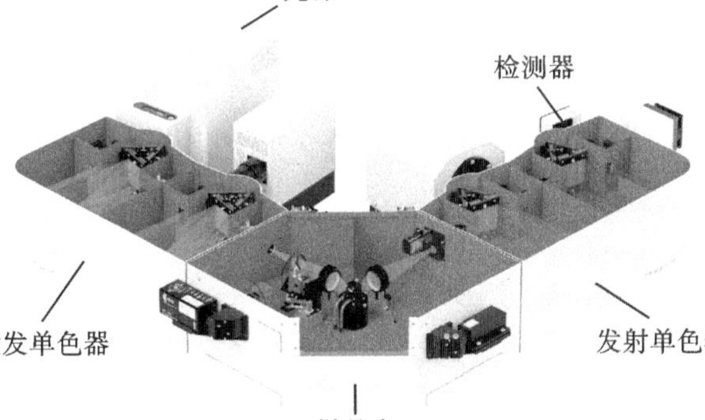

(a) 结构图

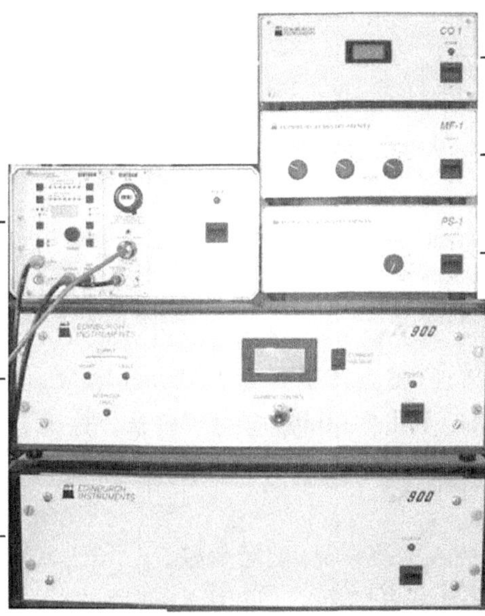

(b) 面板图

图 3－15　FLS－920 全功能型稳态/瞬态荧光光谱仪外观及内部结构
（注：PMT，光电信增管，photomultiplier）

FLS－920 荧光光谱仪测量荧光寿命是基于时间相关单光子计数原理。时间相关单光子计数法简称“单光子计数法（single photon counting，SPC 法）”，其基本原理是，脉冲光源激发样品后，样品发出荧光光子信号，每次脉冲后只记录某特定波长单个光子出现

的时间 t,经过多次计数,测得荧光光子出现的概率分布 $P(t)$ 曲线,此 $P(t)$ 曲线就相当于激发停止后荧光强度随时间衰减的 $I(t)$ 曲线。这与一束光(许多光子)通过一个小孔形成的衍射图与单个光子一个一个地通过小孔长时间地累积可得完全相同的衍射图的原理是一样的。

FLS-920 全功能型稳态/瞬态荧光光谱仪的使用方法如下所述。

1. 稳态荧光光谱的测定

(1)打开 Xe 900 电源,待其稳定。

(2)打开 CO 1 电源和 FLS-920 主机电源。

(3)启动计算机,双击桌面上的“F900”图标初始化仪器,进入仪器测试界面,如图 3-16 所示。

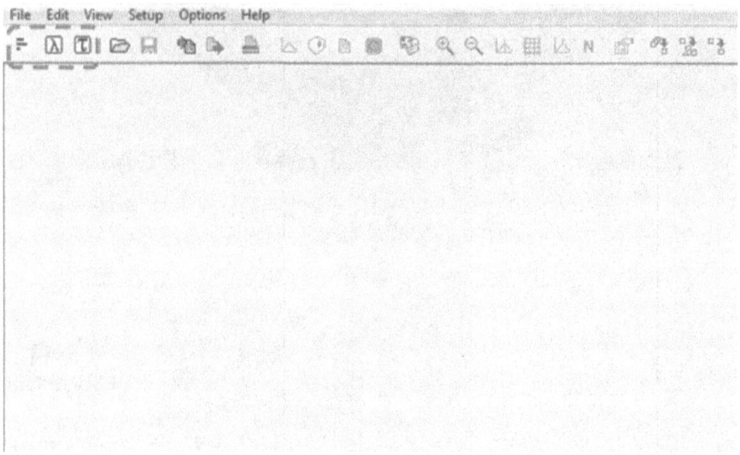

图 3-16　FLS-920 全功能型稳态/瞬态荧光光谱仪测试界面

(4)在仪器测试界面(见图 3-16),点击“”图标,进入“Signal Rate(信号设置)”界面,如图 3-17 所示。先将“Excitation Wavelength(激发波长)”和“Em1 Wavelength(发射波长)”选项的“Δλ(狭缝)”均设置为 0.02 nm,点击“Enter(确认)”或者“Apply(应用)”确认;再将“Source Light Path(光源)”设置为“XE 900”,“Em1 Detector Light Path(检测器)”设置为“R928P”,然后点击“Apply(应用)”确认。注意:窗口下部“Ref”为光源光子计数;“Em1”为检测器测得的光子计数,两个光子计数均可通过由小到大改变狭缝宽度来调节。

(5)打开样品室盖子,放入待测样品,然后盖好。

(6)在“Signal Rate(信号设置)”界面(见图 3-17),输入相应的“Excitation Wavelength(激发波长)”和“Em1 Wavelength(发射波长)”值,逐渐加大 Δλ 值,使“Em1”发射信号获得一个合适值。注意:在设置后需要点击“Enter”或者“Apply”确认才真正生效,“Ref(参比)”的“Signal Rate(信号)”的数值不要超过 10^7,“Em1”的“Signal Rate(信号)”的数值千万不要超过 10^6。

(7)激发光谱测试。在仪器测试界面(见图 3-16),单击“”图标,选择“Excitation Scan(激发扫描)”,进入“Excitation(Ref.) Correction Scan Setup(激发扫描设置)”界面,如图 3-18 所示,在“Excitation Scan Parameters(激发扫描参数)”选项内设置参数:

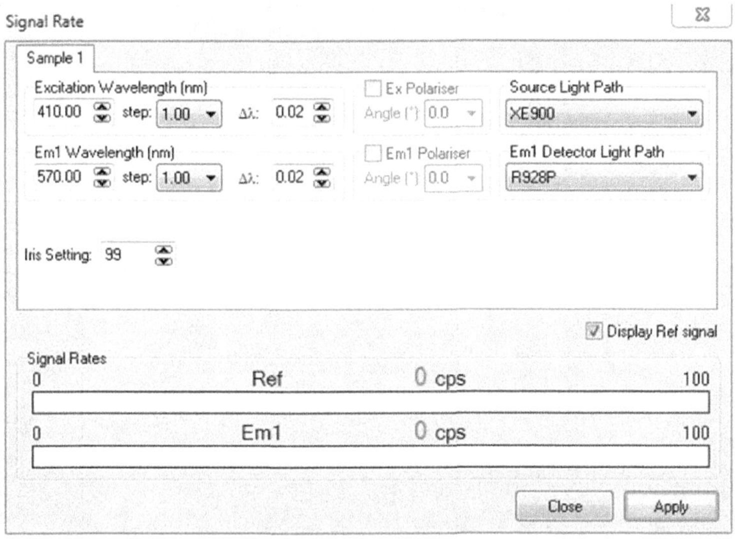

图 3 - 17　荧光光谱仪信号设置界面

“Scan from(扫描波长)”为扫描波长范围;“step(步径)”一般设置 0.5 nm 或 1 nm,数值越大扫描越快;“Dwell Time(积分时间)”一般设置 0.1～0.5 s,数值越大峰值越高;“Number of Scans”为扫描次数,最终的谱图是多次扫描结果的叠加。设置完成后,点击“Start(开始)”开始测试,可得到激发光谱。

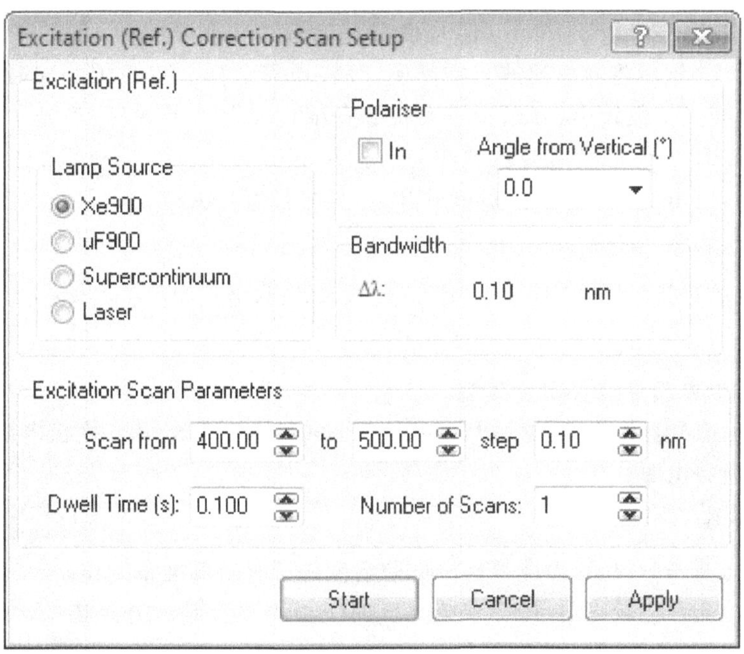

图 3 - 18　荧光光谱仪激发扫描设置界面

(8)发射光谱测试。在仪器测试界面(见图 3 - 17)点击“ ”图标,选择“Emission Scan(发射扫描)”进入“Emission Scan Setup(发射扫描设置)”界面,如图 3 - 19 所示,在“Emission Scan Parameters”内设置扫描波长范围、步径、积分时间和扫描次数,设置完毕后点击“Start”开始测试，得到发射光谱。

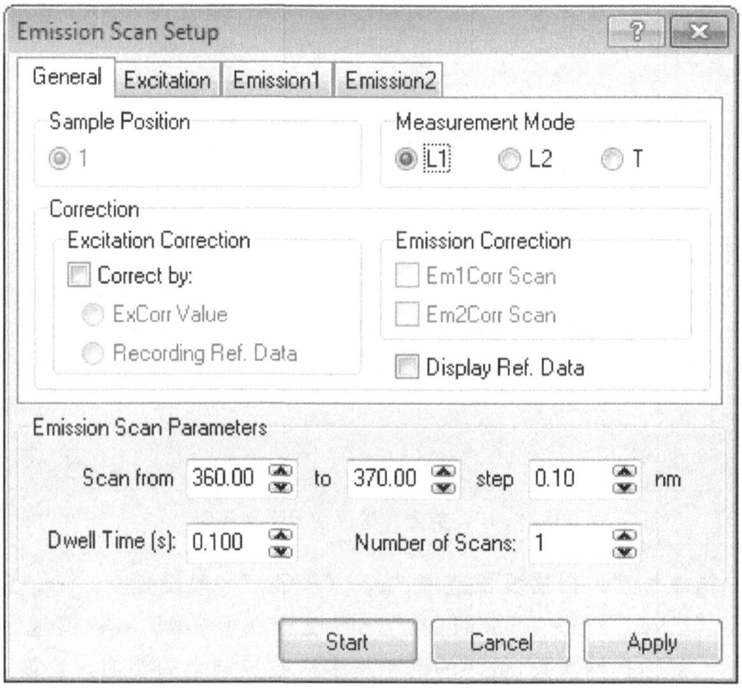

图 3-19 荧光光谱仪发射扫描设置界面

注意：测试前，在“Signal Rate（信号设置）”窗口中将狭缝宽度调至 0.03 nm，点击“Apply（应用）”确认后将样品池放入样品室，轻轻地盖上样品室盖子并同时观察“Em1”中的光子数。若光子数较小，可逐步增大狭缝宽度再盖上盖子观察，若光子数超过三十万，必须立即提起盖子，将狭缝宽度改小，点击“Apply”确认。当“Em1”光子数在几千到十几万之间时，点击“Close”关闭 “Signal Rate（信号设置）”窗口。

2. 数据处理

谱图处理后选择“File（文件）”→“Export ASCII（输出）”即可将其转换成文本文件。

3. 关机

（1）退出 F900 程序并关闭计算机。

（2）关闭所有硬件电源开关（CO 1 电源、nF 900 电源、FLS-920 主机电源，Xe 900 电源等）及相关设备电源。

4. 注意事项

（1）仪器光源寿命很短，因此每次测试前请做好所有前期准备工作。

（2）仪器检测器比较脆弱，调节狭缝宽度时应由小逐步到大并点击“Apply”确认，测试每个样品前必须确保“Em1”光子计数小于三十万。在切换光源、修改设置或放置样品之前必须把狭缝（$\Delta\lambda$）调到最小（0.01 nm），否则会损坏光电倍增管。

（3）用 PMT 检测时，必须等稳压电源 CO 1 的温度示数在－17 ℃以下时才可以开始采集数据。

(4)严禁用稳态/瞬态荧光光谱仪测量未知样品紫外-可见区的稳态光谱。

(5)狭缝宽度范围为 0.01～18 nm,调节时注意不要超过其上限。

(6)每次设置完参数后都要点击“Apply”或者“Enter”确认。

3.3　红外光谱仪

红外光谱分析主要用于物质鉴别、分析物质的化学结构、研究分子间及分子内部的相互作用,在化工、医药、环境、材料、煤炭等领域有广泛应用。

3.3.1　红外光谱仪的原理

用红外光照射被检测物质时,不同的分子结构或化学键,会吸收一定波长的红外光,并将这部分光能转化为分子的转动动能或振动动能,引起化学键能级的跃迁,这是一个量子化过程,通过检测并记录红外光的这一吸收过程,就得到了物质化学结构的红外光谱图。红外光谱图包含了被检测物质的分子结构和化学键的信息。红外光谱仪光路及仪器的工作原理框图如图 3-20 所示。

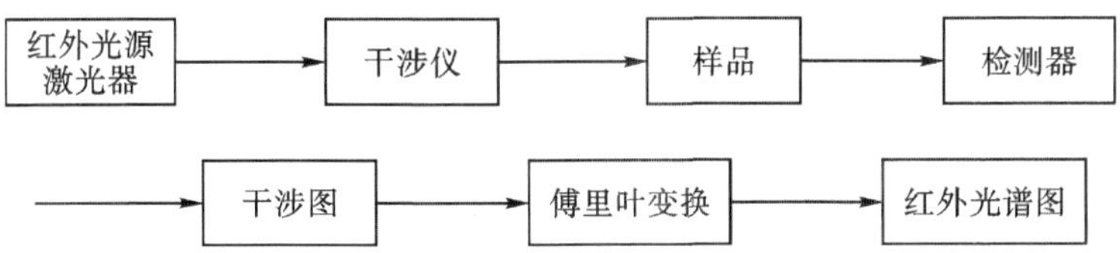

图 3-20　红外光谱仪光路及仪器的工作原理框图

3.3.2　红外光谱仪的构造

红外光谱仪分为色散型和傅里叶变换型两种。色散型仪器主要由光源、单色器(通常为光栅)、样品室、检测器、记录仪、控制和数据处理系统组成,傅里叶变换型红外光谱仪构造如图 3-21 所示。

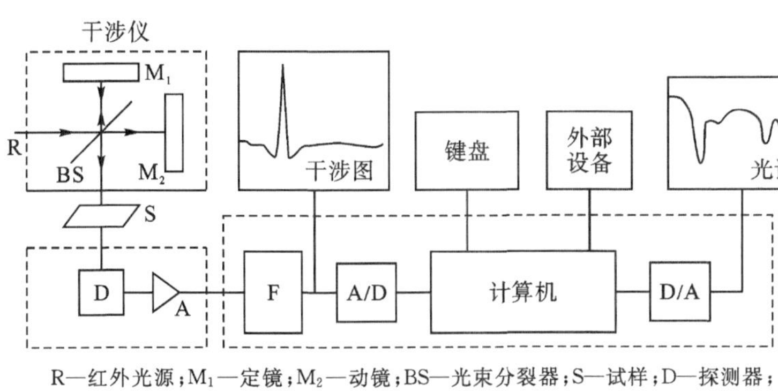

R—红外光源;M_1—定镜;M_2—动镜;BS—光束分裂器;S—试样;D—探测器;

A—放大器;F—滤光器;A/D—模数转换器;D/A—数模转换器。

图 3-21　红外光谱仪结构示意图

傅里叶变换型红外光谱仪没有色散元件,主要由光源(硅碳棒、高压汞灯)、迈克尔逊干涉仪(Michelson interferometer)、检测器、计算机和记录仪组成。核心部分为迈克尔逊干涉仪,其将光源传来的信号以干涉图的形式送往计算机进行傅里叶变换,最后将干涉图还原成光谱图。傅里叶变换红外光谱仪与色散型红外光谱仪的主要区别在于干涉仪和电子计算机两部分。

(1)光源。光源能发射出稳定、高强度、连续波长的红外光,傅里叶变换红外光谱仪为测定不同范围的光谱而设置有多个光源,常用的是钨灯或碘钨灯(近红外)、硅碳棒(中红外)、高压汞灯及氧化钍灯(远红外)。

(2)迈克尔逊干涉仪。迈克尔逊干涉仪为仪器核心部分,其作用是将复色光变为干涉光。中红外干涉仪中的分束器主要是由溴化钾材料制成的;近红外分束器一般以石英和 CaF_2 为材料;远红外分束器一般由迈拉膜和网格固体材料制成。迈克尔逊干涉仪将光源传来的信号以干涉图的形式送往计算机进行傅里叶变换,最后将干涉图还原成光谱图。

(3) 吸收池。石英、玻璃对红外光都有吸收作用,所以吸收池窗口用一些盐类[如氯化钠(NaCl)和溴化钾(KBr)]的单晶制作。一般要求吸收池在特定的恒湿环境下工作,且要注意防止和减少吸收池窗口的侵蚀,被测试样品要求干燥。

(4)检测器。检测器一般分为热检测器和光检测器两大类。热检测器是把某些热电材料的晶体放在两块金属板中,当光照射到晶体上时,晶体表面电荷分布变化,由此可以测量红外辐射的功率,其有氘代硫酸三甘肽、钽酸锂等类型。光检测器是利用材料受光照射后其导电性能发生变化而产生信号,常用的光检测器有锑化铟、汞镉碲等类型。

3.3.3 红外光谱仪的使用

3.3.3.1 Tensor 27 红外光谱仪

1. 开机前准备与开机

(1)用无水乙醇和脱脂棉擦干净仪器测试样品部位,并确保干燥。

(2)检查确认电源插座上的电压是否在规定的范围内。

(3)点击仪器后侧的电源开关,开启仪器。通电后,仪器开始自检,约 30 s。自检通过后,状态灯由灰变绿。仪器通电后至少要等待 10 min,等电子部件和光源稳定后,才能进行测试。仪器主机如图 3-22 所示。

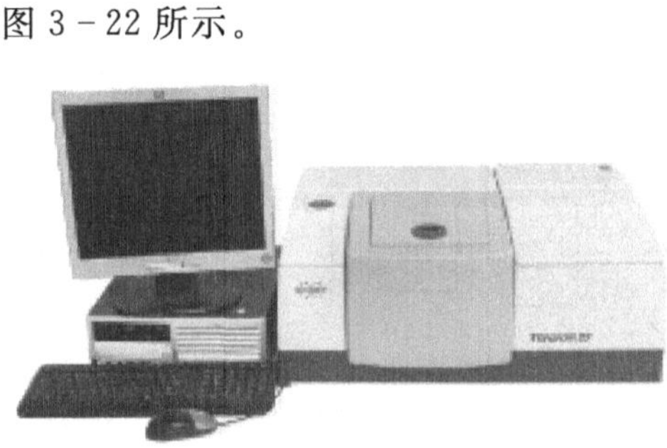

图 3-22 Tensor 27 红外光谱仪主机外观

(4)开启计算机,运行“OPUS”操作软件,进入测试和谱图处理界面,如图 3-23 所示，检查计算机与仪器主机通信是否正常，若界面右下角的指示显示灯为绿色，则说明计算机与仪器主机连接正常。

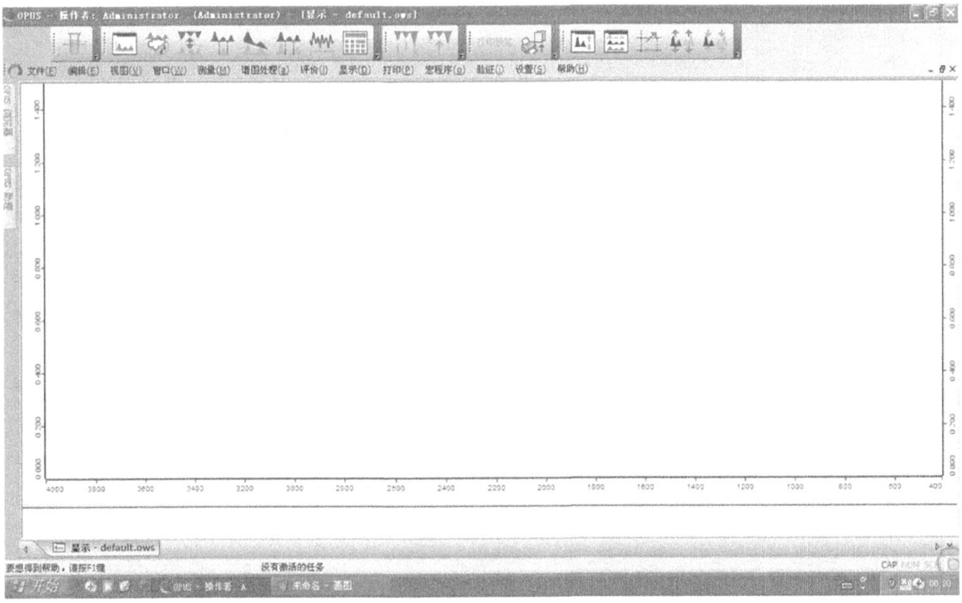

图 3－23　Tensor 27 测试与谱图处理界面

2. 测试步骤

在测试和谱图处理界面(见图 3－23)，点击“ ”图标，进入参数设置界面，如图 3－24 所示。

(1)设置各项参数。在参数设置界面(见图 3－24)，在“基本设置”中的“测量参数”选项点击“调入”选择参数文件，在“操作者名称”栏输入操作者名称，在“样品描述”栏输入样品名称；点击“高级设置”选项[见图 3－24(a)]，设置样品扫描时间、背景扫描时间、保存数据范围等；点击“光学设置”选项[见图 3－24(b)]，设置光阑设置、扫描速度等并保存。

(2)扫描背景。在参数设置—基本设置界面 1(见图 3－25)中，点击“测量背景单通道光谱”选项，开始背景扫描，待窗口下方的进度条显示为“100％”即表示背景扫描完成，如图 3－26 所示。

(3)装载样品。液体样品直接涂敷在 KBr 盐片上，固态样品采用压片法制备测试所用的样品片。

(4)样品扫描。在参数设置—基本设置界面 2(见图 3－27)中，点击“测量样品单通道光谱”选项进行样品扫描，即可开始测试；待窗口下方的进度显示为“100％”后即表示样品测试完成，如图 3－28 所示。

(5)测试完成后立刻用脱脂棉和无水乙醇擦拭干净所用的盐片、磨具等。

3. 谱图处理

待样品测试完成后，在测试与谱图处理界面(见图 3－23)，点击“文件”中的“ ”图标，调出待分析的数据文件。

在测试与谱图处理界面(见图 3－23)，点击“ ”图标扣除水蒸气和二氧化碳的影响；

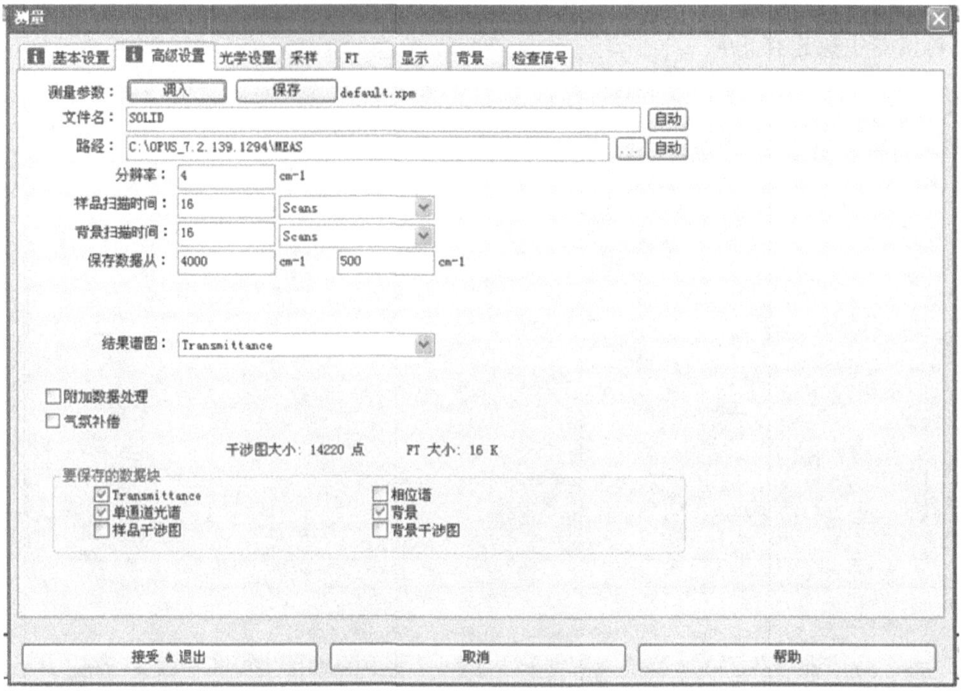

(a) 参数设置—高级设置界面

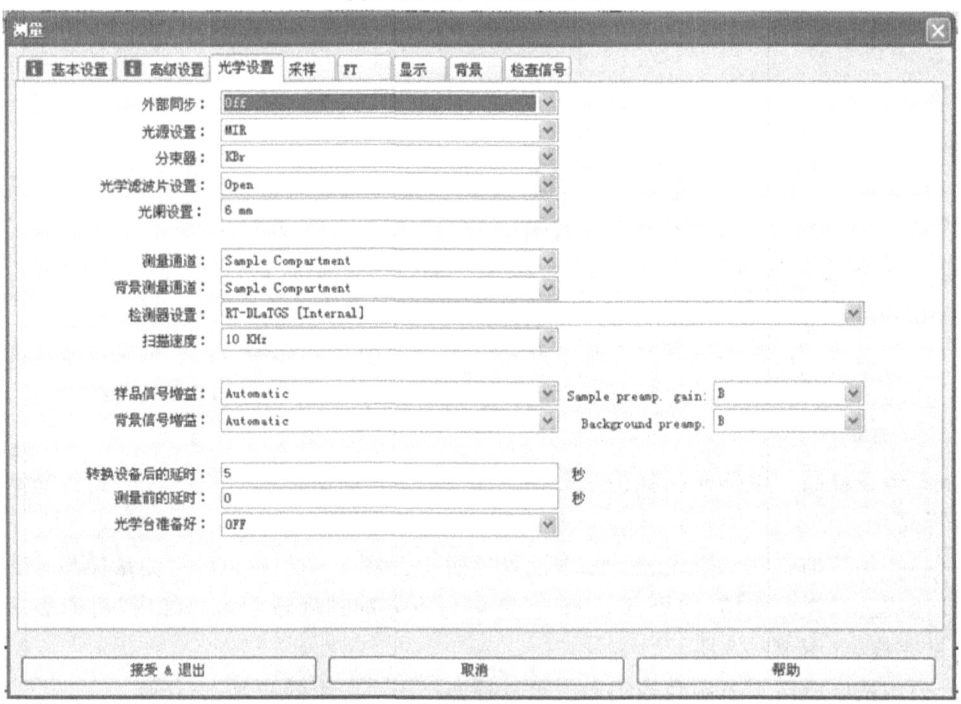

(b) 参数设置—光学设置界面

图 3－24　参数设置界面

点击“”图标进行基线校正，调整基线；点击“”图标标记峰位；点击“”图标手动标峰，完成谱图处理。

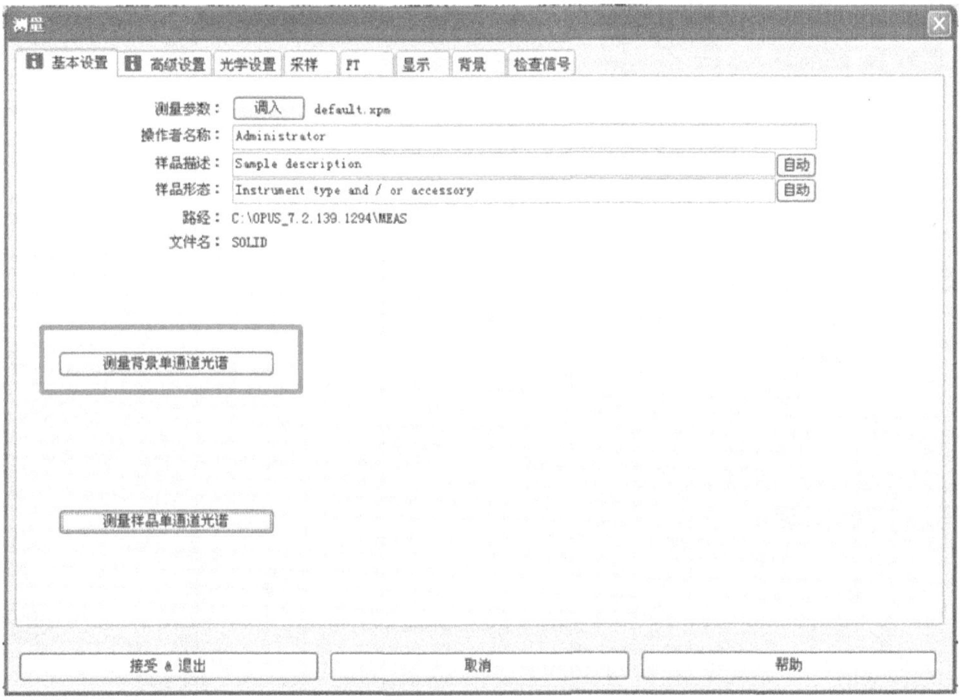

图 3-25　参数设置—基本设置界面 1

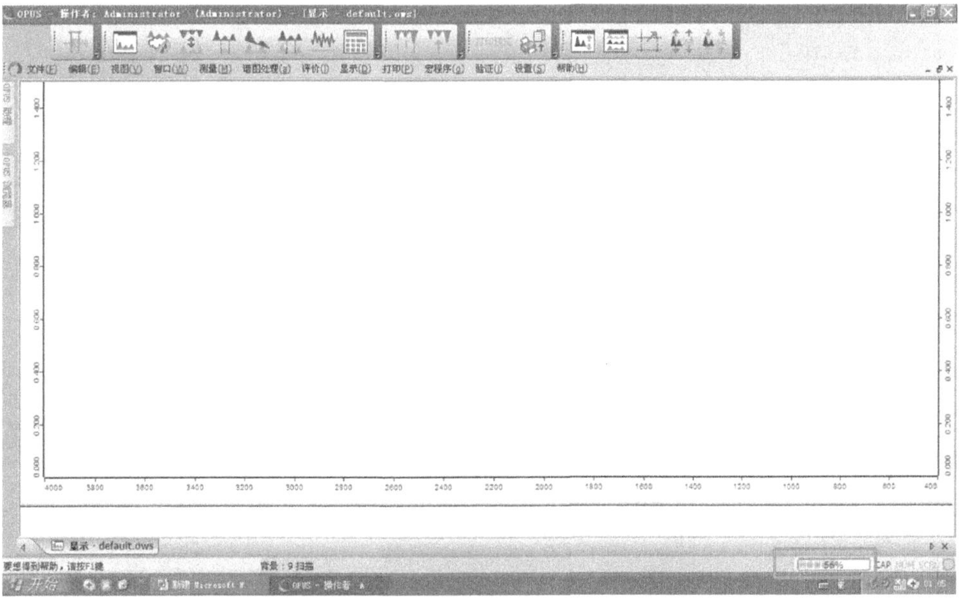

图 3-26　扫描背景界面

在测试与谱图处理界面(见图 3-23)工具栏点击“文件”→“文件另存为”，选择样品数据的保存模式，选择输出“OPUS 格式”和“数据点表”模式，完成数据保存，如图 3-29 所示。

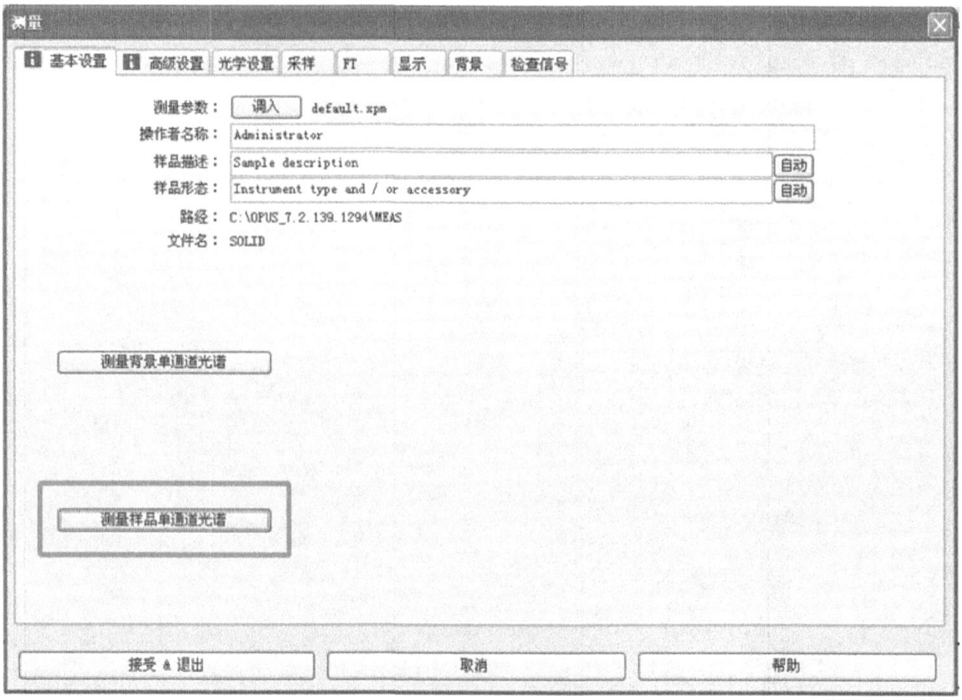

图 3-27　参数设置—基本设置界面 2

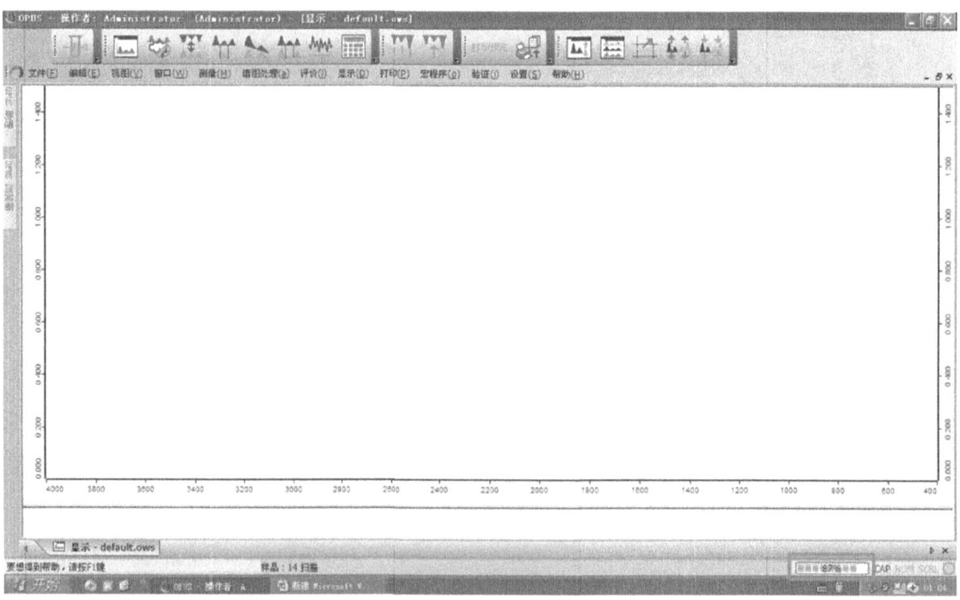

图 3-28　样品测试界面

4. 关闭仪器

清洗样品槽和压杆底部位置，确保干燥，合上盖子。依次关闭 OPUS 操作程序、仪器后侧开关和计算机。

图 3 - 29　样品数据保存界面

5. 注意事项

(1)测试样品不能包含强酸强碱,装载样品不能用毛细管和进样针等尖锐的物体。

(2)测试前后均须用相应溶剂清洗仪器测试部位。

(3)每次测样均扫描一次背景。

(4)仪器使用环境比较苛刻。温度范围:18～35 ℃;湿度范围:小于 70%;仪器室需保持无尘、无腐蚀性气体、无强烈震动。

应严格遵守操作规程,如仪器出现故障,须立即停止测试并向负责人报告,查明原因,及时处理,不得擅自修理,同时做好使用和故障情况登记及实验室记录。

3.3.3.2　VERTEX70 在线红外光谱仪

1. 实验准备

(1)根据样品的形态或者测试需求可选择透射模式、全反射模式[如衰减全反射(attenuated total reflection,ATR)]或者时间分辨模式(在线光纤模式)。

(2)打开红外光谱仪主机、计算机,仪器进行预热。VERTEX70 在线红外光谱仪主机外观如图 3 - 30 所示。

2. 测试

(1)在计算机桌面点击 OPUS 软件图标"",进入软件登录界面,如图 3 - 31 所示,在"口令"栏中输入 OPUS(大写),进入仪器测试界面,如图 3 - 32 所示。

(2)在仪器测试界面(见图 3 - 32),点击""图标,进入仪器参数设置界面,如图 3 - 33 所示。

图 3 - 30　VERTEX70 在线红外光谱仪主机外观

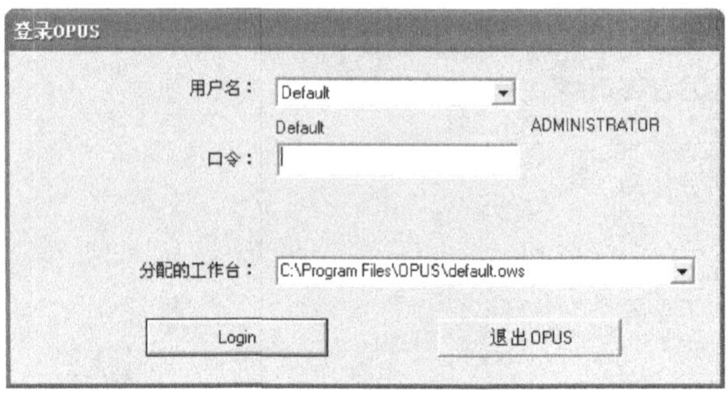

图 3 - 31　软件登录界面

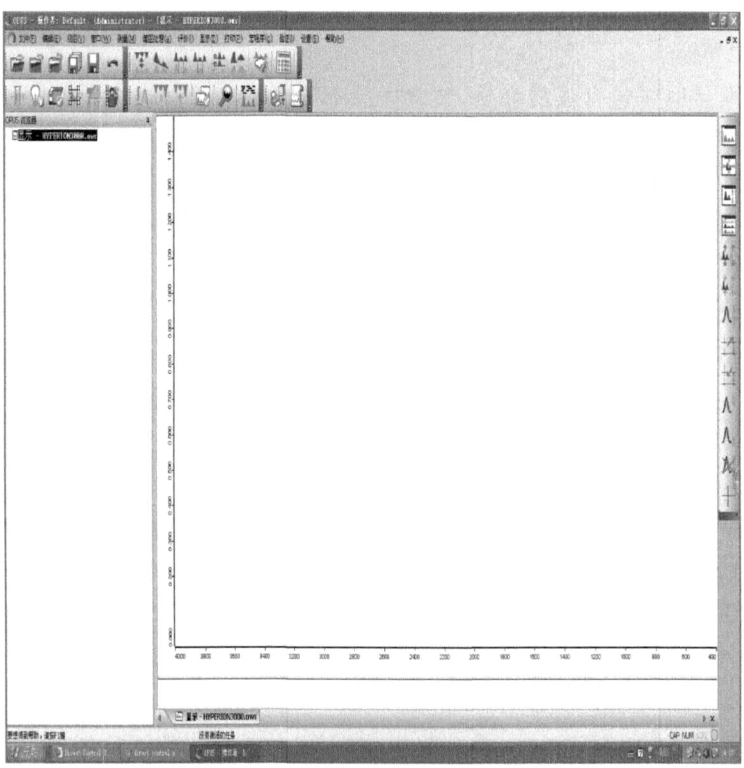

图 3 - 32　VERTEX70 在线红外光谱仪测试界面

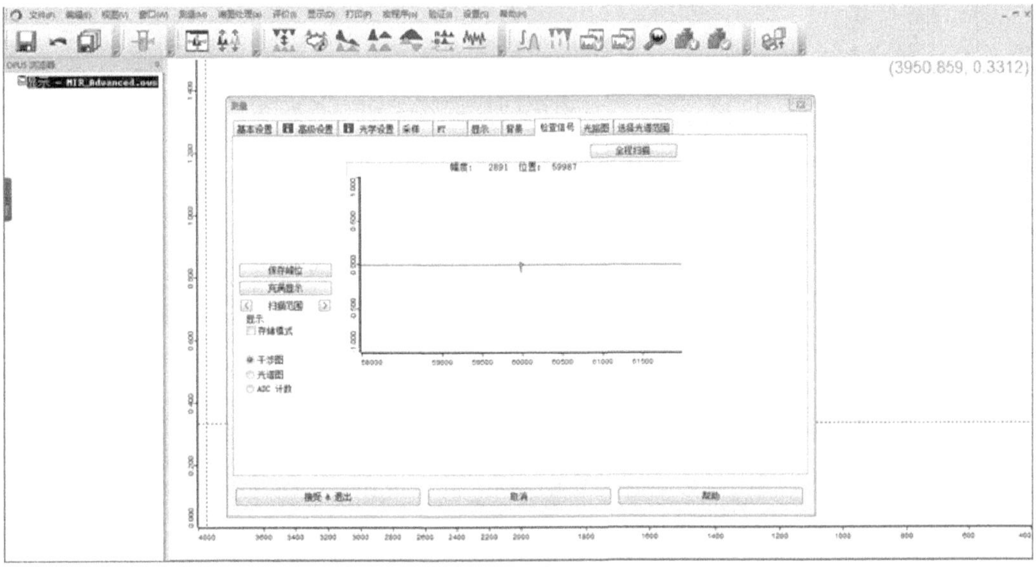

图 3 - 33　VERTEX70 在线红外光谱仪参数设置界面

(3)仪器测试界面(见图 3 - 32)中,在“基本设置”选项设置测量参数,点击“调入”选择参数文件(透射或 ATR 等),在“操作者名称”处输入操作者名称,在“样品名称”处输入样品名称;在“检查信号”选项进行仪器检查,待仪器信号出现后,点击“保存峰位”,再切换到“基本设置”,等待仪器“嘀”的一声响应,开始测试。

(4)背景扫描。在参数设置的基本设置界面,点击“测量背景单通道光谱”进行背景测试。

(5)样品测试。放入样品,在参数设置的基本设置界面,点击“测量样品单通道光谱”,开始测试;待窗口下方的进度显示为“100%”后即表示样品测试完成,如图 3 - 34 所示。

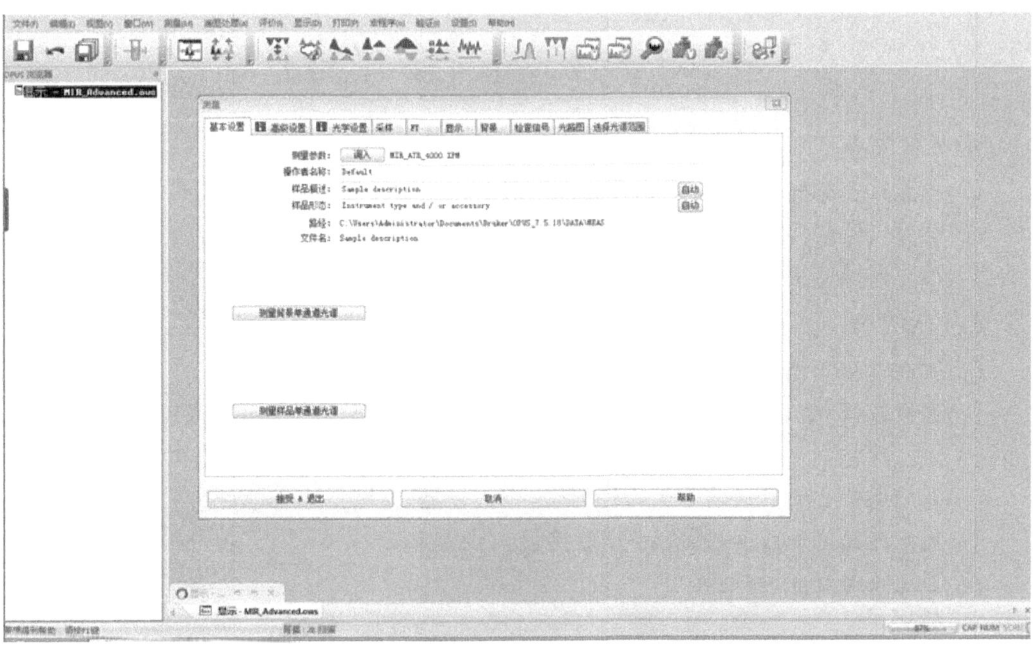

图 3 - 34　VERTEX70 在线红外光谱仪样品测试界面

3. 谱图处理

(1)在测试界面(见图 3-32),点击“”图标去除水汽和二氧化碳的影响。

(2)在测试界面,点击“”图标进行谱图的切换(AB or TR)。

(3)在测试界面,点击“”图标进行自动基线校正。

(4)在测试界面,点击“”图标进行自动标峰。

(5)在测试界面,点击“”图标进行谱图检索。

(6)在测试界面,点击“”图标保存谱图,谱图有 OPUS、数据点表等多种保存格式;在“文件名”选项输入文件名称,在“路径”选项输入选择存放路径,输入完毕,点击“保存”,如图 3-35 所示。

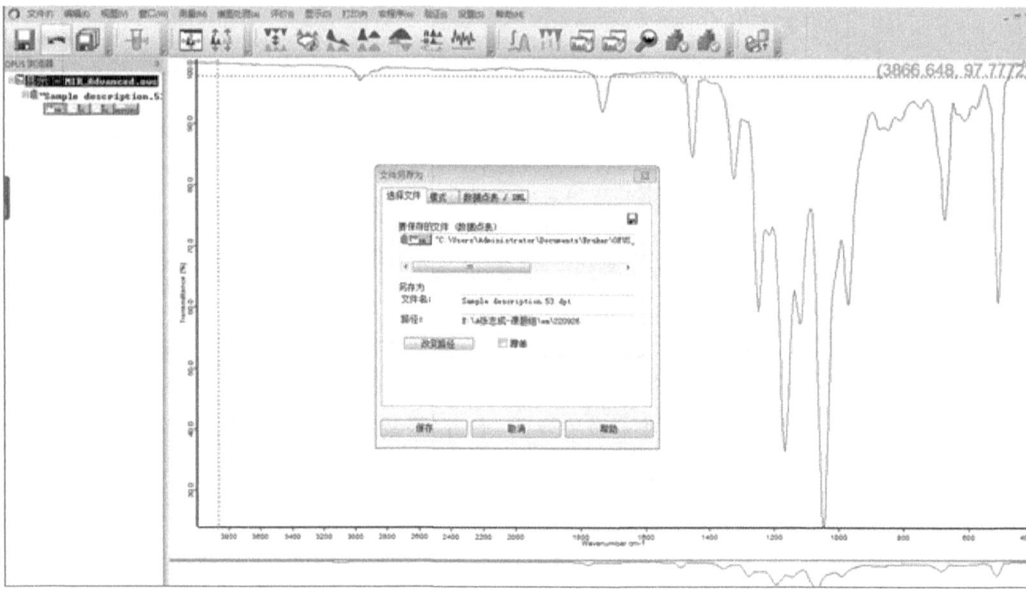

图 3-35　VERTEX70 在线红外光谱仪数据保存

4. 实验结束

(1)用无水乙醇擦净模具、附件及制样工具。

(2)清点仪器附件,擦净实验台面,盖好罩布。

(3)填写仪器使用状态。

5. 注意事项

(1)遵守实验室规则,如实并及时登记使用信息。

(2)爱惜仪器,禁止一切有损仪器使用的操作,尤其要注意防止 ATR 附件和光纤损坏。

(3)时刻保持实验室清洁卫生,及时带走个人物品,否则按废弃物处理。

(4)请用光盘拷贝数据,严禁用 U 盘拷贝。

(5)避免仪器受潮、震动。

3.4　气相色谱仪及气质联用仪

3.4.1　气相色谱仪的原理

气相色谱仪的原理是：待测组分的气相混合物被载气携带，流经色谱柱内的固定相时，与固定相发生相互作用。由于混合物中各组分在性质和结构上的差异，以及与固定相之间产生的作用力大小、强弱的不同，随着载气的移动，混合物在两相间的分配系数不同，经过反复多次的分配平衡，使得各组分被固定相保留的时间不同，从而按一定次序从固定相中流出，流出物经适当的色谱柱检测方法检测，可实现混合物中各组分的分离与检测，最后，按照组分流出色谱柱的先后顺序记录得到色谱曲线。

3.4.2　气相色谱仪的构造

气相色谱仪(gas chromatograph, GC)主要包括载气系统(气源、净化干燥管和载气流速控制系统)、进样系统(进样器及汽化室)、色谱柱(填充柱或毛细管柱与柱箱)、检测器(可连接多种检测器，以热导检测器或氢火焰检测器最为常见)、记录系统(放大器、记录仪或数据处理仪)及温度控制系统等。气相色谱仪结构如图 3－36 所示。

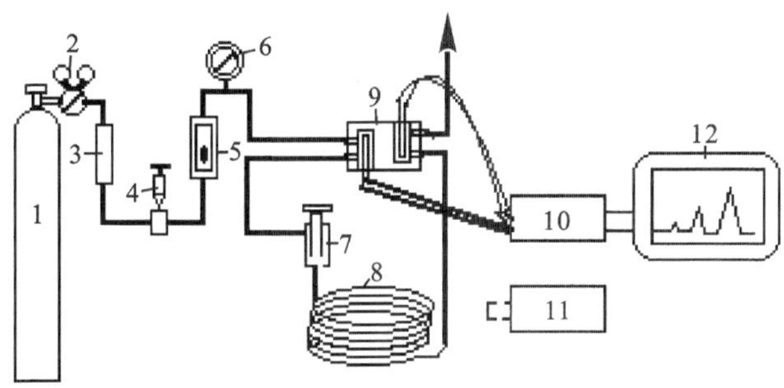

1—载气瓶；2—减压阀；3—净化干燥管；4—针形阀；5—流量计；6—压力表；7—进样器；8—色谱柱；9—检测器；10—放大器；11—温度控制器；12—记录仪。

图 3－36　气相色谱仪结构图

3.4.3　气相色谱仪的使用

岛津 GC－2010 Plus 气相色谱仪的使用方法如下所述。

1. 实验准备

准备好洗针用的溶剂，一般为正己烷、丙酮、甲醇等，且都是色谱纯溶剂。

2. 操作规程

1)开机

(1)首先，打开载气瓶(氮气瓶)主阀、分压阀，使分压阀的表盘指针为 0.5～0.6 MPa；然后，依次打开空气源、氢气发生器、仪器主机(见图 3－37)。

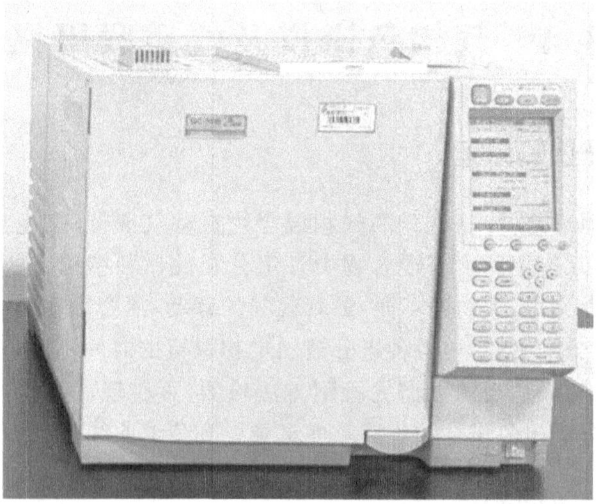

图 3-37　岛津气相色谱仪 GC-2010 Plus 仪器主机

(2)启动计算机,在计算机桌面双击"(GCsolution)"图标,进入软件界面,如图 3-38 所示。在此界面,点击 "操作"选项中的"(分析 1)"图标,启动分析测试程序。

图 3-38　岛津气相色谱仪 GC-2010 Plus 软件界面

(3)启动程序后,进入登录界面,如图 3-39 所示。在登录界面,输入用户名和密码,其中用户名为"Admin",无密码(或自定义),点击"确定",仪器会发出"嘀"的一声识别音,表明仪器已经识别出软件并进入实时分析界面,如图 3-40 所示。

图 3-39　岛津气相色谱仪 GC-2010 Plus 登录界面

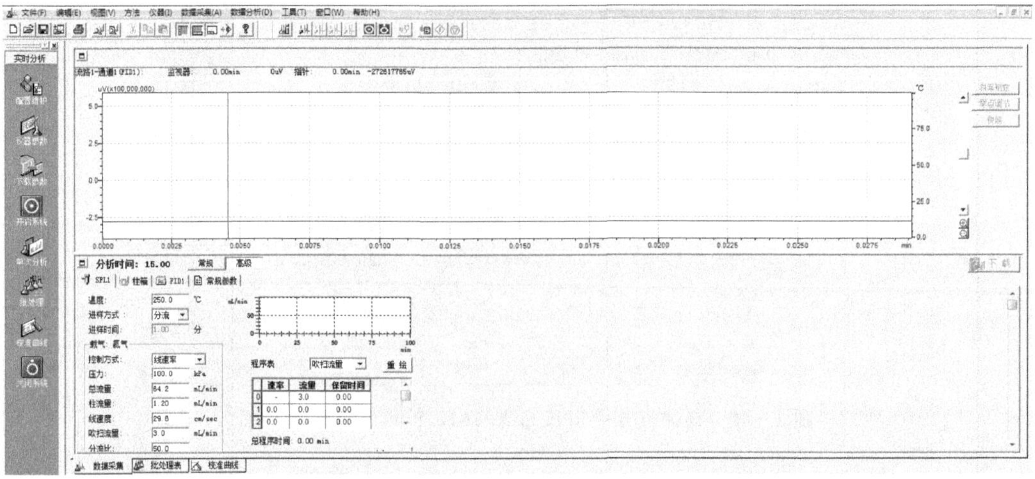

图 3－40　岛津气相色谱仪 GC－2010 Plus 实时分析界面

2)系统设置

(1)在实时分析界面(见图 3－40),点击“ ”图标,选择“系统配置”,进入系统设定界面。如图 3－41 所示,在此界面,双击“Instrument(仪器)”,选择仪器类型并确定。再返回系统设定界面,双击“GC－2010”,进入“GC－2010”参数设置界面,如图 3－42 所示。在此界面,“分析流路数”选项设置“1”,“压力单位”选项设置“kPa”,“开始时间”选项设置“20”,设置完成后,点击“确定”以确认。

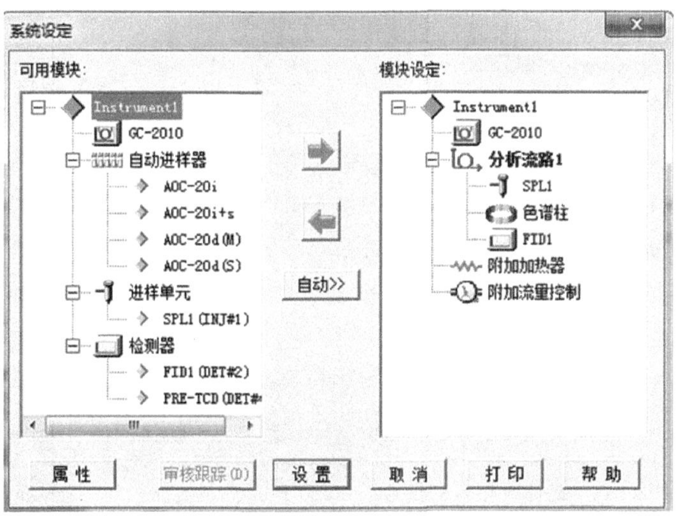

图 3－41　岛津气相色谱仪 GC－2010 Plus 系统设定界面

(2)进样单元的设定。在系统设定界面(见图 3－41),双击“进样单元”→“SPL(INJ＃1)”,进入分析流路模块＃1 界面,如图 3－43 所示。在此界面,点击“SPL1(进样口)”→“载气”选项设置载气类型,设置完成后,点击“确定”以确认。

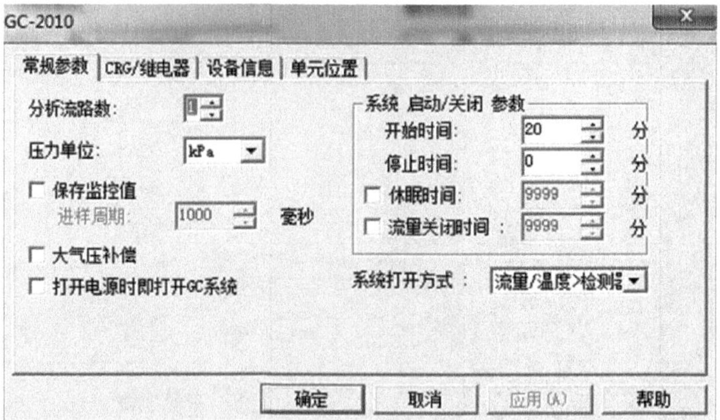

图 3-42　岛津气相色谱仪 GC-2010 Plus 参数设置界面

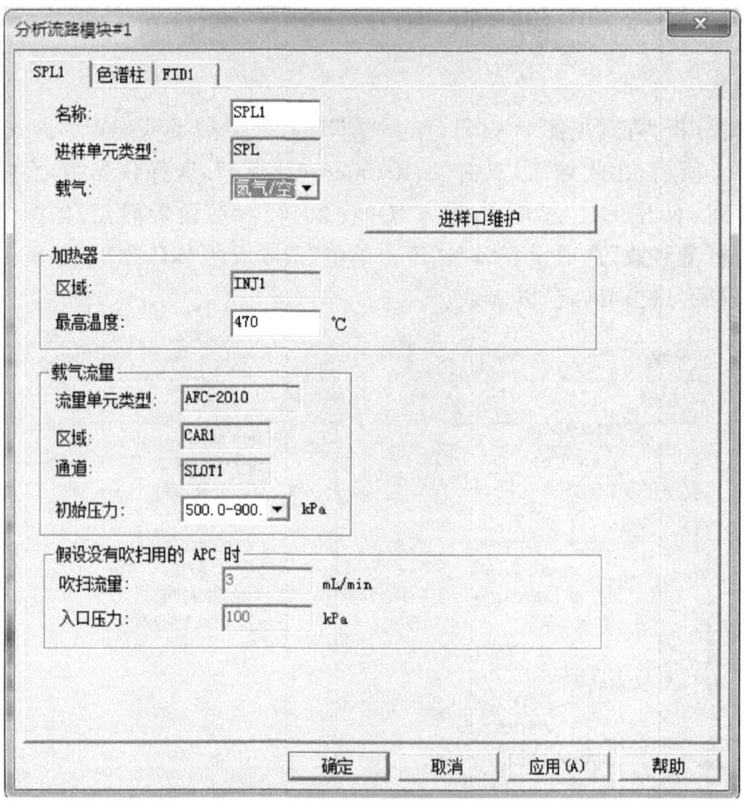

图 3-43　岛津气相色谱仪 GC-2010 Plus 分析流路模块＃1 界面

(3)色谱柱的设定。在分析流路模块＃1 界面(见图 3-43)，点击“色谱柱”，进入色谱柱设置界面，如图 3-44 所示。在此界面，“注册色谱柱”选择所需要的色谱柱，点击“选择”→“确定”以确认。

(4)检测器的设定。在分析流路模块＃1 界面(见图 3-43)，点击“FID1(检测器)”，进入检测器设置界面，如图 3-45 所示。在“尾吹气类型”选项设置尾吹气的类型(同载气类型一致)。

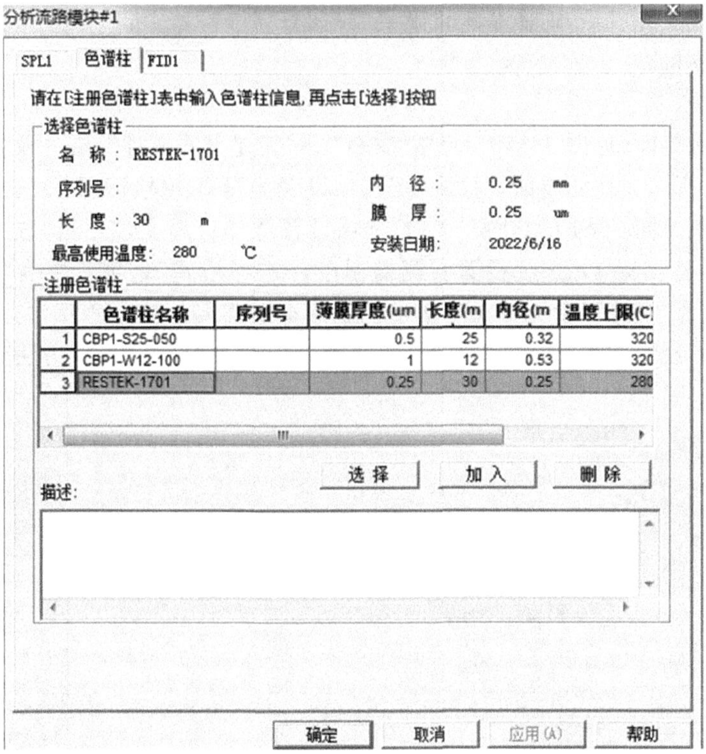

图 3－44　岛津气相色谱仪 GC－2010 Plus 色谱柱设置界面

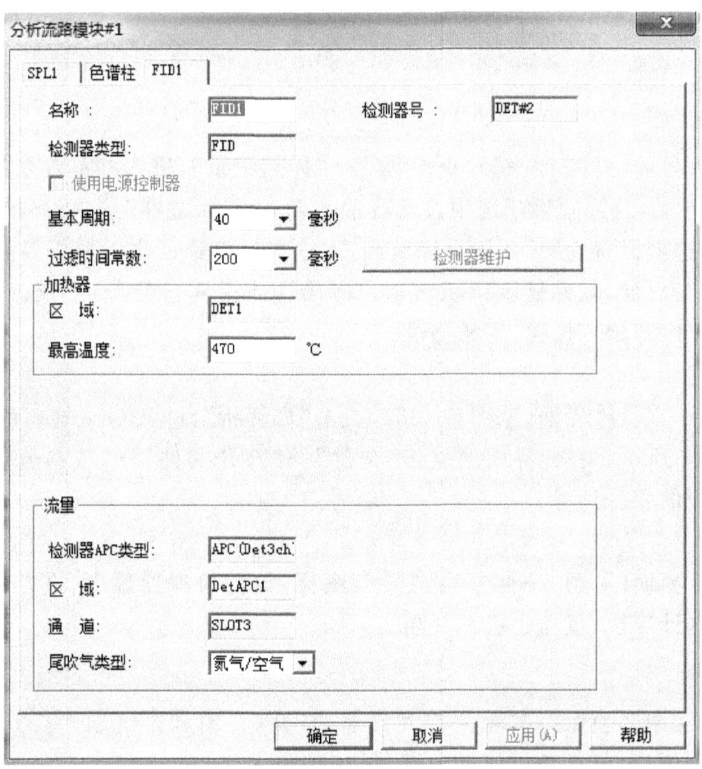

图 3－45　岛津气相色谱仪 GC－2010 Plus 检测器设置界面

系统配置设置完成后，返回系统设定界面(见图 3－41)，点击“设置”，将系统配置参数传输给仪器主机。

3)新建方法

在实时分析界面(见图 3－40)，点击“文件”→“新建方法文件”，进入仪器参数设置界面，如图 3－46 所示。在此界面，“检测器”选项设置为“FID1(检测器 1)”，“停止时间”选项设置采样结束时间，“SPL1(进样口 1)”选项设置进样口温度，“柱箱”选项设置柱温箱的温度，“FID1(检测器 1)”选项设置检测器温度，“进样模式”选项设置为“分流”，“程序类型”选项设置为“柱箱温度”，并在表格中设置测试所需要的柱箱程序，“分流比”选项设置分流比数值。设定完成后，返回实时分析界面，点击“文件”→“保存方法文件”，方法文件建立完成。

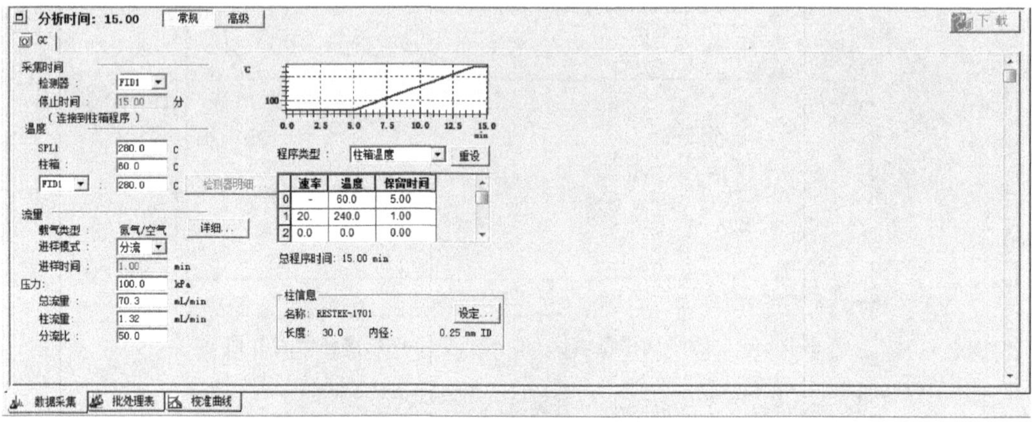

图 3－46　岛津气相色谱仪 GC－2010 Plus 仪器参数设置界面

4)进样分析

在实时分析界面(见图 3－40)，点击“”→“样品记录”，进入样品注册界面，如图 3－47 所示。在此界面，“样品名称”选项设置样品名称，“实际文件”选项设置保存文件的名称，“样品瓶号”选项设置为“1”。设置完成后，点击“确定”返回实时分析界面，点击“”图标，参数被上传至仪器，软件显示待机状态。样品注入进样口后，点击仪器面板(见图3－37)上的“START(开始)”按钮，开始测试。

5)数据处理

测试完毕后，在软件界面(见图 3－38)，点击“再解析”，进入 GC(气相色谱仪)再解析界面，如图 3－48 所示。在此界面上点击“文件”→“打开文件”→“数据分析”→“手动积分”，进行峰面积的积分计算。

6)关机

在实时分析界面(见图 3－40)，点击“”图标，等待检测器温度、进样口温度降低到 50℃，关闭软件、计算机、仪器主机和气瓶。

3. 注意事项

(1)实验过程中必须保持实验室空气流通，打开门、窗和排气扇。打开空调，确保室温在 5～28 ℃范围内(气相色谱仪的适宜工作温度)。

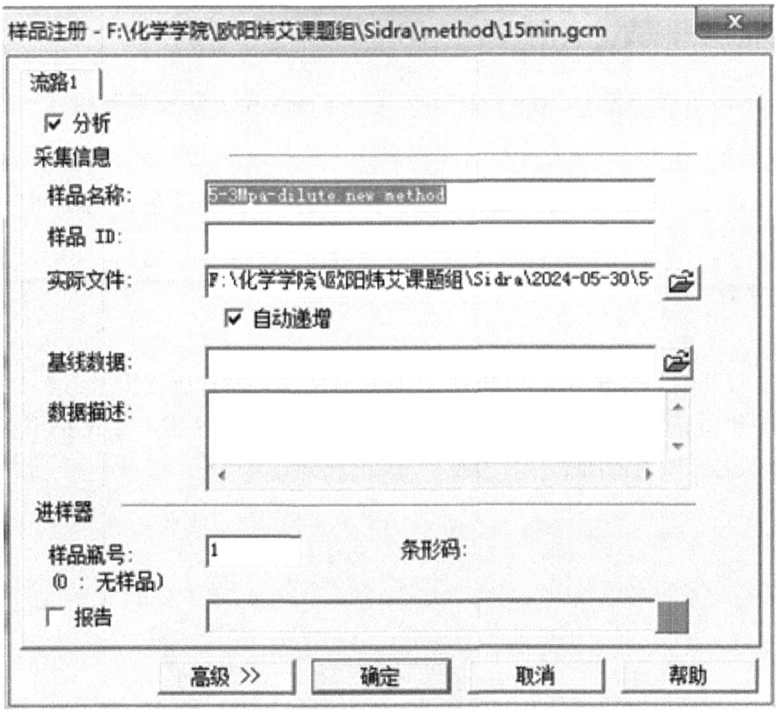

图 3 - 47　岛津气相色谱仪 GC - 2010 Plus 样品注册界面

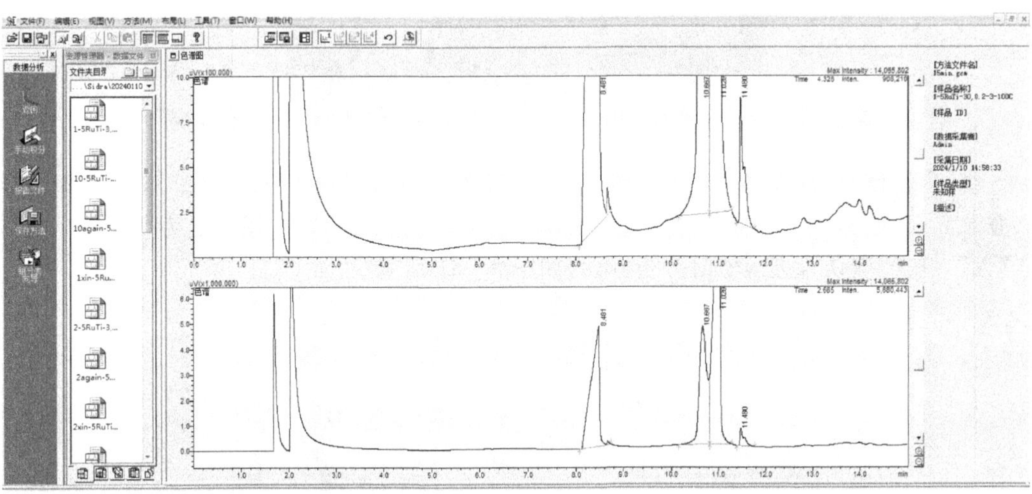

图 3 - 48　岛津气相色谱仪 GC - 2010 Plus 再解析界面

(2)气体流量设置。减压阀(小表)不动,拧总阀即可,其中低压表设置范围如下,氦气:0.4～0.5 MPa;氮气:0.5～0.6 MPa;氢气:0.2 MPa;空气:0.4 MPa。

(3)关机与开机的操作顺序相反。

(4)样品浓度不应太高,检测前一定要进行稀释,检测浓度建议为 5～10 μg/kg。

(5)毛细色谱柱的最高运行温度为 300 ℃,温度过高会损坏色谱柱。

(6)定期用肥皂水对气瓶各接口处进行检漏,每周一次即可。

3.4.4　气相色谱-质谱联用仪的使用

气相色谱-质谱联用仪 GCMS - QP2010 Ultra 的使用方法如下所述。

1. 实验准备

准备好洗针用的溶剂，一般为正己烷、丙酮、甲醇等，且都是色谱纯溶剂，以及 10 μL 的进样针。

2. 操作规程

1)开机

(1)首先，打开载气瓶的主阀、分压阀，使分压阀的表盘指针所指压力为 0.5～0.9 MPa；然后，依次打开质谱仪、气相色谱仪、计算机。岛津气相色谱-质谱联用仪 GCMS - QP2010 Ultra 主机外观如图 3 - 49 所示。

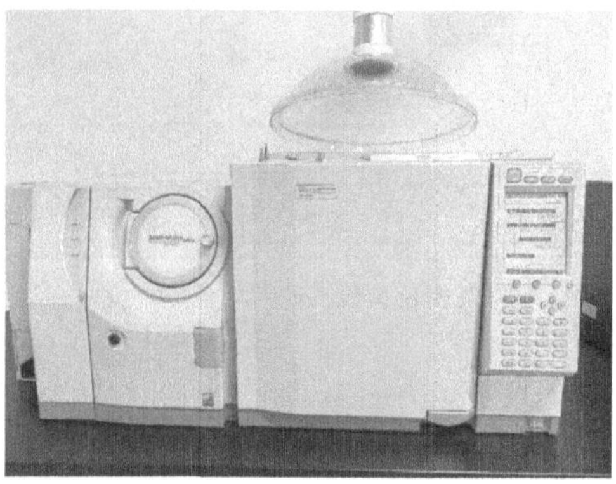

图3 - 49　岛津气相色谱-质谱联用仪 GCMS - QP2010 Ultra 主机外观

(2)启动计算机，在计算机桌面双击“(GCMS Real Time Analysis)”软件图标，进入登录界面，如图 3 - 50 所示。在此界面，输入用户名和密码，其中用户名为“Admin”，密码“无”，点击“确认”，进入实时分析界面，如图 3 - 51 所示。

图 3 - 50　岛津气相色谱-质谱联用仪 GCMS - QP2010 Ultra 软件登录界面

(3)真空控制。在实时分析界面(见图 3 - 51)，点击“真空控制”，弹出真空控制界面，如图3 - 52 所示。在此界面，点击“自动启动”，指示灯闪烁，屏幕显示进程条，当进程条显示“已完成”即可点击“关闭”，关闭真空控制界面。

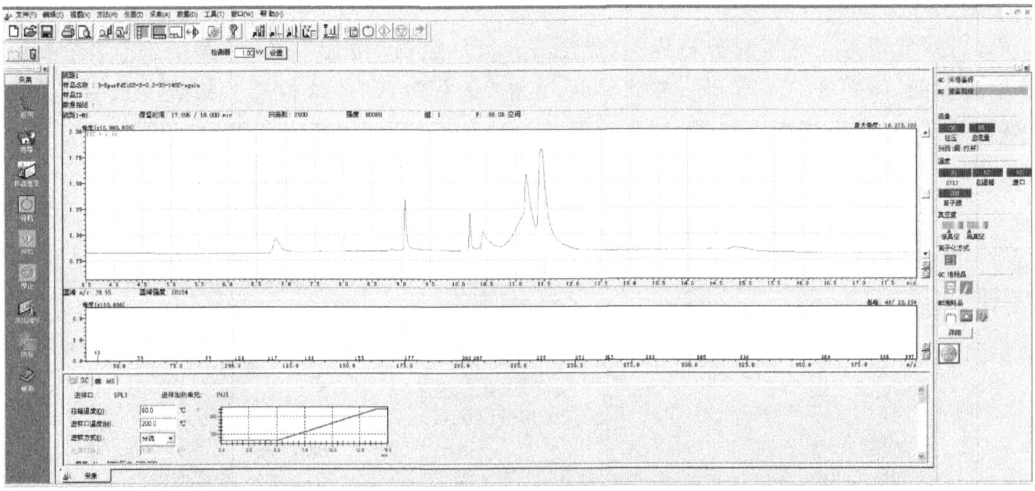

图 3 - 51　岛津气相色谱-质谱联用仪 GCMS - QP2010 Ultra 实时分析界面

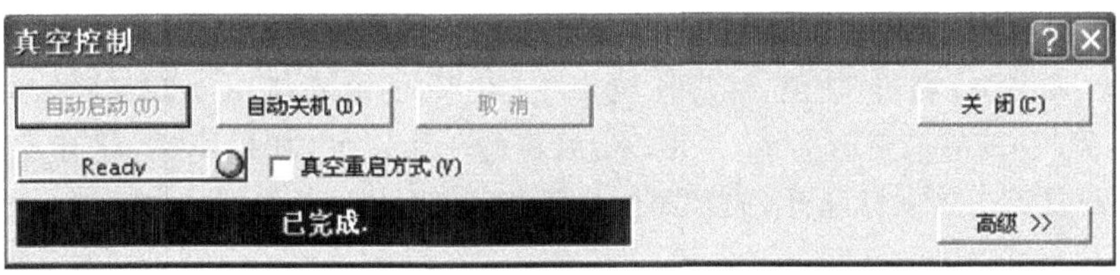

图 3 - 52　岛津气相色谱-质谱联用仪 GCMS - QP2010 Ultra 真空控制界面

2)系统配置

在实时分析界面(见图 3 - 51),点击“系统配置”进入系统配置界面,如图 3 - 53 所示。在此界面,从“可用的组件”选项中选择所需要的组件,点击“ ”图标放入“已用于分析的组件”中。设置完成后,点击“设置”,将系统配置参数传输给仪器主机。

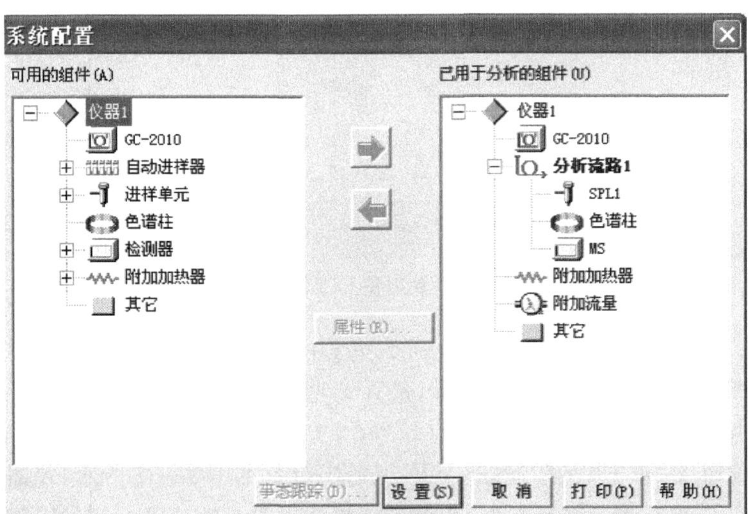

图 3 - 53　岛津气相色谱-质谱联用仪 GCMS - QP2010 Ultra 系统配置界面

3)系统检查和调谐

(1)系统检查。在实时分析界面(见图 3－51),点击"检查",选择"系统检查"进入系统检查界面,如图 3－54 所示。在此界面,点击"运行"启动系统检查。检查完成后,点击"浏览结果"查看系统检查结果,判断仪器各组件是否有问题,若有问题及时更换。

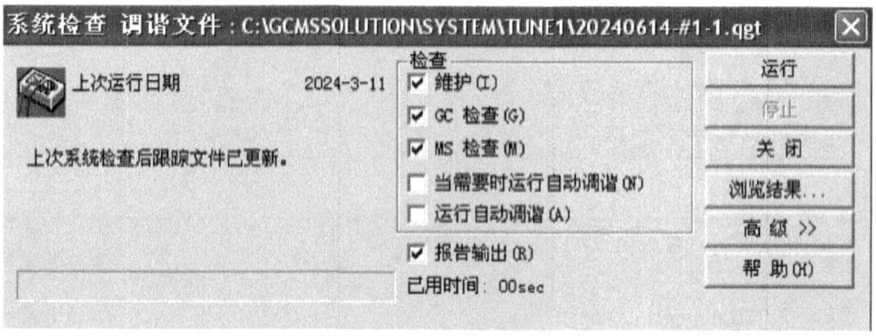

图 3－54　岛津气相色谱-质谱联用仪 GCMS－QP2010 Ultra 系统检查界面

(2)检查泄漏。在实时分析界面(见图 3－51),点击"调谐"进入调谐界面,如图 3－55 所示。在此界面,点击"峰监测","监视组"选项选择"水,空气",点击"(灯丝开/关)"图标打开灯丝,调节"检测器"数值,然后比较 m/z 18(水)的峰高与 m/z 28(氮气)的峰高,检查 m/z 28(氮气)的峰高是否为 m/z 18(水)峰高的一半以下,如果不是,就有可能发生空气的泄漏,需要点击"(灯丝开/关)"图标关闭灯丝,退出调谐界面。

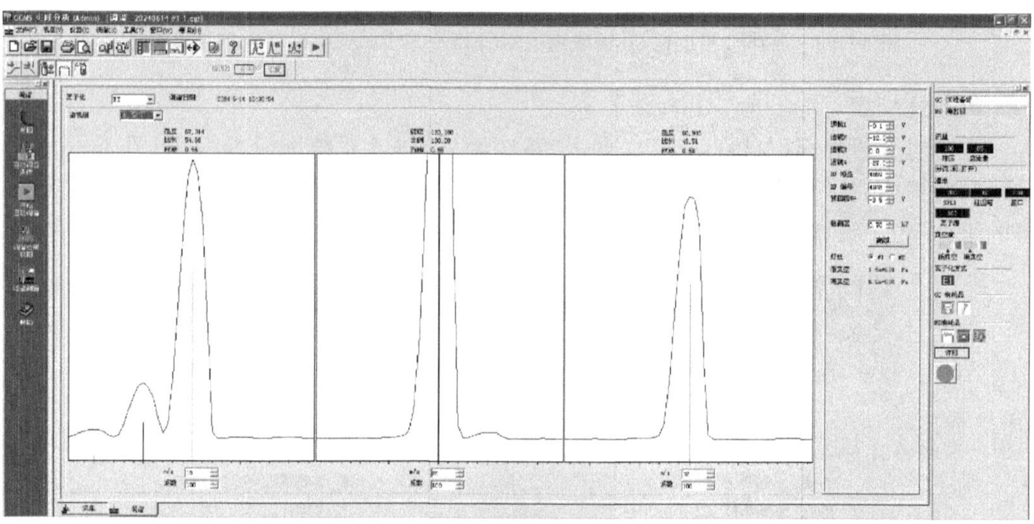

图 3－55　岛津气相色谱-质谱联用仪 GCMS－QP2010 Ultra 调谐界面

(3)调谐。在实时分析界面(见图 3－51),点击"调谐"进入调谐界面(见图 3－55)。在此界面,点击"(自动调谐条件)"图标,进入调谐信息界面,如图 3－56 所示。在此界面,选择默认条件。再在调谐界面选择灯丝号(＃1 或 ＃2),点击""(开始自动调谐)图标,输入一个文件名,单击"保存"后进入自动调谐界面,如图 3－57 所示,仪器自动开始调谐。调谐结束后,查看调谐结果文件,在调谐结果文件中检查:FWHM(半高峰宽)值是否在 0.5 到 0.7 之间、检测器电压不能超过2 kW、基峰值是 18 还是 69、m/z 502 的相对强度比率是否至少为 2%、m/z 69 的峰强度是否至少是 m/z 28 峰强度的两倍。如果检查上述结果出现异常，则需重新启动仪器进行调谐。调谐结束后，关闭调谐界面。

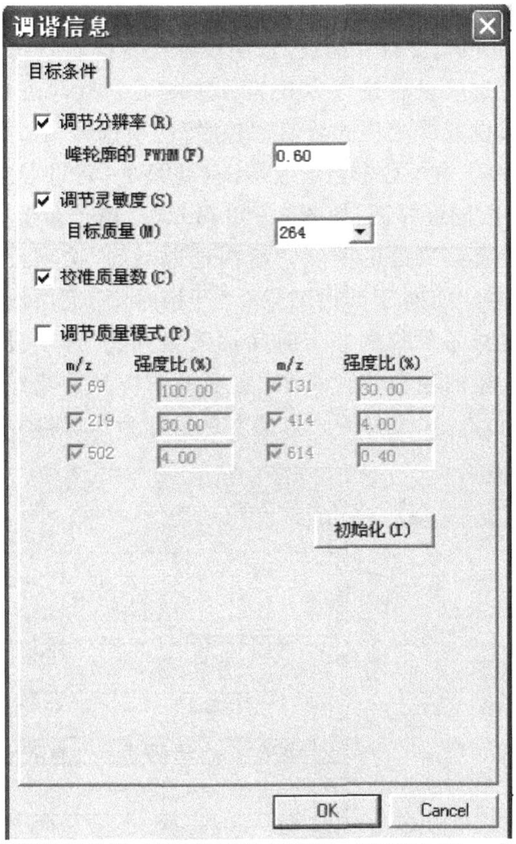

图 3-56 岛津气相色谱-质谱联用仪 GCMS-QP2010 Ultra 调谐信息界面

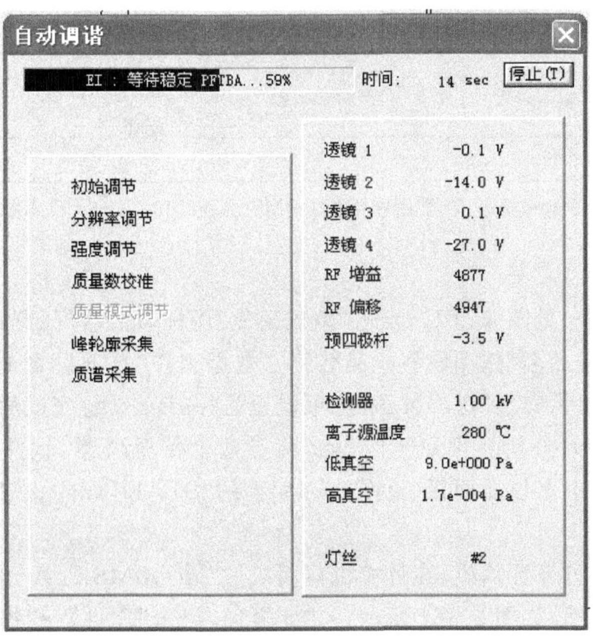

图 3-57 岛津气相色谱-质谱联用仪 GCMS QP2010 Ultra 自动调谐界面

4)新建方法

在实时分析界面(见图 3-51),点击“ GC(色谱)”图标进入 GC(气相色谱仪)参数设置界面,如图 3-58 所示。“柱箱温度”选项设置柱箱的温度,“进样口温度”选项设置进样口温度,“进样方式”选项设置进样方式为分流或不分流,“流量控制方式”选项设置为“压力”,“分流比”选项设置分流比的数值,“程序”选项选择“柱箱温度”,并在表格中设置测试所需要的柱箱程序。在 GC 参数设置界面(见图 3-58),点击“ MS(质谱)”图标,进入 MS(质谱仪)参数设置界面,如图 3-59 所示。“离子源温度”选项设置离子源的温度,“接口温度”选项设置接口处的温度,“溶剂延迟时间”选项设置样品溶剂的延迟时间,“检测器电压”选项选择“相对于调谐结果”,“开始时间”选项设置样品采集的开始时间,“结束时间”选项设置样品采集的结束时间,“采集方式”选项设置“Scan(扫描)”,“开始”选项设置样品采集开始的质荷比,“结束”选项设置样品采集结束的质荷比。设置完成后,返回实时分析界面,点击“文件”→“方法文件另存为”,保存方法文件。

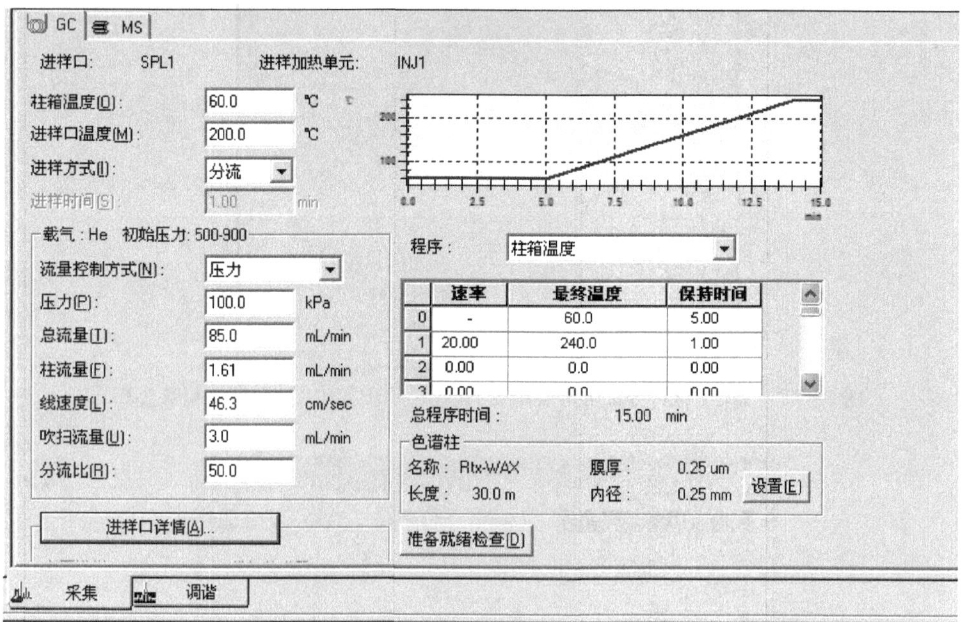

图 3-58　岛津气相色谱-质谱联用仪 GCMS-QP2010 Ultra GC 参数设置界面

5)进样分析

在实时分析界面(见图 3-51),点击“数据采集”图标,进入样品登录界面,如图 3-60 所示。在此界面,“样品名”选项设置样品名称,“数据文件”选项设置被保存文件的名称,“样品瓶号”选项设置为“1”,“进样体积”选项设置为“3μL”,设置完成后,点击“确定”返回实时分析界面,在实时分析界面点击“开始”将参数上传至仪器,软件显示“准备就绪”。样品注入进样口后,点击仪器面板(见图 3-49)上的“START(开始)”按钮,开始测试。

6)数据处理

(1)定量分析。打开计算机,在计算机桌面双击“(GCMS Post-treat Analysis)”图标,进入数据处理界面,如图 3-61 所示。在此界面,点击“文件”→“打开文件”→“(手动峰积分)”图标,进行样品峰积分计算。

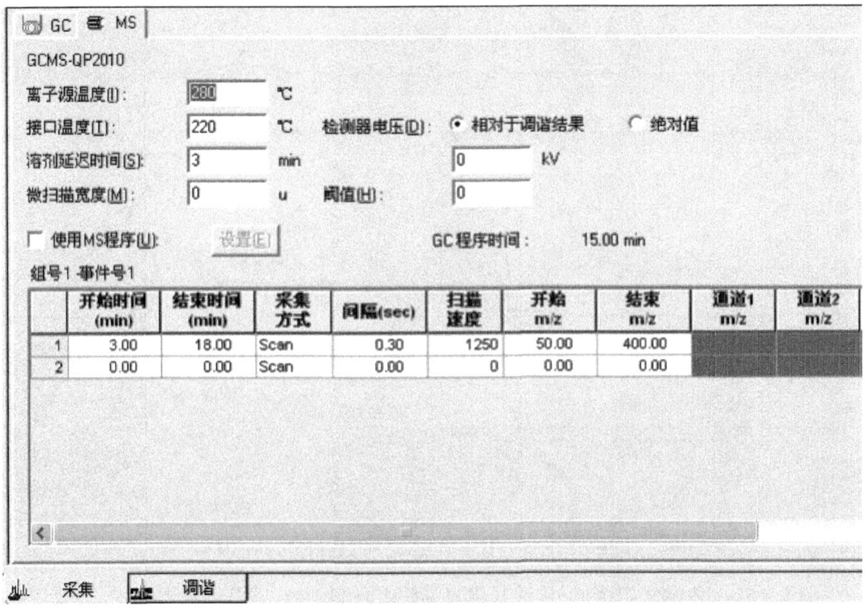

图 3－59　岛津气相色谱-质谱联用仪 GCMS－QP2010 Ultra MS 参数设置界面

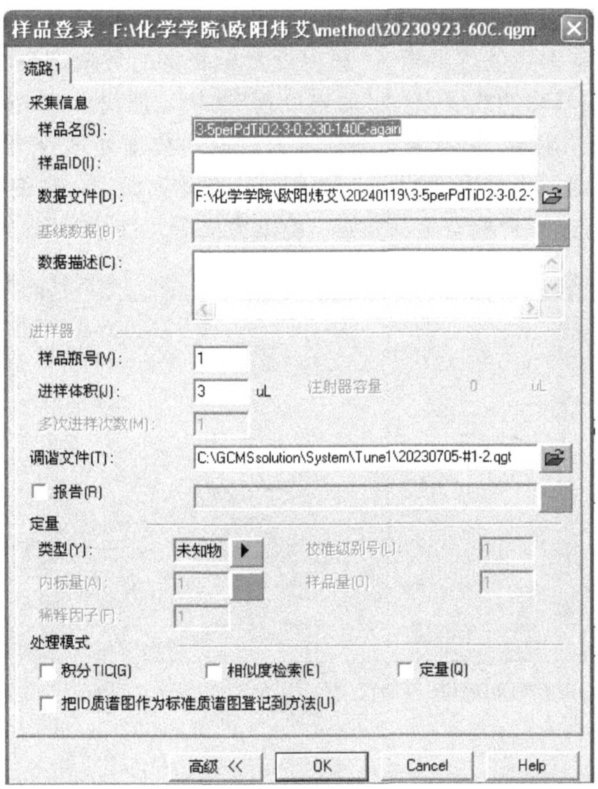

图 3－60　岛津气相色谱-质谱联用仪 GCMS－QP2010 Ultra 样品登录界面

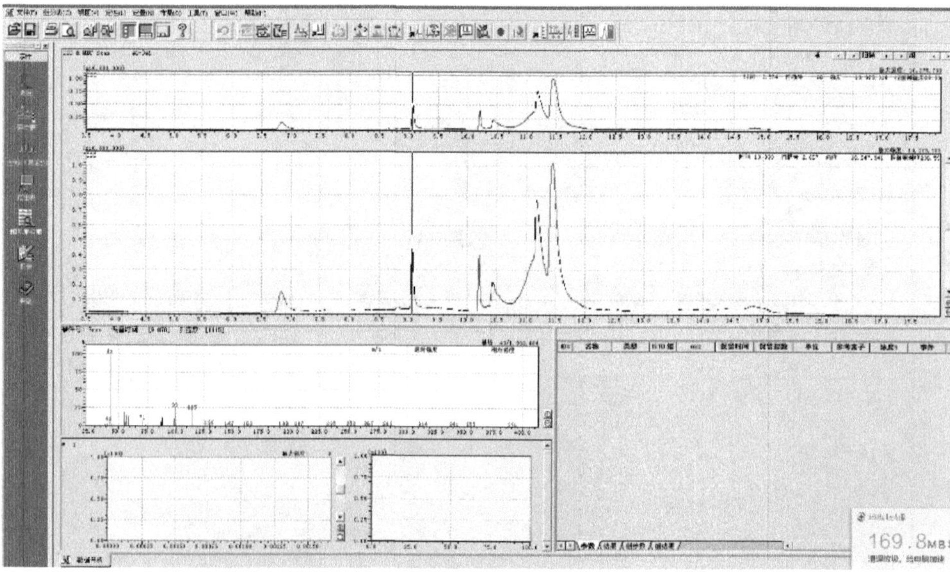

图 3－61　岛津气相色谱-质谱联用仪 GCMS－QP2010 Ultra 数据处理界面

(2)定性分析。在数据处理界面(见图 3－61)，点击“文件”→“打开文件”→“定性”→“全部 TIC 峰积分”，进入定性参数界面，如图 3－62 所示。在此界面，点击“峰积分”选项，“斜率”选项设置斜率数值，“半峰宽”选项设置半峰宽的数值，“最小峰面积/峰高”选项设置最小峰面积或峰高的数值；点击“质谱处理”选项，“质谱方式”选项设置为“从峰计算”。设置结束，点击“确定”关闭定性参数界面。返回数据处理界面，点击“定性表”→“定性表”图标，进入定性表界面，如图 3－63 所示。在此界面，点击“编辑”→“注册到质谱处理表”→“相似度检索”→“检索全部表格”，检索完成后，关闭定性表界面并保存数据。

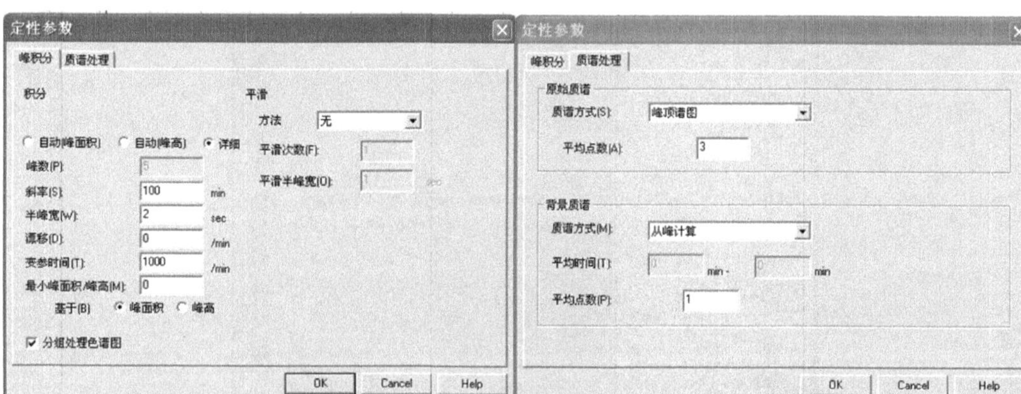

图 3－62　岛津气相色谱-质谱联用仪 GCMS－QP2010 Ultra 定性参数界面

7)关机

在真空控制界面(见图 3－52)，点击“自动关机”，真空系统开始卸真空、关闭，当真空系统关闭完成时，屏幕进程条显示“已完成”，点击“关闭”退出真空控制界面。关闭软件、计算机、气相色谱仪、质谱仪和气瓶。

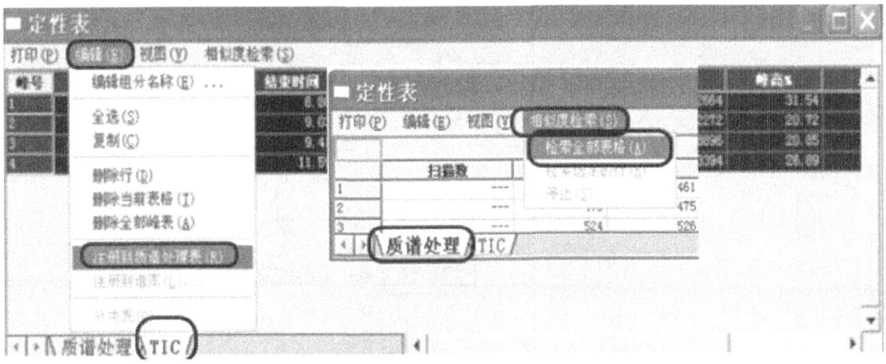

图 3－63　岛津气相色谱-质谱联用仪 GCMS－QP2010 Ultra 定性表界面

3. 注意事项

(1)切勿将溶剂置于计算机、打印机或仪器设备的周围。

(2)将样品和洗针所用的溶剂放入样品瓶中时,瓶盖上要加防腐蚀的垫子。

(3)每周定期清理质谱风扇的过滤网。

(4)使用的溶剂具有毒性或易燃性,仪器室要注意及时通风,防止发生中毒或火灾等危险情况。

(5)仪器参数设定时一定不能超过色谱柱的最高使用温度。

(6)进样时要注意进样针垂直且迅速插入进样口,动作要快速、准确。

3.5　液相色谱仪及液质联用仪

3.5.1　液相色谱仪的原理

液相色谱仪是利用混合物在液、固两相或互不相溶的两种液体之间分配比的差异,对混合物进行先分离,再分析鉴定的仪器。

3.5.2　液相色谱仪的构造

高效液相色谱仪(high performance liquid chromatograph,HPLC)主要分为四个部分:高压输液系统、进样系统、分离系统和检测系统。此外,还配有辅助装置,如自动进样装置、柱温箱及数据处理设备等。高效液相色谱仪的工作流程如图 3－64 所示。

1. 高压输液系统

高压输液系统一般由溶剂储液器、高压泵、梯度洗脱装置、压力脉动阻力器等组成。

溶剂储液器:体积为 1～2 L 的玻璃瓶,配有溶剂过滤器(Ni 合金),其孔径约 2 mm,可防止颗粒物进入泵内。

脱气装置:溶剂通过脱气机的脱气膜,相对分子量较小的气体透过膜从溶剂中除去,可有效地减小测定基线的噪声。

高压泵:高效液相色谱仪利用高压泵输送流动相通过整个色谱系统。由于高效液相

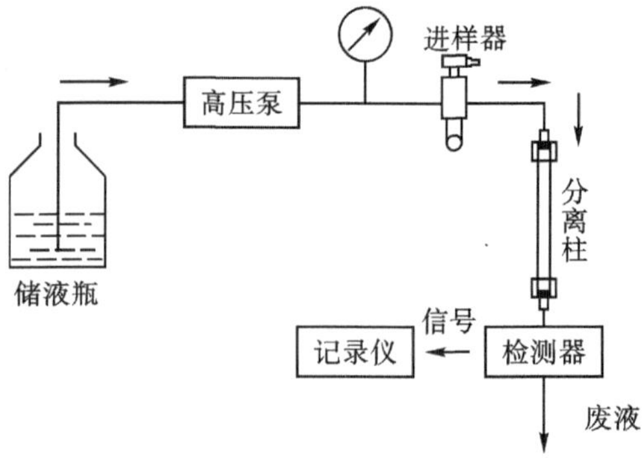

图 3-64　高效液相色谱仪的工作流程图

色谱仪所用的固定相颗粒极细，因此对流动相阻力很大，为使流动相快速流动以达到高效分离，必须施加很高的柱前压力。高压泵应具备较高的输出压力，输出流量精度要高，并具有较大的调节范围。输出的流量需稳定，因为其不仅影响柱效，而且直接影响峰面积的重现性，定量分析的精密度、保留值和分辨能力。

2. 进样系统

与气相色谱仪相比，HPLC 柱要短得多，因此由于柱本身所产生的峰形展宽相对较小，故 HPLC 的展宽多因柱外因素引起，这对柱效和峰面积的重现性有很大影响。好的进样装置应满足：样品被“浓缩”瞬时注入到色谱柱柱头中心，峰面积的重现性好，可在高压下操作，使用方便。

HPLC 目前多采用六通阀方式进样，其结构和工作原理与气相色谱仪中所用六通阀完全相同，如图 3-65 所示。六通进样阀可直接向压力系统内进样而不必停止流动相的流动。当六通阀处于进样位置时，样品用注射器注入定量管。转至进柱位置时，定量管中样品被流动相带入色谱柱。由于进样由定量管的体积严格控制，因此进样准确，重复性好，适于定量分析。如有大量样品需做常规分析，则可采用自动进样器实现全自动控制。

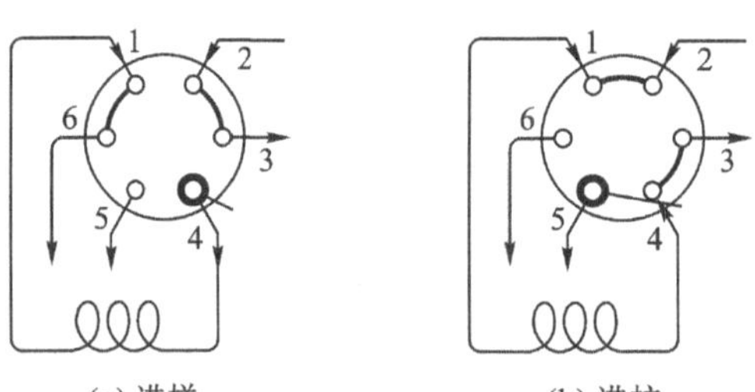

(a) 进样　　(b) 进柱

1，4—定量管；2—泵；3—色谱柱；5，6—排液口。

图 3-65　六通进样阀示意图

3. 色谱柱

色谱柱是高效液相色谱仪的“心脏”部件，它包括柱管与固定相两部分。柱管材料有玻璃、不锈钢、铝、铜及内衬光滑的聚合材料等。因压力的需求，柱管材料通常为不锈钢。

色谱柱按规格可分为分析型和制备型两类。分析型柱可分为:常量柱(内径 2～4.6 mm、柱长 10～30 cm)、半微量柱(内径 1～1.5 mm、柱长 10～20 cm)、毛细管柱(内径 0.05～1 mm、柱长 3～10 cm)。制备型柱内径较大,可达 25 mm 以上。

4. 检测器

检测器是高效液相色谱仪中的三大关键部件之一,主要用于检测经色谱柱分离后的组分浓度的变化,并由色谱工作站采集信号进行定性和定量分析。一个理想的液相色谱检测器应具备以下特征:灵敏度高、对所有的溶质都有快速响应、响应对流动相流量和温度变化都不敏感、不引起柱外谱带扩展、线性范围宽、使用的范围广。

3.5.3 液相色谱仪的使用

高效液相色谱仪 LC-2010C 的使用方法如下所述。

1. 实验准备

(1)流动相的处理:在测试前需要准备纯度为色谱级的流动相,如超纯水、色谱级甲醇、色谱级乙腈等;添加少量磷酸盐类的流动相,流动相需要用 0.45 μm 的滤膜除去固态杂质;流动相除去杂质后再通过超声波除去其中的气泡。

(2)样品的处理:提前用样品管准备好测试样品,选择 0.22 μm 的滤膜过滤,除去杂质。

2. 操作规程

1)开机

(1)首先,开启总电源,启动岛津高效液相色谱仪 LC-2010C 主机(见图 3-66)及计算机。

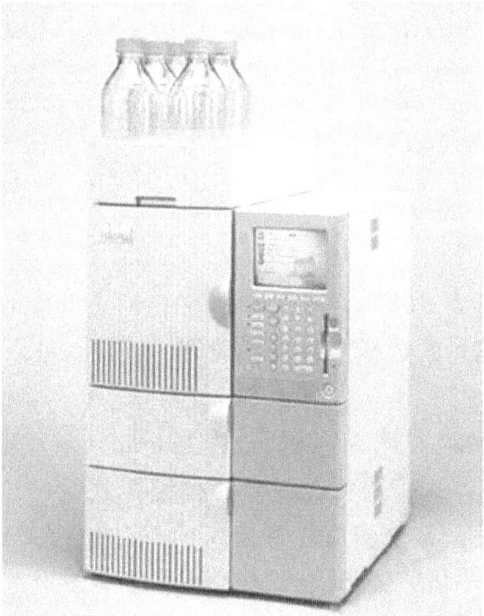

图 3-66　岛津高效液相色谱仪 LC-2010C 主机外观

(2)在计算机桌面点击"(CLASS-VP)"图标打开软件文件,进入仪器联机选择界面,如图 3-67 所示,点击"Instrument UV(仪器)"联机,进入测试界面,如图 3-68 所示。

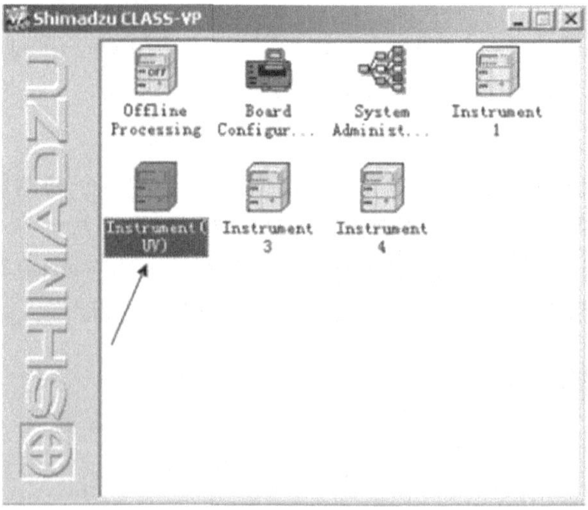

图 3-67 岛津高效液相色谱仪 LC-2010C 联机选择界面

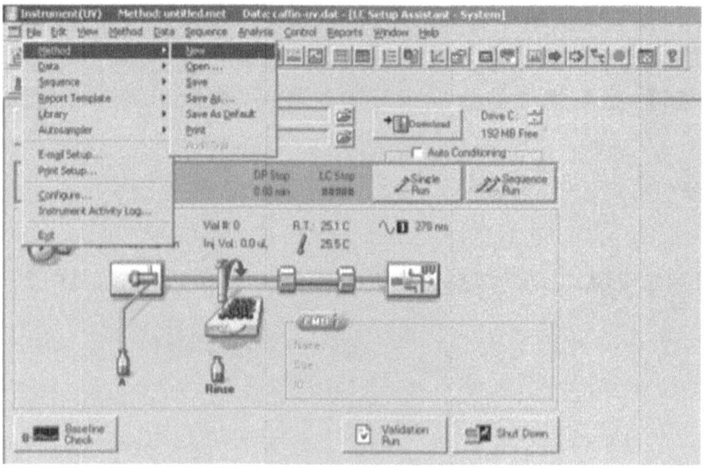

图 3-68 岛津高效液相色谱仪 LC-2010C 测试界面

2)新建方法

(1)在测试界面(见图 3-68),单击“File(文件)”→“Method(方法)”→“New(新建)”,新建方法。再在测试界面选择“(仪器设置)”图标,进入仪器参数设置界面,如图 3-69 所示。

(2)在仪器参数设置界面(见图 3-69),点击“Pumps(泵)”,进入泵参数设置界面,如图 3-69 所示。在“Mode(模式)”选项设置泵的控制模式;在“Flow(流速)”选项设置流速;在“Cont(容量)”选项设置 B 泵流速占总流速的百分比;在“Max(最大值)”选项设置最大保护压力;在“Min(最小值)”选项设置最小保护压力。

(3)在仪器参数设置界面(见图 3-69),点击“Oven(柱温)”进入柱温参数设置界面,如图 3-70 所示。在“Oven(柱温)”选项设置柱温箱温度;在“T. MAX(最大温度)”选项设置最大保护温度。

(4)在仪器参数设置界面(见图 3-69),点击“Detector(检测器)”进入检测器参数设

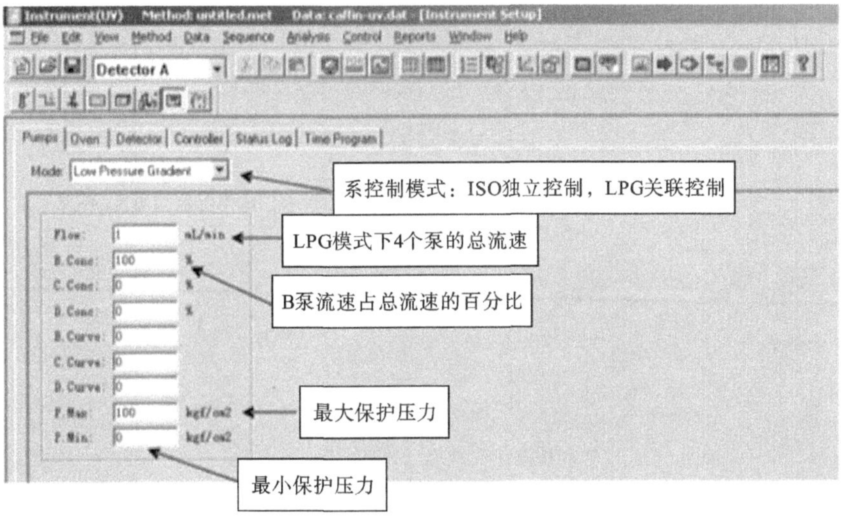

图 3-69　岛津高效液相色谱仪 LC-2010C 仪器参数设置界面

(ISO：isoconcentration，等浓度；LPG：liquefied petroleum gas，液化石油气)

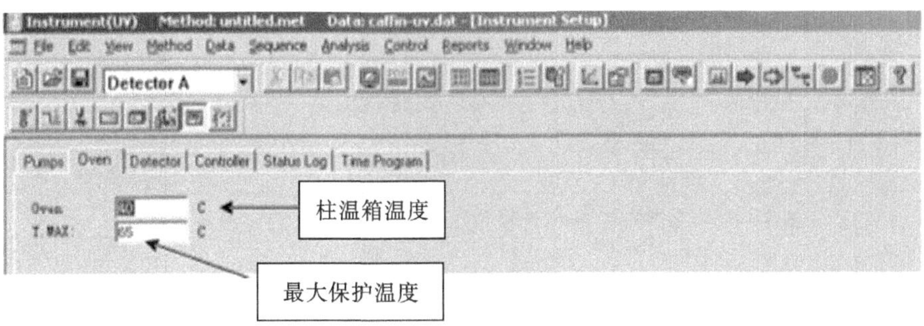

图 3-70　岛津高效液相色谱仪 LC-2010C 柱温参数设置界面

置界面，如图 3-71 所示。在"Wavelength(波长)"选项设置检测波长；选中"Acquisition Channel(采样通道)"；在"Sensitivity Rcsponse(灵敏度响应)"选项设置检测池灵敏度；在"Suitable for minimum peak width at base Run(适用于基本行程的最小峰值宽度)"选项设置分析时间。

(5)在仪器参数设置界面(见图 3-69)，点击"Time Program(时间程序)"，进入时间程序设置界面，如图 3-72 所示。在"Time(时间)"选项设置控制时间，在"Module(单元)"选项设置控制单元，在"Event(事件)"选项设置控制单元参数，在"Value(参数值)"选项设置参数值。

(6)设置完毕，在测试界面(见图 3-68)，单击"File(文件)"→"Method(方法)"→"Save as(另存为)"，保存方法文件。

3)样品测试

(1)在测试界面(见图 3-68)，依次点击"(仪器)""(泵)""(柱温箱)"图标，激活仪器、泵、柱温箱。系统开始运行，点击"Download(下载)"向仪器传输参数。

(2)测试样品前，先用 100%甲醇或乙腈平衡色谱柱 30 min，再用已设定方法的初始条件平衡色谱柱和系统，直至基线平滑，即可进样。

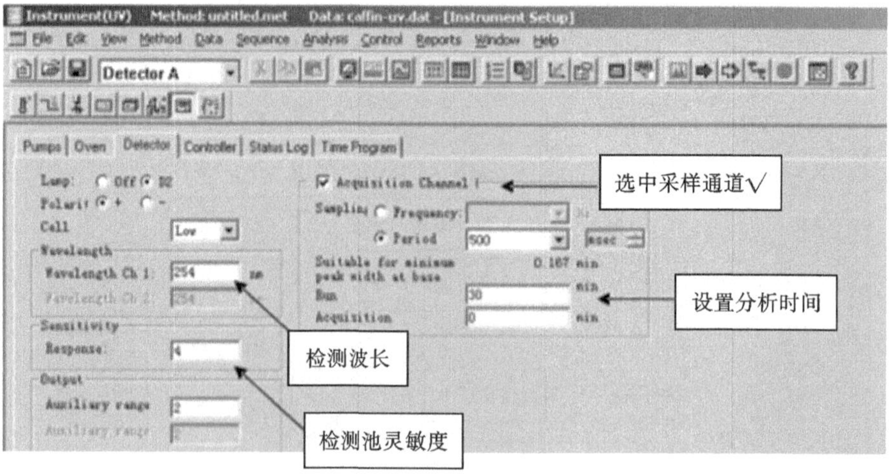

图 3-71　岛津高效液相色谱仪 LC-2010C 检测器设置界面

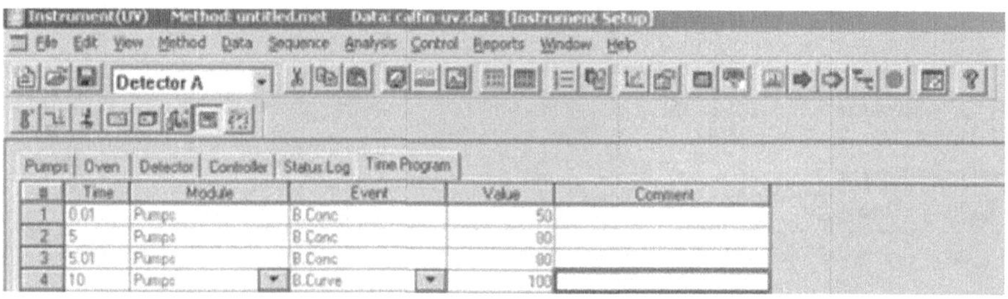

图 3-72　岛津高效液相色谱仪 LC-2010C 时间程序设置界面

(3)进样分析。在测试界面(见图 3-68),点击“Control(控制)”→“Single Run(单针进样)”,进入“Single Run Acquisition(单次采集)”样品信息设置界面,如图 3-73 所示。在“Sample ID(样品名称)”选项编辑样品信息;在“Method(方法)”选项设置分析方法文件名;在“Data(数据)”(第一个)选项设置数据文件的保存路径;在“Autoinermen(自动增量)”选项设置数据文件名自动增加序号;在“Data(数据)”(第二个)选项设置本次采集数据文件名;在“Vial(样品瓶)”选项设置进样的样品瓶号;在“Injection(进样量)”选项设置样品的进样量。设置完成后,点击“Start(开始)”开始测试。

4)数据处理

(1)在测试界面(见图 3-68),点击“File(文件)”→“Data(数据)”→“Open(打开)”,打开所需要的文件;点击“Method(方法)”→“Advance(高级)”,进入数据分析界面,如图 3-74 所示。选择“Export Enable(导出启用)”,再返回测试界面并点击“Analysis(分析)”即可对测试结果进行分析。

5)关机

(1)将流动相改为 100%甲醇或乙腈冲洗色谱柱 30 min;

(2)在测试界面(见图 3-68),点击“(柱温箱)”图标关闭柱温箱,并打开柱温箱门,使柱温箱温度降低至室温;

(3)在测试界面(见图 3-68),点击“(泵)”图标关闭泵,点击“(仪器)”图标关闭仪器;

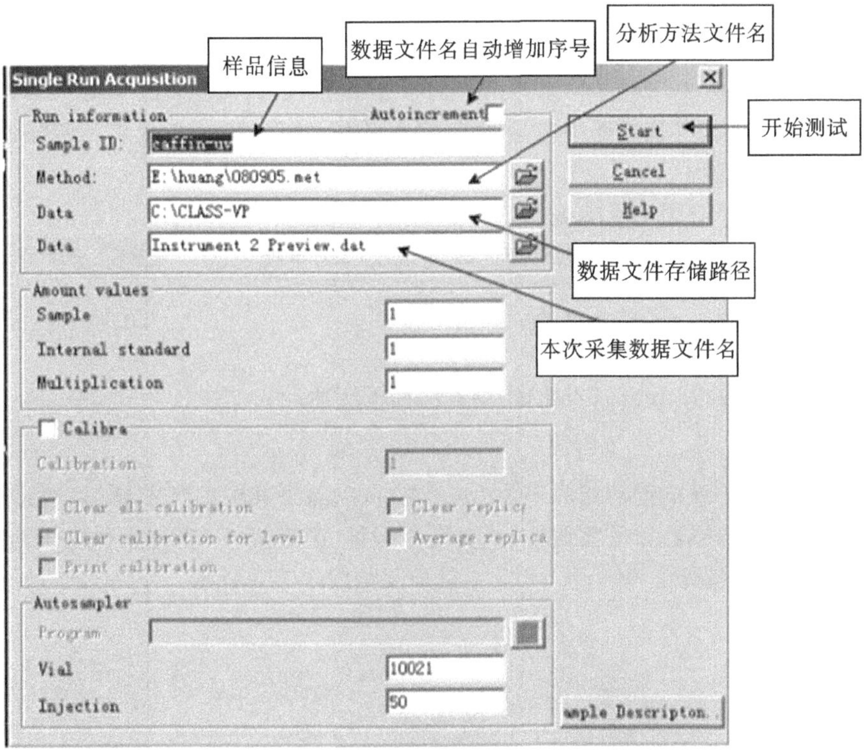

图 3 - 73　岛津高效液相色谱仪 LC - 2010C 样品信息设置界面

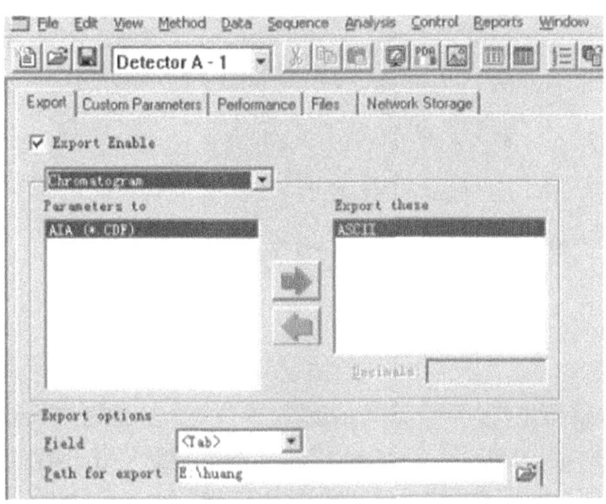

图 3 - 74　岛津高效液相色谱仪 LC - 2010C 数据分析界面

(4)最后关闭测试软件、计算机和仪器主机。

3. 注意事项

(1)流动相和样品必须进行处理，否则固态颗粒会堵塞毛细管色谱柱，流动相中的气泡会使基线漂移。

(2)LC - 2010C 配备的是紫外检测器，样品如果在紫外波段没有吸收峰，则需对其进行衍生化处理。

(3)仪器如果长时间未使用,启用之前必须先将所用管路中的气泡除去。

(4)所用色谱柱为 ODS 柱时,水相的比例不能小于 10%(体积),否则会损坏色谱柱。如果水相的比例较大,实验过程中应逐步将流动相中水的比例从 0 过渡到所需值,实验完成后,再逐步过渡到 0。

(5)实验结束后,必须用甲醇或乙腈冲洗色谱柱。

(6)LC - 2010C 主机下方洗瓶里面的超纯水每两天更换一次。

3.5.4 制备液相色谱仪的使用

制备液相色谱仪 Waters 1525 的使用方法如下所述。

1. 实验准备

测试前需将色谱纯的流动相超声 30 min 左右,以除去其中的气泡(做好色谱纯的流动相如色谱纯的甲醇或乙腈及色谱柱、一次性进样针、废液烧杯、洗针液和接样管等的准备工作)。制备液相色谱仪 Waters 1525 主机外观如图 3 - 75 所示。

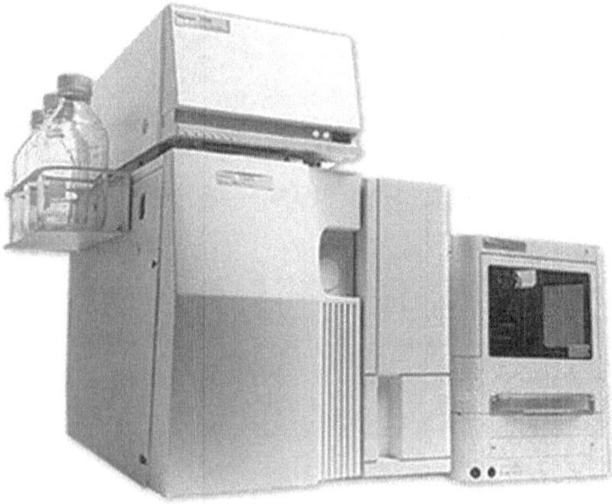

图 3 - 75 制备液相色谱仪 Waters 1525 主机外观

2. 操作规程

1)开机

(1)打开计算机、仪器主机,等待 3~5 min(仪器自检),自检完成仪器正常,准备测试。

(2)在计算机桌面上,双击"(Breeze)"软件图标,输入用户名(默认 Breeze),弹出"选择项目和系统界面"选项,选择"defaults(默认)"→"Breeze 2489 - 1525(色谱系统)",点击"确定"进入测试界面,如图 3 - 76 所示。

2)新建方法

(1)在测试界面(见图 3 - 76),点击"查看方法"→"仪器",进入泵流量设置界面,如图 3 - 77 所示。在此界面,点击"PCM/15xx(泵)"→"流量"选项,"泵模式"选项设置"梯度","时间"选项设置测试的时间,"流量"选项设置流量值,"%A"选项设置 A 流动相比例,"%B"选项设置 B 流动相比例,"%C"选项设置 C 流动相比例;再点击"W2489(检测器)",进入检测器设置界面,如图 3 - 78 所示。在检测器设置界面,"通道 A"选项设置"波长”“采样速率”及“波长模式”，再点击“事件”选项，进入检测器事件设置界面，如图 3－79 所示。在此界面，“时间”选项设置采集时间，“事件”选项设置事件名称，“参数”选项设置检测器使用状态，“通道”选项设置为“通道 A”，设置完成后，返回测试界面，点击“文件”→“保存”，输入仪器方法的名称，保存方法。

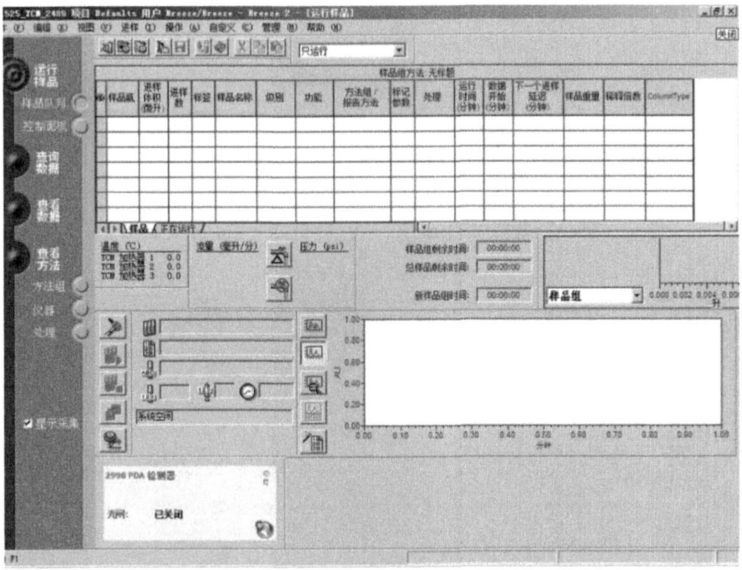

图 3－76　制备液相色谱仪 Waters 1525 测试界面

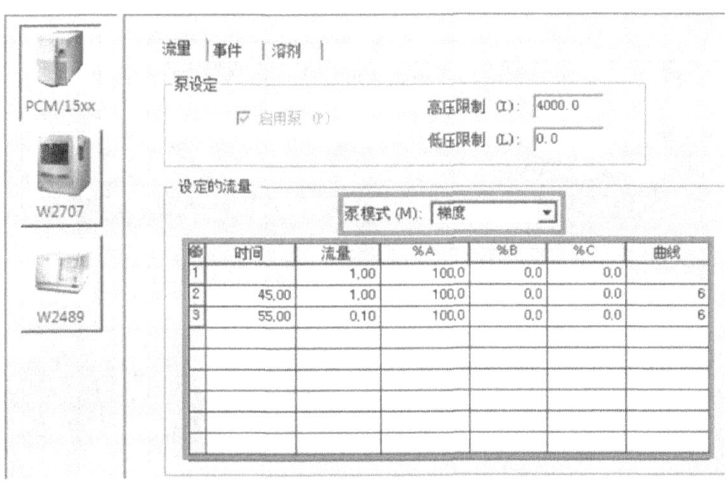

图 3－77　制备液相色谱仪 Waters 1525 泵流量设置界面

3)数据采集

(1)平衡基线。在测试界面(见图 3－76)，点击“运行样品”，进入运行样品界面，如图 3－80 所示。在此界面，点击“(平衡系统/监视基线)”图标→“平衡/监视器”，开始平衡系统。基线平衡后，返回运行样品界面，点击“(中断正在运行的样品组或单进样)”图标，退出平衡系统，准备进样。

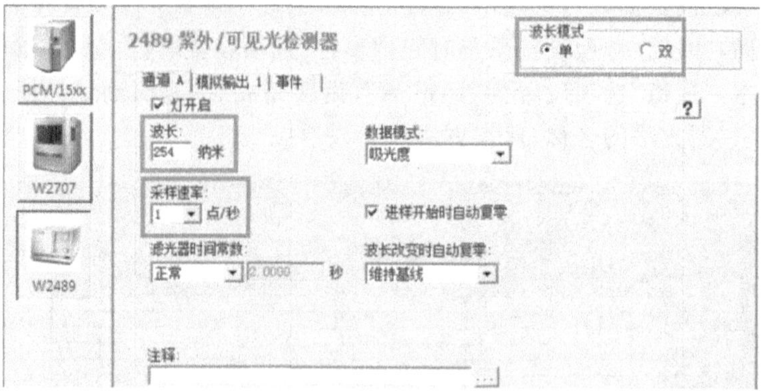

图 3-78　制备液相色谱仪 Waters 1525 检测器设置界面

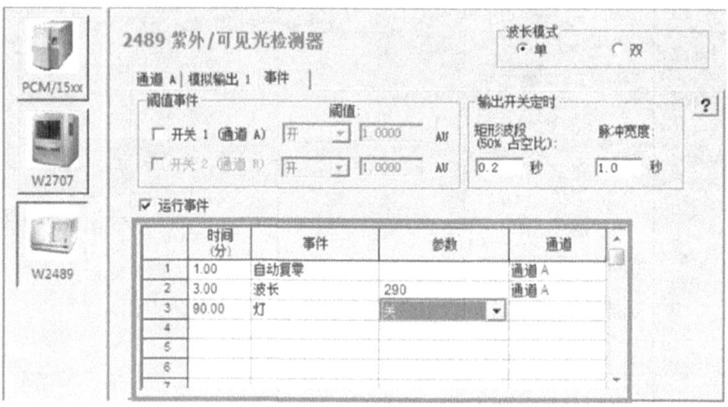

图 3-79　制备液相色谱仪 Waters 1525 检测器事件设置界面

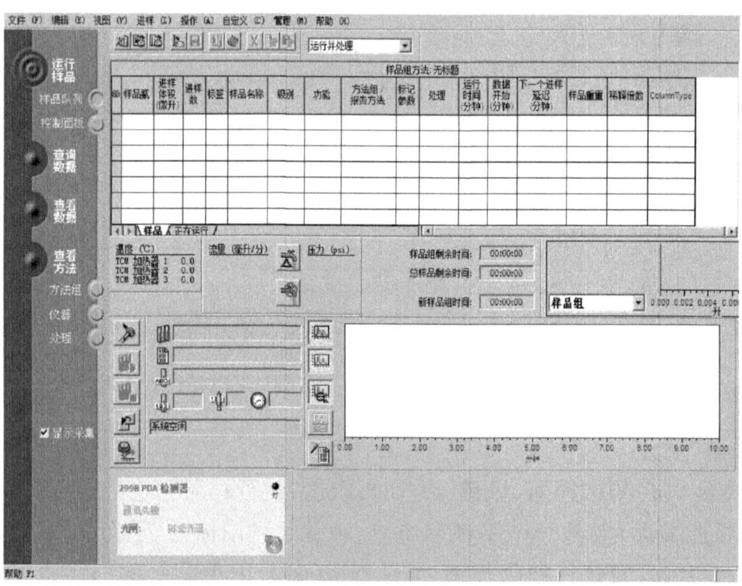

图 3-80　制备液相色谱仪 Waters 1525 运行样品界面

(2)进样分析。在运行样品界面(见图 3-80),点击"(单进样)"图标,进入进样参数设置界面,如图 3-81 所示。在此界面,"样品名"选项设置样品名称,"功能"选项设置为"进样","方法组"选项选择方法名称,"进样瓶"选项设置为"1","进样体积"选项设置进样量,"运行时间"选项设置采集时间,设置完成后,点击"进样"退出进样参数设置界面。返回运行样品界面(见图 3-80),点击"(流量)"图标,设置流量 A 和流量 B 的比例,当系统状态条显示"等待进样"时,在仪器主机上将扳动手动进样阀至"Inject(进样)"的位置,然后将样品注入进样口,点击"(运行)"图标,仪器开始自动采集分析。

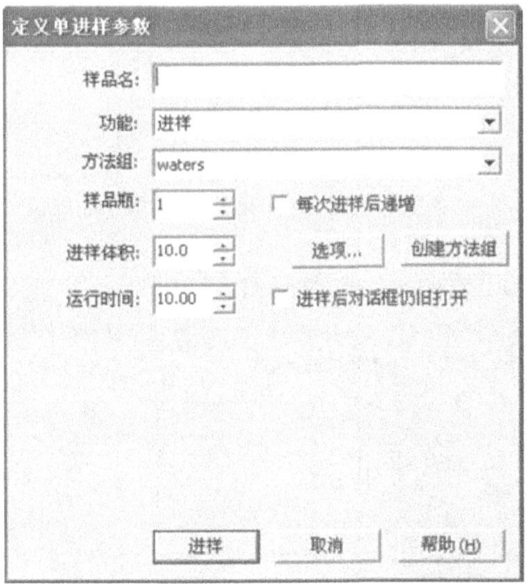

图 3-81　制备液相色谱仪 Waters 1525 进样参数设置界面

4)数据处理

(1)建立处理方法。样品测试完毕,在测试界面(见图 3-76),点击"查询数据"→选中"数据名称",再点击"(处理方法向导)"图标→"新建处理方法"→"确定",进入积分区域设置界面,如图 3-82 所示。在此界面,在"开始"选项设置分析的开始时间,在"结束"选项设置分析的结束时间,点击"下一步",软件自动计算峰宽和阈值参数,并显示具有积分峰的色谱图,继续点击"下一步",进入剔除峰设置界面,如图 3-83 所示。在此界面,选择色谱图中的最小峰,点击"最小高度"→"下一步",进入校正设置界面,如图 3-84 所示。在此界面,"选择定量方法"选项设置为"面积","选择校正曲线拟合类型"选项设置为"线性",点击"下一步",进入名称和保留时间设置界面,如图 3-85 所示。在此界面,选择色谱图中的每一个峰,"名称"选项设置峰的名称,"保留时间"选项设置峰的保留时间,点击"下一步",进入校正方法设置界面,如图 3-86 所示。在此界面,"选择校正类型"选项设置为"单一内标样","选择用作标准样的组分"选项设置内标样,点击"下一步"→输入"方法名称"→点击"完成"。返回测试界面(见图 3-76),点击"文件"→"保存"→"处理方法",完成处理方法的建立。

(2)查询结果。在测试界面(见图 3-76),点击"查询数据"→"数据名称"→"结果组",右击鼠标选择"处理"→"使用指定的处理方法",选择已建立的处理方法,再分别点击"确定"→"结果"→"更新"→"查看",即可得到数据分析结果。

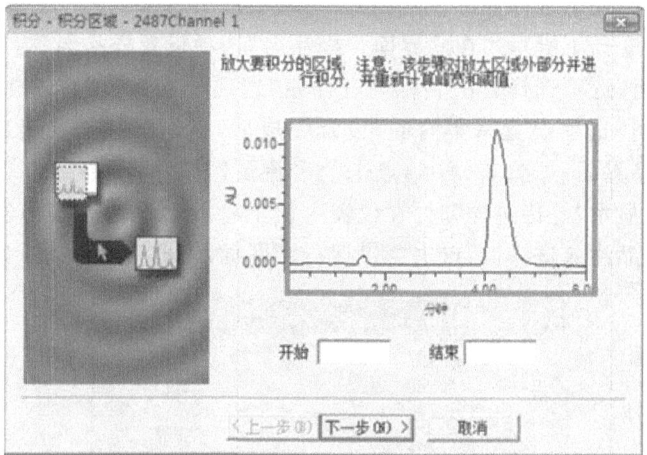

图 3 - 82　制备液相色谱仪 Waters 1525 积分区域设置界面

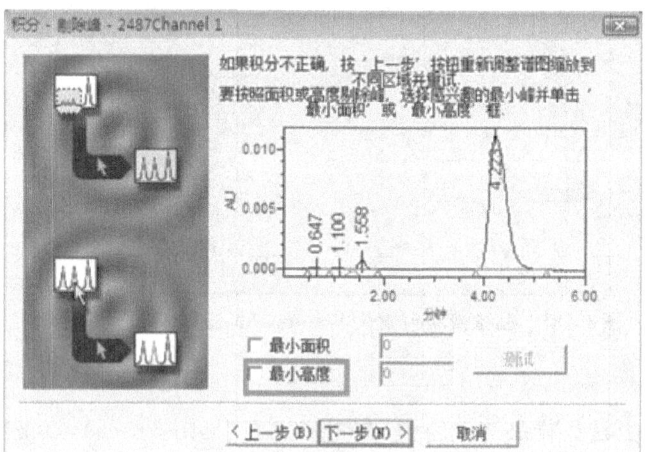

图 3 - 83　制备液相色谱仪 Waters 1525 剔除峰设置界面

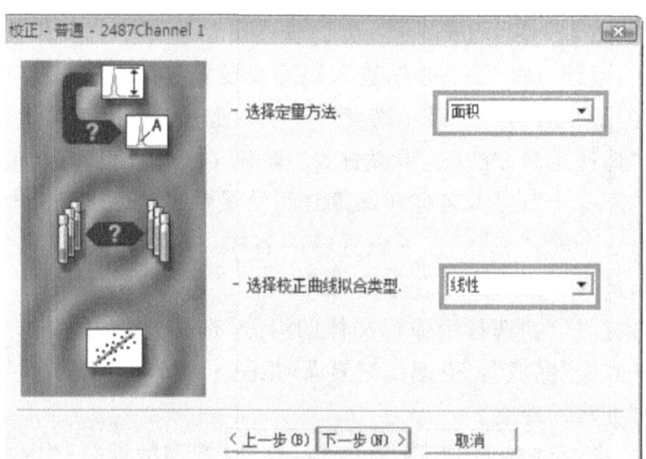

图 3 - 84　制备液相色谱仪 Waters 1525 校正设置界面

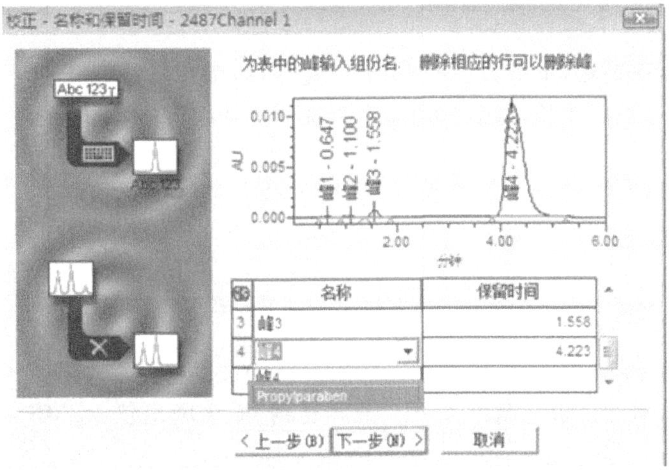

图 3 - 85　制备液相色谱仪 Waters 1525 名称和保留时间设置界面

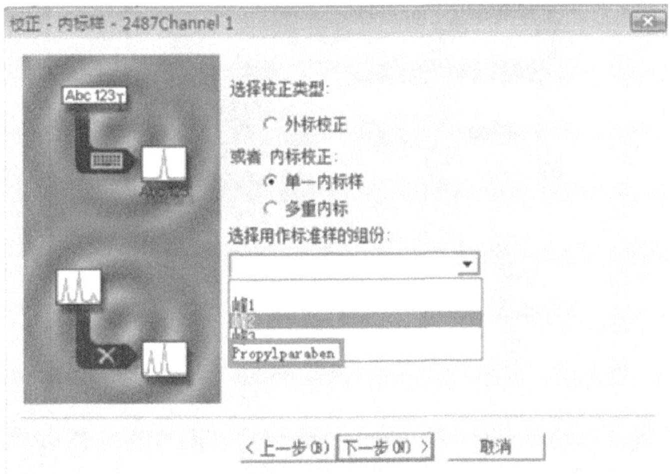

图 3 - 86　制备液相色谱仪 Waters 1525 校正方法设置界面

5)关机

返回测试界面(见图 3 - 76)，点击“(关闭流量)”图标，关闭流量，然后关闭测试软件、计算机、仪器主机。

3. 注意事项

(1)关机顺序与开机顺序相反。

(2)流动相及样品过滤后方可使用。

(3)实验结束后，一定点击关闭流量控制按钮。

(4)流动相存放时间不宜过久，需定期更换；流动相输液瓶定期清洗；滤头至少三个月清洗一次。

(5)仪器要定期开机、定期冲洗色谱柱。

3.5.5　液相色谱-质谱联用仪的使用

液相色谱-质谱联用仪 LCMS - 2020 的使用方法如下所述。

1. 实验准备

(1)提前配制流动相(甲醇或乙腈)和洗针液[一般为甲醇-水,体积比为 (1∶1)],然后使用垂熔漏斗过滤流动相,最后再用超声清洗仪将其超声 30 min 脱气,以保证流动相中无气泡等杂质。

(2)安装色谱柱:提前选择合适的色谱柱,将仪器柱温箱内的进样阀一端与色谱柱“input(插入)”端相连。

2. 操作规程

1)开机

(1) 依次打开液相部分(高压泵 A、高压泵 B、自动进样器、柱温箱、紫外-可见检测器、系统控制器)、质谱仪及氮气发生器。液相色谱-质谱联用仪 LCMS－2020 主机外观如图 3－87 所示。

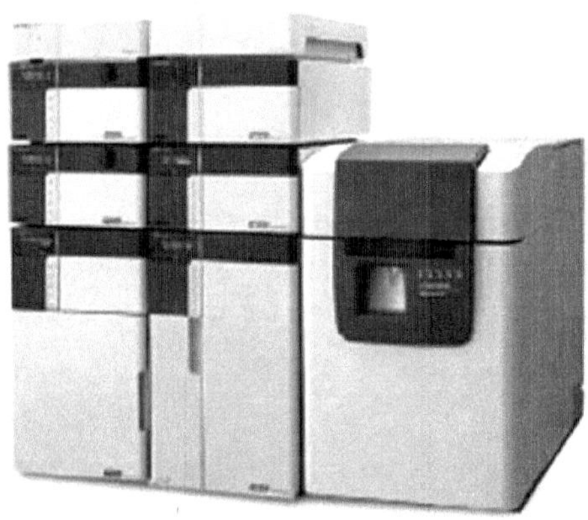

图 3－87　液相色谱-质谱联用仪 LCMS－2020 主机外观

(2)启动计算机,待计算机桌面右下方的“(仪器)”图标为绿色后,双击计算机桌面的“(液质工作站)”图标→输入用户名和密码→点击“(LCMS－2020)”图标,进入实时分析界面,如图 3－88 所示。在此界面,点击“系统配置”,进入系统配置界面,如图 3－89 所示。在此界面,点击“自动设置”进行系统自动设置,设置完成后,点击“确定”将系统配置参数传输给仪器主机。再返回实时分析界面(见图 3－88),点击“(系统控制)”图标→“自动启动”,进行质谱的抽真空操作,屏幕进程条显示操作的进度,进程条达到 100%时,表明仪器已完成抽真空,点击“关闭”,仪器开始自动调谐。

2)自动调谐

在实时分析界面(图 3－88),点击“(调谐)”图标→“(新建文件)”图标→“(自动调谐开始)”图标,仪器进行自动调谐,等待仪器自动调谐完成后,返回实时分析界面,点击“文件”→“调谐文件另存为”,输入存储路径、调谐文件名称,点击“保存”即可。

3)新建方法

在实时分析界面(见图 3－88),点击“文件”→“新建方法文件”,然后进入 MS(质谱)参数设置界面,如图 3－90 所示。在此界面的“MS(质谱)”模块下,“分析模式”选项设置扫描模式,“测定开始 m/z”选项设置开始采集的质荷比数值,“测定结束 m/z”选项设置结束采集的质荷比数值,“测定时间”选项设置测定的开始和结束时间。在参数设置界面的

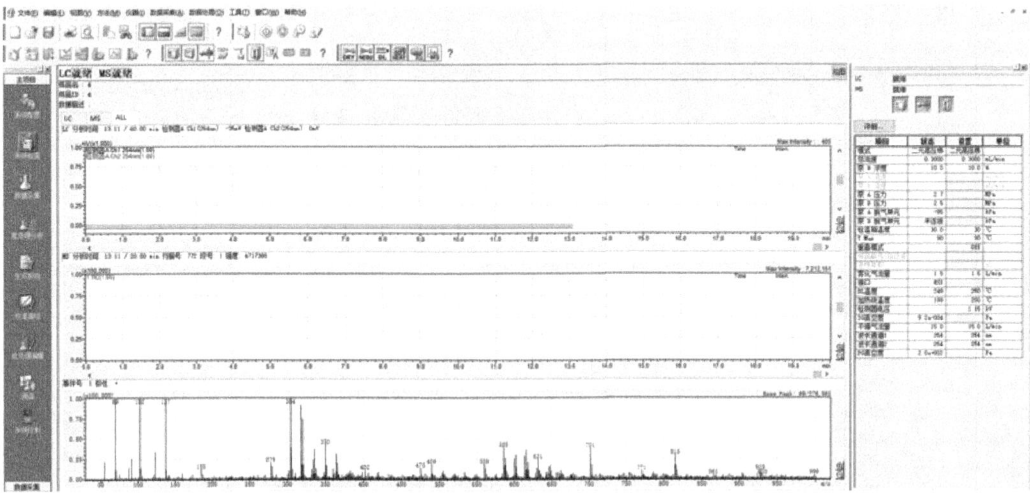

图 3 - 88　液相色谱-质谱联用仪 LCMS - 2020 实时分析界面

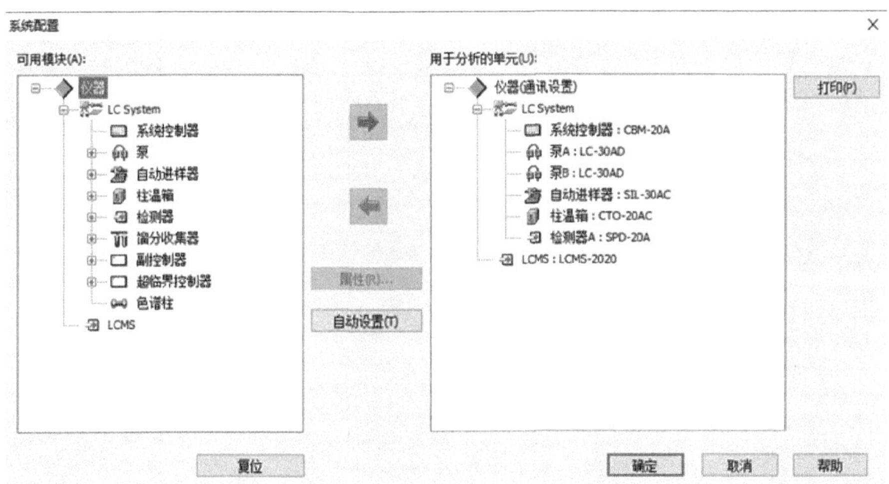

图 3 - 89　液相色谱-质谱联用仪 LCMS - 2020 系统配置界面

"接口"模块下，进入接口设置界面，如图 3 - 91 所示，在此界面，"使用调谐文件"前的小框不打钩，"DL 温度(脱溶剂管温度)"选项输入"250"，"雾化气流量"选项输入"1.5"，"加热块温度"选项输入"400"，"打开干燥气"前的小框打钩，"干燥气流量"选项输入"15"，质谱参数设置完毕。返回实时分析界面，设置 LC(液相)参数，在此界面的"泵"模式下，"模式"选择泵的模式，"总流速"选项设置测试流速，"泵 B 的浓度"选项设置泵 B 的浓度比例。在"时间程序"模式下，"时间"选项设置分析时间，"单元"选项设置模块组分，"处理命令"选项设置执行的命令，"值"选项设置流动相浓度数值。在"数据采集时间"模块下，"LC 结束时间(液相结束时间)"选项设置液相结束时间。在"柱温箱"模块下，"柱温箱温度"选项设置柱温箱的温度。在"自动进样器"模块下，"进样架"选项设置自动识别样品进样架类型。在"自动排气"模块下，"流动相名"选项设置流动相 A 和流动相 B，"排气时间"选项设置流动相 A 和流动相 B 的排气时间，液相参数设置完毕。返回实时分析界面，点击"文件"→"方法文件另存为"，输入保存路径、方法文件名称，点击"保存"→"下载"将参数上传至仪器。

图 3 - 90　液相色谱-质谱联用仪 LCMS - 2020 质谱参数设置界面

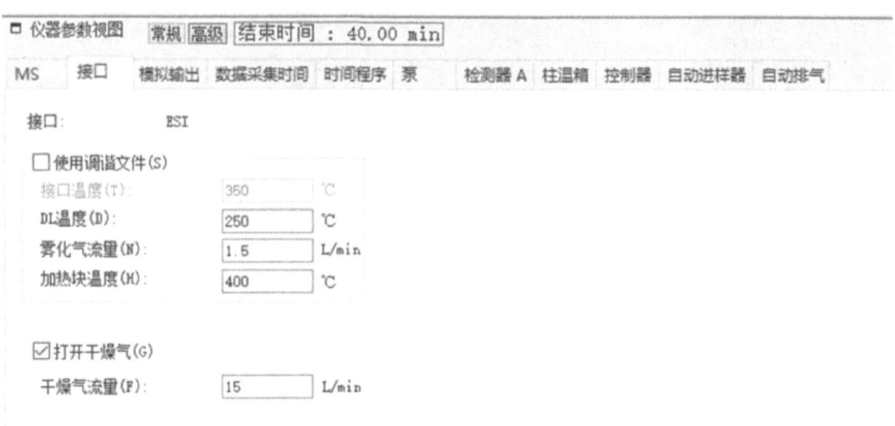

图 3 - 91　液相色谱-质谱联用仪 LCMS - 2020 接口设置界面

4)进样分析

在实时分析界面(见图 3 - 88),点击“(干燥气)”图标打开干燥气,点击“(雾化气体)”图标打开雾化气,点击“(加热模块)”图标打开加热模块,点击“(自动排气)”图标开始自动排气,屏幕显示进度条,进度条到 100%表明自动排气完成。在此界面,点击“数据采集”→“单次分析开始”,进入样品信息界面,如图 3 - 92 所示。在图 3 - 92 中,“样品名”选项设置样品的名称,“样品 ID(样品号)”选项设置样品号,“方法文件”选项设置测试的方法,“数据文件”选项设置数据保存文件夹,“样品瓶”选项设置样品瓶号,“样品瓶架”选项设置样品架号,“进样体积”选项设置进样量,设置完成后,点击“确定”,仪器开始自动采集数据。

图 3 - 92　液相色谱-质谱联用仪 LCMS - 2020 样品信息界面

5)数据处理

(1)建立标准曲线。双击计算机桌面的"(液质工作站)"图标，输入用户名和密码，点击"处理工具"→"浏览器"→"定量浏览器"→"(文件夹)"图标打开数据文件，鼠标左键拖动数据文件至"定量数据查看"窗口，选中一个数据文件，进入分析界面，如图 3 - 93所示。在此界面的"积分"模块中，"通道"选项设置检测器类型，"斜率"选项设置斜率的数值，"最小面积/高度"选项设置样品峰面积。再点击分析界面中的"识别"，进入定性界面，如图 3 - 94 所示，在此界面，"识别方法"选项设置为"绝对保留时间"，"峰选择"选项设置为"最接近峰"。再点击分析界面中的"定量处理"，进入定量界面，如图 3 - 95 所示。在此界面，"定量方法"选项设置定量的方法，"计算依据"选项设置为"面积"，"校准曲线"选项设置最大级别数，"校准曲线类型"设置为"直线"，"零截距"设置为"未过原点"。再点击分析界面中的"化合物"，进入化合物设置界面，如图 3 - 96 所示，在此界面，

图 3 - 93　液相色谱-质谱联用仪 LCMS - 2020 分析界面

“化合物名”选项设置样品名称，“类型”选项设置样品类型，“处理通道”选项设置检测器类型，“保留时间”选项设置样品的相对保留时间，“浓度”选项设置样品浓度，设置完成后点击“视图”，标准曲线建立完成。

图 3 - 94　液相色谱-质谱联用仪 LCMS - 2020 定性界面

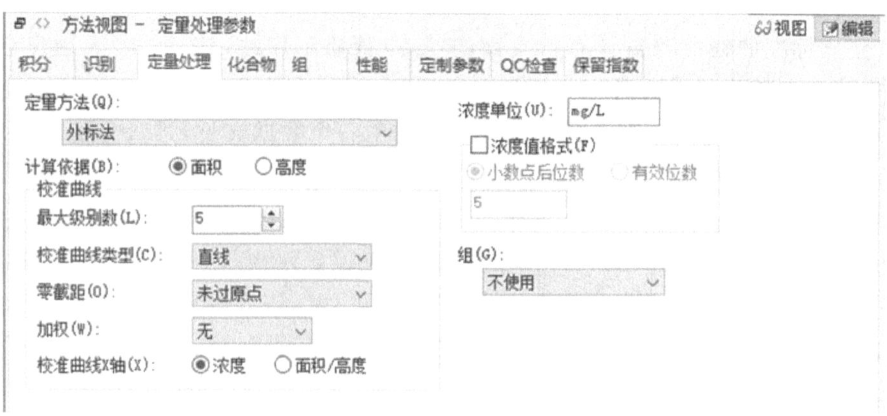

图 3 - 95　液相色谱-质谱联用仪 LCMS - 2020 定量界面

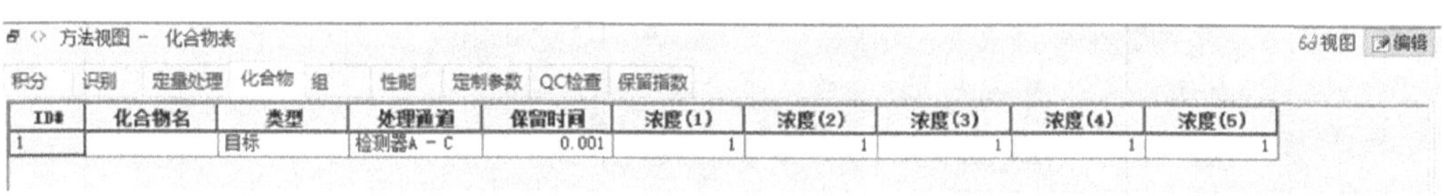

图 3 - 96　液相色谱-质谱联用仪 LCMS - 2020 化合物设置界面

(2)定量分析。双击计算机桌面的“(液质工作站)”图标，输入用户名和密码，点击“处理工具”→“浏览器”→“定量浏览器”→“(文件夹)”图标打开数据文件，鼠标左键拖动数据文件至“定量结果视图”窗口，进入结果分析界面，如图 3 - 97 所示。在此界面，“浓度”选项查看定量结果，然后点击“(保存)”图标，即可保存数据结果。

(3)打印报告。双击计算机桌面的“(液质工作站)”图标，输入用户名和密码，点击“处理工具”→“再解析” →“(文件夹)”图标打开数据文件，再点击“数据报告”→“打

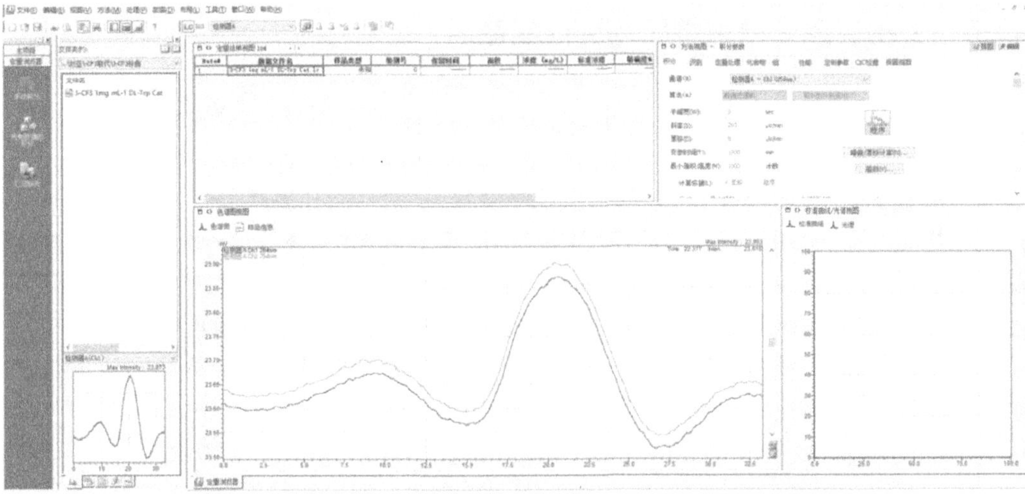

图 3 - 97　液相色谱-质谱联用仪 LCMS - 2020 结果分析界面

印”，即可打印报告。

6)关机

(1)日常关机。在实时分析界面(见图 3 - 88)，液相色谱部分点击图标“(液相泵)”“(柱温箱)”，关闭液相泵、柱温箱；质谱部分点击图标“(离子通道)”“(雾化气体)”“(脱溶剂管)”“(加热模块)”“(干燥气)”，关闭离子通道、雾化气体、脱溶剂管、加热模块、干燥气，然后点击关闭“LabSolutions(液质工作站)”软件、计算机。

(2)完全关机。在实时分析界面(见图 3 - 88)，点击“(系统控制)”图标→“自动停止”，开始启动卸载真空，屏幕显示进度条，完成后点击“关闭”，完成卸载真空操作。关闭软件、计算机、液相色谱仪、质谱仪、氮气发生器及计算机电源。

3. 注意事项

(1)常用的液相色谱-质谱联用仪(liquid chromatograph - mass spectrometer，LC - MS)溶剂一般为高质量的甲醇、乙腈、水和挥发性添加剂，如甲酸、乙酸、甲酸铵和乙酸铵等。如果这些常规溶剂能满足分析的需要，可不考虑其他溶剂，尽量避免不挥发性缓冲液。

(2)流动相添加剂中不能含有强酸、强碱和不挥发性的盐，可含有少量弱酸(甲酸或乙酸)、弱碱(氨水)、醋酸铵(浓度不能高于 50 mm)。

(3)正、负离子模式的选择：

①正离子模式：适合于碱性样品，可用乙酸或甲酸对样品加以酸化，样品中含有仲氨或叔氨时可优先考虑使用正离子模式。

②负离子模式：适合于酸性样品，可用氨水或三乙胺对样品进行碱化，样品中含有较多的强负电性基团，如含氮、溴和多个羟基时可尝试使用负离子模式。

(4)实验结束后要清洗进样针、进样阀等，用过含弱酸的流动相后，色谱柱和离子源都要用甲醇/水冲洗。

(5)控制好样品运行的环境，包括实验室的温度和湿度。

(6)泵 A、B 中排气的液体为 10%异丙醇水溶液，液面低于 50%时应及时配制、更换，大约一周更换一次。

3.5.6 多角度激光散射凝胶色谱仪的使用

多角度激光散射凝胶色谱仪 Waters 1515 - 2414 的使用方法如下所述。

1. 实验准备

(1)准备耗材：提前准备 1 mL 的一次性注射器、一次性微孔滤膜。

(2)样品配制：选用处理后的溶剂配制待测样品溶液，样品体积 1～3 mL，样品浓度根据估算的分子量确定。

(3)样品溶解：提供足够的时间使聚合物完全溶解，一般在室温下静止过夜溶解。

(4)样品过滤：样品溶解后，使用一次性微孔滤膜(孔径 0.22 μm)对样品溶液进行过滤，保存滤液待用。

2. 操作规程

1)开机

(1)多角度激光散射凝胶色谱仪 Waters1515 - 2414 的仪器外观如图 3 - 98 所示，依次打开稳压电源、计算机、泵、柱温箱、示差检测器、多角度激光光散射检测器电源。

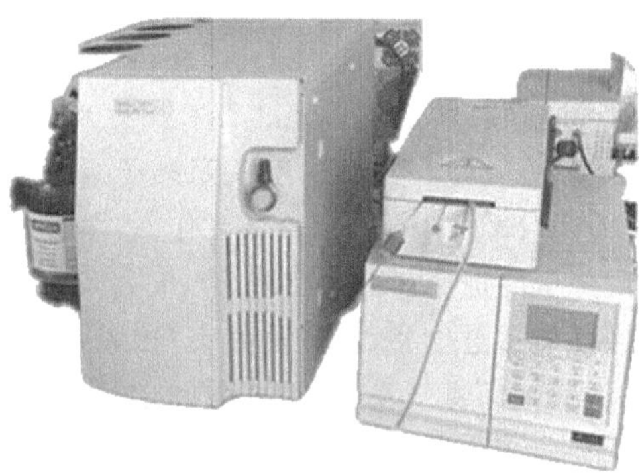

图3 - 98　多角度激光散射凝胶色谱仪 Waters1515 - 2414 的仪器外观

(2)在计算机桌面，双击“(Breeze)”软件图标打开分析软件，弹出登录界面，如图 3 - 99所示。在此界面，输入“Breeze”，点击“确定”，进入选择项目和系统界面，如图 3 - 100 所示。在此界面，选择“waters”和“1515 - 2414”，然后点击“确定”，进入凝胶色谱测试界面，如图 3 - 101 所示。在此界面，点击“运行样品”，“(泵流速)”选项设置为0.2 mL/min，“(时间)”选项设置为 2 min (注意：流速增加速度不能超过 0.1 mL/min)。

图3 - 99　多角度激光散射凝胶色谱仪 Waters1515 - 2414 登录界面

图 3-100 多角度激光散射凝胶色谱仪 Waters1515-2414 选择项目和系统界面

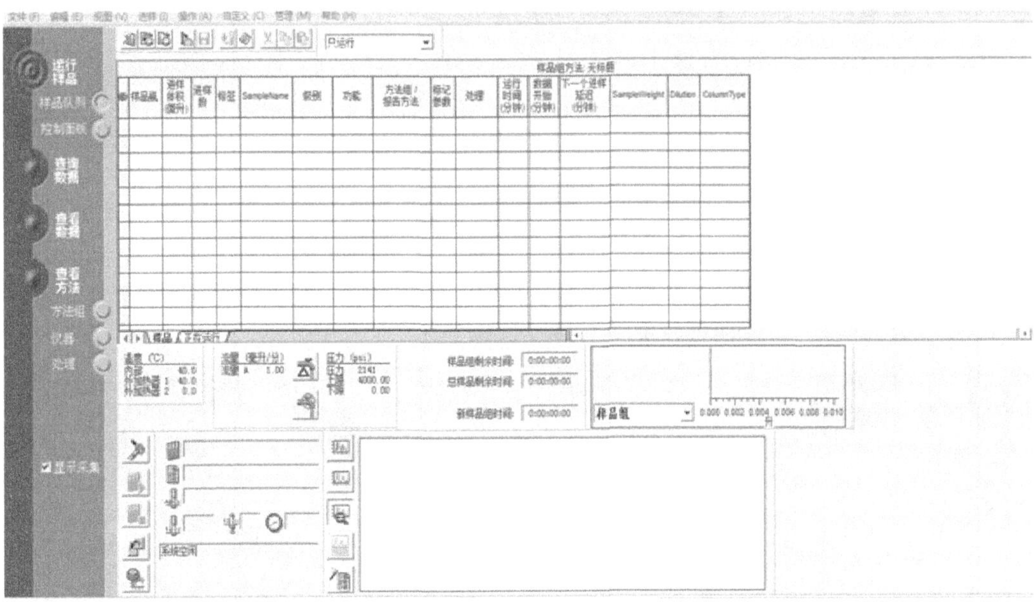

图 3-101 多角度激光散射凝胶色谱仪 Waters1515-2414 凝胶色谱测试界面

(3)在示差折光检测器面板上，手动点击进行参数设置，检测器面板如图 3-102 所示。在此面板上，点击“Temp ℃(温度)”按钮设置温度为 40 ℃，点击“Home”→“Shift”→“Purge”(主页—变换—清洗)”按钮，面板左上角出现一个“ ”图标，此时示差检测器为清洗流路，冲洗示差检测器的样品池及参比池，记录时间(清洗时间为 10 h)；清洗完成后检查基线，待基线稳定后，返回凝胶色谱测试界面(见图 3-101)，“ (泵流速)”选项设置为1.0 mL/min，“ (时间)”选项设置为 8 min，平衡 30 min。

(4)平衡结束后，返回示差折光检测器面板(见图 3-102)，手动点击“Shift”→“Purge”(变换—清洗)”按钮，面板左上角的“ ”图标消失，取消清洗，回到正常测试样品的流路。在此状态下平衡 3～5 min 之后，返回示差折光检测器面板，依次进行如下手动点击操作：点击“Diag(诊断)”弹出选择界面，选择“Optimize LED(优化检测器)”(面板数值显示 16～17 为正常)→“Enter(进入)”→“Home(主页)”。

2)新建方法

(1)在示差折光检测器的控制面板上(见图 3-102)，手动点击“Shift”→“Purge”(变

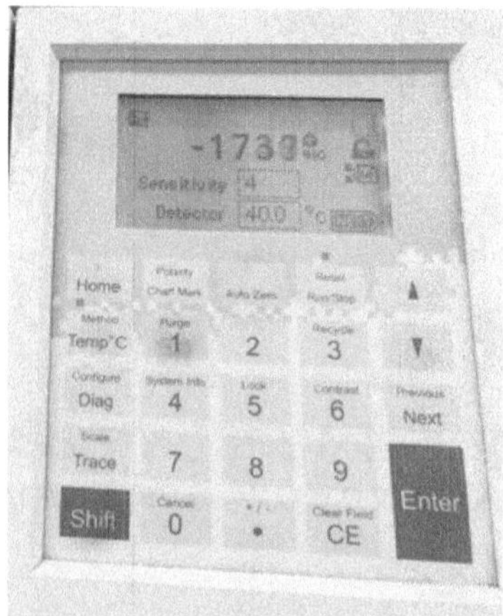

图 3－102 多角度激光散射凝胶色谱仪 Waters1515－2414 示差折光检测器面板

换一清洗)，等待 10 min，待系统充分平衡，示差检测器上的数字不再变动时，手动点击“Auto Zero(归零)”，设置完成。

(2)在计算机桌面，双击“(Astra)”软件图标打开工作站软件，进入多角度测试界面，如图 3－103 所示。在此界面，点击“System(系统)”→“Instrument(仪器)”→“Refresh(更新)”即可，然后依次点击“File(文件)”→“Experiment Method(新建测试方法)”→“SEC－LS－RI(设置检测器)”，方法设置完成。

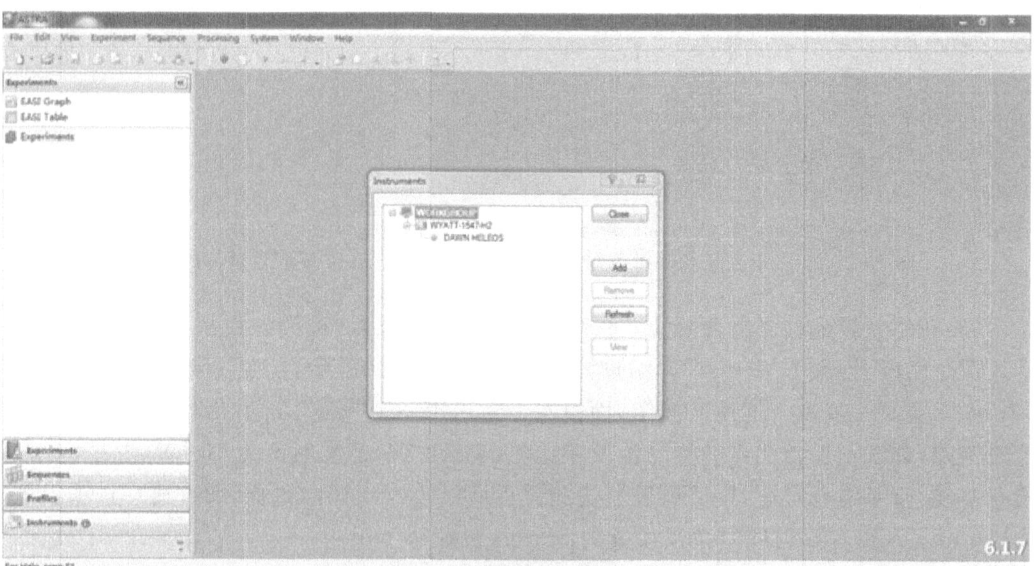

图 3－103 多角度激光散射凝胶色谱仪 Waters1515－2414 多角度测试界面

3)进样分析

方法设置完成后，返回多角度测试界面(见图 3－103)，点击“(开始测试)”图标，弹出“Waiting for auto－inject signal(等待自动注入信号)”界面，如图 3－104 所示。出现此界面时，扳动进样阀开始进样，进样量为 400 μL。进样完成后，Astra 软件开始自动采集数据，待数据采集完毕，点击“(结束测试)”图标→“File(文件)”→“Save as(另存为)”

命名文件并保存。

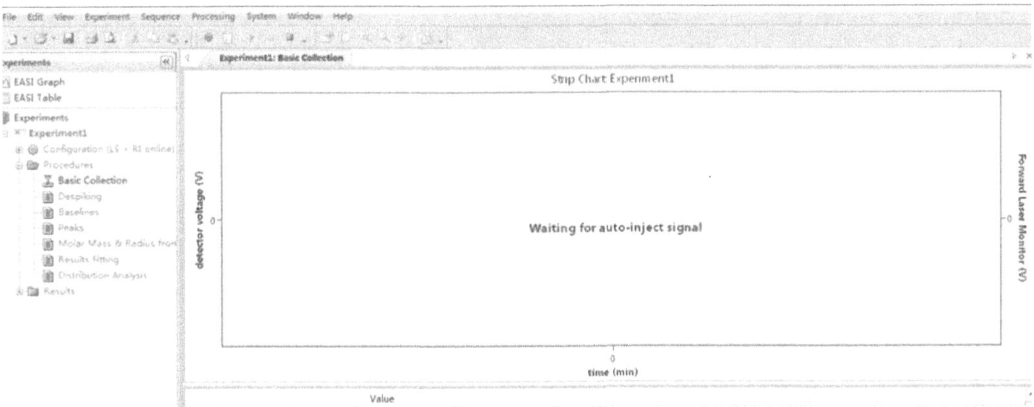

图 3－104 多角度激光散射凝胶色谱仪 Waters1515－2414 等待自动注入信号界面

4)数据处理

(1)分析数据。在多角度测试界面(见图 3－103),点击“File(文件)”→“Open(打开)”→“Experimen(实验)”,打开已完成测试的文件,进入数据分析界面,如图 3－105 所示。在此界面,点击“Baseline(基线)”选项将基线拉平,再点击“Apply(应用)”,然后进入 dn/dc 估测界面,如图 3－106 所示。在此界面,点击“Experiments(实验)”→“Apply Method(应用方法)”→“System(系统)”→“Methods(方法)”→“RI Measurement(示差折光测试)”→“100％ Mass Recovery Methods(100％质量回收方法)”→“dndc from peak(峰值的比折光指数增量)”→“Procedures(程序)”→“Peaks(峰值)”→修改“Injected Mass(注入量)”→“Apply(应用)”→“Report(报告)”,点击查看 dn/dc 值,复制此时的 dn/dc 值。再返回数据分析界面,点击“Peaks(峰值)”,将估测好的 dn/dc 值输入进去,点击“Results(结果)”→“Report(报告)”,查看结果报告。

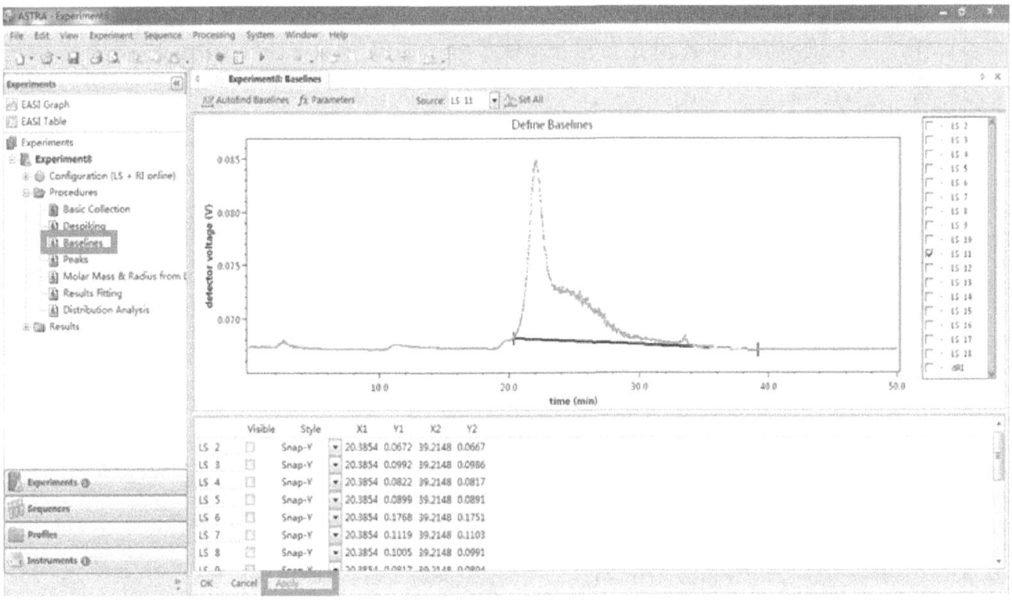

图 3－105 多角度激光散射凝胶色谱仪 Waters1515－2414 数据分析界面

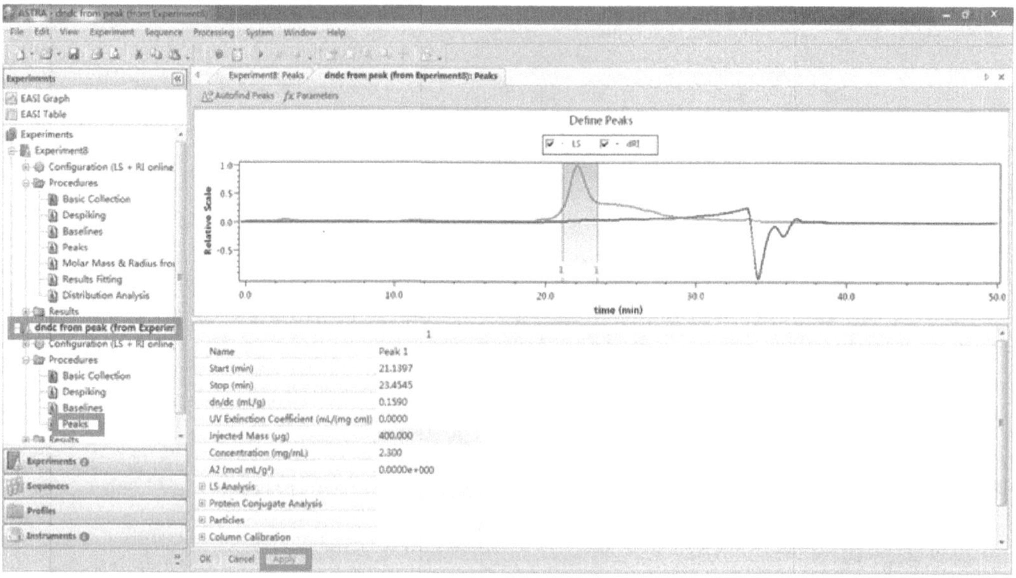

图 3－106　多角度激光散射凝胶色谱仪 Waters1515－2414 dn/dc 估测界面

(2)打印并保存报告。选中结果数据图，鼠标右键点击“Edit(编辑)→“Export(输出)”，选择需要的格式打印并保存文件。

5)关机

(1)测试结束后，返回凝胶色谱测试界面(见图 3－101)，“(泵流速)”选项设置为 1.0 mL/min，继续运行 30 min，然后调整泵的流速，使泵的流速逐渐减小到 0(以 0.1 mL/min缓慢减速)。

(2)依次关闭多角度激光光散射检测器、泵、示差检测器、柱温箱的电源，再关闭测试软件、计算机。

3. 注意事项

(1)样品需准确称量，且必须充分溶解；对于分子量比较大的样品溶解后需要静置过夜，然后要严格过滤。

(2)DMF(N,N－二甲基甲酰胺)最好过滤后立即使用，不要过滤后长时间放置。

(3)吸取样品时，一定要除掉气泡，擦干净针头外壁的液体。

(4)如果色谱柱需要较长的时间才能平衡稳定，检查色谱柱连接处是否有漏液。

(5)待测样品最好可以溶解于 DMF，且溶解后样品颜色不可过深。

(6)测样结束后，请把样品池的导管插回去。

3.6　核磁共振波谱仪

3.6.1　核磁共振波谱仪的原理

核磁共振波谱法(nuclear magnetic resonance spectroscopy, NMRS 法)是研究原子核对射频辐射吸收的一种方法，其是对各种有机和无机物的成分、结构进行定性分析的最强有力的工具之一，有时亦可进行定量分析。

当原子核在外加磁场中接受其他来源的能量输入后，会发生能级跃迁，也就是原子核磁矩与外加磁场的夹角会发生变化。当外加射频场的频率与原子核自旋进动的频率相同时，即入射光子的频率与拉莫尔频率(Larmor frequency)γ 相符时，射频场的能量才能够有效地被原子核吸收，为能级跃迁提供助力。因此某种特定的原子核，在给定的外加磁场中，只吸收某一特定频率射频场提供的能量，这样就形成了核磁共振信号。

3.6.2　核磁共振波谱仪的结构

BRUKER AVANCE 核磁共振波谱仪包括超导超屏蔽磁体、前置放大器、主机、探头、工作站、空气压缩机等部件，如图 3-107 所示。

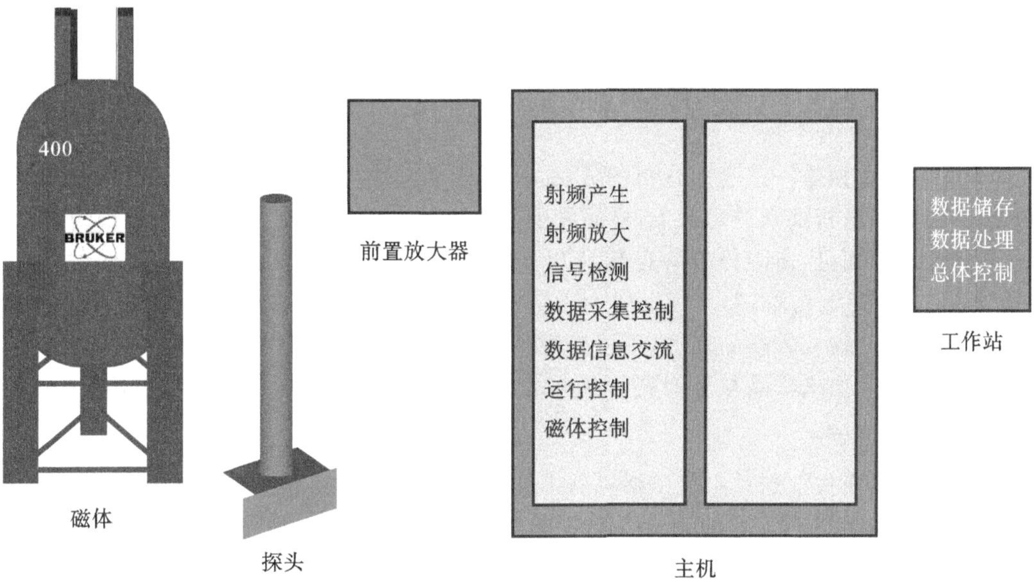

图 3-107　BRUKER AVANCE400 核磁共振波谱仪核心部件

1. 磁体

磁体会产生恒定的、均匀的磁场，磁场强度增加，灵敏度增加。超导磁体：可提供 5.8 T 的场强，最高可达 12 T，是因金属(如 Nb、Ta 合金)丝在低温下(液氦、液氮)的超导特性而形成的(在极低温度下，导线电阻率为零，通电闭合后，电流可循环不止，产生强磁场)，其特点是场强大、稳定性好，但价格昂贵，日常维护费用极高。

2. 探头

探头由样品管、扫描线圈和接收线圈组成。样品管要在磁场中以几十赫兹(Hz)的速率旋转，使磁场的不均匀平均化。扫描线圈与接收线圈垂直放置，以防相互干扰。在连续波核磁共振波谱仪(continuous wave nuclear magnetic resonance spectromete，CW-NMRS)中，扫描线圈提供 5～10 T 的场强以供磁场扫描。

3. 主机

主机一般的包含射频产生、发射、接收、放大，信号检测、放大，样品温度控制，样品升降，锁场、匀场等一系列装置。

4. 工作站

工作站主要通过人机对话进行各种参数的设置、数据的保存及处理。

3.6.3　核磁共振波谱仪的使用

AVANCE－Ⅲ 400MHZ 核磁共振波谱仪的使用方法如下所述。

1. 样品管要求

核磁共振波谱仪的样品管是专用样品管，由质量好的耐温玻璃制成，也有采用石英或聚四氟乙烯材料制成的。样品管要求无磁性，管壁平直、厚度均匀。样品管是圆筒形的，其直径（外径）取决于波谱仪探头的类型，可小到 1 mm，大到 25 mm，长度要求大于 150 mm。常见的样品管直径有 5 mm、10 mm、2.5 mm 三种。本仪器使用的样品管外径为 5 mm。

2. 配制样品及要求

由于核磁共振是一种定性分析的方法，所以样品的取样量没有严格的要求，取样原则是：在能达到分析要求的情况下，样品量少一些为好。样品浓度太大，谱图的旋转边带或卫星峰太大，而且，谱图分辨率变差，不利于谱图的分析。通常固体样品取 5 mg 左右，液体样品取 0.05 mL 左右。

将样品小心地放入样品管中，用注射器取 0.5 mL $CDCl_3$（氘代氯仿）注入样品管，使样品充分溶解。要求样品与试剂充分混合，溶液澄清、透明、无悬浮物或其他杂质。

3. 测试前准备

(1)打开空压机电源及空气压缩机的排气口，取下磁体样品腔上端的盖子。

(2)将样品管插入转子中，然后用定深量筒控制样品管的高度。这个步骤不能缺少，如果样品管插入得太长，有可能会损坏探头。

4. 常规样品测试

(1)双击计算机桌面上的“ ”图标，进入 topspin2.1 软件测试界面，如图 3－108 所示，调出最近做过的一张谱图。

(2)在测试界面（见图 3－108）命令行中，输入命令“new（新建文件）”，弹出新建实验窗口，建立一个新的实验，输入“NAME（样品名）”“Solvent（溶剂）”“Experiment（实验项目）”等实验参数，如图 3－109 所示。其中，^{1}H 选“proton”、^{13}C 选“C13CPD”，点击“OK”确认。

(3)在测试界面命令行中，输入命令 “ej”打开气流，放入样品管；再输入命令”ij”关闭气流，样品管落入磁体底部。

(4)在测试界面命令行中，输入命令“lock” 选择所用的溶剂，进行锁场，查看锁场线的两个峰值是否在窗口的中间位置，如果锁场线不在中间位置，需要调整“field（磁场）”参数，将锁场线的两个峰值调到窗口的中间，待锁场完成后进行下一步操作。

(5)在测试界面命令行中，输入命令 “atma”进行探头匹配调谐。

(6)在测试界面命令行中，输入命令 “ts”进行自动匀场。匀场好坏可根据锁场线的

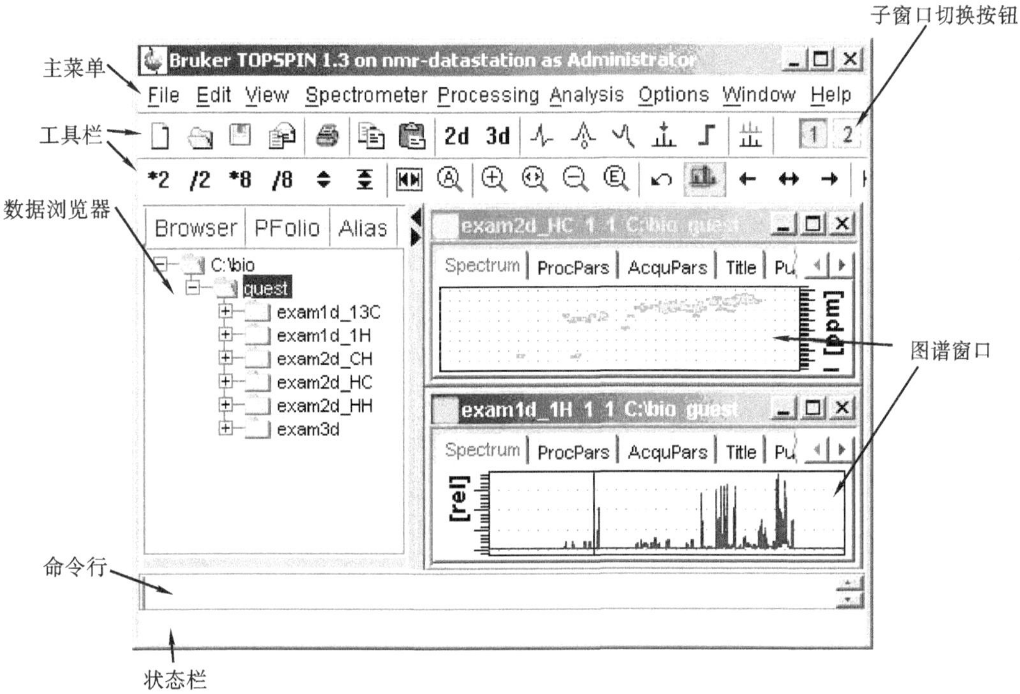

图 3－108　AVANCE－Ⅲ 400MHZ 核磁共振波谱仪测试界面

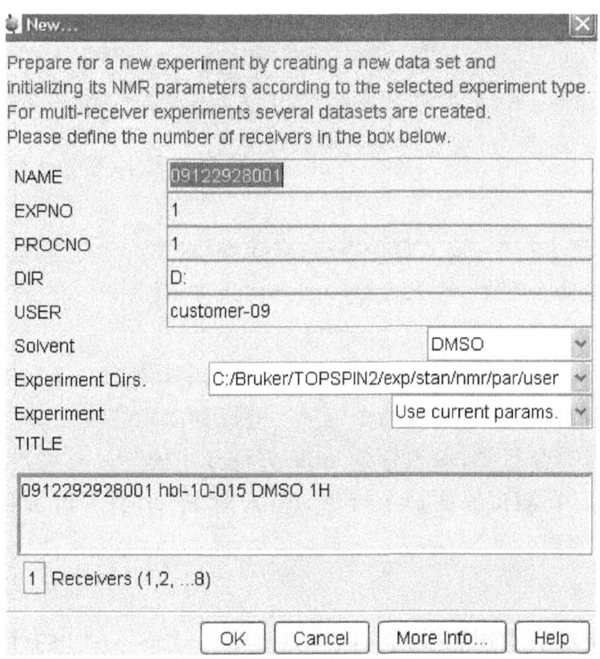

图 3－109　AVANCE－Ⅲ 400MHZ 核磁共振波谱仪信息输入界面

高度来判断，各参数调整过程中，锁场线会出现一个峰值，当锁场线到达峰值时，当前调整的这个参数的值是最佳值。当锁场线超出屏幕范围后应调节“lockgain(锁场增益)”将其降低，各个参数间会有相互影响，应反复调整匀场到一定程度后再采样，并根据谱图来判断匀场的程度。查看谱图的基本标准：是否对称，峰越细（半峰宽越小）越好，单峰不应有裂分。

（7）在测试界面命令行中，输入命令“ased”调出采样参数设置界面（见图 3－110），根据具体的样品设置参数，在“PULPROG”选项选择脉冲序列，通常为 zg30；在“NS”选项输入采样次数；在“DS”选项输入空扫描次数；在“SWH[Hz]”选项输入谱宽。

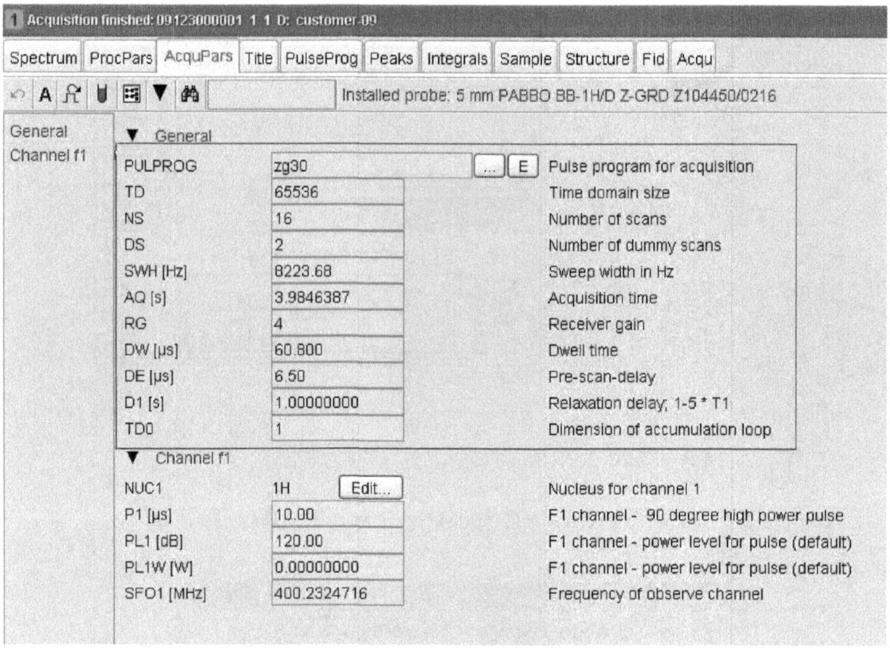

图 3－110 AVANCE－Ⅲ 400MHZ 核磁共振波谱仪参数设置界面

（8）在测试界面命令行中，输入命令“getprosol”调整脉冲参数。所有参数不用改动，尤其 PL1 不能修改。

（9）在测试界面命令行中，输入命令“rga”自动增益。

（10）在测试界面命令行中，输入命令“zg”开始采样，使用“acqu”命令可看到采样过程中的 FID 信号。

（11）在测试界面命令行中，输入命令“efp”进行傅里叶变换。

（12）在测试界面命令行中，输入命令“apk” 进行自动相位校正。

（13）在测试界面命令行中，输入命令“abs”进行基线校正。

（14）实验完毕后，在测试界面命令行中，输入命令“ej”将样品管吹出，取出样品管；再输入命令“ij”关掉气流。

5. 谱图处理

（1）定标：如测试试剂中还有 TMS（四甲基硅烷），选取 TMS 的峰，在测试界面工具栏，点击“”图标，把 TMS 的峰值设定为 0；否则，用所用溶剂进行定标。

（2）标峰：在测试界面工具栏，点击“”图标，进入标峰界面；对选定的范围进行标峰，点击“”图标，保存并退出。

（3）积分：在测试界面工具栏，对某一特定峰进行积分，点击“”图标，保存并退出。

6. 谱图输出

(1)在测试界面命令行中，输入命令“plot”进入谱图打印界面选定区域，如图 3 - 111 所示。在谱图打印界面，点击“ ”图标选中谱图，鼠标右键点击“Eidt(编辑)”，出现谱图打印参数设置界面，如图 3 - 112 所示，“Xmin/Xmax”限定谱图的显示范围，“Ymin/Ymax”表示峰值，在“Axes”中可修改坐标轴的位置。

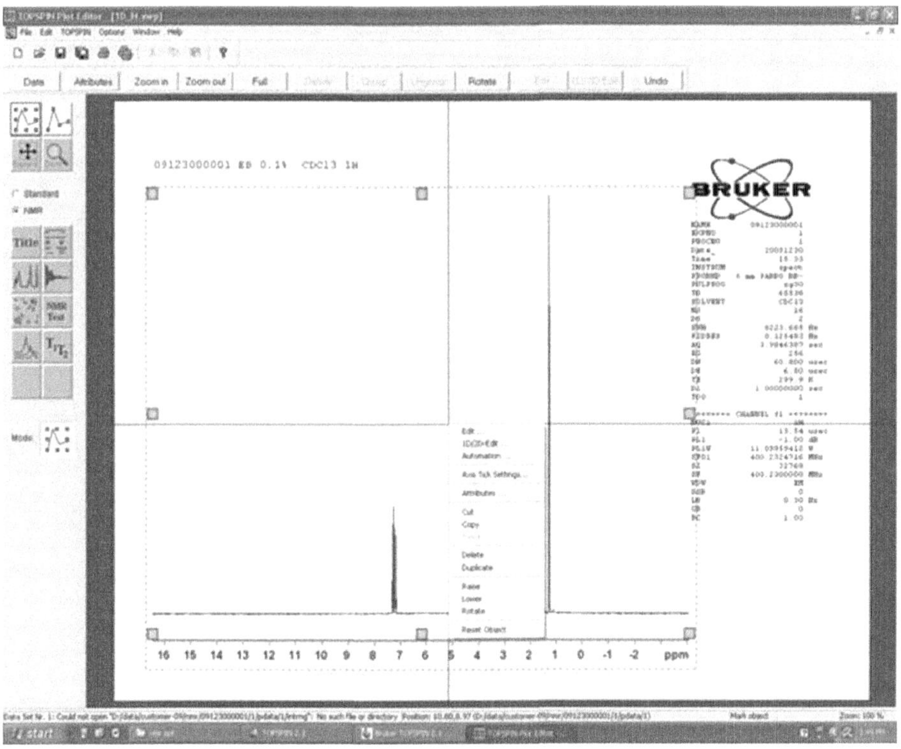

图 3 - 111　谱图打印界面选下区域

(2)如果需要把谱图的局部放大，在谱图打印界面(见图 3 - 111)，点击“ ”图标，在谱图比较空的区域按住鼠标左键拖拽，可以看到另一个谱图，然后点击“ ”图标，截取所要放大的区域，调整放大的谱图。

(3)谱图的输出。点击测试界面菜单栏“file(文件)”下的子菜单“export(输出)”，保存谱图(PDF 或 TIF 格式)。

7. 注意事项

(1)数据转移应使用光盘，不允许使用其他工具如 U 盘等。

(2)实验前空压机必须打开，以保证气流流畅。

(3)打开气流前，查看样品腔的上盖是否取下。

(4)尽量不要携带具有磁性的物质靠近磁体。

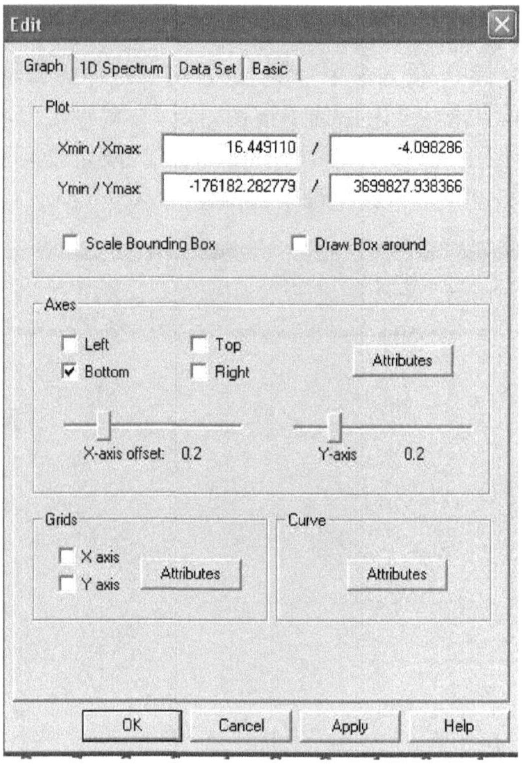

图 3-112 谱图打印参数设置界面

3.7 差示扫描量热仪

3.7.1 差示扫描量热仪的原理

差示扫描量热仪(differental scanning calorimeter,DSC)是由差热分析(differential thermal analysis,DTA)的原理发展而来的。一般 DSC 曲线如图 3-113 所示,图(a)为常见程序控温下的 DSC 温热谱图;图(b)为常见熔融结晶的 DSC 谱图;图(c)为常见的玻璃化转变的 DSC 谱图;图(d)为 DSC 的量热原理图。图(d)中,曲线 f 为参比端温度曲线,跟随炉温线性升高;曲线 g 为样品端温度曲线,当样品熔融开始发生时(t_1),样品端温度保持不变,直到熔融结束(t_2),样品端温度才会回到线性升温状态。参比端温度减去样品温度,即获得图(d)下面的 $\Delta T-t$ 图,即 DTA 曲线。

实验中所用 DSC 大多为热流型 DSC(如 DSC 214 polyma),其基本工作原理如图 3-114 所示。样品坩埚(位于右侧、装有样品)与参比坩埚(位于左侧,通常为空坩埚)一起置于传感器样品盘上,在一个均匀的炉体内按照一定的温度程序如线性升温、降温、恒温及这几种的组合进行测试,并使用一对热电偶即参比热电偶、样品热电偶,连续测量两者之间的温差信号。由于炉体向样品/参比的加热过程满足傅里叶热传导方程,样品热效应引起参比与样品之间的热流不平衡:热流功率 $Q=\lambda A\Delta T/\Delta X$,$\lambda$ 为导热系数、A 传热面积、ΔX 为单位传热距离。令 $\lambda A/\Delta X=K$(K 与炉体、传感器的类型、材质、温度等有关),

则 $Q=K\times\Delta T$。由于热阻的存在，参比与样品之间的温度差(ΔT)与热流差成一定的比例关系。将 ΔT 对时间积分并乘以比例因子 K，可得到热焓值(单位：J/g)。

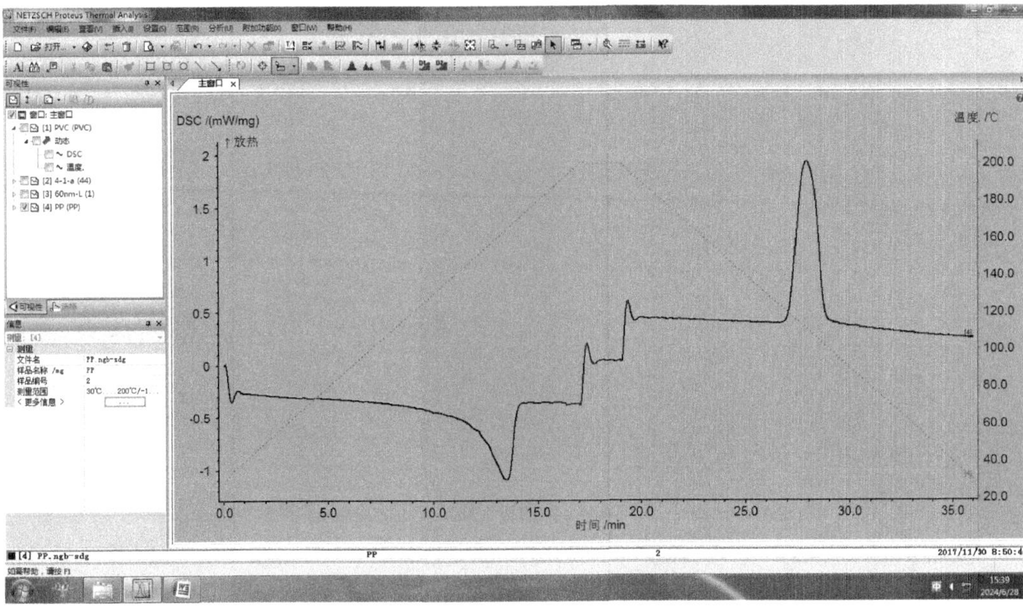

(a) 常见程序控温下的DSC温热谱图

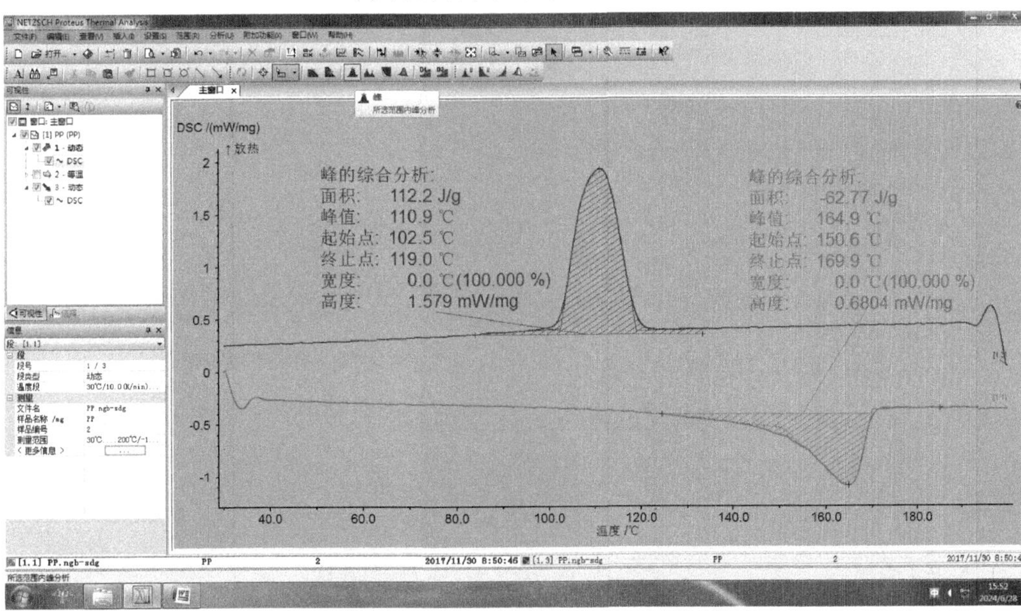

(b) 常见熔融结晶的DSC谱图

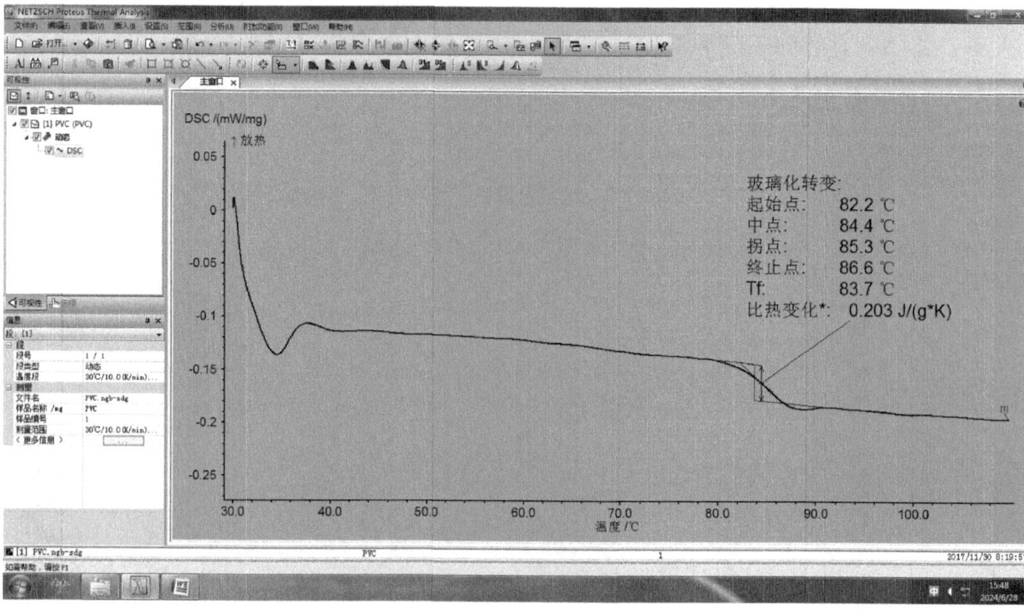

(c) 常见的玻璃化转变的DSC谱图

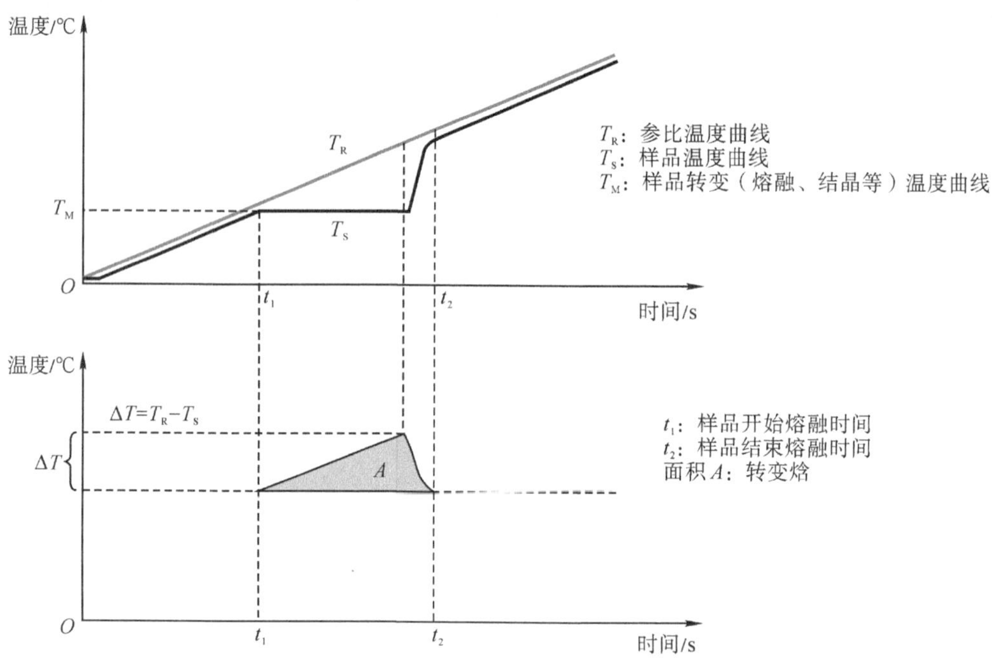

(d) 常见DTA曲线

图 3-113　常见 DSC 谱图及 DTA 曲线

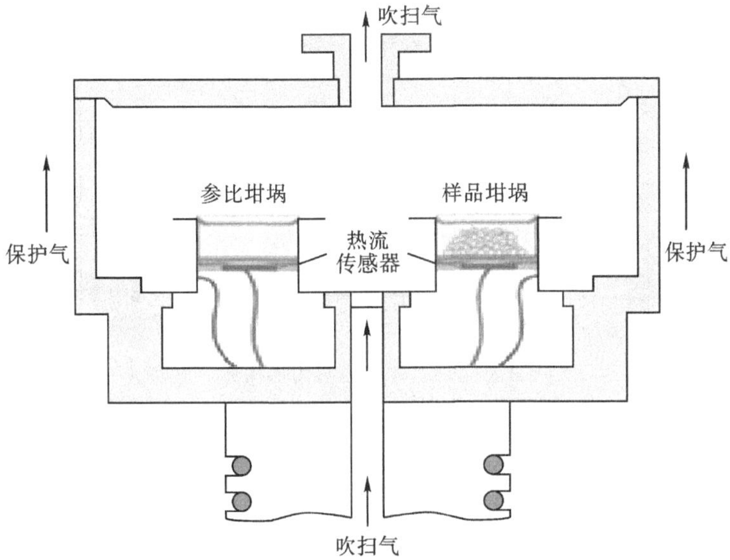

图 3－114　热流型 DSC 基本工作原理

3.7.2　差示扫描量热仪的构造

差示扫描量热仪(DSC 214 polyma)一般由主机(见图 3－115)、计算机、外接制冷系统、气路系统及其他制样附件组成。

图 3－115　DSC 214 polyma 主机外观

1. 主机

差示扫描量热仪主机的内部结构较为复杂,除了基本的加热炉体、样品仓、传感器外,还有电子控制部分等,如图 3－116 所示。

2. 外接制冷系统

常见的外接制冷设备有液氮罐、机械制冷设备及空气制冷装置。液氮制冷冷却温度范围宽,最低可降温至－180 ℃,但液氮属于耗材,成本高;机械制冷根据不同的型号最低

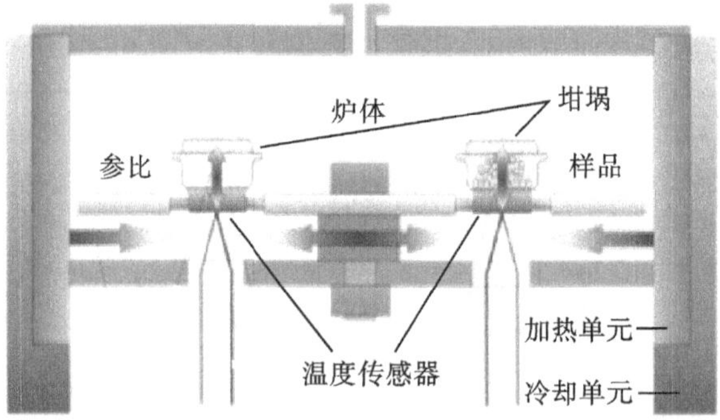

图 3－116 DSC 主机内部构造

可以降到－40 ℃、－70 ℃、－85 ℃，无消耗，运行成本低；空气制冷的温度可降至室温，但不能实行负温测试。

3. 气路系统

DSC 一般外接有两路气体：一路保护气，另一路吹扫气。保护气从下往上吹，不进入炉体参与反应，主要用于对电子元器件的保护作用，一般为氮气；吹扫气直接进到炉体内，参与反应。吹扫气可以是氮气、空气、二氧化碳等各类反应气。在测试时，需要将两路气体都打开。

此外，测试时还需要用到分析天平、封口机、制样裁刀、用于校准的各种标样、铝坩埚、加料漏斗、扎孔针、橡皮垫、勺子、镊子等。

3.7.3 差示扫描量热仪的使用

差示扫描量热仪(DSC 214 polyma)的使用方法介绍如下。

1. 开机

(1)打开仪器主机：双击计算机桌面的“DSC 214 polyma”软件图标；

(2)打开气瓶主阀：逆时针旋转气瓶主阀，注意看清气体种类；

(3)打开分压阀：顺时针旋转分压阀，调节分压表压力为 0.05 MPa；

(4)启动计算机。

2. 试样准备

(1)准备一张干净的白纸，用于放置坩埚及坩埚盖。禁止将坩埚放于桌面，以免样品污染而影响测试结果；

(2)坩埚盖扎孔：将铝坩埚盖置于 DSC 专用橡胶垫上，用专用大头针扎一小孔(禁止用镊子扎孔，否则有可能损坏镊子)；

(3)打开外置十万分之一天平，称量坩埚(带盖)质量并记录，最后清零；

(4)擦净专用漏斗和样品勺，小心地在坩埚中加入样品，称量样品质量并记录；

(5)用压片机将坩埚封口，并用中性笔在坩埚盖上编号。

(6)用平头镊子将样品坩埚放置于样品室右侧。注意：样品室左侧为参比坩埚(空坩埚，不放任何样品)；右侧为装有样品的坩埚。两坩埚质量差比例必须小于 10%。

(7)依次盖好样品室内、外盖。

3. 试样测试

1)打开软件

点击计算机桌面“(NETZSCH－Proteus－70)”图标打开仪器软件文件夹，如图 3－117 所示。点击文件夹中的“(DSC 214 Polyma on USBc1)”仪器测试软件图标，仪器将会完成自动刷新。

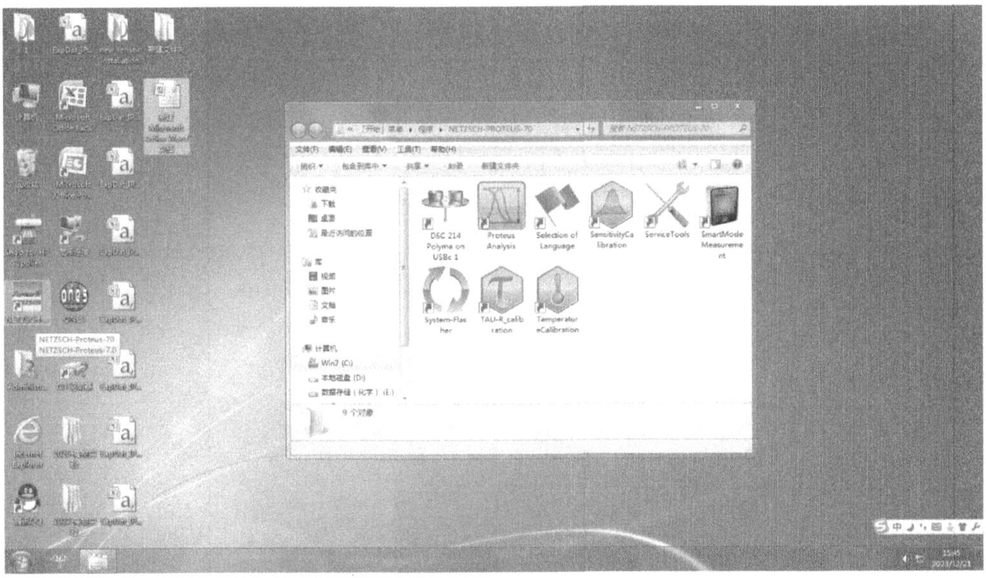

图 3－117　DSC 214 polyma 仪器软件文件夹

2)新建文件

在测试软件主界面中，点击菜单栏中的“文件”→“新建”，弹出测量设定对话框，默认设置，点击“下一步”按钮，进入测量设定界面，如图 3－118 所示。

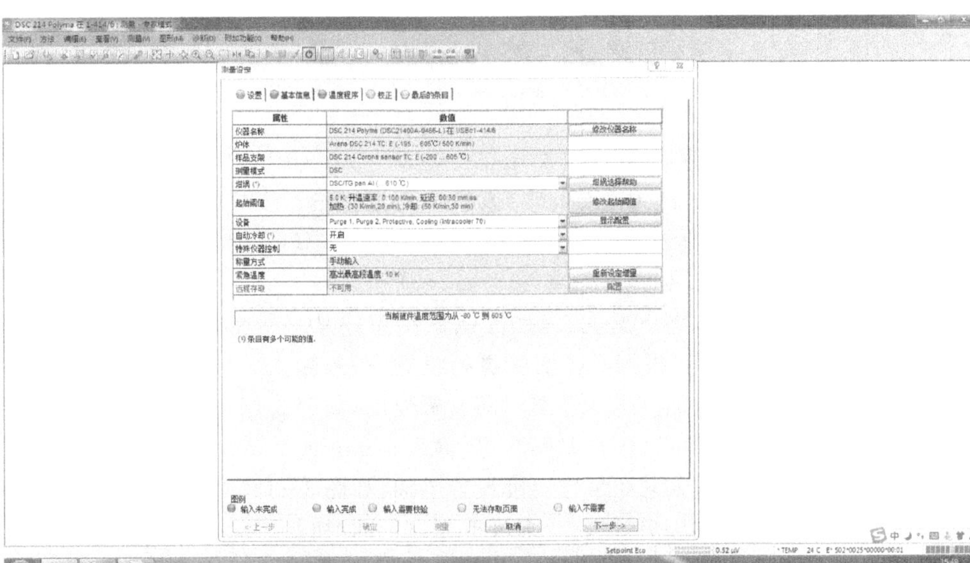

图 3－118　DSC 214 polyma 测量设定界面

3)基本参数设置

在测量设定界面中,我们将进行仪器"设置""基本信息""温度程序""校正""最后的条目"等基本参数的设置。

(1)仪器设置。在"设置"模块中,确认仪器基本信息并根据实际情况在"设备"选项中选择合适的制冷装置(液氮制冷或者机械制冷),点击"下一步",进入基本信息设置界面。

(2)基本信息设置。基本信息设置界面如图 3-119 所示,在"基本信息"模块中,根据实际需求选择合适的测量类型,一般在"测量类型"中选择"样品"选项;在"样品"模块中,输入"样品编号""样品名称""样品质量""坩埚质量"等相关信息,样品质量通常为 1～5 mg;在"参比"模块中,输入"参比质量"和"坩埚质量"的具体信息,参比质量通常为"0";其他信息请勿修改,点击"下一步",进入温度程序设置界面。

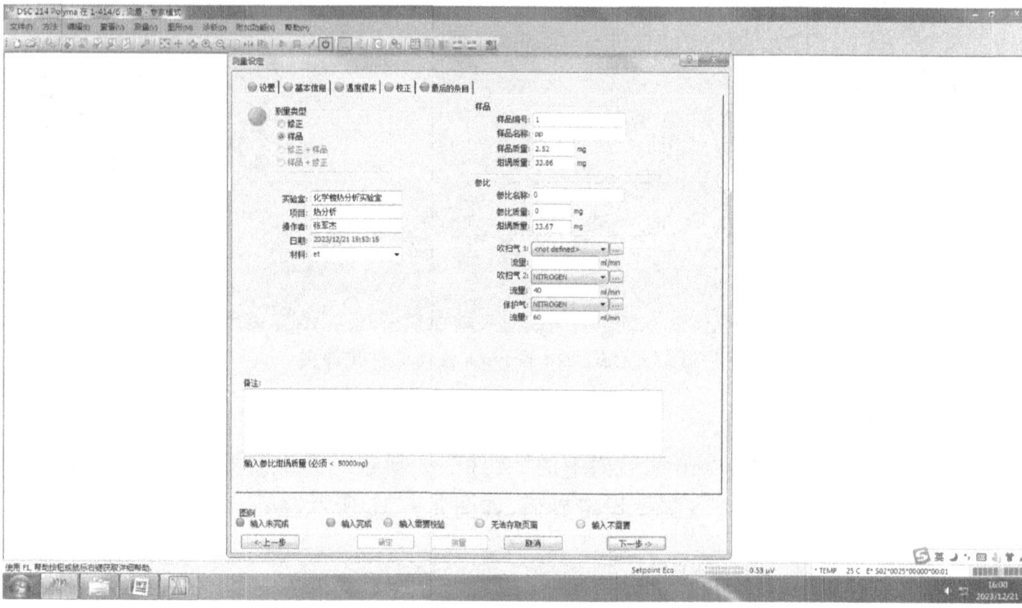

图 3-119　DSC 214 polyma 基本信息设置界面

(3)温度程序设置界面如图 3-120 所示。

①在温度程序设置界面中,在"段条件"模块中勾选"吹扫气 2"和"保护气"选项;在"起始温度"模块中,需根据具体实验进行设置,一般输入 20 ℃或 30 ℃,起始温度设置完成后,点击"增加",进入动态设置界面,如图 3-121 所示。

②在动态设置界面中,"终止温度"为样品测试结束的某一个具体温度,可高于或低于"起始温度","升温速率"可根据具体实验进行设置,一般输入 5 K/min 或 10 K/min,其他信息请勿修改,点击"增加",进入恒温时间设置界面,如图 3-122 所示。

③在恒温时间设置界面中,"恒温时间"一般输入 1 min 或 2 min,采样速率等其他信息默认选择,点击"增加",进入紧急复位温度设置界面,如图 3-123 所示。若升温后还需要继续降温或升温及消除热历史的操作,则可重复以上的"初始""动态""恒温"操作。

④在紧急复位温度设置界面中,"紧急复位温度"一般为高于终止温度 10 ℃的一个温度值,其他选项默认参数即可,点击"增加",进入"结束等待"设置界面。

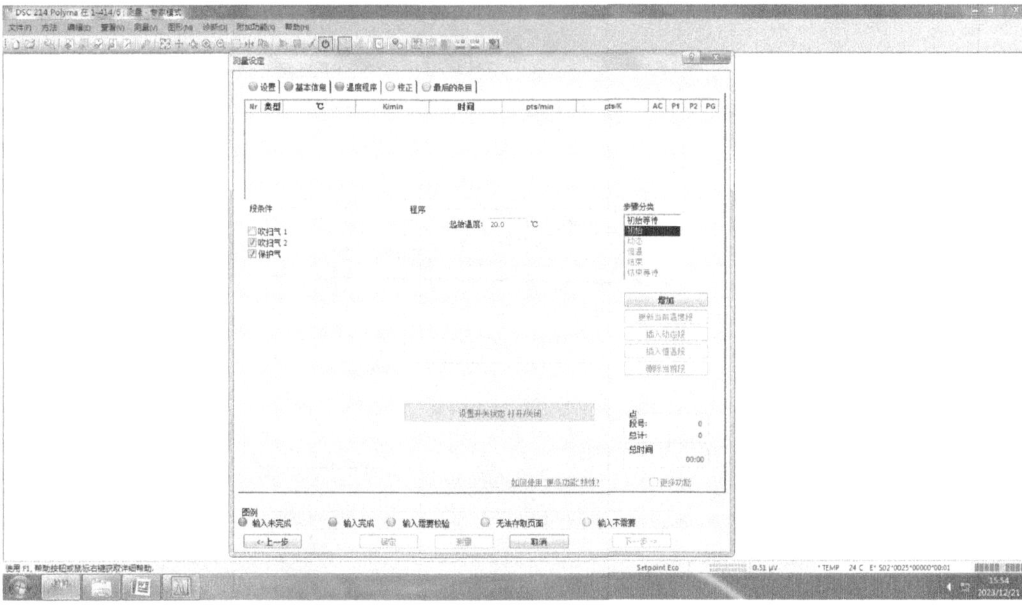

图 3-120　DSC 214 polyma 温度程序设置界面

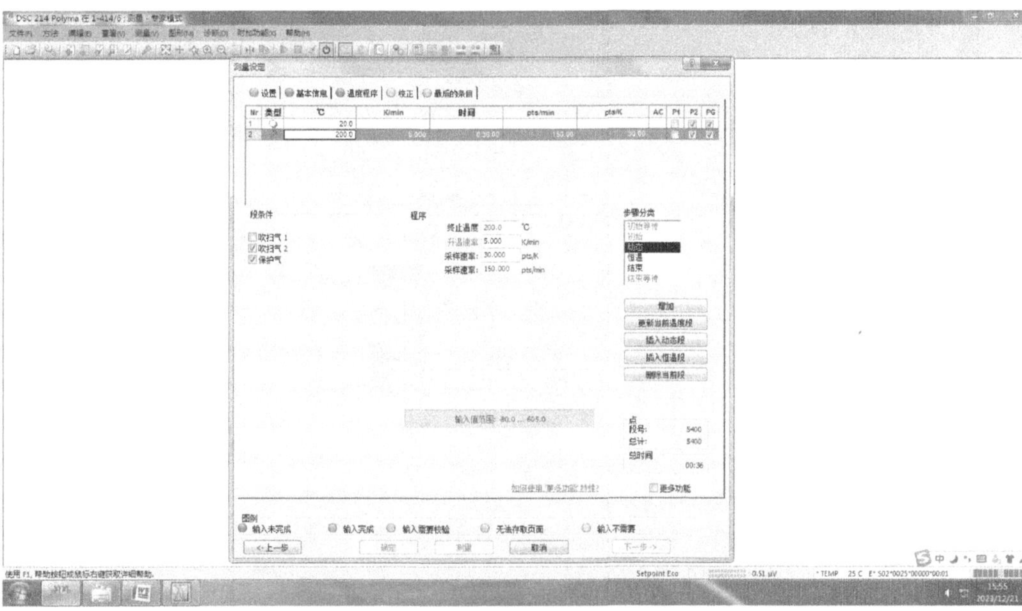

图 3-121　DSC 214 polyma 动态设置界面

⑤在结束等待设置界面中，设置测试结束后的仪器待机温度，通常为 25 ℃，也可根据具体实验选择其他温度，设置完成后，点击“增加”，进入校正设置界面。

(4)校正设置具体步骤如下所述。

①若选择机械制冷进行降温，最低温度可设置到−70 ℃，在校正设置界面的“温度校正”“热流校正”和“Tau-R 校正”的校正文件中进行选择，如图 3-124 所示。

②若使用液氮进行降温，最低温度可设置到−150 ℃，在“使用温度校正”“热流校正”

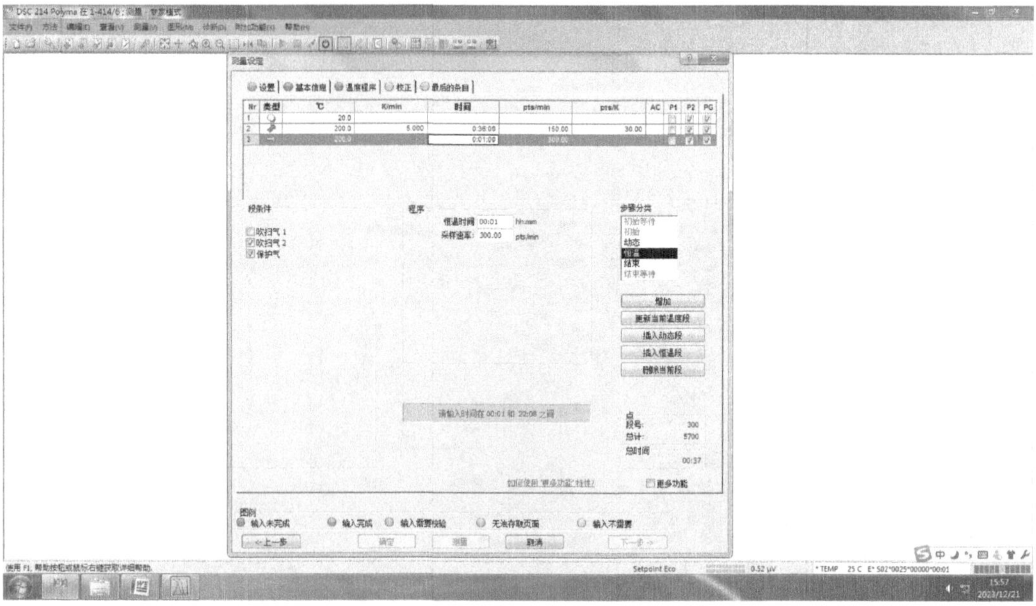

图 3－122　DSC 214 polyma 恒温时间设置界面

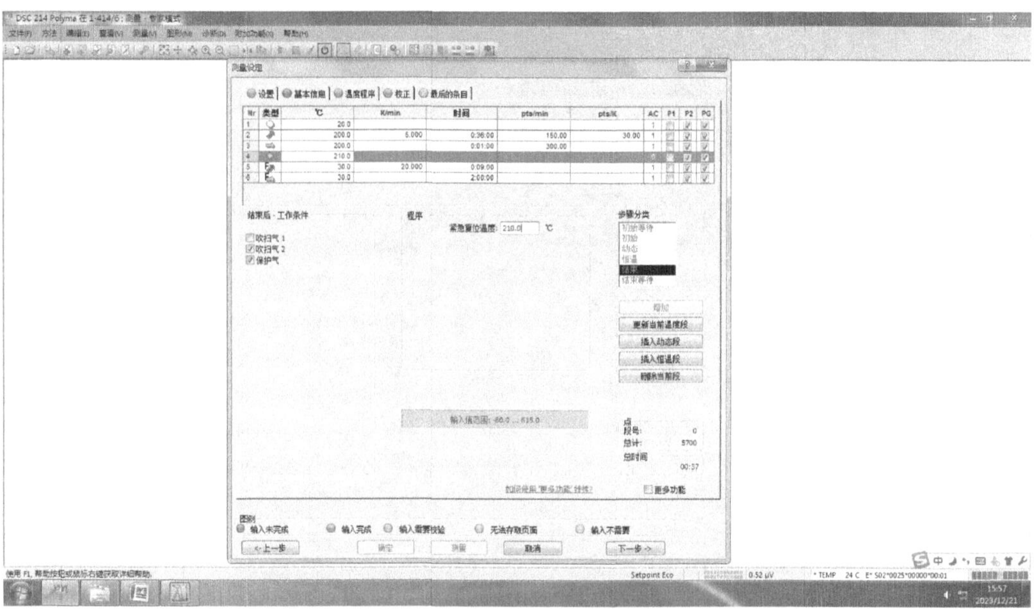

图 3－123　DSC 214 polyma 紧急复位温度设置界面

和“高级 BeFlat 校正”的校正文件中进行选择。

根据具体测试需求，进行①或②的选择和设置后，点击“下一步”，进入最后的条目设置界面。

(5)最后的条目设置。在最后的条目设置界面中，可对文件进行保存位置的设置，以及“初始化气体开关”“诊断”“开始”等实验操作的设置。

①在最后的条目默认界面，选择合适、规范的文件存储位置后点击“保存”，即可进入

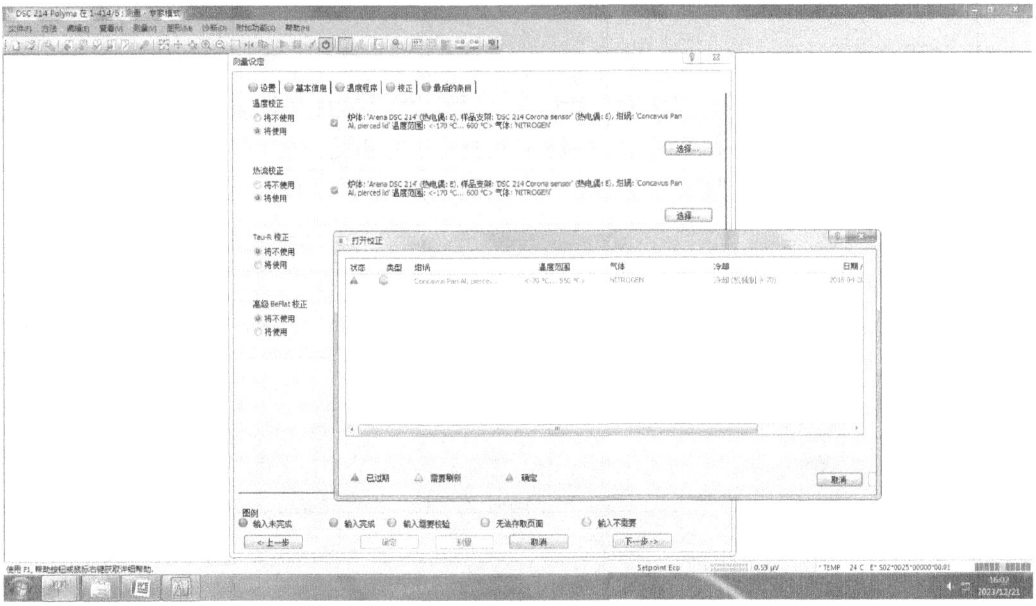

图 3 - 124　DSC 214 polyma 温度校正界面

到气体与开关设置界面。

②点击测试界面菜单中的“附加功能”→“气体与开关”，勾选“吹扫气 2”“保护气”“冷却”选项，点击“确定”（见图 3 - 125），仪器将打开相应气路和制冷系统。

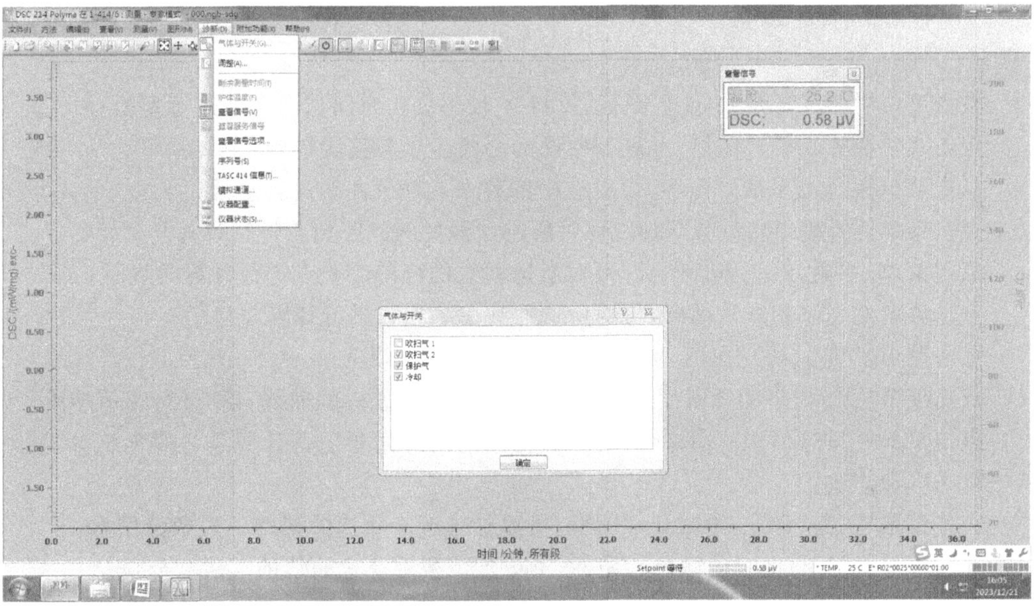

图 3 - 125　DSC 214 polyma 测试界面的气体与开关设置显示

③点击测试界面菜单中的“诊断”→“查看信号”，软件界面将在测试过程中显示炉体温度及仪器热流信号。

④到达指定温度后，点击“开始”，仪器开始测量并实时记录曲线。

⑤开始测量后，点击菜单中的"诊断"→"剩余测量时间"，仪器将显示剩余测量时间。

4. 谱图分析

在计算机桌面的"(NETZSCH－Proteus－70)"仪器软件文件夹中点击"(仪器分析软件)"图标，进入谱图分析界面，如图 3－126 所示。点击菜单中的"文件"→"打开"，选择相应的原始文件并打开，用鼠标左键选中曲线后，可对数据进行以下的常规分析操作。

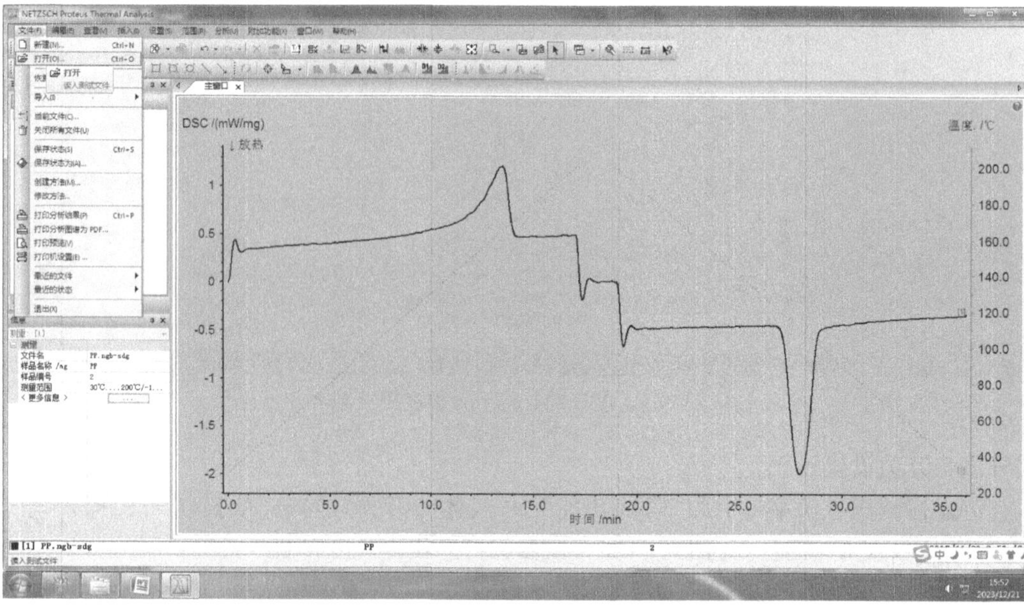

图 3－126　DSC 214 polyma 谱图分析界面

点击菜单栏"(时间/温度)"图标，可将 X 轴单位在时间与温度间进行切换；

点击菜单栏"(段)"图标，可进行曲线的分段显示与整段衔接；

点击菜单栏"(平滑)"图标，可对选中的整条或部分曲线进行平滑；

点击菜单栏"(起始点)"图标，可对所选曲线的峰的起始点进行计算与显示；

点击菜单栏"(终止点)"图标，可对所选曲线的峰的终止点进行计算与显示；

点击菜单栏"(拐点)"图标，可对所选曲线中的拐点进行计算与显示；

点击菜单栏"(峰)"图标，可标出区域内所选峰的峰值；

点击菜单栏"(自动峰值搜索)"图标，可使所选范围内的曲线自动进行峰值搜索；

点击菜单栏"(面积)"图标，可对所选范围内的峰面积进行计算及对峰面积计算公式进行选择和修改；

点击菜单栏"(D1 一阶微分)"图标，可添加或删除所选曲线的一阶微分信息；

点击菜单栏"(D2 二阶微分)"图标，可添加或删除所选曲线的二阶微分信息；

点击菜单栏"(峰的综合分析)"图标，可在所选谱图范围内进行峰的综合分析；

点击菜单栏"(玻璃化转变)"图标，可在所选谱图范围内计算样品的玻璃化转变温度。

经过上述的部分或者全部操作后，即可得到相应的 DSC 处理谱图。图 3－127 是聚丙烯的熔融和结晶的 DSC 谱图信息。

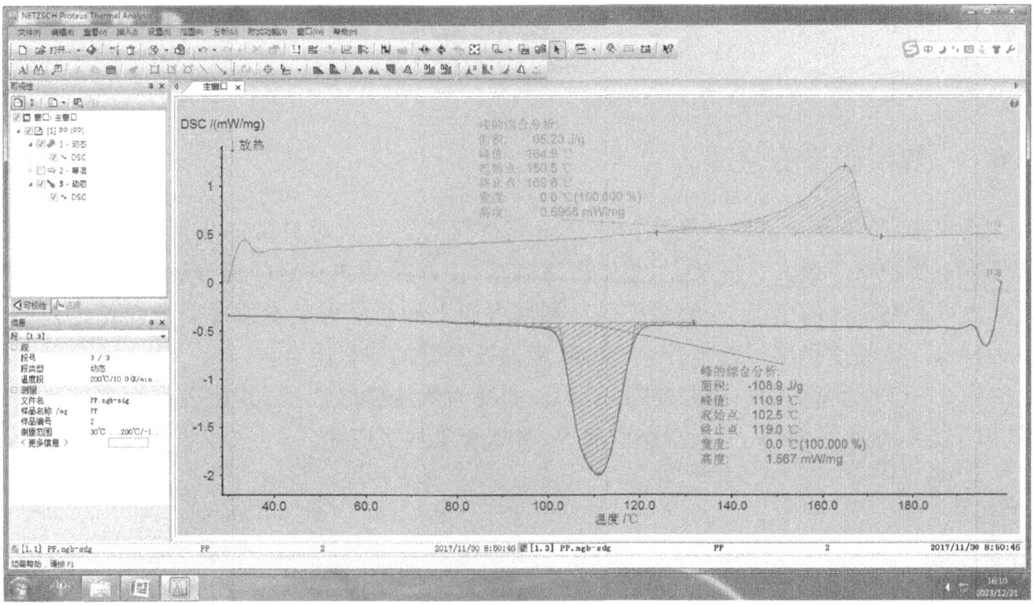

图 3 - 127　聚丙烯的熔融和结晶 DSC 谱图信息

5. 关机

(1)待炉体温度降至室温后,方可取出坩埚。

(2)依次关闭气瓶(先顺时针关闭主阀,再逆时针关闭分压阀)、循环水浴、仪器、计算机。

(3)如实记录测试样品信息及仪器状态。

(4)整理台面卫生,盖好仪器罩布。

(5)关好实验室门窗。

6. 注意事项

(1)试样质量一般为 1～5 mg,或试样体积不能超过铝坩埚容积的 1/4。

(2)保证样品在加热过程中不能发生膨胀或溢出坩埚。

(3)所用坩埚为铝坩埚,且保持坩埚底部平整。

(4)设置温度:－70～300 ℃(机械制冷)、－150～300 ℃(液氮制冷)。

(5)称量时,天平所有玻璃门保持常闭。

(5)测试前须向仪器管理老师如实说明样品成分及实验中所有的潜在危害!

(7)若测试过程中曲线出现异常变化,须及时向仪器管理老师说明!

(8)禁止用 U 盘拷贝数据。

(9)坩埚扎孔时,应使用专用大头针和橡胶垫,禁止用镊子扎孔! 先扎孔后压合!

3.8　热膨胀仪

3.8.1　热膨胀仪的原理

热膨胀，简单地来说就是受热膨胀。研究材料的热膨胀对日常的生活、生产和科研都具有重要的指导意义。广义上，热膨胀法是指，使样品处在一定的温度程序控制下，在负载力可忽略不计的情况下，测量样品在测试方向上的长度随温度或时间的变化过程的一种技术。该温度程序可以是升温、降温、恒温及三者的有机组合。

图 3－128 为典型的热膨胀曲线，dL/L_0 曲线为原始膨胀曲线，其他还有物理膨胀曲线、dL/L_0 一阶微分曲线、工程膨胀曲线等，具体含义如下所述。

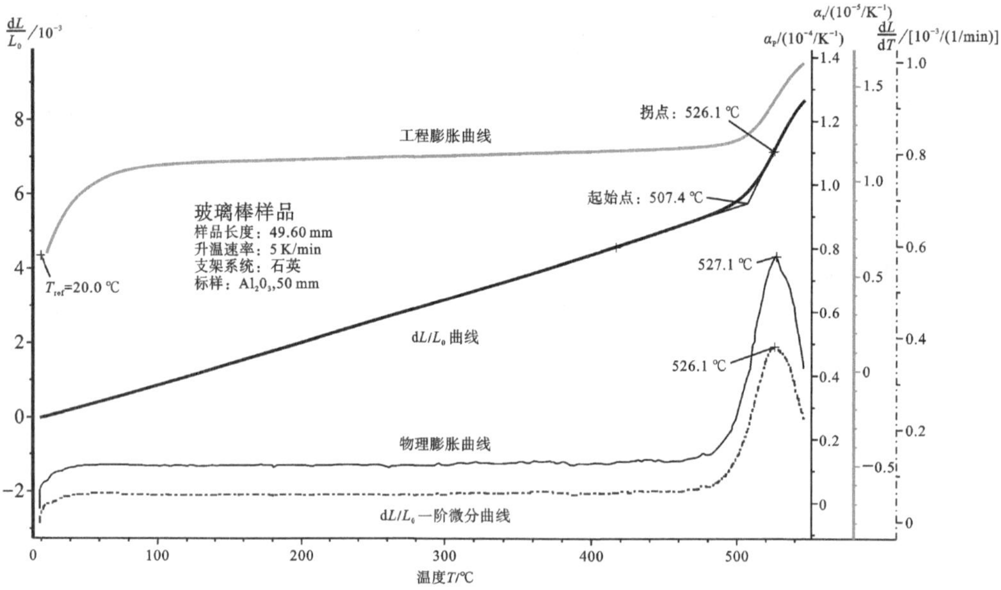

图 3－128　热膨胀曲线

物理膨胀曲线。物理膨胀曲线记录的是单位长度样品在某一温度点上其长度随温度的瞬间变化率，即在温度坐标上 dL/L_0 曲线当前点的斜率。若在测量所涉及范围内对各温度分别求值，连点成线，即可得到物理膨胀曲线（右侧纵坐标的 α_p 指的是物理膨胀系数）。

dL/L_0 一阶微分曲线。其与物理膨胀曲线相似，区别在于曲线上的点，表征的是样品长度随时间的瞬间变化率，即在时间坐标上 dL/L_0 曲线当前点的斜率。

工程膨胀曲线。计算的是单位长度样品以 T_1 为参考温度，在 $T_1 \sim T_2$ 的温度区间内平均的长度变化率，T_1 通常为室温。若在测量所涉及范围内，以同样的 T_1 为参考温度，对不同的 T_2 分别求值，连点成线，即得到工程膨胀曲线（右侧纵坐标的 α_t 指的是工程膨胀系数）。

热膨胀技术可以广泛应用于陶瓷材料、金属材料、塑胶聚合物、建筑材料、耐火材料、复合材料等领域。通过热膨胀曲线，我们可以获得样品的以下信息：线膨胀与收缩点、玻璃化转变温度、软化点、相转变温度、致密化和烧结过程、控制烧结的速率、液态金属膨胀情况等，从而可以帮助我们研究多层材料的膨胀匹配性、复合材料的各向异性膨胀；也可以将其用于产品质量的检验、热处理工艺的优化及添加剂对原材料性能影响的研究。由于热膨胀仪对测量物品的形态限制较少，固体、熔融金属、粉末、液体涂料等各类样品都可以进行测量，因此在工业用户、科研与教学实验室中，都可以见到热膨胀仪的身影。

3.8.2　热膨胀仪的构造

图 3－129 为市面上常见的热膨胀仪(DIL 402)的外观图，该设备为双炉体双推杆热膨胀仪，根据测试者的不同测试需求，可以更换不同的支架和炉体。可供更换的炉体有 SiC 炉、石英炉、铜炉和不锈钢炉，吹扫气用质量流量计软件进行控制。

广义的热膨胀仪一般由主机、控制系统、计算机、制冷系统，气路系统、冷却系统及其他的制样附件等组成。热膨胀仪主机的内部结构较为复杂，图 3－130 为其核心结构示意图，包含高温炉、样品支架、样品推杆、位移测量系统等部分。

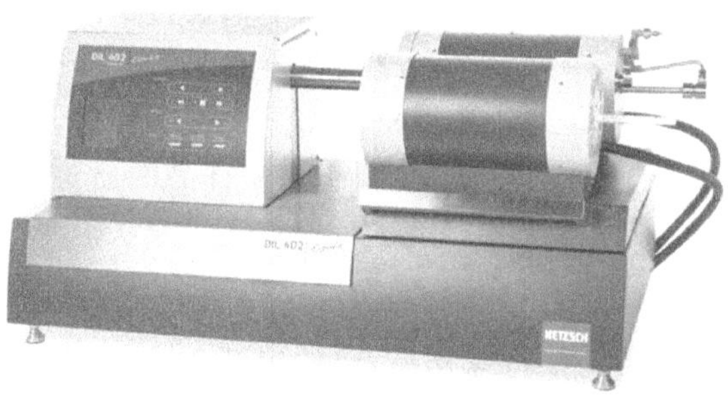

图 3－129　DIL 402 热膨胀仪外观

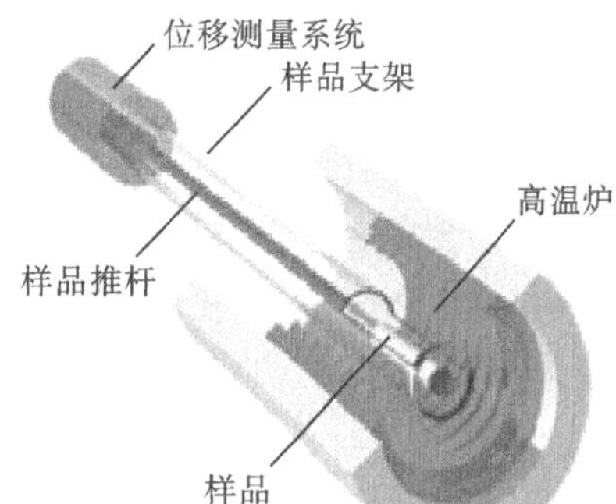

图 3－130　热膨胀仪核心结构示意图

1. 炉体类型

热膨胀测试中，炉体的选择要根据仪器的型号及具体配置情况而定。炉体一般有不锈钢炉、铜炉、石英炉、SiC 炉等。不锈钢炉温度范围为－200～1000 ℃；铜炉温度范围为－180～500 ℃；石英炉温度范围为室温～1150 ℃；SiC 炉温度范围为室温～1650 ℃。若同时配置 2 种炉体，测试前需根据测试温度范围选择合适的炉体，并在软件的仪器配置中做相应更改。

2. 支架类型

热膨胀仪中最常见的支架材质有石英与氧化铝两种。若同时配备有这两种材质的支架，在选择时主要考虑样品测试所需的温度范围，并在仪器配置中做相应更改。

(1)当测试最高温度小于等于 900 ℃时，推荐使用石英支架。该支架材质膨胀系数小，系统误差较小。石英支架理论上可以达到 1100 ℃，但若经常烧到 900 ℃以上，支架容易发生不可逆的转变而影响定量精度。

(2)当测试最高温度在 900～1100 ℃时，建议使用氧化铝支架。

(3)当测试最高温度＞1100 ℃时，只能使用氧化铝支架。

3. 冷却系统

根据不同的炉体可以配置不同的冷却系统：不锈钢炉和铜炉可以配置液氮制冷系统；SiC 炉体可以配置空气压缩机进行制冷。

3.8.3　热膨胀仪测试的影响因素

热膨胀实验中，影响实验结果的常见因素有仪器因素、支架类型、标样材质、实验气氛、升降温速率等。

1. 样品尺寸及形态

样品形态通常为方柱或圆柱形，三角形或多边形柱状样品也可以进行测试。糊状样品需要先用模具压制成型并预干燥，或采用特殊容器进行测试。粉末样品需采用特殊容器进行测试。

样品的尺寸范围根据仪器的配置及附带的样品支架不同而略有不同，一般的样品尺寸为直径 4～12 mm、长度 0～50 mm。在样品方便加工的情况下，通常建议将样品加工成与标样相近的尺寸规格。最常见的标样规格为直径 6 mm、长度 25 mm。另外，直径还有 4 mm、8 mm、10 mm、12 mm 等标准规格可选。由于仪器的配置不同、测试者对实验精度的要求不同，以及实际制样的难易程度不同，导致不同测试者的样品长度差异较大，一般常用的长度有 12 mm、15 mm、25 mm、50 mm 等几种规格。测试平行试样时，样品规格最好基本相同，以便找出不同实验配方的微小差异，从而利于控制样品的质量。此外，样品在测试方向上的两个端面，必须保证平行且光滑。

2. 特殊样品制备及测试

除了常规样品，我们在测试过程中还会遇到一些特殊样品，比如熔融金属、粉末或糊状样品，刚性片状样品，柔性片状样品及液体样品等，我们需要根据样品的形态、质地的不同，采用不同的制样技术和测试技术。

(1)熔融金属的测试。通常需要使用专用容器进行测试，该容器包含一个中空的圆柱和两个塞子。空心圆柱的尺寸通常为内径 6.5 mm、外径 10.5 mm、长度 22 mm；塞子的尺寸通常为直径 6.5 mm、长度 8 mm。容器的材质一般有 Al_2O_3、蓝宝石、石英和石墨四种，其中 Al_2O_3 容器最为常用。

样品制备：将样品加工成直径为 6～6.5 mm、长度为 14 mm 左右的圆柱。首先，精确测定两边塞子的长度。然后将空圆柱一边用塞子塞上，将圆柱样品放入空圆柱，再把另一个塞子塞上，两端塞子抵紧后测量容器总长度，再减去两塞子的长度即得到样品的长度。选择合适的支撑，将容器放入支架，使推杆抵住塞子，即可开始测试。

(2)粉末或糊状样品的测试。一般需要使用 350 μL 的氧化铝坩埚，内加 2 根直径为 8 mm的 Al_2O_3 垫片的组合配置进行测试。通常坩埚的内径略大于 8 mm，约为 8.05 mm；垫片直径略小于 8 mm，约为 7.98 mm。将粉末样品装填在坩埚中，用平杆压紧，再垫上垫片即可测试。

(3)刚性片状样品的测试。对于自身有一定刚性的片状样品，由于样品较薄，自身不能独自直立；即使能独自直立，测试时，在一定作用力下，样品通常也会在测试方向发生弯曲或卷曲，不能维持自身形状。这种情况下，其膨胀测试建议采用如下的配件：侧面带狭缝的圆柱。此配件可辅助样品直立，然后用顶杆顶住后测试。该配件的长度有多种规格如 4～20 mm 等，狭缝宽度也有多种规格可选，如 0.25 mm、0.3 mm、0.8 mm 等。

(4)柔性片状样品的测试。柔性样品容易卷曲或在一定作用力下容易发生弯曲变形，对于这种样品，建议用拉伸支架测试其膨胀性。其样品的制备与测试方法包括基线修正方法。

(5)液体样品的测试。对于石蜡油等液体样品的膨胀测试，建议采用如下的容器。此容器包含一个圆柱形底座和一个带螺纹的盖子，盖子内部有一个橡胶片，此橡胶片也可更换。该容器的规格为内径 6 mm、内长 15 mm、容积约 400 mm^3。该容器的加热上限温度为 150 ℃。

对于蜡状样品，测试前先将样品制成圆柱形，样品的长度和直径应与底座内高度和内径接近，测量样品长度后将样品放入底座内，然后将盖子拧紧。

对于液体样品，先测量底座的底厚，再将样品直接装入容器中，与容器顶端平齐或略高，然后将盖子拧紧。由于液体样品易变形，橡胶片可能会有轻微鼓起，测量整个容器从底部到橡皮片的总长度，减掉底的厚度，即为样品长度。选择合适的支撑，放入支架，将容器搁在支架上，即可测试。

由于蜡状或液体样品膨胀量大，容器膨胀的影响可以忽略，因此无须进行基线扣除。

注：此容器的上限使用温度为 150 ℃。如对某些油类样品（例如硅油）需要测到高于 150 ℃的温度，可尝试使用前面提到的熔融金属容器，前提是液体黏度较大，不会从活塞边缘渗漏；金属液体，例如水银，则必须使用熔融金属容器进行测试。

3. 标样

常见的热膨胀标样有石英标样与氧化铝标样。在选择时，首先考虑标样的适用温度范围。氧化铝标样的适用范围为－200～1700 ℃；石英标样的适用范围为－200～1100 ℃，通常建议只用到 900 ℃。因此在 900 ℃以上，一般使用氧化铝标样；而在 900 ℃以下，两种标样均可用。若两种标样的温度范围均符合要求，且样品与标样长度一致时，要选择与样品膨胀系数相近的标样。以下为石英与氧化铝材质在 25～900 ℃温度范围内各自的线膨胀系数：石英 0.445×10^{-6}/K、氧化铝 8.03×10^{-6}/K。因此，对于低膨胀系数的样品，如膨胀系数$<2\times10^{-6}$时，通常建议使用石英标样；对于更高膨胀系数的样品，则通常建议使用氧化铝标样。

4. 升温速率

大部分常规样品（如陶瓷、合金和高分子材料等），尺寸为常规尺寸（如典型的直径为 6 mm）且测试的温度范围较宽时，一般选择升温速率为 5 ℃/min。

对于类似玻璃的低导热致密材料及直径较大的样品或测试温度范围较窄（例如从室温～200 ℃）时，升温速率一般选择为 2～5 ℃/min。

对于如纯金属棒、石墨棒等的高导热样品或者较细的样品涉及高温测试时，一般选择 5～10 K/min 的升温速率。

升温速率的选择，也应参考相应的行业测试规范。

5. 气氛选择

热膨胀测试气氛的选择，首先考虑样品本身的特性，以及模拟实际的工艺过程。对于陶瓷、玻璃类样品，通常在静态空气即无吹扫气情况下进行测试。对于易于氧化的金属、碳材料或有机高分子类样品，则建议在惰性吹扫气氛如 N_2、Ar、He 等的保护下进行测试。其中金属类样品的高温测试一般使用 Ar 气保护，因某些金属成分在高温下可能与 N_2 气反应；而 N_2 气与 Ar 气相比，价格低廉，而且导热性更好，因此对于不与 N_2 反应的样品，使用 N_2 气保护即可。

其次应考虑气氛本身导热特性对测试的影响。与差示扫描量热仪、热重分析仪等许多热分析仪器相比，热膨胀仪的炉内空间相对较大，使用动态吹扫气氛有助于改善炉体内的温度分布。特别是对于低温下的测试(因低温下本身热量的传递较慢)，使用导热性较好的 He 气能够促进炉体与样品间的热量交换，减少两者之间的温差，改善测试效果。

3.8.4 热膨胀仪的使用

1. 温度校正

1)标准样品测试

依次打开计算机、热膨胀仪主机、控制器、冷却循环系统、气瓶主阀及分压阀，仪器预热 30 min。打开热膨胀仪测试软件，点击“文件”→“新建”，进入测量设定界面，如图 3－131 所示。在该界面内可设置样品的“基本信息”“温度程序”“软化点”“最后的条目”等信息。

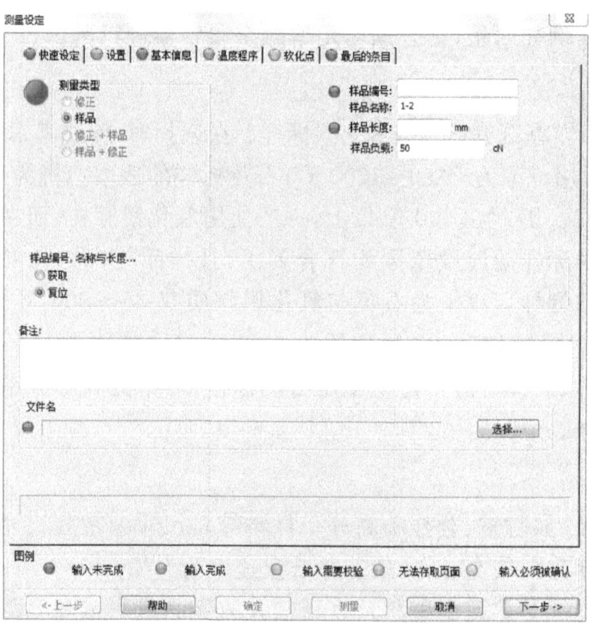

图 3－131　热膨胀仪测量设定界面

基本信息设置。如图 3－131 中，在“基本信息”模块中，根据实际需求选择合适的类型，一般在“测量类型”选择“样品”选项；在“样品”模块中，输入样品编号、名称、长度等相关信息。标准样品长度为 25 mm，其他信息请勿修改，点击“下一步”，进入温度程序界面。

温度程序设置。从室温开始，以较快的升温速率如 10 ℃/min 升到样品熔点前 40 ℃后恒温，校正过程中不使用 STC(sample temperature control，样品温度控制)。在温度程序设置界面(见图 3－132),依次设置“初始等待”“开始”“动态”“恒温”“结束”“紧急复位”模块中的信息。“动态”模块中的升温或降温速率一般设置为 2～5 ℃/min,“恒温”模块中时间一般设置为 2 min,较低温度结束时紧急复位温度应高于结束温度 30 ℃,点击“下一步”,进入最后的条目设置界面。

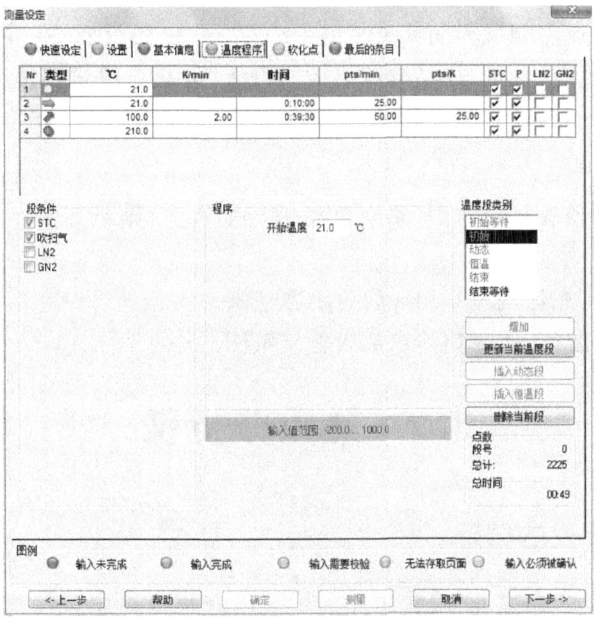

图 3－132　热膨胀仪温度程序设置界面

在最后的条目设置界面中,选择合适、规范的文件存储位置后点击“保存”;点击测试界面菜单栏的“诊断”→“查看信号”,软件界面将在测试过程中显示炉体温度及仪器热流信号;到达指定温度后,点击“开始”,仪器开始测量并实时记录曲线;开始测量后,点击测试界面菜单栏的“诊断”→“剩余测量时间”,仪器将显示剩余测量时间。

2)分析测试结果

打开热分析软件,点击测试界面菜单栏的“文件”→“打开”,选中分析曲线,点击菜单栏的“分段”,鼠标左键选择温度曲线,右键选择“c－DTA”,并在图中选择分析区间,点击菜单栏的“平滑”→“起始点”,记录温度。

3)生成校正文件

打开热分析软件,点击测试界面菜单栏的“附加功能”,选择“温度校正”;点击菜单栏的“文件”→“新建”,输入文件名称,并点击“确定”;设置“升温速率”,选择“吹扫气”并输入实验值,点击“计算”→“确定”,保存校正文件。

2. 测试基线(样品热膨胀系数较大时不需要)

打开测试软件,点击测试界面菜单栏的“新建”;在“修正测量类型”模块中选择“温度校正”选项;在“段条件”模块中选择“吹扫气”;在“初始等待”模块中设置温度,一般设为 25 ℃,保持 20 min;在“动态”模块中设置升温和降温速率,一般设为 3～5 ℃/min;在“恒温”模块中设置恒温时间,一般设为 2 min;点击“结束”,温度设置应大于预测试样品的软化点温度;输入“紧急复位温度”,点击“保存”。

3. 样品测试

打开测试软件,点击测试界面菜单栏的"打开";选择"已有基线测试结果"→"温度校正"→"修正+样品";设置"终止温度"并保存。

4. 软化点检测

打开测试软件,点击测试界面菜单栏的"文件"→"仪器设置"→"特殊仪器控制";选择"软化点"选项并确定;选择"样品测试模式",设置"软化点测试温度"(高于此温度开始测试,收缩率大于某一温度时停止测试)。

5. 真空系统使用

(1)关闭进气阀和放气阀,打开真空泵阀进行抽真空,结束后等待 1~2 min 后关闭真空阀。

(2)打开进气阀,充氮气至 5 kPa 后关闭进气阀。

(3)打开放气阀放气,此时炉体内部为氮气氛围。

3.9 热重分析仪

3.9.1 热重分析仪的原理

热重分析是程序控制温度下,在不同的气氛中测量样品质量与试样温度或时间(恒温实验)关系的一种技术。用于这种分析测试的仪器称为热重分析仪。用于记录这种分析过程的曲线叫作热重分析曲线。热重分析曲线通常看起来更像是一个或多个台阶,纵坐标通常是质量或者质量百分数,横坐标通常是温度或者时间,如图 3-133 所示。

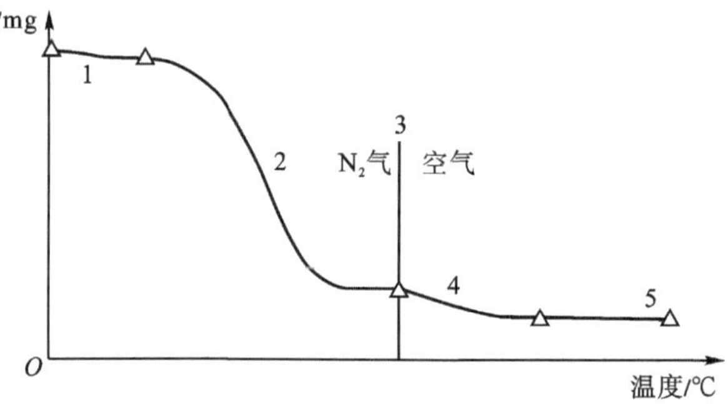

图 3-133 常见热重曲线

图 3-133 是一个典型的聚合物热重曲线,样品在升温的过程中,首先失去挥发性的组分,如水、溶剂、单体等,即图中 1 所示区段;区段 2 是聚合物在高温下的分解失重;区段 4 是从惰性气体切换成氧化性气体后,聚合物中的碳燃烧失重台阶;最后仍然有一些物质残留,比如灰分、填料和玻璃纤维等,即图中区段 5,我们称之为残留物区。通过对该曲线的解析,可以得到有关物质组成的诸多信息。

热重测试的原理相对比较简单,实际上就是热天平原理:样品在恒定的升温程序和特定的气氛下,通过一台高灵敏度天平测试样品的质量变化。这个升温程序可以是简单的匀速升温程序,也可以是升温和恒温的多重复合程序;同时还可以进行逸出气体分析和外接加湿器控制环境温度相关的研究。而同步热重分析仪不仅可以测试样品重量随温度变化而变化的情况,还可以测试样品的热量变化,因此在进行热重测试的同时,能够获得样品热量变化的情况,从而帮助判断热效应或失重产生的原因,或者由同步热重分析仪获得高温的热流信号。

3.9.2 热重分析仪的构造

热重分析仪一般包括单独热重分析(thermogravimetric analysis,TGA)仪及热重与差示扫描量热相结合的同步热重分析仪(TGA - DSC)。其组成包括天平、炉体、程序控温装置、计算机系统和降温系统等,核心是天平和炉体。就天平与炉体的结构而言,主要有三种不同的类型,分别为水平式、下皿式(悬挂式)和上皿式(上置式)。水平式是指天平和炉体处在同一水平位置上,坩埚支架水平插入炉体中;下皿式是指天平位于炉体的上方,坩埚放在下垂的支架上;在上皿式设计中,天平置于炉体的下方,试样支架垂直托起试样坩埚。

天平是热重分析仪最核心的部件,热重分析仪所使用的天平一般为超微量天平,可以称量至 1 μg 或 0.1 μg 的精度。梅特勒托利多超微量天平能够在整个测试范围内实现超微量的精度,同时内置校准砝码,可以方便地进行天平的日常校准。搭配自动进样器,其还能够实现全自动称量。下面我们以梅特勒托利多天平的水平式结构为例来了解热重分析仪的结构(见图 3 - 134)。

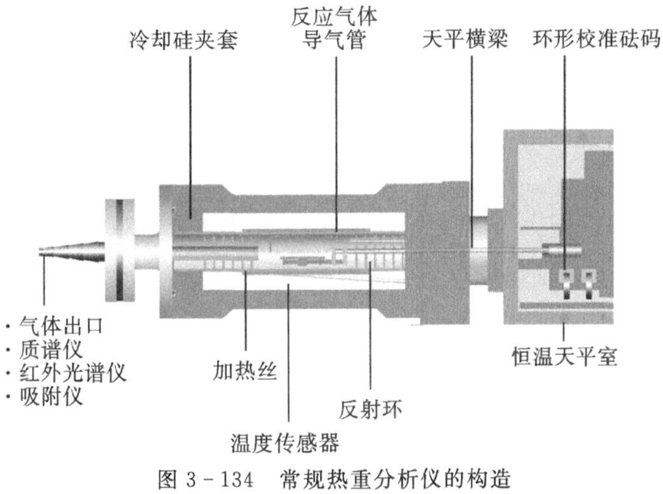

图 3 - 134 常规热重分析仪的构造

图 3 - 134 中右侧是分析天平,天平有内置的校准砝码,天平室内通入水浴可保证天平在恒温下工作。同时天平内通保护气,避免升温过程中产生的腐蚀性气体进入天平室。图 3 - 134 左侧是炉体,支架从天平室伸出,采用环式加热方式,支架上方吹扫气水平流过,减小支架作用力的同时,也可减轻烟囱效应等,从各方面保证测试数据的准确。炉体也采用水浴制冷,出气口可外接质谱仪、红外光谱仪等对逸出气体进行分析,还可外接吸附仪进行样品的吸附和解吸附分析。

3.9.3 热重分析仪的影响因素

热重分析仪可用于不同样品的分析，为了得到准确反映样品结果的曲线，制样和测试技术是必须考虑的，包括样品制备、样品性质的研究、坩埚的选择等。

1. 样品性质

首先要考虑样品的性质，样品可以是粉末、液体、膏状、片状等。不同形态的样品，制备方法也不同。样品的密度小时，所加的样品量就要少一些，因为坩埚的容量是一定的。对于样品在温度程序中质量的损失或增加，以及其热效应都要有一个提前的考虑，比如加热中可能出现发泡或者喷溅，那么坩埚就应该加盖；样品容易氧化时，要先用惰性气体吹扫以确保其处于无氧的环境。样品在实验开始前如有挥发、吸潮、见光分解等情况，都会对测试结果有影响。

2. 坩埚材质

坩埚是热重分析仪中用于盛放样品的容器。选择坩埚有三个因素一定要考虑：

(1)坩埚的材质：一般来说，坩埚和样品是不应该发生反应的；

(2)坩埚的熔点：在测试范围内坩埚不能熔融；

(3)坩埚的体积：液体样品尽可能不要超过坩埚容积的 2/3。

热重分析最常用的坩埚是氧化铝坩埚，其有多种不同的规格可供选择，如 30 μL、70 μL、150 μL 和 900 μL，可以根据样品的密度和需要的样品量选择合适的坩埚。其中最常用的是 70 μL 坩埚。

对于失重量较小的样品，氧化铝坩埚最好在马弗炉中烧半小时后，放在干燥皿中待用，这样可以减少坩埚本身失水对结果的影响。

坩埚选择的原则：如果只是关心热重信号，可以选择氧化铝坩埚；如果着重关心热流信号，在 600 ℃以下可以选择铝坩埚，600 ℃以上可以选择白金坩埚；如果样品不容易清洗，可以采用在白金坩埚内部嵌套陶瓷坩埚的方式，不仅有利于获得更好的信号，还可以节约成本。

不同类型的坩埚对测试结果存在一定影响，如坩埚体积会影响热导率，而坩埚高度会影响挥发产物的挥发速度。

对于一些容易挥发或者对光照敏感的样品，如果采用自动进样器进行测试，可以将样品制备好后加盖可自动移除的坩埚盖，这样就可以避免样品在等待测试的过程中发生变化。

3. 样品量

热重分析中测试不同的样品时，加入的样品量也不同。对于有机样品推荐5～15 mg；无机样品 10～50 mg；具有强烈放热效应的样品，样品量应该减少至 0.5～1 mg；发泡和喷溅的样品也应该减少用量。但是我们应该知道：样品量大，有助于检测微弱的质量损失；同时样品量大，样品内温度梯度大，分解产物也需要更长时间扩散出来，造成失重曲线向高温方向偏移。

样品的称量：可以采用仪器自动称量和记录，也可以采用外置天平进行称量后，再放入炉体。如果采用外置天平进行称量，天平的精度要在十万分之一克。

样品量会对分解温度产生影响，通常来说样品的质量越大，分解温度会向高温方向发生偏移。

4. 制样

制备样品的过程中，要保证样品不会发生热力学变化或机械变化；样品组分应保持不变；而且样品要能够代表本体材料。如果是同步热分析仪的测试，还要关注热流信号的变化，制样过程要保证样品与坩埚的良好热接触。因此，针对不同的样品要有不同的样品制备技术。

最理想的样品形态是扁平片状样品，密实细致的粉末及液体只需要在坩埚底部平铺一层。不规则的样品，如塑料件，可通过锯切、打磨等方法对接触面进行处理以改善接触面。对于粗糙的样品，如果研磨不会改变样品性质，可进行研磨，然后用漏斗将粉末加入坩埚即可。对于熔融时往往会向上卷曲的塑料薄膜，用 20 μL 轻质坩埚盖压住。对于较粗的纤维，可剪短后平放在坩埚内，对于细纤维，可将纤维切成小条，用洁净的铝箔将其包成一团，用特富龙杆压平，然后放入坩埚，平的一面向下，用 20 μL 的轻质铝坩埚盖压住。对于易发生强烈放热反应的样品，可采用惰性物质对样品进行稀释，用于稀释样品的物质必须干燥且不与样品发生反应，通常使用氧化铝粉末。液体样品可使用注射器等转移。

5. 气氛选择

一般我们尽可能模拟样品实际应用环境的气氛，一般有惰性气体(如氮气、氩气)、氧化性气体(如氧气、空气)，也有一些特殊气体比如二氧化碳等。吹扫速率一般是 50～100 mL/min，如果只考虑氧化增重，可加大氧气流速到 150 mL/min。

6. 升温区间

第一个热效应前的开始时间到最后一个热效应后的结束时间的时间间隔应该足够长，以得到能够进行谱图处理和计算的清晰基线。建议起始温度比第一个热效应低大约 3β ℃(β 为升温速率，此处只取数值)，这样在第一个热效应发生前基线便能稳定。终止温度高于最后一个热效应 2β ℃。对于未知的样品，最好选择较宽的温度范围，以便全面了解样品的热效应。

7. 升温速率

升温速率一般为 10 K/min 或 20 K/min，对于高能材料如炸药，速率应设置为 1 K/min 或者更低。升温速率会影响熔融、分解及其他一些反应信号。高升温速率时有利于检测微弱的热效应，节省时间，但失重曲线会向高温方向偏移。低升温速率下温度分辨率更好。随着升温速率的提高，热重曲线越明显地向高温方向偏移。

8. 其他因素

对于热重曲线来说，还要考虑浮力效应和仪器环境引起的误差，所以一般都会先运行空白样品得到空白曲线，然后再运行样品曲线，样品曲线扣除空白曲线后得到的热重曲线才能真实地反映样品的质量变化，但是一般不要使用很久以前的空白曲线。对于失重很小的样品，可通过实验前坩埚空烧，加大样品量和运行一遍或者两遍空白样品来获得更好的结果。实验中，一定要确保各路气流流速合适、气流稳定、水浴稳定、实验台稳定并且仪器周围不应该有任何振动。

3.9.4 热重分析仪的使用

1. 开机

依次打开仪器主机、循环水浴、气瓶、计算机。

2. 试样准备

将陶瓷坩埚去皮后，放于一张洁净的纸上，用专用漏斗和样品勺小心地加入样品。用精度为万分之一克的天平准确称量样品质量并记录，结果记录至 0.01 mg。

3. 测试

(1)轻触仪器主机触摸屏中的“开关”键，仪器自动打开炉门。

(2)用专用镊子将装有样品的坩埚小心地放入炉体中(务必按标准操作)。

(3)打开 TGA 测试软件，点击“常规编辑器”→“打开”，选择合适的测试方法(见图 3-135)或者点击“新建”编辑相应的实验方法。

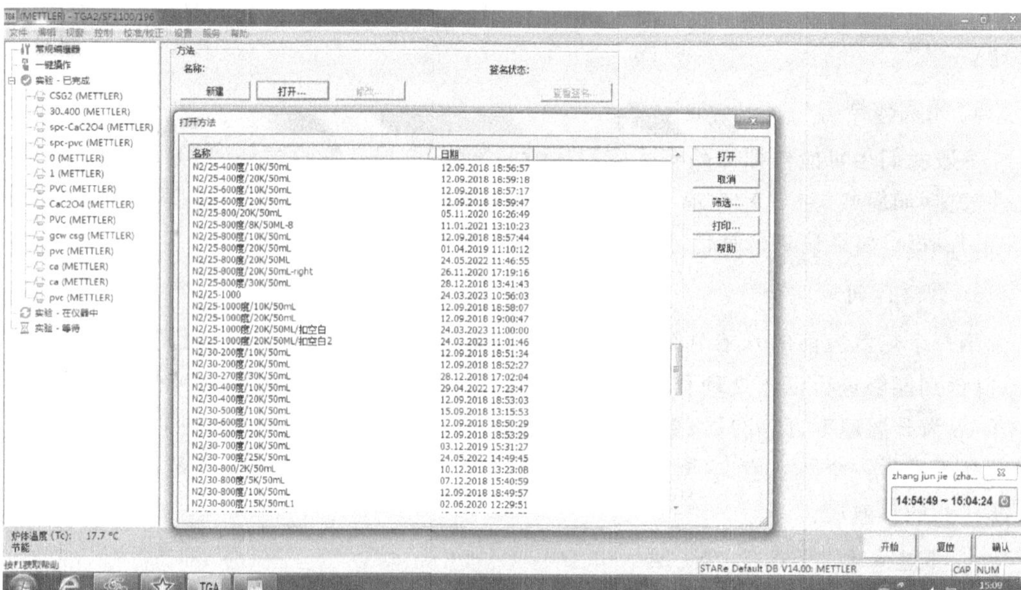

图 3-135 热重分析常见方法选择界面

(4)在仪器测试界面的“样品名称”和“质量”信息框中输入样品信息，点击“发送实验”确认(见图 3-136)。

(5)进行测试。

4. 谱图处理

进入谱图分析界面，如图 3-137 所示。点击菜单栏中的“数学计算”→“一阶导数”，可对数据进行一阶微分；点击菜单栏中的“分层显示”可将热重曲线(TG 和 TGA)分上下两层显示；将鼠标放于待分析曲线段的正上方，按住鼠标左键向右下方进行拖动，直至将待分析曲线段刚好框选时松开鼠标左键，此时可对选定曲线段继续进行下一步的分析处

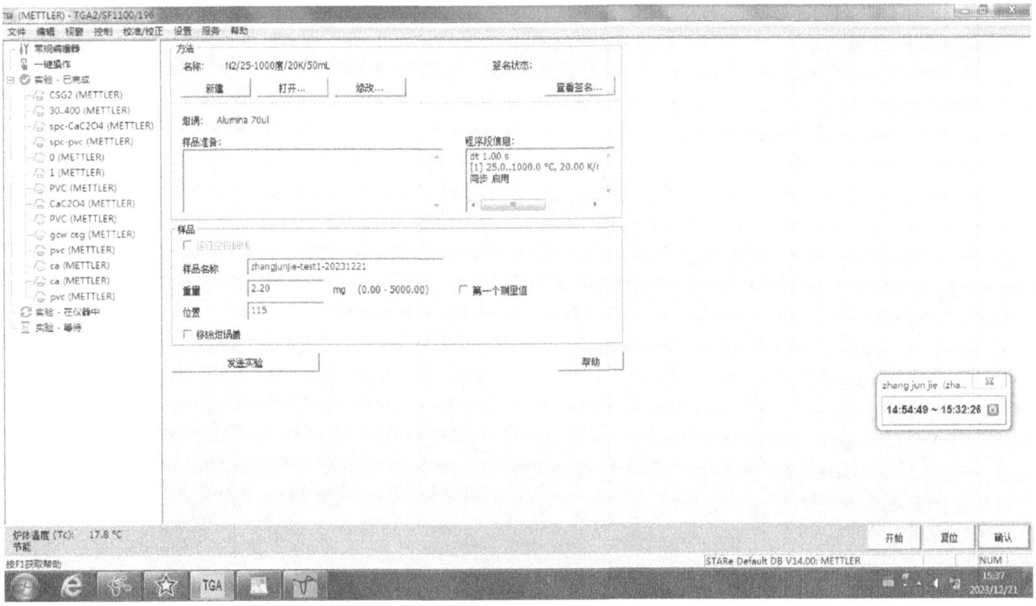

图 3 - 136　热重分析仪测试界面

理操作。点击菜单栏中的“热分析”→“水平阶跃”可分析所选择台阶的质量变化及百分比，点击菜单栏中的“热分析”→“起始点”可以分析所选择台阶的外延起始分解温度；点击菜单栏中的“热分析”→“终止点”可以分析所选择台阶的外延终止分解温度。通过上述分析，可得到样品每个台阶对应的温度区间及样品质量变化的信息，如图 3 - 138 所示。谱图分析完成后，点击菜单栏中的“文件”→“导入导出”→“其他格式”，可将数据保存为图片或者“. txt”格式。

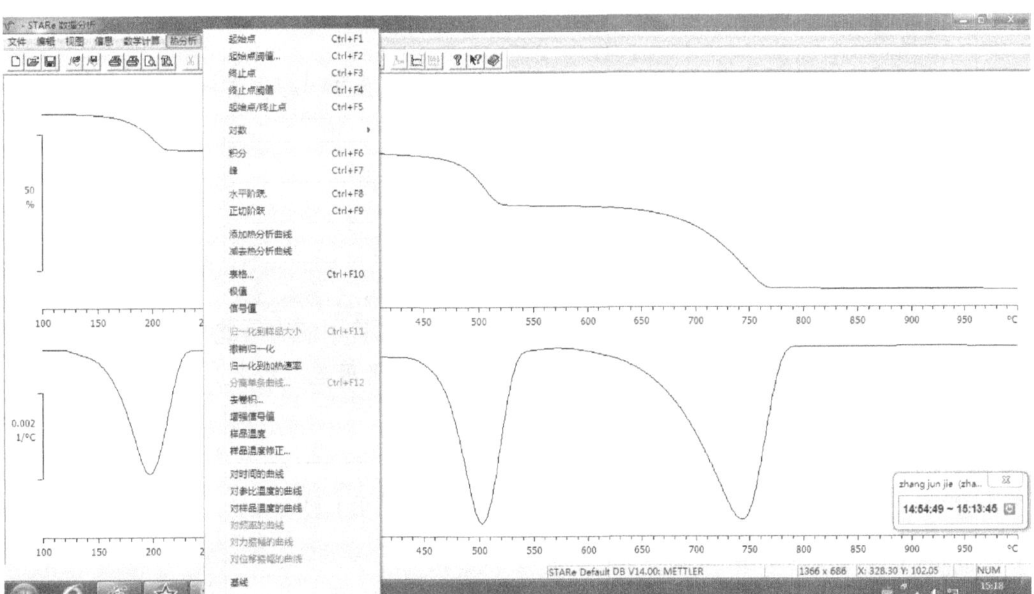

图 3 - 137　热重分析原始谱图

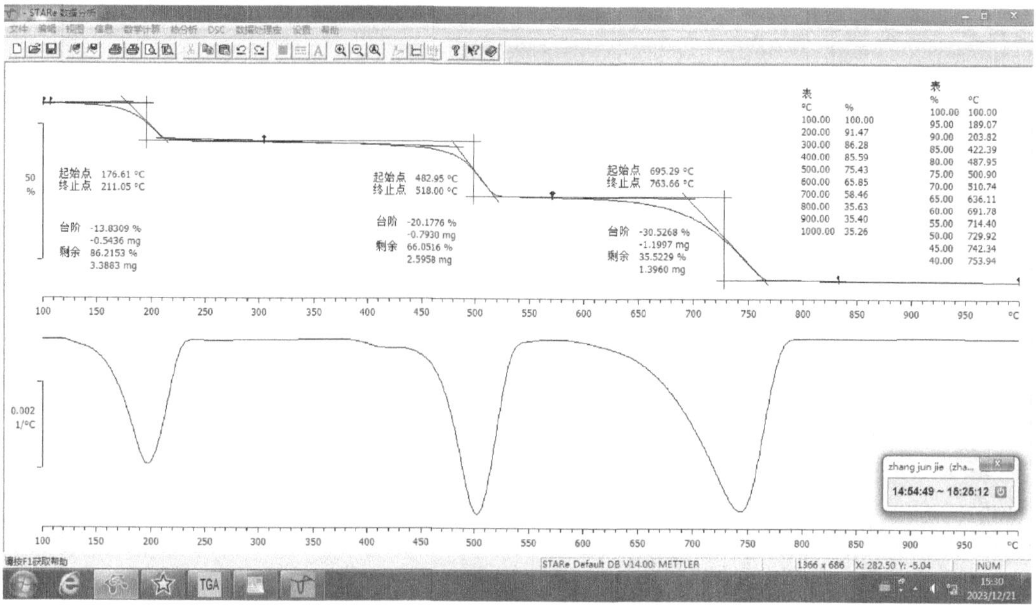

图 3-138　热重分析处理后谱图

5. 关机

(1)待炉体温度降至室温后,用镊子取出坩埚。

(2)依次关闭气瓶(先顺时针关闭主阀,再逆时针关闭分压阀)、循环水浴、仪器、计算机。

(3)如实记录测试样品信息及仪器状态。

(4)整理台面卫生,盖好仪器罩布。

(5)关好门窗。

6. 注意事项

(1)试样质量应小于 5 mg,试样体积不能超过坩埚容量的 1/4。若不确定,须提前向仪器管理老师说明。

(2)所用坩埚为陶瓷坩埚。

(3)设置温度:最低为 30 ℃,最高为 1000 ℃。

(4)天平所有玻璃门保持常闭。

(5)测试中禁止触碰实验台(谱图有可能会出现毛刺)。

(6)测试前须向仪器管理老师如实说明样品成分及实验中所有可能发生的反应。

(7)若测试过程中出现质量异常变化,须及时向仪器管理老师说明!

(8)禁止用 U 盘拷贝数据。

3.10　动态热机械分析仪

3.10.1　动态热机械分析仪的原理

试样受周期性(正弦)变化的机械振动应力的作用,发生相应的振动应变,测得的应变往往滞后于所施加的应力，除非试样是完全弹性的。这种滞后称为相位差即相角 δ 差。利用动态热机械分析仪（dynamic thermo mechanical analyzer，一般简称 DMA）可以测量试样应力的振幅、应变的振幅和应力与应变间的相位差。测试中施加在试样上的应力必须在胡克定律定义的线性范围内，该范围即应力-应变曲线起始的线性范围。

DMA 测试可在预先设定的力的振幅下或可在预先设定的位移振幅下进行。前者称为力控制的实验，后者称为位移控制的实验。一般 DMA 只能进行一种控制方式的实验。改进型 DMA 能在实验过程中自动切换力控制和位移控制方式，且可保证试样的力和位移变化不超出程序设定的范围。

1. 复合模量、储能模量、损耗模量与损耗角的关系

DMA 分析的结果为试样的复合模量 M^*。复合模量由同相分量 M'（或以 G' 表示，称为储能模量）和异相（相位差 $\pi/2$）分量 M''（或以 G'' 表示，称为损耗模量）组成。损耗模量与储能模量之比 $M''/M'=\tan\delta$，称为损耗因子（或阻尼因子）。

高聚物受到交变力作用时会产生滞后现象，上一次受到外力后发生形变在外力去除后还来不及恢复，下一次应力又施加了，以致总有部分弹性储能没有释放出来。这样不断循环，那些未释放的弹性储能都被消耗在体系的自摩擦上，并转化成热量放出。

复合模量 M^*、储能模量 M'、损耗模量 M'' 和损耗角 δ（相角）之间的关系可用图 3-139 中的三角形表示：

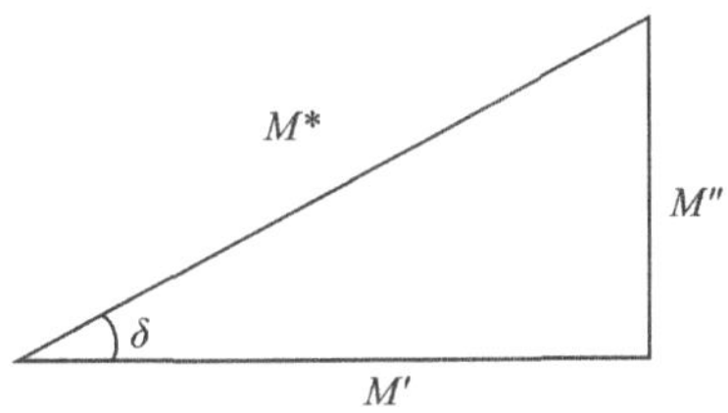

图 3-139　M^*、M'、M'' 与 δ 关系图

储能模量 M' 与应力作用过程中储存于试样中的机械能量成正比。相反，损耗模量表示应力作用过程中试样所消散的能量（损耗为热）。损耗模量大表明试样的黏性大，因而阻尼作用强。损耗因子 $\tan\delta$ 等于黏性与弹性之比，所以其值高表示能量消散程度高、黏性形变程度高，其是每个形变周期耗散为热的能量的量度。损耗因子与几何因子无关，因此即使试样几何状态不好也能精确测定。模量的倒数称为柔量，与模量相对应，有复合柔量、储能柔量和损耗柔量。对于材料力学性能的描述，复合模量与复合柔量是等效的。

通常可区分 3 种不同类型的试样行为。①纯弹性：应力与应变同相，即相角 δ 为 0，纯弹性试样振动时没有能量损失。②纯黏性：应力与应变异相，即相角 δ 为 $\pi/2$，纯黏性试样的形变能量完全转变成热。③黏弹性：形变对应力响应有一定的滞后，即相角 δ 在 0 至 $\pi/2$ 之间，相角越大，则振动阻尼越强。

2. DMA 可分析的物理量

应力 $\sigma=\sigma_0\sin(\omega t+\delta)$

应变 $\varepsilon=\varepsilon_0\sin\omega t$

储能模量 $M'=(\sigma_0/\varepsilon_0)\cos\delta$

损耗模量 $M''=(\sigma_0/\varepsilon_0)\sin\delta$

损耗因子 $\tan\delta=M''/M'$

复数模量 $M^*=M'+M''$

式中，σ_0 为应力振幅；ε_0 为应变振幅；ω 为角频率；δ 为应变相位差。

3. 温度-频率等效原理

如果在恒定负载下，分子发生缓慢重排使应力降至最低，材料因此而随时间进程发生形变；如果施加振动应力，因为可用于重排的时间减少，所以应变随频率增大而下降。因此，材料在高频下比在低频下更坚硬，即模量随频率增大而增大；随着温度升高，分子能够更快重排，因此位移振幅增大，等同于模量下降；一定频率下，在室温测得的模量与在较高温度、较高频率下测得的模量相等。这就是说，频率和温度以互补的方式影响材料的性能，这就是温度-频率等效原理。因为频率低则所用时间长（反之亦然），所以温度-频率等效又称为时间-温度叠加（time - temperature superposition，TTS）。

运用温度-频率等效原理，可获得实验无法直接达到的频率的模量信息。例如，在室温、几千赫兹下橡胶共混物的阻尼行为是无法由实验直接测试得到的，因为 DMA 的最高频率不够。这时，就可借助温度-频率等效原理，在低温条件和可测频率范围内进行的测试，再将室温下的损耗因子外推至几千赫兹。

4. 典型的 DMA 测量曲线

(1)动态温度程序测量曲线。该曲线是在固定频率的交变应力条件下，以一定的升温速率（由于试样较大，通常速率较低，以 1～3 ℃/min 为佳）进行测试，得到的以温度为横坐标、以模量为纵坐标的曲线。在该曲线上可观察储能模量 M'、损耗模量 M''和损耗因子 $\tan\delta$ 随温度的变化情况，反映了试样的次级松弛、玻璃化转变、冷结晶、熔融等过程。

(2)等温频率扫描测量曲线。该曲线是在等温条件下进行不同振动频率应力作用时的扫描测试，得到的以频率为横坐标、以模量为纵坐标的曲线。在该曲线上可观察储能模量 M'、损耗模量 M''和损耗因子 $\tan\delta$ 随频率的变化情况。等温测试的力学松弛行为与频率的关系又称为力学松弛谱，依据温度-频率等效原理，可将不同温度条件下的力学松弛谱沿频率窗横向移动，以得到对应于不同温度时的模量值。

(3)蠕变与回复曲线。设定一固定的静态力，在恒温条件下测量材料的形变量随时间的变化，可得到蠕变与回复曲线。

(4)应力-应变曲线。一定温度下，设定一定的力，按照一定的速率进行测试，最后得到应力-应变曲线。

(5)应力松弛曲线。设定一固定的形变量，在恒温条件下测量维持该形变量所需的应力随时间的变化，可得应力松弛曲线。

(6)阻尼应变曲线。该曲线即温度一定时，不同应变振幅下阻尼值的变化，反映了样品的阻尼性能。

(7)形状记忆曲线。高形弹变聚合物当温度升到玻璃化转变温度 T_g 以上时，样品形变随应力与温度变化的曲线即形状记忆曲线，其反映了样品的形状回复温度、形状回复力及形状回复率等性能。

3.10.2　动态热机械分析仪的构造

图 3－140 为市面上常见的 DMA 主机外观图，此外还需配备用于控制气动轴承的空气压缩机（需无油无尘无水），以及液氮罐等低温控制设备。

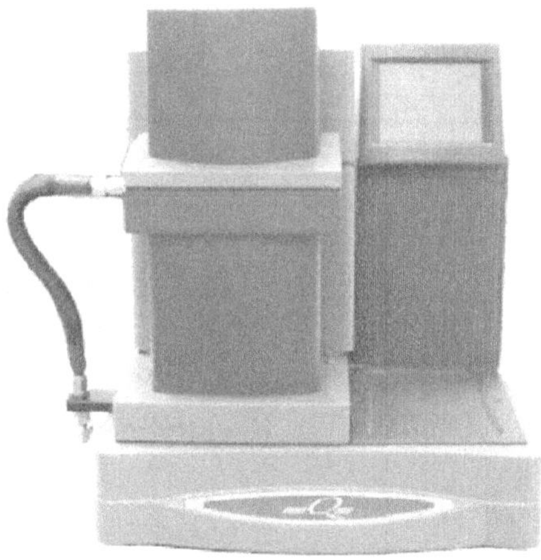

图 3－140　TA－Q800 型 DMA 主机外观

TA－Q800 型 DMA 主机的核心部件有驱动发动机、夹具、加热炉、位移传感器、力传感器，除此之外还有基座、高度调节装置、驱动轴、夹具固定装置、光学编码器等，如图 3－141 所示。

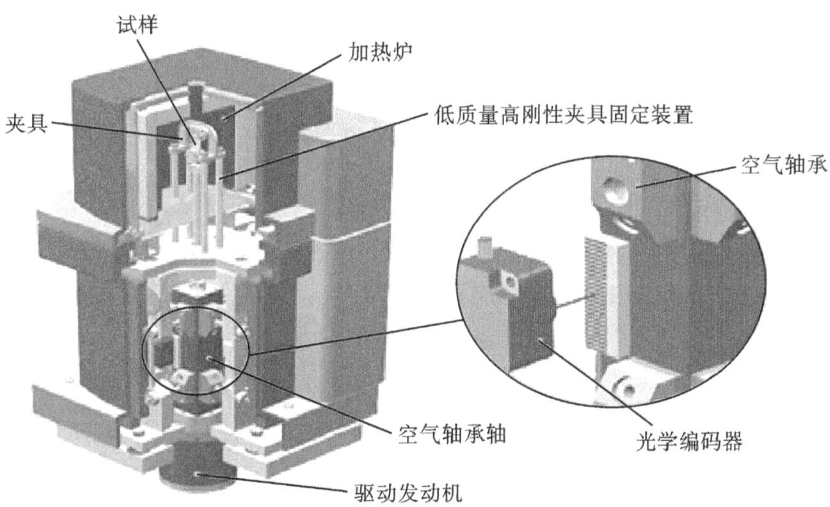

图 3－141　TA－Q800 型 DMA 主机部件

其中，驱动发动机可以设定由频率、力或位移驱动驱动轴。DMA 夹具可根据不同测试模式进行选择，不同夹具（见图 3－142）所测样品的尺寸如下：

单悬臂夹具：一般长 30 mm（最小 10 mm、最大 60 mm），宽 8 mm（最小不限、最大 15 mm），厚 3 mm（最小不限、最大 5 mm）；

双悬臂夹具：一般长 60 mm（最小 25 mm、最大 60 mm），宽 8 mm（最小不限、最大

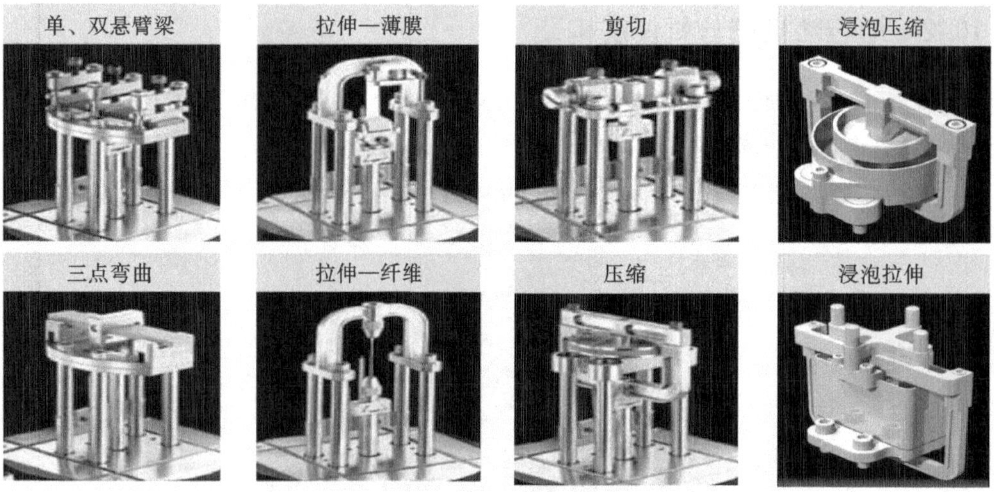

图 3-142 常见 DMA 夹具类型

15 mm),厚 3 mm(最小不限、最大 5 mm);

三点弯曲夹具:一般长 50 mm(最小 25 mm、最大 60 mm),宽 10 mm (最小不限、最大 15 mm),厚 5 mm(最小不限、最大 10 mm);

拉伸夹具:一般长 20 mm(最小 5 mm、最大 40 mm),宽 5 mm (最小不限、最大 10 mm),厚 2 mm(最小不限、最大 5 mm);

压缩夹具:大的样品盘直径小于 30 mm,上下表面要求光滑、平整;小的样品盘直径小于 10 mm,上下表面要求光滑、平整。

剪切夹具:正方体,各边长 10 mm,厚 5 mm。

3.10.3 动态热机械分析仪的使用

1. 开机预热

先打开主机,再打开控制计算机,之后打开空气压缩机和液氮存储装置(如有需要)。双击“TAIE.exe(仪器软件)”图标,打开仪器测试软件。当仪器开启一定时间且测试软件界面上方的对话框中显示“Air Bearing:OK(空气轴承正常)”(图 3-143 中为“Air Bearing:Low”是因为气压此时较低,等压力上来后就显示“OK”了)和“Frame Temp:OK(主机温度正常)”时,如图 3-143 所示,才方可进行下一步操作。

2. 仪器校准

1)校准主机位置

在软件主页面中,点击菜单栏中的“Control(控制)”→“Furnace(炉体)”,打开炉体;移除所有夹具后关闭炉体;点击菜单栏中的“Calibrate(校准)”→“Position(位置)”,再点击“Calibrate(校准)”,进行主机位置校准,如图 3-144 所示。

2)校准夹具

每更换一次夹具,都需要进行夹具校准。以拉伸模式下的实验为例,依次按照下列顺序操作。

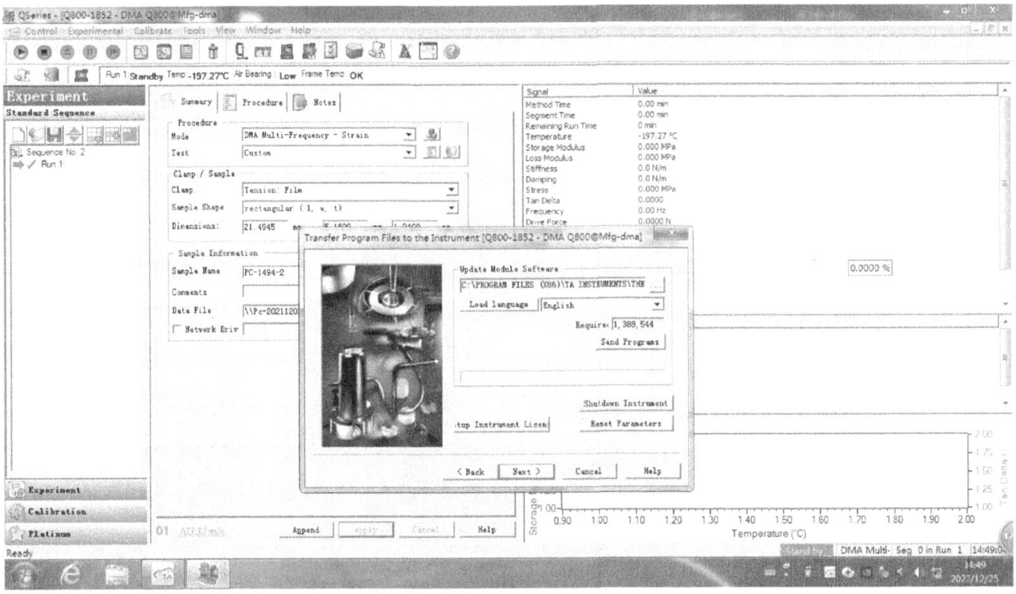

图 3－143　DMA 仪器软件测试界面

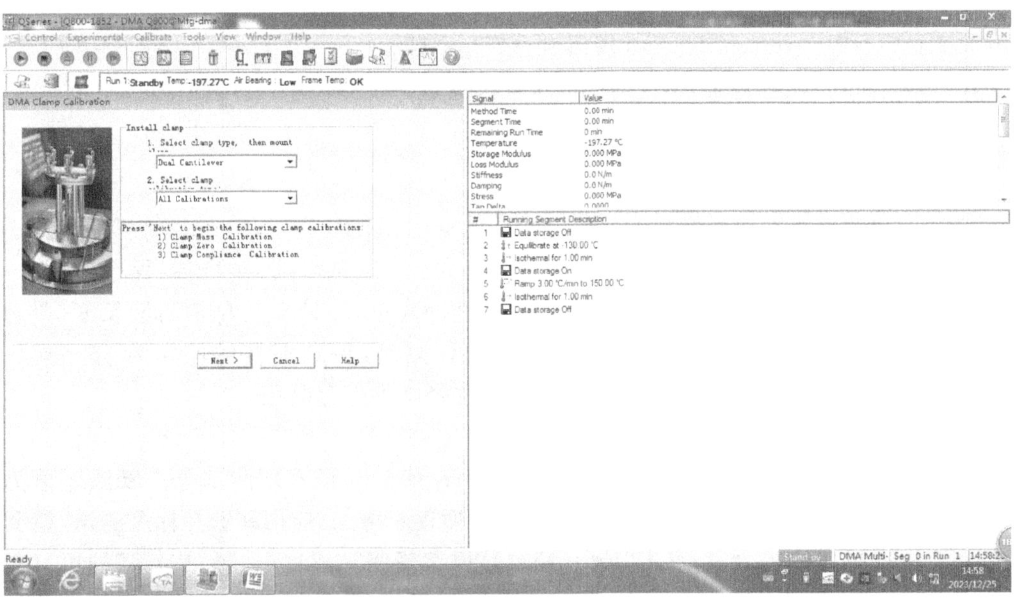

图 3－144　DMA 主机位置校准界面

(1)点击菜单栏中的“Calibrate(校准)”→“Clamp(夹具)”,选择夹具类型为“Tensile(拉伸)”后,依次点击“Apply(应用)”→“Next(下一步)”→“Calibrate(校准)”进行校准,如图 3－145 所示;

(2)点击“next(下一步)”,夹持半缺口钢片(长 12.80 mm),再点击“Calibrate(校准)”进行校准;

(3)夹持薄钢片(0.12 mm×5.75 mm×长度,长度直接从界面右侧读出),点击“Calibrate(校准)”进行校准,结束。

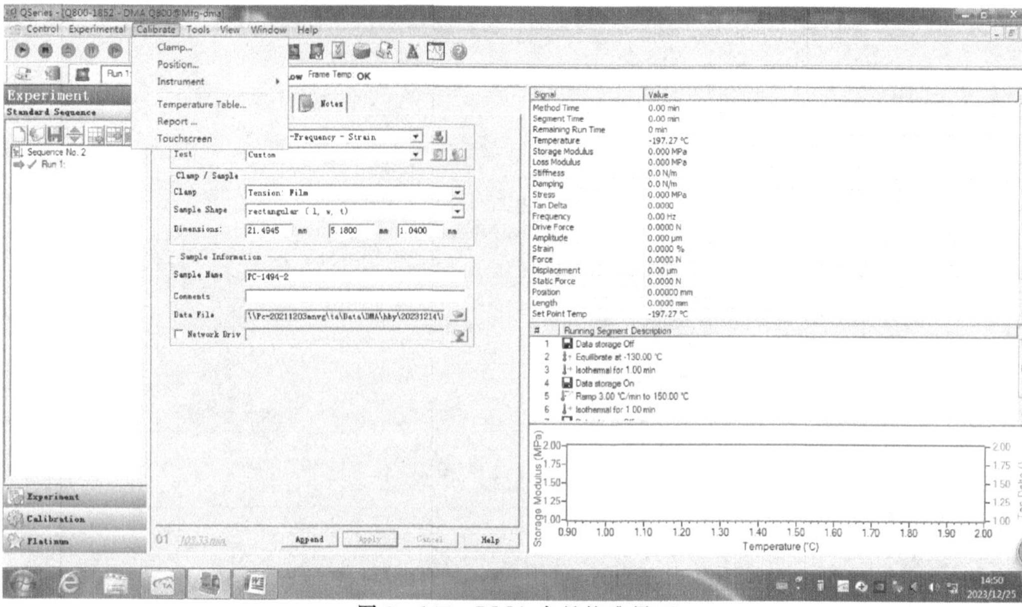

图 3-145 DMA 夹具校准界面

若出现不经过第(2)步而直接到第(3)步的情况,可按该方法解决:点击菜单栏中的“Tool(工具)”→“Instrument Set up(仪器设置)”→“Next(下一步)”→“Next(下一步)”→“Instrument reset(仪器重置)”,此时 DMA 主机会重启,之后再重启电脑即可。

3. 样品测试

1)样品夹持

选择合适的夹具安装于仪器上。测定样品的宽度、厚度(单位为 mm);将样品夹持于夹具上;选择“测试模式”,“Creep”之前都为动态,之后为静态;选择“控制程序”,“Custom”为自定义,其他按程序进行;输入试样的长度和宽度,拉伸夹具自动测量长度,单悬臂梁和弯曲夹具长度固定,单悬臂梁用辅助工具测量,粉末夹具的尺寸为 35 mm×10 mm×1 mm,压缩样品厚度且自动测量;最后选择文件保存路径。

2)设置测试程序

测试程序的设置分为“method(方法)”和“Frequency(频率)”两部分。以温度谱为例,在“Amplitude(振幅)”时,一般先选 5 μm,然后逐步增加,应用和选择标尺测试,待测试力在 1~10 N 范围内为宜;点击“Edit(编辑)”以编辑测试程序(选择“Ramp”即可),包括试验模式、起始温度、升温速率;选择“Frequency(频率)”,设置合适的频率。如果要进行应力松弛、蠕变等其他模式的测试,基于仪器自带的程序修改相关参数即可。

3)测试

双击测试界面(见图 3-146)“Run 1(运行)”前的“□”图标,重置参数后,选择开始键测试,无法测试时取消“□”中的“√”。

4)低温测试

开启液氮开关(使之处于 on 状态),管路接头接好。此时试样夹具不能拧紧,须冷却后方可拧紧。点击软件主页面菜单栏中的“Control(控制)”→“Go to temp(到指定温度)”→设置起始温度→确认,仪器自动开始降温。待温度降低至所需温度后打开炉体,

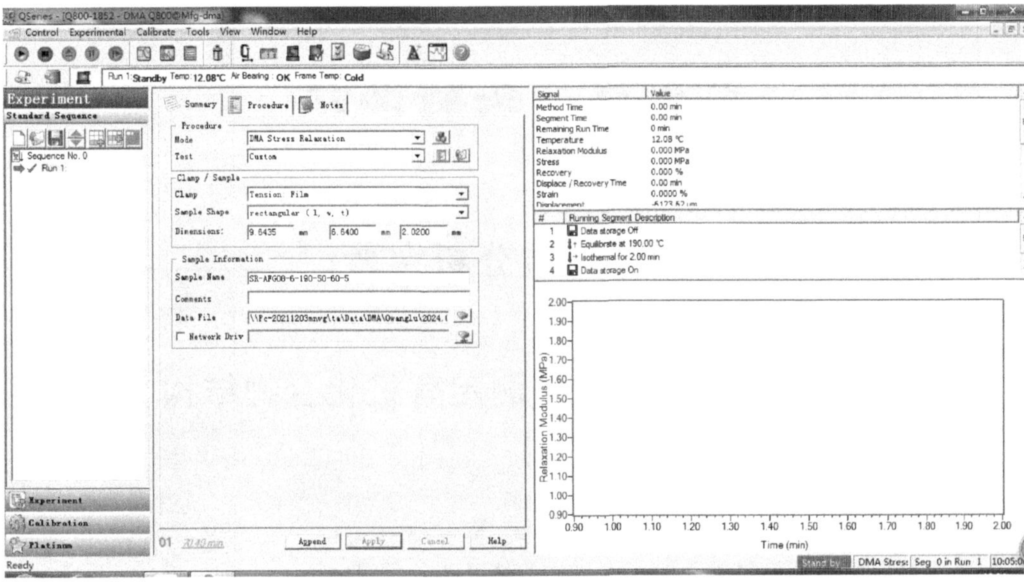

图 3 - 146

快速拧紧螺丝，再次降温。再次点击菜单栏中的“Control(控制)”→“Go to temp(到指定温度)”，待温度达到设定温度并平衡等温一段时间后，开始测试。常见 DMA 谱图如图 3 - 147所示。

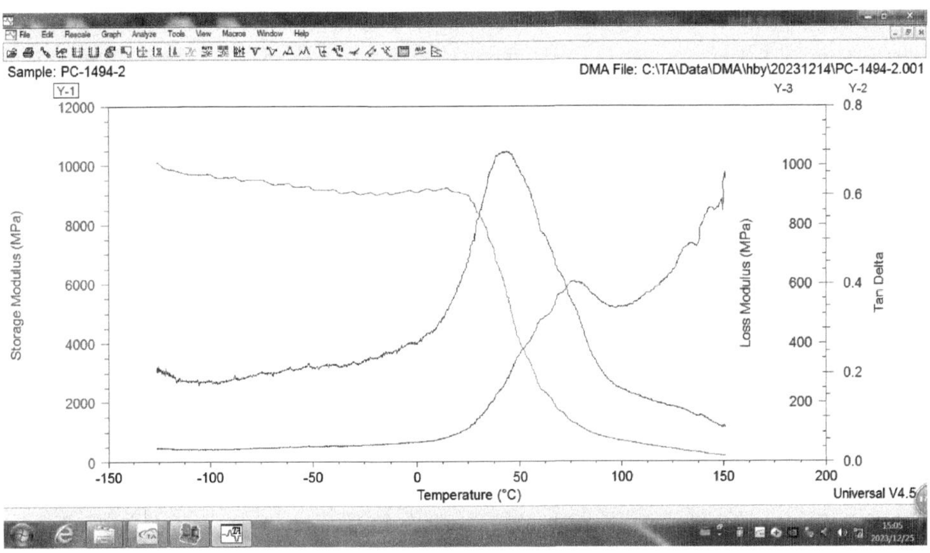

图 3 - 147　常见 DMA 测试谱图

4. 结束测试及关机

测试结束后，在计算机桌面的“TA Analysis(谱图分析)” 软件中可将数据导出，一般保存为“.txt”格式。待炉体冷却至 40 ℃以下时，打开炉体→移除所有夹具→关闭炉体。在测试软件的主页面中，点击菜单栏中的“Control(控制)”→“Instrument shutdown(关机)”，关闭软件，然后关闭仪器。

第 4 章　实验部分

4.1　光谱分析实验

实验一　红外光谱法测定有机化合物结构

一、实验目的

(1)了解傅里叶变换红外光谱仪的基本构造及工作原理。

(2)学会利用傅里叶变换红外光谱仪进行样品测试。

(3)掌握常用红外光谱的解析方法。

二、实验原理

红外光是一种波长介于可见光区和微波区之间的电磁波谱,波长范围为 0.78～300 μm。通常又把这个波段分成三个区域。近红外区:波长范围为 0.78～2.5 μm(波数范围为 12820～4000 cm^{-1}),又称泛频区;中红外区:波长范围为 2.5～25 μm(波数范围为 4000～400 cm^{-1}),又称基频区;远红外区:波长范围为 25～300 μm(波数范围为 400～33 cm^{-1}),又称转动区。其中,中红外区是研究、应用最多的区域。

红外区的光谱除用波长 λ 表征外,也常用波数(wave number)σ 表征。波数是波长的倒数,表示单位厘米波长内所含波的数目,其单位为 cm^{-1},关系式为

$$\sigma=\frac{10^4}{\lambda}$$

红外光谱应用广泛,用于物质的化学组成分析时,提供的信息多且具有特征性,故又把红外光谱称为“分子指纹”,可以根据光谱中吸收峰的位置和形状来推断未知物的结构,依照特征吸收峰的强度来测定混合物中各组分的含量。根据红外光谱与分子结构的关系,谱图中每一个特征吸收谱带都对应于某化合物的质点或基团振动的形式。因此,特征吸收谱带的数目、位置、形状及强度取决于分子中各基团(化学键)的振动形式和所处的化学环境,只要掌握了各种基团的振动频率(基团频率)及位移规律,就可利用基团振动频率与分子结构的关系来确定吸收谱带的归属,确定分子中所含的基团或键,进而由其特征振动频率的位移、谱带强度和形状的改变来确定分子的结构。

红外光谱分析不受样品相态的限制,样品用量少且可回收,属于非破坏分析。无论是固态、液态及气态样品其都能直接测定,甚至对一些表面涂层和不溶、不熔融的弹性体(如橡胶)也可直接测定。

三、仪器与试剂

1. 仪器

BRUKER Tensor 27 红外光谱仪、压片机、玛瑙研钵等。

2. 试剂

光谱纯溴化钾、溴化钾窗片、待测样品。

四、实验内容

1. 样品准备

根据样品特性及状态，选择相应的制样方法进行制样。

(1)固体试样。固体粉末样品用溴化钾压片法压片。将1～2 mg试样与200 mg光谱纯溴化钾混合均匀，在玛瑙研钵中研磨成粉末，将混合物转移至模具中，5～10 MPa压力下在油压机上压成透明薄片，即可测定。压片前，试样和溴化钾都应经干燥处理，研磨到粒度小于2 μm，以免测试中有散射光的影响。

(2)液体试样。沸点较高的试样，直接在两层盐片之间滴1～2滴，使之形成一薄的液膜。沸点较低、挥发性较大的液体试样，可直接注入封闭的液体池中，液层厚度一般为0.01～1 mm。

2. 测试前准备

(1)光谱仪开机前检查实验室电源、温度和湿度等环境条件，当电压稳定，室温为15～25 ℃、湿度≤60%时才能开机。

(2)用清洗溶剂和脱脂棉花擦干净仪器测试样品部位，并确保干燥。

3. 实验测试

(1)打开仪器电源开启仪器，预热10 min，待仪器稳定后再进行测试。

(2)开启计算机，双击桌面上的OPUS软件图标，运行操作软件，检查计算机与仪器主机的连接是否正常：仪器自检，约30 s，自检通过后，状态灯由灰变绿，仪器连接正常。

(3)设置各项参数，保存峰位、样品名称及扫描波长范围。

(4)扫描背景，背景扫描完成后装载样品，将样品放入样品室的光路中。

(5)开始样品扫描、测试。

(6)测完后立刻用脱脂棉花和溶剂擦干净测试部位。

(7)关机，先关闭OPUS软件，再关闭仪器电源，盖上仪器防尘罩。

(8)清洗压片模具和玛瑙研钵，溴化钾会对钢制模具的平滑表面产生极强的腐蚀性，因此模具使用后应立即用水冲洗，再用去离子水冲洗三遍，并用脱脂棉蘸取乙醇擦洗各个部分，然后用电吹风吹干，备用。玛瑙研钵的清洗与模具相同。

五、数据处理

(1)扣除谱图中水和二氧化碳的干扰，调整基线，标峰位，存图，打印谱图。

(2)对谱图进行解析,找出特征吸收峰,确定其各振动形式。

六、注意事项

(1)测试样品不能包含强酸强碱,装载样品不能用毛细管和进样针等尖锐的物体。
(2)测试前后须用相应溶剂清洗仪器测试部位。
(3)测试时务必保持样品仓门处于关闭状态。
(4)每次测样均需重新扫描一次背景。

七、思考题

(1)何谓特征吸收峰?影响吸收峰强度的主要因素是什么?
(2)红外谱图解析的三要素是什么?

八、扩展阅读

红外光谱仪在许多领域都有广泛的应用。①化学分析:红外光谱仪广泛用于鉴定化合物和定量分析,可以通过化学物质对红外光的吸收谱图,进一步确定其分子结构和组成。②环境科学:红外光谱仪可用于对大气、土壤和水体中的污染物进行快速准确的监测和分析。③食品工业:红外光谱仪可用于质量检测,例如检测食品的纯度及食品中的有害物质。④临床诊断:红外光谱仪可用于分析生物样本(如血液、尿液、细胞等),以检测疾病的早期迹象。⑤制药行业:红外光谱仪可用于制药行业中药品的成分鉴定和品质控制。⑥石油化工行业:红外光谱仪在石油化工行业中可用于石油产品的成分分析和质量控制。⑦法医科学:红外光谱仪可用于分析证据材料,如毒品、爆炸物及其他化学物质。⑧艺术和考古学:红外光谱仪可用于鉴定艺术品和其他文物的真伪,推测其制作材料等。

实验二　压片法测试苯甲酸的红外吸收光谱

一、实验目的

(1)熟悉红外分光光度计的工作原理及其使用方法。
(2)掌握用溴化钾压片法制备固体样品。
(3)学习利用红外吸收光谱进行化合物的定性分析。

二、实验原理

在化合物分子中,具有相同化学键的原子基团,其基本振动频率吸收峰(简称基频峰)一般出现在同一频率区域内,例如:$CH_3(CH_2)_5CH_3$、$CH_3(CH_2)_4C\equiv N$ 和 $CH_3(CH_2)_5CH\equiv CH_2$ 等分子中都有—CH_3、—CH_2—基团,它们的伸缩振动基频峰与 $CH_3(CH_2)_6CH_3$ 分子的红外吸收光谱中—CH_3、—CH_2—基团的伸缩振动基频峰都出现在同一频率区域内,即在小于 3000 cm^{-1}波数附近，但它们的基频峰位置又略有不同，这是因为同一类型原子基团，在不同化合物分子中所处的化学环境有所不同，使基频峰频率发生一定移动。例如—C═O 基团的伸缩振动基频峰一般出现在 1850～1860 cm^{-1}波数范围内，当它位于酸酐中时，基频峰 $\upsilon_{C=O}$的波数范围为 1830～1800 cm^{-1}；在酯类中时，$\upsilon_{C=O}$的波数范围为 1750～1735 cm^{-1}；在醛中时，$\upsilon_{C=O}$的波数范围为 1745～1730 cm^{-1}；在酮类中时，$\upsilon_{C=O}$的波数范围为 1725～1705 cm^{-1}；在与苯环共轭时，如乙酰苯中 $\upsilon_{C=O}$的波数范围为 1695～1680 cm^{-1}，在酰胺中时，$\upsilon_{C=O}$波数约为 1650 cm^{-1}；等等。因此掌握各种原子基团基频峰的频率及其位移规律，就可使用红外吸收光谱来确定有机化合物分子中存在的原子基团及其在分子结构中的相对位置。苯甲酸分子中各原子基团的基本振动形式及基频峰波数如表 4-1 所示。

表 4-1　苯甲酸分子中各原子基团的基本振动形式及基频峰波数

原子基团的基本振动形式	基频峰的波数/cm^{-1}
$\upsilon_{=C-H}$(Ar 上)	3077,3012
$\upsilon_{C=C}$(Ar 上)	1600,1582,1495,1450
δ_{C-H}(Ar 上邻接五氯)	715,690
υ_{C-H}(形成氢键二聚体)	3000～2500(多重峰)
δ_{O-H}	935
υ_{C-O}	1400
δ_{C-O-H}(面内弯曲振动)	1250

以溴化钾晶片作为参比，在相同的实验条件下，分别测试标样和试样的红外吸收光谱，根据获得的两张图谱对照上述的各原子基团基频峰的波数及其吸收强度，若两张图谱一致，则可认为该试样是苯甲酸。

三、仪器与试剂

1. 仪器

FTIR Tensor27 红外光谱仪、YP-15 压片机、玛瑙研钵、红外干燥灯、药匙。

2. 试剂

溴化钾(110 ℃干燥 48 h 后储存于干燥器中)、苯甲酸(80 ℃干燥 24 h 后储存于干燥器中)、无水乙醇。

四、实验内容

1. 溴化钾晶片的制作

取溴化钾 150 mg，置于洁净的玛瑙研钵中，研磨成均匀、细小的颗粒，然后转移到压片模具上，当压力加到 10～12 MPa 时，停止加压，维持 3～5 min，取出压模，即可得到直径为 13 mm，厚为 1～2 mm 的透明溴化钾晶片，小心地从压模中取出晶片，并保存在干燥器内。压模结构及压片机如图 4-1 及图 4-2 所示。

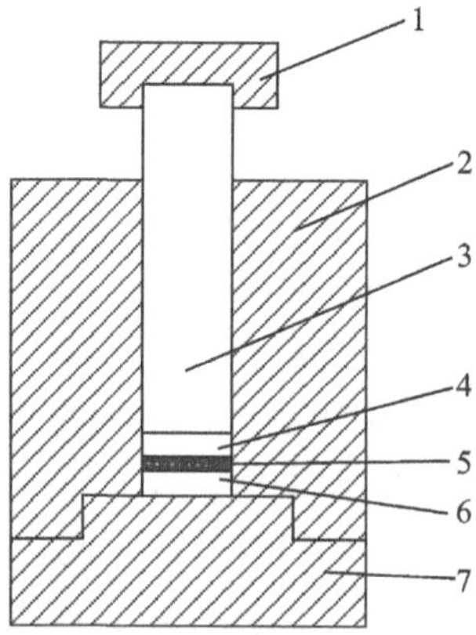

1—压杆帽；2—压模体；3—压杆；4—顶模片；5—试样；6—底模片；7—底座。

图 4-1　压模结构示意图

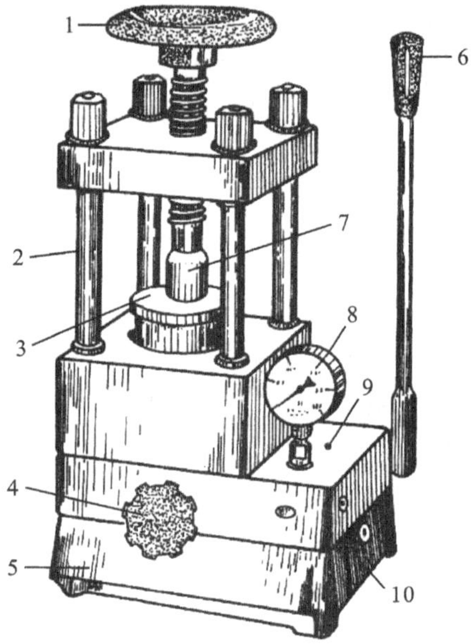

1—压力丝杆手轮；2—拉力螺柱；3—工作台垫板；4—放油阀；5—基座；6—压把；
7—压模；8—压力表；9—注油口；10—油标及入油口。

图 4-2　压片机示意图

2. 苯甲酸试样压片

取一份 150 mg 的溴化钾置于洁净的玛瑙研钵中，加入 2～3 mg 苯甲酸标样，同“1.”操作研磨均匀、压片并保存在干燥器中。

另取一份 150 mg 的溴化钾置于洁净的玛瑙研钵中，加入 2～3 mg 苯甲酸试样，同“1.”操作研磨均匀、压片并保存在干燥器中。

3. 红外光谱测定

将空白试样与样品晶片分别装入样品架，先后置于红外光谱仪样品室中，在波数 4000～400 cm^{-1}范围内进行扫描，得到红外光谱。扫描结束后，取出样品架，取下样品薄片，将压片模具、试样架等擦洗干净。

五、数据处理

(1)记录实验条件:温度、湿度、压片压力、参比物、扫描范围、扫描次数等。

(2)在苯甲酸试样的红外吸收光谱图上,标出各特征吸收峰的波数,并确定其归属。

(3)将苯甲酸试样光谱图与其标样光谱图进行对比,如果两张图上的各特征吸收峰及吸收强度一致,则可认为该试样是苯甲酸。

六、注意事项

(1)制得的晶片必须薄厚均匀、透明、无裂痕,局部无发白现象,否则应重新制作。

(2)在制样时应避免引入杂质,研钵、药匙、模具等应保持洁净。

(3)严格按照红外分光谱仪和压片机操作规程进行操作。

(4)样品应适当干燥,研磨时应在干燥灯下进行。晶片吸潮后在光谱图中 3450 cm^{-1} 和 1640 cm^{-1} 波数处出现水的吸收峰。

七、思考题

(1)用压片法制样时,为什么要求将固体试样研磨到颗粒粒度约为 2 μm?

(2)用溴化钾压片法制样时,对试样的制片有何要求?

(3)红外光谱实验室为什么要求温度和相对湿度要维持一定的指标?

实验三　红外吸收光谱定量分析

一、实验目的

(1)学习红外吸收光谱定量分析基本原理和方法。

(2)掌握用基线法定量测定。

(3)学习液膜法制样。

二、实验原理

红外吸收光谱定量分析的基础仍然是朗伯-比尔定律,与紫外-可见光分光光度定量分析的原理和方法原则上是相同的。但在测量时,由于吸收池窗片对辐射的发射和吸收,试样对光的散射引起的辐射损失、仪器的杂散辐射、试样的不均匀等都将引起测量误差,会给红外吸收光谱定量分析带来一些困难,因此需采用与紫外-可见光分光光度法所不同的实验技术。

为了扣除红外光谱背景中的吸收,吸光度 A 的测量一般采用基线法,即用基线表示该待测组分的背景吸收线,基线画法如图 4-3(a)所示。测量时,在所选择的被测物质的吸收带上,以该谱带两肩的公切线 BC 作为基线,在通过峰值波长 t 处的垂直线和基线相

交于 r 点，分别测量入射光和透射光的强度 I_0 和 I，依照 $A=\lg(I_0/I)$，求得该波长处的吸光度。以浓度 c 为横坐标，吸光度为纵坐标，绘制标准工作曲线如图 4－3(b)所示，在标准工作曲线上找出待测物质的浓度，根据样品量计算得出其含量。

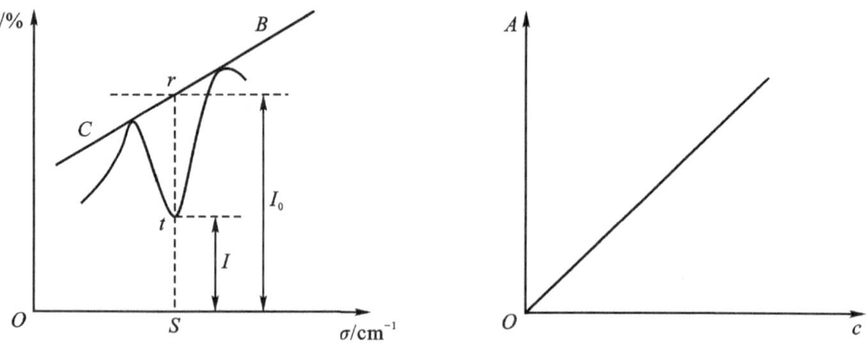

(a) 基线的确定　　(b) 标准工作工作曲线

图 4－3　基线的确定及标准工作曲线

三、仪器与试剂

1. 仪器

红外光谱仪、红外干燥灯、可拆卸式样品池、盐片($2\times3\times0.8\ cm^3$)。

2. 试剂

二甲苯(邻、间、对)、无水乙醇，均为分析纯。

四、实验内容

1. 间二甲苯和对二甲苯的混合标样配制

分别吸取 2.50 mL、3.50 mL、4.50 mL 间二甲苯于三只 10 mL 容量瓶中，依次加入 4.50 mL、3.50 mL、2.50 mL 对二甲苯，然后分别用邻二甲苯稀释至刻度，摇匀，配制成 1#、2#、3# 混合标样。

吸取不含邻二甲苯的试液 7.00 mL 于 10 mL 容量瓶中，用邻二甲苯稀释至刻度，摇匀，配制成 4# 混合试样。

2. 邻二甲苯、间二甲苯、对二甲苯纯标样液膜的制作

取两块盐片，在其中一块的透明平面上放置间隔片，于间隔片的方孔内滴加一滴分析纯邻二甲苯溶液，将另一盐片的透明平面对齐压上，然后将其固定在支架上，如图 4－4 所示。随后以同样方法制作间二甲苯和对二甲苯纯标样液膜，然后把带有标样液膜的支架安置在主机的试样窗口上，分别测定以上制作的三种标样液膜的红外吸收光谱。

同样方法制作 1#、2#、3# 混合标样和 4# 混合试样的液膜，并以相同的实验条件，分别测绘其红外吸收光谱。

1—前框；2—后框；3—红外透光窗盐片；4—垫圈（氯丁橡胶或四氯乙烯）；5—间隔片（铅或铝）；6—螺帽。

图 4 - 4　可拆式液体槽

六、数据处理

(1)在所测绘的三种纯标样红外吸收光谱图上，标出各基团基频峰的波数及其归属，并讨论这三种同分异构体在光谱上的异同点。

(2)在测绘的混合标样和混合试样的红外吸收光谱图上，依照图 4 - 3(a)基线法对邻二甲苯特征吸收峰 743 cm^{-1}、间二甲苯特征吸收峰 692 cm^{-1}和对二甲苯特征吸收峰 792 cm^{-1}作图，并标出各自 I_0 和 I 及测出它们的值，列入表 4 - 2 中，同时计算各 $\lg(I_0/I)_{试样}/\lg(I_0/I)_{内标}$（以邻二甲苯作内标）。

表 4 - 2　I_0 和 I 数据记录表

试样	强度	1	2	3	4
邻二甲苯(743cm^{-1})	I_0				
	I				
间二甲苯(692 cm^{-1})	I_0				
	I				
对二甲苯(792 cm^{-1})	I_0				
	I				
$\lg(I_0/I)_{试样}/\lg(I_0/I)_{内标}$	间二甲苯				
	对二甲苯				

分别作间二甲苯和对二甲苯的$[\lg(I_0/I)_{试样}/\lg(I_0/I)_{内标}]-c$ 标准曲线，并在标准曲线上查出试样中的间二甲苯和对二甲苯的浓度 c，进一步计算原试样中这两种成分的含量(%)。

七、思考题

(1)红外吸收光谱定量分析为什么要采用基线法？

(2)采用液膜法进行红外光谱定量分析，应注意哪些问题？

实验四 盐酸小檗碱糖衣片中小檗碱含量的测定

一、实验目的

(1)学习查阅文献,建立实验分析方法。

(2)学习使用紫外光度法测定药物的组成。

(3)学习标准曲线的绘制方法。

(4)评价药典法与紫外光度法的差别。

二、实验原理

小檗碱又称黄连素、小蘖(niè)碱、小檗硷,是一种常见的异喹啉生物碱,分子式 $C_{20}H_{18}NO_4$,存在于小檗科等四个科十个属的许多植物中,1826 年由 M. E. 夏瓦利埃和 G. 佩尔坦从 Xanthoxylon cava 树皮中首次获得。小檗碱为一种季铵生物碱,在乙醚中可析出黄色针状晶体,熔点为 145 ℃,溶于水,难溶于苯、乙醚和氯仿。其盐类在水中的溶解度都比较小,例如在盐酸盐中的溶解比例为 1∶500,在硫酸盐中的为 11∶30。

小檗碱对溶血性链球菌,金黄色葡萄球菌,淋球菌和弗氏、志贺氏痢疾杆菌等均有抗菌作用,并有增强白血球吞噬作用,对结核杆菌、鼠疫菌也有不同程度的抑制作用,对大鼠的阿米巴菌也有抑制作用。小檗碱在动物身上有抗箭毒作用,并具有末梢性的降压及解热作用。小檗碱的盐酸盐(俗称盐酸黄连素)已广泛用于治疗胃肠炎、细菌性痢疾等,并对肺结核、猩红热、急性扁桃腺炎和呼吸道感染也有一定疗效。中医常将黄连、黄柏、三颗针及十大功劳等用作清热解毒药物,它们中的主要有效成分即小檗碱。

小檗碱含量的测定方法主要有以下两种。

药典法:该方法涉及的氧化还原法和置换滴定法关系为 $K_2Cr_2O_7$～2 盐酸小檗碱($C_{20}H_{18}NO_4Cl$):

$$Cr_2O_7^{2-} + 6I^- + 14H^+ \longrightarrow 2Cr^{3+} + 3I_2 + 7H_2O$$

$$I_2 + 2S_2O_3^{2-} \longrightarrow 2I^- + S_4O_6^{2-}$$

紫外光度法:在 200～350 nm 波长范围内绘制吸收曲线,在最大波长(λ_{max})处测量。

三、仪器与试剂

1. 仪器

752 型分光光度计、电子天平(万分之一、百分之一)、称量瓶、研钵、烧杯(50 mL、250 mL)、容量瓶(250 mL、25 mL)、碘量瓶(250 mL)、量筒(250 mL、100 mL)、刻度移液管(5 mL)、移液管(50 mL)、滴定管(50 mL)、试剂瓶(棕色)、擦镜纸。

2. 试剂

盐酸小檗碱(原料)、盐酸小檗碱片、$K_2Cr_2O_7$、$Na_2S_2O_3 \cdot 5H_2O$、KI、Na_2CO_3、淀粉(0.5%)、盐酸(1∶2)。

四、实验内容

(一)氧化还原滴定法

1. 溶液的配制

(1)$K_2Cr_2O_7$ 标准溶液的配制：用电子天平称取 1.2260 g $K_2Cr_2O_7$，于小烧杯中溶解，转移至 250 mL 容量瓶中，定容摇匀。

(2)$Na_2S_2O_3$ 溶液的配制与标定。

①$Na_2S_2O_3$ 溶液的配制：称取 13 g $Na_2S_2O_3 \cdot 5H_2O$ 于烧杯中，加入新煮沸放冷的蒸馏水，待完全溶解后，加无水碳酸钠 0.20 g，贮于棕色瓶中，加水至 500 mL，摇匀标定。

②$Na_2S_2O_3$ 的标定：称取 2 g KI 置于 250 mL 碘量瓶中，加入 50 mL 水溶解，加入 0.01667 moL/L $K_2Cr_2O_7$ 标准溶液 25.00 mL，迅速加入盐酸(1∶2)溶液 5 mL，加塞摇匀，水封。于暗处静置 10 min 后，再加 50 mL 水稀释，用待标定的 $Na_2S_2O_3$溶液滴定至溶液呈淡黄色，加入 1 mL 淀粉溶液，继续滴定至蓝色刚好褪去为止，即为终点，记录用量。

③按下式计算 $Na_2S_2O_3$ 标准溶液浓度：

$$c_{Na_2S_2O_3}=\frac{6\times(cV)_{K_2Cr_2O_7}}{V_{Na_2S_2O_3}}$$

(3)样品的配制。取 5 片小檗碱，使用万分之一电子天平精密称取质量 m，求出平均片重 $m/5(\bar{m})$，然后研细，精密称取适量(约相当于盐酸小檗碱 0.3 g)置于烧杯中，用量筒量取 150 mL 煮沸的热蒸馏水，加少量于烧杯中溶解试样，待溶液冷却后转移至 250 mL 容量瓶中，用剩余的新煮沸放冷的水将小烧杯洗几次，一并转入 250 mL 容量瓶中(切记不能定容至刻度)待用。

2. 样品反应操作

(1)用移液管准确移取 50 mL $K_2Cr_2O_7$(0.01667 moL/L)溶液，加入到上述“(3)样品的制备”中的 250 mL 容量瓶中，加水至刻度，振摇 5 min(让样品和 $K_2Cr_2O_7$ 充分地反应)，过滤，同时制作空白样品(移取 $K_2Cr_2O_7$ 溶液 50 mL 直接定容到 250 mL)。

(2)用 100 mL 移液管准确量取上述滤液 100 mL，置于碘量瓶中，加 KI 2 g，振摇，加盐酸(1∶2)10 mL 密塞、封水，暗处放置 10 min(让样品和 $K_2Cr_2O_7$ 充分反应后剩余的重铬酸钾和碘化钾充分地发生置换反应)，用 $Na_2S_2O_3$ 标准溶液滴定至近终点时，加淀粉指示液 2 mL，继续滴定至蓝色刚好褪去溶液显亮绿色，即为终点，记录用量。同时用空白样品同法操作(精密量取空白样品 100 mL 溶液与样品同法操作)。每 1 mL 重铬酸钾滴定液(0.01667 moL/L)相当于 12.39 mg 盐酸小檗碱($C_{20}H_{18}ClNO_4$ 摩尔质量 M 为 371.82 g/mol)，得出空白样品和试样消耗硫代硫酸钠的体积分别为 V_0 和 V。

3. 结果处理

$$标示量(\%)=\frac{\frac{1}{3}\times c_{Na_2S_2O_3}\times(V_0-V)\times M_{C_{20}H_{18}ClNO_4}\times\bar{m}\times\frac{250}{100}}{m_{称}\times m_{标}}\times100\%$$

(二)紫外光度法

1. 标准储备液的配制

称取 5 mg 盐酸小檗碱置于烧杯中溶解,转移至 50 mL 容量瓶,定容即得 0.1 mg/mL 标准储备液。

2. 标准系列溶液的配制

分别取 0.50 mL、1.00 mL、1.50 mL、2.00 mL、2.50 mL 标准储备液分别于 25 mL 容量瓶中,分别加水稀释至刻度,以去离子水为空白样,在最大波长(λ_{max}=262 nm)处测吸光度 A,以盐酸小檗碱的质量浓度为横坐标、以吸光度为纵坐标,绘制标准曲线。

3. 吸收曲线的绘制

取 3 号标准溶液,以去离子水为空白,在 200~350 nm 波长范围内测吸光度 A,其中在 240~280 nm 每隔 5 nm 测一次 A,以波长为横坐标、以吸光度为纵坐标,绘制吸收曲线,找出最大吸收波长 λ_{max}。

4. 样品溶液配制

精密称取 1 片样品,于小烧杯中热水溶解,用新煮沸放冷的蒸馏水定容于 100 mL 容量瓶中,过滤,取滤液 0.50 mL 定容至 100 mL 即配成 5 μg/mL 的样品溶液。以水为空白样在最大波长处测量吸光度 A_s 并求出溶液浓度 c。

5. 结果处理

$$标示量\%=\frac{c_{标}\times 100\times\frac{100}{0.5}}{m_{称}\times m_{标}}\times 100\%$$

式中,$c_{标}$ 为利用标准曲线求得的样品实际浓度。

实验五　紫外-可见吸光光度法测定维生素 C 含量

一、实验目的

(1)了解 UV-2550 紫外-可见分光光度计的使用方法。

(2)掌握吸收曲线和标准工作曲线的绘制。

(3)掌握用紫外-可见分光光度法测定维生素 C 的含量。

二、实验原理

维生素 C 是一种多羟基化合物,是人体必需的营养素。维生素 C 在人体内具有如下功效:①可以促进骨胶原的生物合成,利于组织创伤口的快速愈合;②促进氨基酸中酪氨酸和色氨酸的代谢;③改善铁、钙和叶酸的吸收利用;④改善脂肪和类脂特别是胆固醇的代谢,预防心血管病;⑤促进牙齿和骨骼的生长,防止牙步龈出血;⑥增强肌体对外界环境的抗应激能力和免疫力。正常情况下,多吃水果和蔬菜,就能够满足人体对维生素 C

的正常摄取量。如果从食物中摄入的维生素 C 不足的话，可借助药物来补充。维生素 C 为白色结晶或结晶性粉末，属于水溶性维生素，易溶于水，不溶于有机溶剂。维生素 C 分子结构(见图 4-5)中存在共轭双键，因此在紫外光区有较强的吸收。

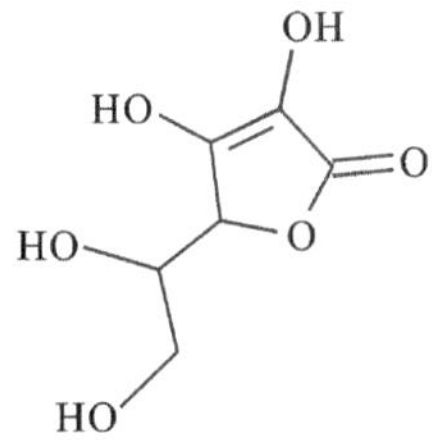

图 4-5　维生素 C 分子结构

三、仪器与试剂

1. 仪器

UV-2550 紫外-可见分光光度计、石英比色皿、容量瓶(50 mL、500 mL)、吸量管(1 mL、5 mL、10 mL、25 mL)。

2. 试剂

维生素 C 标准溶液(1.5×10^{-4} mol/L)：将维生素 C 标准品研细，准确称取 0.0132 g 溶解于 100 mL 烧杯中，转移至 500 mL 容量瓶中，用去离子水稀释至刻度，摇匀备用。维生素 C 含片(含量为 100 mg/片)。

四、实验内容

1. 吸收曲线的绘制和测量波长的选择

用吸量管移取 4.00 mL 维生素 C 标准溶液(1.5×10^{-4} mol/L)于 50 mL 容量瓶中，并用去离子水稀释至刻度，摇匀待用。

以去离子水为参比溶液，使用 UV-2550 紫外-可见分光光度计测定上述溶液的吸光度值(波长扫描范围：200～400 nm)，绘制维生素 C 标准溶液的吸收曲线，确定维生素 C 标准溶液的最大吸收波长 λ_{max}。

2. 系列标准溶液的配制与标准曲线的绘制

用吸量管分别移取 1.00 mL、2.00 mL、4.00 mL、8.00 mL 和 16.00 mL 维生素 C 标准溶液(1.5×10^{-4} mol/L)分别于 50 mL 容量瓶中，并用去离子水稀释至刻度，摇匀待用。

以去离子水为参比溶液，在维生素 C 标准溶液的最大吸收波长 λ_{max} 处测定上述系列标准溶液的吸光度值。以维生素 C 系列标准溶液浓度为横坐标，对应的吸光度值为纵坐标绘制标准曲线。

3. 未知样品测试

将待测维生素 C 片研细，准确称取 0.0200 g 溶解于 100 mL 容量瓶中，以去离子水稀释至 500 mL。移取待测维生素 C 溶液 5.00 mL 于 50 mL 容量瓶中，稀释定容后装入石英比色皿中，以去离子水为参比溶液，测定其在最大吸收波长 λ_{max} 处的吸光度值。

五、注意事项

(1)维生素 C 在空气中会氧化成脱氢抗血酸，因此实验中应使用现配的维生素 C 溶液。

(2)易挥发、具有腐蚀性的样品尽量不使用紫外分光光度计测定。

(3)实验结束时，先关闭氘灯，再关闭主机电源开关。

六、思考题

(1)紫外分光光度法定量分析与可见光分光光度法定量分析相比有何优点?

(2)具有哪些结构特征的有机物在紫外光区具有吸收?

七、扩展阅读

维生素 C 是一种水溶性维生素，其最早发现可追溯至 18 世纪，当时的海员在长时间的航行中经常会出现坏血病。1753 年，英国海军医生詹姆斯 · 林德(James Lind)发现柑橘类水果能预防坏血病。然而，直到 1932 年，匈牙利科学家圣捷尔吉-阿尔伯特才正式发现并提取出了维生素 C，因此获得了 1937 年诺贝尔生理学或医学奖。维生素 C(抗坏血酸)的商业合成主要依赖于两步发酵过程，第一步发酵：将糖类(通常是糖蜜)通过发酵转化为 D-山梨酮酸，这个过程涉及酵母或者某些类型的细菌；第二步发酵：微生物催化诱导 D-山梨酮酸氧化，产生出 2-酮-L-古龙酸，在酸性条件下，2-酮-L-古龙酸通过加压氢化的过程转化为维生素 C。这个过程就是维生素 C 的主要工业生产过程，即使到现在，大部分市场上出售的维生素 C 都是通过这个过程制取的。需要注意的是，维生素 C 虽然由于其在抗氧化和免疫功能等方面的重要性而广为人知，但是摄取过多也可能引发一些问题，比如腹泻、恶心等消化问题，因此，推荐的日常摄取量为 75～ 90 mg。

实验六　有机化合物的紫外吸收光谱及溶剂效应

一、实验目的

(1)学会使用 UV－2550 紫外-可见分光光度计。

(2)学习有机化合物结构与紫外吸收光谱之间的关系。

(3)了解不同极性溶剂对有机化合物紫外吸收带位置及形状的影响。

二、实验原理

溶剂效应会影响物质的紫外吸收光谱。所谓溶剂效应是指受溶剂的极性、酸碱性的影响，物质的紫外吸收峰的波长、强度、形状发生改变。溶剂分子和溶质分子间可能产生氢键，或者极性溶剂分子的偶极使溶质分子的极性增强，引起溶质分子能级的变化，使物质的吸收带发生迁移。当溶剂由非极性溶剂转变为极性溶剂时，溶质紫外吸收带精细结构消失，吸收带平滑，这是因为未成键电子对的溶剂化作用降低了 n 轨道的能量，使 $n\to\pi^*$ 跃迁产生的吸收带发生蓝移，而 $\pi\to\pi^*$ 跃迁产生的吸收带发生红移。例如苯酚在环己烷溶液中时，能够清晰地观察到 B 带的精细结构，而在水溶液中时，B 带精细结构消失，仅有一个宽的吸收峰，且吸收强度下降。

三、仪器与试剂

1. 仪器

UV－2550 紫外-可见分光光度计、石英比色皿、容量瓶(50 mL)、吸量管(1 mL、5 mL)。

2. 试剂

苯的环己烷溶液(体积比 1∶250)、甲苯的环己烷溶液(体积比 1∶250)、苯酚的环己烷溶液(0.3 g/L)、苯酚的水溶液(0.4 g/L)、异亚丙基丙酮的水溶液(0.4 g/L)、异亚丙基丙酮的正己烷溶液(0.4 g/L)、异亚丙基丙酮的甲醇溶液(0.4 g/L)、异亚丙基丙酮的氯仿溶液(0.4 g/L)、0.1 mol/L HCl、0.1 mol/L NaOH。

四、实验内容

1. 苯及苯取代物吸收光谱

在 3 个 50 mL 容量瓶中分别加入苯、甲苯、苯酚的环己烷溶液 5.00 mL，用环己烷稀释至刻度，摇匀备用。在带盖的石英比色皿中，以环己烷作为参比，在 200～350 nm 波长范围内进行波长扫描，分别测定上述三种溶液的吸收光谱。

2. 溶剂效应对紫外吸收光谱的影响

(1)溶液极性对紫外吸收光谱的影响。在 4 个 50 mL 容量瓶中分别加入异亚丙基丙酮的水溶液、异亚丙基丙酮的正己烷溶液、异亚丙基丙酮的甲醇溶液、异亚丙基丙酮的氯仿溶液各 1.00 mL，分别用水、正己烷、甲醇、氯仿对应稀释至刻度，摇匀备用。在带盖的石英比色皿中，以各自对应的溶剂作为参比，在 200～350 nm 波长范围内进行波长扫描，分别测定上述四种溶液的吸收光谱。

(2)溶液酸碱性对紫外吸收光谱的影响。在 2 个 50 mL 容量瓶中分别加入苯酚的水溶液 2.00 mL，分别用 0.1 mol/L HCl、0.1 mol/L NaOH 溶液稀释至刻度，摇匀备用。在带盖的石英比色皿中，以去离子水作为参比，在 200～350 nm 波长范围内进行波长扫描，分别测定上述两种溶液的吸收光谱。

五、注意事项

(1)由于溶剂本身在紫外光谱区也有一定吸收，因此在本实验中应以各自相应的溶剂作为紫外吸收光谱测定的参比溶液。

(2)本实验主要研究的是苯及其同系物的 B 带(其出现在 230～270 nm 波长范围内)，由于红移原因，强吸收带 E1 和 E2 也会出现在吸收光谱上。

六、思考题

(1)影响有机化合物紫外吸收光谱的因素有哪些?

(2)助色基团或生色基团对苯环的紫外吸收光谱有什么影响?什么是红移和蓝移?

(3)异亚丙基丙酮的紫外吸收光谱图上有几个吸收峰?分别属于什么类型的跃迁?

实验七 紫外分光光度法测定蛋白质含量

一、实验目的

(1)了解紫外分光光度计的构造和使用方法。

(2)理解紫外分光光度法测定蛋白质含量的原理。

(3)掌握绘制标准曲线的方法。

二、实验原理

蛋白质含量的测定方法主要有测参数法和化学反应法,如测折射率法、测相对密度法、双缩脲法、定氮法等,本实验采用紫外分光光度法。蛋白质中的酪氨酸和色氨酸残基的苯环含有共轭双键,因此蛋白质具有吸收紫外光的性质,其最大吸收峰位于 280 nm 附近。在最大吸收波长处,吸光度 A 与蛋白质溶液浓度 c 的关系服从朗伯-比尔定律:

$$A=abc$$

式中,a 为摩尔吸收系数;b 为吸收层厚度。

利用紫外吸收法测蛋白质含量,简单易操作,方便快捷,但有时准确度较差,可能的原因:① 对于测定那些与标准蛋白质中酪氨酸和色氨酸含量差异较大的蛋白质,有一定误差,故该法适于测定与标准蛋白质氨基酸组成相似的蛋白质;② 样品中含有的嘌呤、嘧啶等吸收紫外光的物质,会出现较大干扰。

三、仪器与试剂

1. 仪器

UV-2550 紫外-可见分光光度计、石英比色皿(直径 1 cm)、比色管(10 mL)、吸量管(5 mL)。

2. 试剂

标准蛋白质溶液(5.00 mg/mL)、0.9%氯化钠溶液、待测蛋白质溶液。

四、实验内容

1. 吸收曲线的绘制

用吸量管吸取 2 mL 5.00 mg/mL 的标准蛋白质溶液于 10 mL 比色管中,用0.9%氯化钠溶液稀释至刻度，摇匀。用石英比色皿以 0.9%氯化钠溶液作为参比，在 190～400 nm 波长区间测量吸光度并绘制吸收曲线。

2. 标准曲线的制作

用吸量管分别吸取 0.50 mL、1.00 mL、1.50 mL、2.00 mL 和 2.50 mL 的 5.00 mg/mL 标准蛋白质溶液于 5 只 10 mL 比色管中，用 0.9%氯化钠溶液分别稀释至刻度，定容摇匀。以 0.9%氯化钠溶液作为参比，用石英比色皿在最大吸收波长处分别测定各标准溶液的吸光度 A，记录示数，并将测定结果记录在表 4－3 中。以测定的标准蛋白质溶液浓度为横坐标，以对应的吸光度值为纵坐标，绘制系列标准溶液的标准曲线。

表 4－3　标准溶液吸光度的测定

序号	标准蛋白质溶液体积/mL	浓度/(mg · mL^{-1})	吸光度(A)
1	0.50		
2	1.00		
3	1.50		
4	2.00		
5	2.50		

3. 样品测定

用吸量管吸取 5.00 mL 待测蛋白质溶液于 10 mL 比色管中，并以 0.9% 氯化钠溶液定容，摇匀。在最大吸收波长处，平行测定三次吸光度，将测定结果记录在表 4－4 中并求其平均值，然后在标准曲线中找到其对应的浓度。

表 4－4　待测蛋白质样品吸光度的测定

参数	第 1 次	第 2 次	第 3 次	平均值
吸光度(A)				

五、注意事项

(1)测定吸光度前，需要预热仪器，减小误差。

(2)改变测定波长时，要重新校正仪器。

(3)石英比色皿比较贵重且易碎，使用时要小心拿取。

六、思考题

(1)请查阅相关资料，介绍一种其他的测定蛋白质含量的方法。

(2)利用紫外分光光度法测定蛋白质含量的方法有何优缺点？测定过程中受哪些因素的影响和限制？

实验八 荧光材料特征荧光光谱的测定

一、实验目的

(1)掌握荧光光谱仪的基本原理及使用方法。

(2)了解荧光光谱仪的构造和各组成部分的作用。

(3)学习利用荧光光谱仪分析物质的特征荧光光谱的方法。

二、实验原理

任何荧光物质都具有激发光谱和发射光谱。由于斯托克斯位移的存在,荧光发射波长总是大于激发波长,并且由于处于基态和激发态的振动能级几乎具有相同的间隔,分子和轨道的对称性都没有改变,荧光化合物的荧光发射光谱形式和激发光谱形式呈大同小异的"镜象对称"关系。

荧光激发光谱是通过测量荧光体的发光通量随波长的变化而获得的光谱,是荧光强度对应激发波长的关系曲线,可以反映不同波长的激发光引起荧光的相对效率。荧光发射光谱是当荧光物质在固定的激发光源照射后所产生的分子荧光,是荧光强度对应发射波长的关系曲线,表示的是在所发射的荧光中各种波长组分的相对强度。由于各种不同的荧光物质有它们各自特定的荧光发射波长值,因此可用荧光发射光谱鉴别各种荧光物质。

可以依据绘制激发光谱曲线时所采用的最大激发波长值来确定某荧光物质的分子荧光波长值并绘制荧光光谱曲线。同一荧光物质的分子荧光发射光谱曲线的波长范围不因其激发波长值的改变而改变。由于这一荧光特性,如果固定荧光最大发射波长(λ_{ex}^{max}),然后改变激发波长(λ_{ex}),并以荧光强度为纵坐标,以激发波长为横坐标绘图即获得激发光谱曲线,从中能确定最大激发波长(λ_{ex}^{max})。反之,固定最大激发波长值,测定不同发射波长时的荧光强度,即得荧光发射光谱曲线和最大荧光发射波长值。

三、仪器与试剂

1. 仪器

FS-5荧光光谱仪、石英比色皿(10 mm×10 mm)、移液管(1 mL、2 mL)、吸耳球、洗瓶、擦镜纸。

2. 试剂

二氯荧光素(0.50 μg/mL)标准工作溶液(内含1 mol/L氢氧化钠5 mL和1 mol/L盐酸3mL)、去离子水。

四、实验步骤

(1)配制浓度为0.50 μg/mL的二氯荧光素溶液,移入比色皿中,固定到光谱仪样品座中，准备测试。

(2)打开荧光光谱仪主机和计算机，预热 10 min。

(3)打开软件 Fluoracle，进行初始化，软件弹出“Signal Rate”对话框，设置参数。

(4)在“Signal Rate”界面设置样品信号。在“Source of Light Path”中选择光源“Xe lamp”，在“Detector of Light Path”中选择检测器“PMT(200～900 nm)”，将 E_x 和 E_m 的“Bandwidth”(狭)调到最小(0.02)，点击“Apply”确定。

(5)在“Setup”界面中，选择“Xe Lamp”，点击“On”，不用点击“Apply”，氙灯点亮，预热 20 min。

(6)放置样品。输入对应的 E_x 和 E_m 波长，调节 E_x 和 E_m 狭缝，将“Emission”的信号调到合适值。

(7)发射波长测试。勾选“Excitation Correction”，已扣除激发光源的波动，勾选“Emission Correction File”，扫描的谱图自动扣除校正文件。设置发射波长范围，输入扫描的起始波长和终止波长(对于未知样，也可选择可见光全波段 400～760 nm)；在“Step”中设置步径为 0.5 nm，步径越大扫描越快；“Dwell Time(积分时间)”设置为 0.1 s，其越大峰值越高；“Number of Scans(扫描次数)”设置为 1 次。设置完成后，点击“Start”，开始测试。

(8)激发波长测试。固定最大发射波长，输入激发波长范围，输入扫描的起始波长和终止波长。设置记录范围、扫描速度、狭缝宽度、灵敏度、响应时间及发射波长。设置完成后，点击“start”，开始测试。

(9)保存数据。可以保存为原始文件、ASCⅡ文件和图片文件。

五、数据处理

(1)以荧光强度为纵坐标、以波长为横坐标，绘制激发光谱和发射光谱。

(2)从激发光谱和发射光谱中找出最大激发波长和最大发射波长。

六、注意事项

(1)拿取比色皿时，手指应捏住比色皿的两棱，以免沾污或磨损光面。

(2)测试完毕后，及时清洗比色皿，关闭所有电源开关，做好仪器使用登记、整理和清洁，检查安全后方可离开实验室。

七、思考题

(1)荧光分光光度计由哪些部件组成？比色皿为什么需要四面透光？光源与检测器为什么要呈直角？

(2)如何获得最大激发波长和最大发射波长？如何绘制激发光谱和发射光谱？

实验九　分子荧光法测定罗丹明 B 的含量

一、实验目的

(1)学习与掌握分子荧光光度计的基本原理、仪器构造及应用范围。

(2)掌握标准曲线法的原理和操作方法及其在定量分析中的应用。

(3)了解食品安全分析方面的知识,掌握用分子荧光法测定罗丹明 B 含量。

二、实验原理

食用色素作为食品添加剂主要用于改善食品外观和食品质量。近年来苏丹红、孔雀石绿事件给我国食品安全、出口贸易等带来很大问题，食品中食用色素残留量过高会对人体产生毒性,容易致癌、致畸和致突变等,所以食品中的违禁色素一直是食品安全检测的重点。罗丹明 B 是一种具有鲜桃红色的人工合成染料，又称玫瑰红 B,属于三苯甲烷类碱性染料，其分子结构见图 4-6,属违禁色素之一,所以,罗丹明 B 在食品中的分析检测备受关注。本实验根据罗丹明 B 的强荧光性,应用标准曲线法,建立未知样品中罗丹明 B 的测定方法。

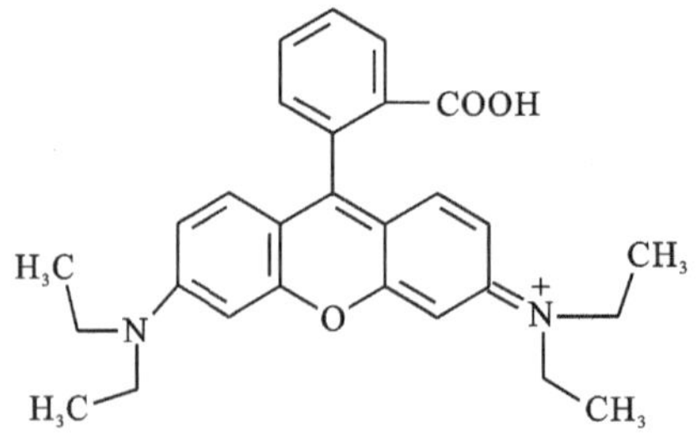

图 4-6　罗丹明 B 的分子结构

罗丹明 B 是含有多环芳香烃的刚性分子,其在水中是强荧光物质,并且在低浓度时,荧光强度 I_f 与其浓度 c 成正比:

$$I_f = kc$$

基于此,可测定一系列已知浓度的罗丹明 B 的荧光强度,以荧光强度对其浓度作标准曲线,再测定未知浓度罗丹明 B 的荧光强度,将其代入标准曲线方程求出其浓度。

本方法使用标准曲线法(外标法)检测分析未知试样中罗丹明 B 的含量。首先,在一定条件下,配制一系列具有不同已知浓度的标准溶液,然后在最大的发射波长条件下,分别测量系列溶液的荧光强度,绘制 $I_f - c$ 曲线,从而得到一条通过原点的直线,即得到标准曲线和标准曲线方程($I_f = kc$)。当测定某未知液的浓度 c_x 时,只需要在相同条件下测得未知液的荧光强度 I_x,就可直接在标准曲线上查得 c_x,或者根据标准曲线方程得到($c_x = I_x/k$)。在实际操作中,应注意调整 c_x 的大小,使其对应的 I_f 处于标准曲线的直线范围(线性范围)之内。

三、仪器与试剂

1. 仪器

FS－5 型分子荧光光谱仪、容量瓶(10 mL)、石英比色皿(10 mm×10 mm)、吸量管(10 mL、1 mL)、洗瓶。

2. 试剂

(1)1.0 g /L 罗丹明 B 储备溶液:准确称取 0.1000 g 罗丹明 B,用水溶解于 100 mL 的容量瓶中,定容,摇匀备用。

(2)1.0 μg/ mL 罗丹明 B 标准溶液:准确移取 0.50 mL 1.0 g/L 的罗丹明 B 储备溶液于 500 mL 的容量瓶中,用水定容,摇匀备用。

四、实验内容

(1)标准溶液的配制:取 8 只 10 mL 的容量瓶,分别加入 1.0 μg/mL 罗丹明 B 标准溶液 0 mL、2.00 mL、3.00 mL、4.00 mL、5.00 mL、6.00 mL、7.00 mL 和 8.00 mL,用去离子水稀释至刻度,摇匀。

(2)最大激发和最大发射波长的确定:荧光预扫描获得最大激发波长和最大发射波长,罗丹明 B 的最大激发波长 $\lambda_{ex}^{max}=556$ nm,最大发射波长 $\lambda_{em}^{max}=584$ nm。

(3)绘制激发光谱和发射光谱:以最大发射波长 584 nm,在 300～560 nm 波长范围内扫描荧光激发光谱;以最大激发波长 556 nm,在 560～750 nm 波长范围内扫描荧光发射光谱。

(4)设定荧光的激发和发射狭缝宽度、扫描速度,以最大激发波长 556 nm,在 560～750 nm 波长范围内扫描荧光发射光谱,测定系列标准溶液的荧光发射强度 I_f。

(5)测定标准溶液的荧光强度:以最大激发波长 556 nm,在 560～750 nm 波长范围内扫描荧光发射光谱,获得最大发射波长 584 nm 处的荧光发射强度 I_f,并测定系列标准溶液的荧光发射强度 I_f。

(6)测定未知试样的荧光强度:在标准系列溶液同样的条件下,测定未知样品在波长为 584 nm 处的荧光强度 I_f。

五、数据记录与处理

1. 标准曲线的绘制

实验数据记录在表 4－5 中,再以罗丹明 B 标准溶液浓度为横坐标、以荧光强度 I_f 为纵坐标,绘制标准曲线。

表 4－5　实验数据记录表

试液编号	标准溶液用量/mL	浓度/(μg · mL^{-1})	荧光强度 I_f
1#(空白溶液)	0		
2#	2.00		

续表

试液编号	标准溶液用量/mL	浓度/($\mu g \cdot mL^{-1}$)	荧光强度 I_f
3#	3.00		
4#	4.00		
5#	5.00		
6#	6.00		
7#	7.00		
8#	8.00		

2. 未知样品中罗丹明 B 的含量测定

根据标准曲线计算出未知试样罗丹明 B 的浓度 c_x(μg/mL)，可用坐标纸来获得，也可用标准曲线方程 $I_f = kc$ 代入数据求得，结果填入表 4-6 中。

表 4-6 未知液中罗丹明 B 的测定

试液	荧光强度 I_f	浓度 c_x
未知溶液		

六、注意事项

(1)测定工作曲线和未知液时，仪器设置参数保持一致。

(2)拿取比色皿时，手指应捏住池的两棱，以免沾污或磨损光面。

(3)倒入溶液前，应先用该溶液润洗比色皿三次，倒入量以液池高度的 2/3 为宜。

(4)测试完毕后，及时清洗比色皿，以防比色皿被污染。

七、思考题

(1)哪些物质会发荧光？为什么罗丹明 B 会发荧光？

(2)哪些因素可能会对罗丹明 B 荧光产生影响？

实验十 荧光分析法测定混合物中各组分含量

一、实验目的

(1)掌握荧光光谱仪的基本构造和使用方法。

(2)学习用荧光分析法进行多组分含量的测定。

二、实验原理

邻-羟基苯甲酸(又称水杨酸)和间-羟基苯甲酸分子组成相同，均含一个能发射荧光的苯环，但因二者取代基的位置不同而具有不同的荧光性质。二者在 310 nm 处紫外光的激发下，在 pH＝12 的碱性溶液中，均会发射荧光；在 pH＝5.5 的溶液中，间-羟基苯甲酸不发射荧光，邻-羟基苯甲酸由于分子内形成氢键增加了分子刚性而有较强的荧光，且荧光强度与 pH＝12 时相同。

在 pH＝5.5 时测定二者混合物中邻-羟基苯甲酸的含量，间-羟基苯甲酸对测定没有干扰。另取同样量的混合物溶液，测定 pH＝12 时的荧光强度，减去 pH＝5.5 时测得的邻-羟基苯甲酸的荧光强度，继而可求出间-羟基苯甲酸的含量。

三、仪器与试剂

1. 仪器

FS－5 荧光光谱仪、容量瓶(10 mL)、吸量管(1 mL、2 mL)。

2. 试剂

60 μg/mL 邻-羟基苯甲酸标准溶液（水溶液），60 μg/mL 间-羟基苯甲酸标准溶液（水溶液），0.1 mol/L NaOH 溶液，HAc－NaAc 缓冲溶液(pH＝5.5)：47 g NaAc 和6 g HAc 溶于水并稀释至 1 L 即得。

四、实验内容

1. 标准系列溶液的配制

(1)分别移取 0.40 mL、0.80 mL、1.20 mL、1.60 mL 和 2.00 mL 邻-羟基苯甲酸标准溶液于 10 mL 容量瓶中，各加入 1.0 mL pH＝5.5 的 HAc－NaAc 缓冲溶液，以去离子水稀释至刻度，摇匀。

(2)分别移取 0.40 mL、0.80 mL、1.20 mL、1.60 mL 和 2.00 mL 间-羟基苯甲酸标准溶液于 10 mL 容量瓶中，各加入 1.2 mL 0.1mol/L 的 NaOH 溶液，以去离子水稀释至刻度，摇匀。

(3)取未知溶液 2.0 mL 于 10 mL 容量瓶中(准备两份)，其中一份加入 1.0 mL pH＝5.5 的 HAc－NaAc 缓冲溶液，另一份加入 1.2 mL 0.1mol/L 的 NaOH 溶液，以去离子水稀释至刻度，摇匀。

2. 荧光激发光谱的测定

测定(1)中第三份溶液和(2)中第三份溶液各自的激发光谱和发射光谱，先固定发射波长为 400 nm，在 210～380 nm 波长范围内进行激发波长扫描，获得溶液的激发光谱和荧光最大激发波长 λ_{ex}^{max}。

3. 发射光谱的测定

固定最大激发波长 λ_{ex}^{max}，在 330～580 nm 范围内进行发射波长扫描，获得溶液的发射光谱和荧光最大发射波长 λ_{em}^{max}。此时，在最大激发波长 λ_{ex}^{max} 处和最大发射波长 λ_{em}^{max} 处的荧光强度应基本相同。

4. 荧光强度测定

根据上述激发光谱和发射光谱的扫描结果，确定 λ_{ex}^{max} 和 λ_{em}^{max}，使它们对二组分都有较高的灵敏度，并在此组波长下测定前述标准系列各溶液和未知溶液的荧光强度 I_f。

五、数据处理

1. 标准工作曲线的绘制

该实验的定量测定进行了两组并行对照实验，测得的数据填入表 4－7 和表 4－8 中，以各标准溶液的 I_f 为纵坐标，分别以邻-羟基苯甲酸或间-羟基苯甲酸的浓度为横坐标绘制工作曲线。

表 4－7　间-羟基苯甲酸标准曲线测定的数据记录表

试液编号	标准溶液用量/mL	浓度/($\mu g \cdot mL^{-1}$)	荧光强度 I_f
1#	0.40		
2#	0.80		
3#	1.20		
4#	1.60		
5#	2.00		

表 4－8　邻-羟基苯甲酸标准曲线测定的数据记录表

试液编号	标准溶液用量/mL	浓度/($\mu g \cdot mL^{-1}$)	荧光强度 I_f
1#	0.40		
2#	0.80		
3#	1.20		
4#	1.60		
5#	2.00		

2. 未知溶液中间-羟基苯甲酸和邻-羟基苯甲酸的测定

根据 pH＝5.5 未知溶液的荧光强度，可以从邻-羟基苯甲酸的工作曲线上确定邻-羟基苯甲酸在未知液中的浓度。根据 pH＝12 时未知溶液的荧光强度与 pH＝5.5 时未知液的荧光强度的差值，可从间-羟基苯甲酸的工作曲线上确定未知溶液中间-羟基苯甲酸的浓度。数据记录入表 4－9 中。

表 4－9　未知溶液中邻、间-羟基苯甲酸测定的数据记录表

试液	荧光强度 I_f	浓度
未知溶液		

六、注意事项

(1)测定工作曲线和未知溶液时，仪器参数设置应保持一致。

(2)拿取比色皿时,手指应捏住比色皿的两棱,以免沾污或磨损光面。

(3)倒入溶液前,应先用该溶液润洗比色皿 2～3 次,倒入量以液池高度的 2/3 为宜。

(4)在测定时溶液浓度由低到高进行测定。

(5)测定完毕,关闭所有电源开关,做好仪器使用登记,整理并清洁仪器,检查安全后方可离开实验室。

(6)新制的溶液尽量于一小时内完成测定,时间延长会导致羟基苯甲酸变质。

七、思考题

(1)简述荧光分光光度计的结构与原理。

(2)影响物质荧光强度的因素有哪些?

实验十一　水杨醛荧光探针测定环境中污染物肼

一、实验目的

(1)掌握用水杨醛荧光试剂测定肼的原理和实验方法。

(2)了解荧光分光光度计的使用方法和主要构造。

二、实验原理

肼是一种非常重要的工业原料和能源物质,可作为火箭推进剂、金属抗氧化剂及植物生长控制剂等,但同时也是一种有害的水质污染物,对人体有强烈的致癌作用和生理毒性。因此,准确分析测定环境中肼的含量对于环境质量监控及食品卫生安全都非常重要。目前已报道的检测肼含量的分析方法有库仑滴定法、安培检测法、电化学发光法及荧光分析法等,其中最灵敏的方法是以萘-2,3-双醛化合物为探针的荧光分析法,其对肼的检测限为 0.16 $\mu mol \cdot L^{-1}$,但该方法的缺点在于所使用的探针合成步骤复杂、难以获得。

传统的荧光生色团多为具有大 π 键共轭体系的刚性平面分子,在稀溶液中有很高的荧光量子产率,但在聚集状态下荧光减弱甚至不发光,即聚集导致了荧光猝灭。造成这种现象的主要原因是分子间的相互作用导致的非辐射能量转换或形成了不利于荧光发射的物种。在实际应用中,荧光材料往往需要制成固体或薄膜形式,荧光分子之间发生聚集是不可避免的。与传统荧光生色团聚集后导致荧光猝灭相反,有一类化合物在单分子状态下荧光微弱甚至观察不到荧光,而在聚集状态下荧光显著增强,这就是聚集诱导发光现象。水杨醛与肼在水溶液中能够生成二水杨醛缩肼席夫碱,如图 4-7 所示。该反应活性高,生成的产物具有聚集荧光增强性质,可通过监测反应后体系的荧光增强信号来实现对溶液中肼浓度的分析测定。这一方法的优势在于:检测灵敏度高、响应时间短、荧光探针可以直接购买,常见的各种胺类化合物、金属离子及酸根离子对检测均无影响,可以进行实际水样及气体中肼含量的检测。

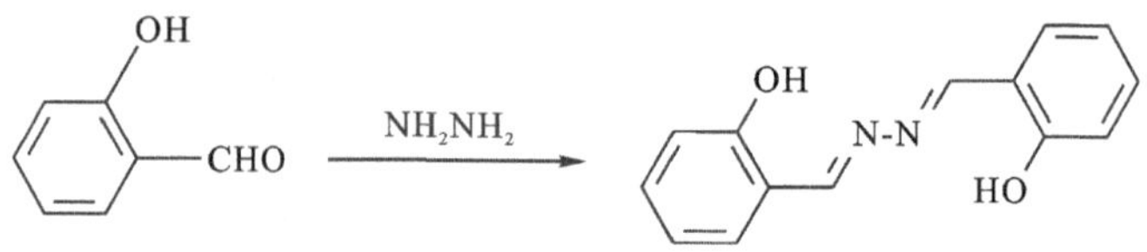

图 4-7 水杨醛检测肼的反应机理

水杨醛检测肼的聚集诱导荧光信号受溶剂的组成和乙酸含量影响较大。这种检测体系需要一种既能有效溶解水杨醛和肼，又能为产物提供不被有效溶解发生聚集而产生聚集荧光增强信号的混合配比溶剂。本实验采用乙醇/水(体积比)为 0.3 的溶剂体系进行检测。溶剂中的乙酸成分能为体系提供质子，这些质子作为催化剂能促进反应的正向进行，但当乙酸含量过高时，作为一种良溶剂成分也会促进产物的溶解，不利于荧光信号的检测，因此，实验采用乙酸含量为 4%溶剂体系进行分析。

三、仪器与试剂

1. 仪器

锥形瓶(25 mL)、容量瓶(25 mL)、电热套、移液管(1 mL、5 mL)、荧光分光光度计、荧光比色皿。

2. 试剂

水杨醛、无水乙醇、乙酸、肼基准溶液(10 mmol/L)、未知浓度肼水样。

四、实验内容

1. 水杨醛基准溶液的制备

用万分之一电子天平精确称取配制 25 mL 0.01 mol/L 水杨醛(分子量 122.12)溶液所需溶质的质量，放入 25 mL 锥形瓶中，加入约 10～15 mL 无水乙醇。用电热套低电压小心加热并轻摇锥形瓶，使溶质完全溶解。冷却后将溶液转移至 25 mL 容量瓶中，用少量无水乙醇反复多次冲洗锥形瓶，一起加入容量瓶后再用无水乙醇稀释至刻度，定容、混匀。

2. 标准分析溶液和未知水样的配制

取 7 个 25 mL 棕色容量瓶并编号，依次用 1 mL 移液管吸取 10 mmol/L 肼基准溶液 0 mL、0.1 mL、0.2 mL、0.3 mL、0.4 mL、0.5 mL 和 0.6 mL 未知水样加入其中，然后用移液管依次吸取 2.5 mL 0.01 mol/L 水杨醛基准溶液、5 mL 无水乙醇和 1 mL 乙酸加入到每个容量瓶中，最后分别用纯水定容，充分摇匀，室温下放置 15 min 后待用。

3. 水杨醛荧光试剂分析以测定肼含量

将 2～7 号容量瓶中的标准分析溶液依次置于比色皿中，设置荧光分光光度计的激发狭缝和发射狭缝宽度都为 5 nm，激发波长为 365 nm，检测并记录发射波长在 520 nm 处的荧光强度。以浓度为横坐标，以荧光强度为纵坐标，绘制标准曲线，计算回归方程和相关系数。在相同条件下，测定配制好的未知水样的荧光强度，分别利用标准曲线和回归方程求得未知水样中肼的浓度,并作出比较。

五、注意事项

(1)水合肼具有强还原性,与氧化剂能发生强烈反应,使用中注意安全。

(2)荧光试剂的配制尽量避光处理,配制好的荧光试剂溶液须尽快检测荧光信号。

六、思考题

(1)写出该实验中水杨醛检测肼的反应机理,如何设计实验证明该检测机理?

(2)什么是聚集诱导发光现象?与传统的荧光生色团相比,聚集诱导发光现象有什么优点?

4.2 色谱分析实验

实验十二 反相高效液相色谱法测定饮料中咖啡因的含量

一、实验目的

(1)了解高效液相色谱仪的构造及其使用方法。

(2)掌握反相高效液相色谱法测定咖啡因的原理。

(3)掌握利用标准曲线法进行定量分析。

二、实验原理

咖啡因又称咖啡碱,是一种生物碱,属黄嘌呤衍生物,其化学名为1,3,7-三甲基黄嘌呤,同时,其也是一种中枢神经兴奋剂。茶叶、咖啡、可乐饮料和复方阿司匹林(compound aspririn,一般称APC)药片等都含有咖啡因,其结构式如图4-8所示。

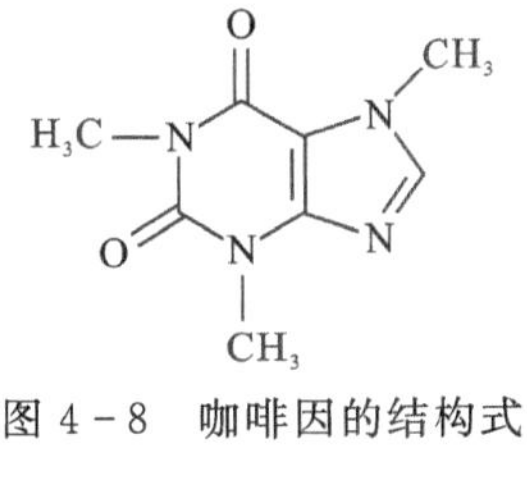

图4-8 咖啡因的结构式

传统测定饮料中咖啡因含量的方法是先进行萃取,再用分光光度法测定。由于有些具有紫外吸收的杂质也同时存在于测样,会使测定结果产生一些误差,并且整个过程也比较繁琐。用反相高效液相色谱法测定咖啡因的具体过程是先分离,后检测,消除了杂质干扰,使得检测结果更为准确。

标准曲线法也称外标法,是液相色谱定量分析中比较常用的方法。将咖啡因的纯品配制成不同浓度的系列标准溶液，准确定量进样，得到一系列色谱图。用峰高或峰面积与对应的样品浓度绘图，得到标准工作曲线。然后在完全相同的操作条件下，准确定量进样，得到样品色谱图，根据所得到的峰高或峰面积在标准曲线上查出被测组分的含量。

三、仪器与试剂

1. 仪器

SHIMADZU 高效液相色谱仪、紫外检测器、ODS 色谱柱、微量注射器、超声波清洗器、抽滤装置、容量瓶(10 mL)、移液管(1 mL)、烧杯(50 mL)。

2. 试剂

咖啡因(分析纯)、饮料、甲醇(色谱纯)。

四、实验内容

(1)溶液的配制。

①1 mg/mL 咖啡因标准储备溶液：准确称取 0.1000 g 咖啡因，用少量甲醇加热溶解，并用甲醇定容至 100 mL。

②咖啡因标准工作溶液：用移液管准确移取 0.50 mL、1.00 mL、2.00 mL、2.50 mL 和 3.00 mL 咖啡因标准储备溶液，分别置于 10 mL 容量瓶中，用甲醇分别稀释至刻度，各稀释后的溶液浓度分别为 50 μg/mL、100 μg/mL、200 μg/mL、250 μg/mL 和 300 μg/mL。然后将这些溶液脱气过滤。

③样品的准备：取 30 mL 饮料，加入 60 mL 甲醇，放入烧杯中，用超声波脱气 30 min，去除饮料中的二氧化碳，过滤。

(2)将实验使用的流动相进行过滤和脱气处理。

(3)色谱仪开机。设置色谱条件如下：检测器检测波长 273 nm，选择流动相配比为甲醇∶水＝80∶20，流动相流量为 1 mL /min，柱温为室温。

(4)标准曲线的绘制：待基线平稳后，取各浓度标准溶液各 10 μL 依次进样。每份标准溶液进样两次，取平均值，要求两次峰面积数据基本一致。

(5)样品测定：取待测样品 10 μL 进样，重复两次，取平均值，要求两次峰面积数据基本一致。

(6)实验完毕，用甲醇-水混合液冲洗色谱柱 30 min，再用甲醇冲洗 10～20 min，关机。

五、数据处理

(1)根据实验数据，绘制咖啡因浓度和峰面积的标准工作曲线。

(2)根据保留时间，从样品色谱图上找出咖啡因的峰，根据样品色谱图咖啡因的峰面积及标准工作曲线，计算样品中咖啡因的含量。

六、注意事项

(1)由于该实验的样品较为复杂,实验后须仔细清洗色谱柱。否则,样品中的杂质会留在色谱柱内,影响色谱柱的寿命。

(2)所有样品用后应保存在冰箱内。

七、思考题

(1)外标法与内标法相比有何优缺点?

(2)流动相为什么要脱气?常用的脱气方法有哪几种?

(3)高效液相色谱法是如何实现高效、快速分析的?

八、扩展阅读

咖啡因是一种天然化合物,其化学结构与茶碱和可可碱相似,因此人们便将其视为茶碱和可可碱的混合物。咖啡因的发现可以追溯到 1820 年,由德国化学家弗里德利布·费迪南德·伦格(Friedlieb Ferdinand Runge)在实验中首次分离出来,并且证明了咖啡的提神效果是由咖啡因所致。然而,伦格并没有给这种物质命名。直到 1821 年,法国化学家皮埃尔·让·罗比凯(Pierre Jean Robiquet)赋予了其现在的名字。咖啡因的化学结构则在 1895 年被德国化学家费歇尔(Fischer)确定,他因此获得了 1902 年的诺贝尔化学奖。至今咖啡因已经被广泛用于多种食品和饮料中,是我们生活中常见的一种物质。

实验十三　食醋中苯甲酸钠含量的测定

一、实验目的

(1)了解高效液相色谱仪的结构及基本操作方法。

(2)学习定性及定量的高效液相色谱分析方法。

(3)掌握用高效液相法测定食醋中苯甲酸钠含量。

二、实验原理

食醋是一种常用的调味品,为了防止食醋中的微生物繁殖,常常需要添加防腐剂。苯甲酸钠是常用的防腐剂,有防止变质、延长保质期的效果,虽然其在一定剂量范围内比较安全,但是摄入过量、长期食用会有安全性的问题。本实验采用高效液相法对食醋中苯甲酸钠的含量进行测定,测定方法简便、快速。

高效液相色谱由高压输液泵、储样器、进样器、色谱柱、检测器和记录仪等几部分组成,储液器中的流动相被高压泵打入系统,样品溶液经进样器进入流动相,被流动相载入色谱柱内,由于样品溶液中的各组分在两相中具有不同的分配系数,在两相中做相对运动,经过反复多次吸附-解吸的分配过程,各组分在移动速度上产生了较大的差别,被分离成单个组分依次从柱内流出，通过检测器时，样品浓度被转换成电信号并被传送到记录仪。

三、仪器与试剂

1. 仪器

高效液相色谱仪（LC－20A 高压输液泵、SPD－10A 检测器、CPD－10AS 柱温箱）、电子分析天平、超声波清洗器、微量注射器、溶剂过滤装置、容量瓶、移液管、烧杯。

2. 试剂

色谱甲醇、苯甲酸钠标准品、乙酸铵溶液（0.02 mol/L）、碳酸氢钠溶液（20 g/L）、氨水（1∶1）、超纯水、食醋样品。

四、实验内容

1. 高效液相色谱条件设置

色谱柱：C_{18}[柱长 150 mm、内径 4.6 mm、粒径 5 μm（柱填料粒经，下同）]；流动相：甲醇∶乙酸铵溶液＝5∶95（体积比）；流速：1.0 mL/min；柱温：30 ℃；波长：230 nm；进样量：10 μL。

2. 标准溶液的配制

准确称取苯甲酸钠标准品 0.1000 g，用超纯水溶解并定容至 100 mL 容量瓶中，配制成标准储备溶液（1000 mg/L）。准确吸取 10.00 mL 标准储备溶液于 50 mL 容量瓶中，用超纯水定容，配制成 200 mg/L 的标准溶液备用。

3. 苯甲酸标准系列工作溶液的配制

分别准确吸取 200 mg/L 苯甲酸钠标准溶液 0.50 mL、1.00 mL、2.00 mL、4.00 mL 和 8.00 mL 分别置于 10 mL 的容量瓶中，用超纯水定容，配制成质量浓度分别为 10.0 mg/L、20.0 mg/L、40.0 mg/L、80.0 mg/L 和 160 mg/L 的标准系列工作溶液，经滤膜（孔径 0.22 μm）过滤。

4. 样品预处理

量取 10.0 mL 待测食醋样品，放入小烧杯中，超声除去二氧化碳，加氨水（1∶1）调节 pH 值约为 7，加超纯水定容至 50 mL 容量瓶中。上机分析前经滤膜（孔径 0.22 μm）过滤。

5. 测试样品

色谱仪开机，设置色谱参数，待系统平衡；取各浓度标准溶液 10 μL 依次进样，各平行测定三次峰面积，求平均值；取样品 10 μL 进样，重复测定三次峰面积，求平均值；绘制色谱图；分析实验数据；实验结束后关闭检测器，冲洗色谱系统，关机。

五、实验数据记录及处理

1. 标准曲线的绘制

将各标准系列工作溶液注入液相色谱仪中，测定相应的峰面积，记录在表 4－10 中，以标准系列工作溶液的质量浓度为横坐标，以平均峰面积为纵坐标，绘制标准曲线。

表 4-10　实验记录表

标准系列工作溶液浓度/($mg \cdot L^{-1}$)	保留时间/s	平均峰面积
10.0		
20.0		
40.0		
80.0		
160.0		

2. 试样溶液的测定

将 10 μL 试样溶液注入液相色谱仪中，得到峰面积，根据标准曲线得到待测溶液中苯甲酸钠的质量浓度，计算试样中苯甲酸钠的含量。

六、注意事项

(1)流动相使用前必须脱气。如果流动相中含有气体，在较高的柱压下会产生气泡，使流动相流动受阻，影响样品的分离。

(2)被测液 pH 值对测定结果和色谱柱使用寿命均有影响，以中性为宜。

(3)水相流动相需经常更换(一般不超过 2 天)，防止长菌变质。

(4)使用手动进样器进样时，在进样前和进样后都需用洗针液洗净进样针，洗针液选择与样品液一致的溶剂，进样前必须用待测液清洗进样针 5 次以上，并排出针筒中的气泡。

(5)如所用流动相为含盐流动相，必须先用水与有机相相同比例的流动相冲洗 20 min 以上，再用纯有机相冲洗。

七、思考题

(1)用标准曲线法定量有什么优缺点？

(2)根据苯甲酸钠结构的特点，苯甲酸钠还可采用其他类型的色谱方法测定吗？

八、扩展阅读

苯甲酸钠是一种常用的食品添加剂，是苯甲酸的钠盐，防腐和延长保质期为其主要用途。在酸性环境中，苯甲酸钠会转化为苯甲酸，释放出钠离子。在《食品安全国家标准 食品添加剂使用标准》(GB 2760—2014)中，明确规定了各种食品中苯甲酸钠的最大使用量或残留限量。具体标准因食品类别而异，例如对于酱油等酱卤产品，其使用限量为 2.0 g/kg；对于果酱、果冻等加工食品，其使用限量为 1.0 g/kg。尽管苯甲酸钠是一种化学物质，但在正常食用量下，对人体健康无害，人体可以迅速吸收苯甲酸钠，并将其代谢成羟基酚，然后经尿液排出。

实验十四　阿司匹林药片中水杨酸含量的测定

一、实验目的

(1)了解高效液相色谱法分离有机化合物的基本原理及应用。

(2)掌握高效液相色谱仪的基本结构及操作方法。

(3)掌握用高效液相色谱法测定阿司匹林药片中的水杨酸。

二、实验原理

高效液相色谱法(high performance liquid chromatography,HPLC)是 20 世纪 70 年代快速发展起来的一种高效、快速的分离分析技术。液相色谱法是指流动相为液体的色谱技术。其在经典的液体柱色谱法基础上,引入了气相色谱法的理论基础,在技术上采用了高压泵、高效固定相和高灵敏度检测器,因此具有分析速度快、分离效率高和操作自动化等优点。高效液相色谱法的应用非常广泛,据统计,世界上几百万种化合物中除约 20%宜用气相色谱(gas chromatogram,GC)分离分析外,其余约 80%的化合物都可以用不同模式的 HPLC(正相 HPLC、反相 HPLC、离子交换色谱和离子色谱、体积排除色谱、亲和色谱等)进行分离分析。

阿司匹林为常用的解热镇痛药,并被广泛用于防治心脑血管疾病。在售的阿司匹林药片的成分主要为乙酰水杨酸,辅料有玉米淀粉、碳酸钙、胶体二氧化硅、糖精钠、香精等。由于乙酰水杨酸容易降解为水杨酸,药物中水杨酸含量的测定常被用于阿司匹林药物的质量检测。用液相色谱法可以很好地分离乙酰水杨酸和水杨酸,乙酰水杨酸和水杨酸的含量可以用外标法或标准曲线法进行定量测定。

本实验采用乙酰水杨酸纯品进行定性测定,找出阿司匹林中有效成分乙酰水杨酸在图谱中的位置,然后以乙酰水杨酸标准溶液绘制工作曲线,从工作曲线中查找并计算出阿司匹林中乙酰水杨酸的含量。

三、仪器与试剂

1. 仪器

高效液相色谱仪(LC-20A 高压输液泵、SPD-10A 检测器、CPD-10AS 柱温箱)、电子分析天平、超声波清洗器、微量注射器、溶剂过滤装置、研钵、容量瓶、移液管、烧杯。

2. 试剂

超纯水、甲醇(色谱纯)、阿司匹林药片(乙酰水杨酸成品药片)、乙酰水杨酸(分析纯)、冰醋酸。

四、实验内容

1. 液相色谱条件

色谱柱:C_{18}(柱长 150 mm、内径 4.6 mm、粒径 5 μm);流动相:甲醇∶0.6%冰醋酸=

70∶30(体积比);流量:1 mL/min;紫外检测波长:280 nm;柱温:30 ℃;进样量:10 μL。

2. 标准溶液的配制

精确称取乙酰水杨酸标准品 0.1000 g,置于 100 mL 容量瓶中,加入 0.6%冰醋酸的甲醇水溶液振摇使标准品溶解,并用 0.6%冰醋酸的甲醇水溶液稀释至刻度,摇匀,得到 1 mg/mL 乙酰水杨酸标准溶液。然后分别取 1.00 mL、1.50 mL、2.00 mL、2.50 mL 和 3.00 mL1 mg/mL 乙酰水杨酸标准溶液分别于 10 mL 容量瓶中,用 0.6%冰醋酸的甲醇水溶液稀释至刻度,摇匀,用有机相滤膜(孔径 0.22 μm)过滤,将适量的滤液放入样品瓶中待测。

3. 阿司匹林溶液的配制

取阿司匹林肠溶片 10 片,充分研细,精密称取细粉质量,置于 100 mL 烧杯中,加 0.6%冰醋酸的甲醇水溶液超声使细粉溶解,并用 0.6%冰醋酸的甲醇水溶液稀释至 250 mL 容量瓶中,吸取上述上层液 1.00 mL 置于 10 mL 容量瓶中,用 0.6%冰醋酸的甲醇水溶液稀释至刻度,摇匀,用有机相滤膜(孔径 0.22 μm)过滤,将适量的滤液放入样品瓶中待测。

4. 实验操作过程

将色谱仪开机,设置色谱参数,待系统平衡;取各浓度标准溶液及样品溶液各 10 μL 依次进样,各平行测定三次,求平均峰面积 $A_{平均}$;取样品 10 μL 进样,重复测定三次,求平均峰面积 $A_{轴}$;绘制色谱图;分析实验数据;实验结束后关闭检测器,冲洗色谱系统,关机。

五、数据记录及处理

1. 数据记录

实验数据记录如表 4-11 中。

表 4-11　实验数据记录表

标准溶液浓度/(mg·mL^{-1})	A_1	A_2	A_3	$A_{平均}$
0.10				
0.15				
0.20				
0.25				
0.30				

2. 标准曲线的绘制

以浓度为横坐标、以平均峰面积为纵坐标作图绘制标准曲线,由标准曲线求出阿司匹林药片中乙酰水杨酸的含量。

六、注意事项

(1)实验过程中流动相要新鲜,一般情况下一次制得的纯水应在 24 h 内用完。

(2)仪器开机前或者更换流动相后,管路中会有一些气体,而这些气体会对柱、泵及检测器产生不同程度的影响，要求开机时每次都要对管路进行脱气处理。

(3)当连续使用中需要更换样品类型或流动相黏度较大时，应在每次进样完成后洗针。

(4)仪器系统在完成自检 20 min 以后，方可开始样品的分析。

(5)在进行多个不同样品的测试时，每次进样前都要将进样针润洗干净，确保洗针溶剂不干扰样品检测。在测定系列标准样品时，由于进样的浓度是梯度升高的，在测定前用待测液润洗即可。

七、思考题

(1)液相色谱测定中溶剂和样品为什么要过滤？

(2)流动相使用前为什么要脱气？脱气的方法有哪些？

八、扩展阅读

阿司匹林，又称乙酰水杨酸，其历史可以追溯到古代人们使用富含水杨酸的柳树皮和其他植物进行药用的时期。这些植物的有效成分是水杨甙，其在人体内会转化为水杨酸。通常来说，我们总是将现代阿司匹林的发现归功于一位名叫霍夫曼(Hoffman)的人。1897 年，他在德国的制药公司拜耳(Bayer)工作，他当时正在寻找一种药物来帮助他的父亲缓解关节炎的痛苦。虽然水杨酸可以缓解痛感，但是也有令人不适的副作用，如刺激胃部。霍夫曼合成了一种新的化合物，他通过将水杨酸乙酰化，制备出乙酰水杨酸。这种新化合物具有与水杨酸类似的镇痛特性，但对胃部的危害较小。拜耳公司给这种新药命名为阿司匹林，并对其名字进行了专利保护。多年来，阿司匹林已经成为世界上使用最广泛的药物之一，用途包括减轻发烧症状、缓解疼痛、降低心脏病发作和中风的风险等。现代科学也揭示了阿司匹林的作用机理，表明其可以阻断在人体内产生痛感和炎症化学物质的酶活性。然而，需要注意的是，阿司匹林并非没有副作用，包括可能导致胃溃疡和胃出血，因此，使用阿司匹林应在医疗专业人员的监督下进行。

实验十五　奶瓶中双酚 A 的迁移量分析

一、实验目的

(1)掌握液相色谱仪的结构及操作方法。

(2)掌握用液相色谱法测定双酚 A。

二、实验原理

双酚 A 也称 BPA(bisphenol A)，在工业上被用来合成聚碳酸酯和环氧树脂等材料，广泛用于食品的包装中。由于聚碳酸酯有耐用、轻巧和防摔等特性，因此很适合制作婴儿奶瓶，而双酚 A 可通过食品包装材料及容器迁移至食品中。

当含有双酚 A 的容器被洗涤、加热或施加外力作用时，双酚 A 就会进入食物或者水中，所以反复消毒、灌入滚烫的沸水、放微波炉里加热等都会造成双酚 A 溶出量迅速增加。双酚 A 的溶出，可能引发癌变和系统功能的紊乱，尤其可能影响新生儿和 18 个月以下婴幼儿的神经系统发育，由此引发了全球对食品接触材料中双酚 A 残留和迁移的新一轮广泛关注，目前现行国家标准 GB/T23296.16—2009《食品接触材料　高分子材料　食品模拟物中 2,2 -二(4 -羟基苯基)丙烷(双酚 A)的测定　高效液相色谱法》对食品接触材料中双酚 A 的迁移量给出了限量标准，实验室依据该标准建立了测定奶瓶中双酚 A 迁移量的高效液相色谱法。

三、仪器与试剂

1. 仪器

岛津 LC - 20A 高效液相色谱仪、LC - 20AD 输液泵、CTO - 20AC 柱温箱、RF - 10AXL 荧光检测器、CBM - 20A 系统控制器和 LC solution 色谱工作站。

2. 试剂

双酚 A 标准品、甲醇。

四、实验内容

1. 色谱条件

色谱柱：C_{18}(柱长 150 mm、内径 4.6 mm、粒径 5 μm)；流动相：甲醇∶水＝70∶30(体积比)；流速：1 mL/min；柱温：30 ℃；荧光检测器：激发波长 227 nm、发射波长 313 nm；进样量：10 μL。

2. 标准溶液的配制

准确称取双酚 A 100 mg，用甲醇定容至 100 mL，配制成 1 mg/mL 的标准储备液。再用水稀释成浓度为 10 μg/mL、20 μg/mL、40 μg/mL、60 μg/mL 和 100 μg/mL 的标准溶液。

3. 奶瓶中残留物的提取

向奶瓶中加入 100 mL 水，置于 100 ℃烘箱中烘烤 1 h，取出将水摇匀后用 0.22 μm 滤膜过滤，最后上机测试。

4. 精密度测定

将 100 μg/mL 标准溶液连续测定 6 次，测定实验方法的精密度。

五、数据处理

实验中数据处理后得出以下结果。

(1)双酚 A 标准溶液的色谱图。

(2)标准曲线。

(3)精密度测定结果。

(4)试剂样品测定结果。

六、注意事项

(1)色谱柱平衡通常需要约 30 min 以上的时间。

(2)流动相的比例影响色谱的分离度。

七、思考题

(1)测定双酚 A 的方法还有哪些?

(2)液相色谱分析中对流动相有何要求?

八、扩展阅读

液相色谱的发展

液相色谱仪(liquid chromatography,LC)是利用混合物在液-固或不互溶的两种液体之间分配比的差异,对混合物进行先分离再分析鉴定的仪器。早在 19 世纪人们就观察到了吸附现象,1850 年隆格(Lunge)观察到将一滴染料混合物溶液滴到吸墨纸上时,会扩散成一层层的圆形环,1861 年舍思拜因(Schöenbein)发现如果把一滴无机盐混合溶液滴在一张滤纸上,那么各种盐分会以不同的速度向四周扩散,1900 年初达伊(Day)和克利特卡(Kritka)发现,将石油简单地通过碳酸钙的细粉柱,就会分离为不同馏分,这些工作可以说是平面色谱或者柱色谱的萌芽,但直到 20 世纪初,人们只是利用吸附现象实现了简单的分离。

1903 年,植物学家茨维特在发表的论文中提出了应用吸附原理分离植物色素的新方法,这一工作标志着现代色谱学的开始。他将含有植物色素的石油醚提取液倒入装有碳酸钙粉末的玻璃管中,并用石油醚自上而下淋洗,由于不同的色素在碳酸钙颗粒表面的吸附力不同,随着淋洗的进行,不同色素向下移动的速度不同,从而形成一圈圈不同颜色的色带,他把这些色带称为"色谱图",并将这种方法命名为色谱法,管内填充物被称为固定相,冲洗剂被称为流动相。遗憾的是,在随后的二十年内这一新的分析技术都没有得到科学界的注意和重视。

1931 年,科恩(Kohn)等参考茨维特的方法,以粉碎的碳酸钙装填色谱柱,成功地从蛋黄中分离出植物叶黄素。他们不仅仅证明了蛋黄叶黄素是类胡萝卜素的混合物,更重要的是证实了色谱法可以用于制剂的分离。此后色谱分离方法才引起了科学界的广泛注意。

1941 年,马京(Matin)和辛格(Synge)采用水分饱和的硅胶为固定相,以含有乙醇的氯仿为流动相,成功地完成了乙酰化氨基酸混合物的分离,建立了液液分配色谱方法,他们也因此获得了 1952 年诺贝尔化学奖。他们也在总结研究成果的基础上提出了著名的色谱塔板理论。

20 世纪 60 年代早期,由于气相色谱对高沸点有机物分析的局限性,为了分离蛋白质、核酸等不易汽化的大分子物质,分析化学家们把目光转向了液相色谱,并使用液相色谱从蛋白质中分离出了纯的化合物,但使用液相色谱又出现了一个新的问题——分离时间相当长。当时所使用的色谱柱效率非常低,具有代表性的柱子有一米长或更长,有时还得使用多根柱,液体流动仅靠重力,流动速度是每小时几毫升,无计算机自动操作仪器和进行数据收集。当时科学工作者要经过好几年才能从一个组织中把蛋白质完全分离出来。

1975 年，斯莫尔(Small)等研制出了采用电导检测器的新型离子交换色谱仪，并用抑制器扣除高本底电导，进而检测无机、有机离子，这种方法称为离子色谱法。离子色谱法使高效液相色谱法的分析领域扩展到分析常见的大多数无机、有机阴离子及 60 多种金属阳离子。

高效液相色谱法(HPLC)与紫外可见光谱法(ultraviolet - visible spectrometry，UV)的联用方法的研究也一直是色谱学科的研究热点。20 世纪 80 年代，可同时得到每个组分 HPLC - UV 三维谱图的二极管阵列检测器(diode array detector，DAD)问世，其对紫外-可见光谱的快速扫描检测，使液相色谱能提供的信息大幅度增加，为模式识别等化学计量学中的许多手段提供了重要的应用领域。90 年代以后，HPLC - MS(质谱)、HPLC - FTIR(傅里叶变换红外光谱仪)等色谱-光谱联用技术逐渐成熟，为解决 HPLC 定性问题提供了多种实用、有效的手段。

在数据处理方面，20 世纪 60 年代初期，人们已经制成了机械式的色谱积分器，从而有可能比较准确地测定色谱峰面积。此后，新式的电子数字式积分仪代替了传统的模拟积分器，色谱图的数据处理精度得到了进一步提高。在 20 世纪 70 年代初期，已生产出带小型微处理机的色谱仪，标志着色谱仪的制造又进入了新的时代。随着计算机的应用普及，液相色谱数据处理系统的发展已经达到除可以进行数据采集、数据处理外，还可以用来控制、优化色谱操作条件的水平。

如今，色谱仪器、色谱技术还在继续向前飞速发展，新的色谱方法不断出现，各种类型的自动化、智能化、细内径柱的高效液相色谱仪及制备型液相色谱仪竞相问世，液相色谱-质谱联用仪、液相色谱-核磁共振谱联用仪的产业化，第三代色谱柱“整体柱”概念的出现及其商品化，多维液相色谱仪系统的产业化等，使液相色谱技术有了日新月异的发展。所有的这些都为色谱方法的应用开拓了更广、更新的领域。事实上，液相色谱法已经成了化学家、生物学家等分析分离复杂混合物不可缺少的工具。

以上液相色谱的发展历程给我们的启示主要有以下内容。第一，基础研究始终是科学技术进步的源泉。没有茨维特当初对色谱分离这一现象的仔细观察，没有马京等人对分配色谱理论的系统研究，很难想象色谱的发展能有这么快。第二，社会经济发展的需求是各种分析技术创新的驱动力，无论是色谱的出现，还是当初科恩等人分离胡萝卜素的工作成果，都是科学研究对分离技术的需求推动的结果。第三，学科交叉是分析技术创新的重要途径，茨维特是植物学家，马京是物理化学家，但他们对科学的贡献最终主要体现在分析化学领域，这是典型的学科交叉，今天，仍然有很多物理学家、有机和无机化学家与分析化学家合作发展了很多用于色谱分析的新理论、新材料、新方法。第四，不懈坚持和勇于探索是技术创新的必要条件，历史上重要的科学突破无不是科学家长期坚持的结果，色谱亦然。

实验十六　MSPD - HPLC - DAD 法同时测定猪肉组织中氟喹诺酮和有机磷类药物残留量

一、实验目的

(1)培养学生独立查阅文献、独立思考的能力。

(2)掌握高效液相色谱仪的原理和操作方法。

(3)熟悉基质固相分散萃取前处理方法。

二、实验原理

随着人类科学技术和社会经济的迅猛发展,摆在人们餐桌上的食品也越发琳琅满目,色泽诱人。然近年来,食品安全事件屡见不鲜,大量使用于蔬菜水果、畜禽的农药、兽药残留不仅可以直接对人体产生急性毒害作用,引起致病菌产生耐药性,而且还可以通过食物链和环境对人体健康造成慢性、长期及蓄积性效应等潜在的危害。因此,食品安全问题已成为全球共同关注的焦点,因此,建立健全快速准确的方法对食品中有害物质进行定性定量的分析将有着非常重要的现实意义。

作为与种植业密切相关的畜牧业生产,畜禽在生长期间或在加工和流通中均可能受到农药的污染,从而导致畜禽产品中的农药残留问题。农药可通过如图 4-9 所示的途径蓄积在畜禽体内,继而存于畜禽产品中,其具体来源主要有以下几种途径。

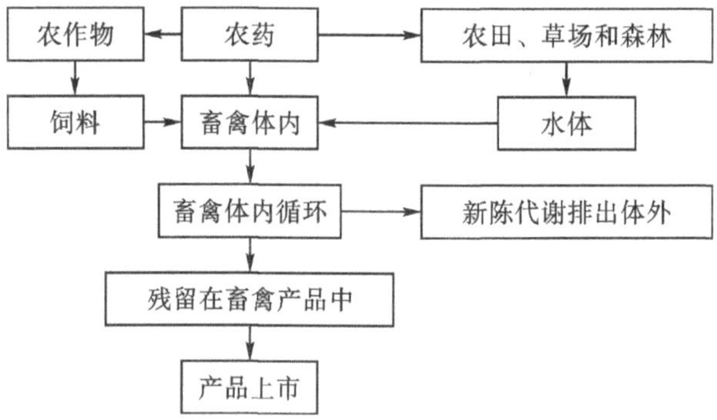

图 4-9 畜禽产品中农药残留主要来源途径

(1)施药后直接污染。兽医临床上,使用广谱驱虫药和杀螨药物(如有机磷、氨基甲酸酯类、拟除虫菊酯等)来杀灭畜禽体表寄生虫时,如药物用量过大被畜禽吸收或舔食,在一定时间内可造成畜禽产品中的农药残留。

(2)从环境中吸收。农田、草场和森林施药后,有 40%～60%的农药降落至土壤,5%～30%的药剂扩散到大气中,逐渐积累,通过多种途径进入畜禽体内,如水体被污染,畜禽可以从饮用水中吸收农药,引起畜禽产品中的农药残留。

(3)通过食物链污染。农药污染环境,经食物链传递时可发生生物浓集、生物积累和生物放大作用,致使农药的轻微污染而造成食品中农药的高浓度残留。饲料常以农作物的皮、壳和根等部分加工而成,这些部位农药残留量较高,饲喂畜禽后,导致其产品中有农药残留。

家畜(禽)通过上述过程在体内可蓄积一定量的农药残留如有机磷类、氨基甲酸酯类等,兽医亦会给畜禽使用兽药如氟喹诺酮类、磺胺类等来预防或治疗各种疾病,从而导致畜禽产品中农药和兽药同时残留问题。多种农药、兽药残留在动物源食品中很大可能最终进入人体,造成严重危害。

本实验采用 HPLC-DAD 法对动物源食品中农药与兽药的多种残留物进行同步分

离、检测，采用基质固相分散(matrix solid - phase dispersion，MSPD)技术进行前处理，达到对食品中污染物同时检测的目的。

三、仪器与试剂

1. 仪器

日本岛津高效液相色谱仪（双泵、CLASS - VP 工作站、柱温箱、在线脱气机、二极管阵列检测器)、C_{18}色谱柱(柱长 150 mm、内径 4.6 mm、粒径 5 μm)、pH 计、电子天平、超声波清洗器、氮吹浓缩装置、(醋酸纤维素酯)微孔滤膜、针头式滤膜、摩尔元素型超纯水机。

2. 试剂

色谱纯甲醇、色谱纯乙腈、色谱纯磷酸、分析纯正己烷、分析纯无水硫酸钠、分析纯乙酸乙酯、硅胶 C_{18} 填料(粒径 50 μm)。

实验用水：超纯水，由摩尔元素型超纯水机制得。

化学对照品：依诺沙星、洛美沙星，均由中国药品生物制品检定所提供。

敌敌畏：100 μg/mL 丙酮溶液，由农业农村部环境保护科研监测所提供。

四、实验内容

1. 溶液配制

(1)标准储备液配制。精密称取依诺沙星、洛美沙星化学对照品各 5.0 mg，分别放于 2 个 50 mL 容量瓶中，用甲醇溶解并定容，配制成 100 mg/mL 的单标储备液，摇匀备用。

用 5 mL 精密注射器准确提取丙酮介质的敌敌畏农药，用甲醇稀释，配制成 50 μg/mL 的单标储备液备用。

(2)混合标准储备液配制。准确量取各单标储备液依诺沙星 1.0 mL、洛美沙星 1.0 mL、敌敌畏 2.0 mL 于 10 mL 容量瓶内，用甲醇定容，充分摇匀，即制得三者含量均为 10 μg/mL 的混合标准储备液，该混合标准储备液现用现配。

(3)标准工作曲线溶液配制。用甲醇逐级稀释配好的混合标准储备液，制得质量浓度分别为 0.005 μg/mL、0.01 μg/mL、0.05 μg/mL、0.1 μg/mL、0.5 μg/mL、1 μg/mL、5 μg/mL和 10 μg/mL 的标准工作混合液。该系列标准工作曲线溶液现用现配。

2. 样品前处理

将买来的猪肉用刀切碎，制成肉糜后，分装在离心管中，每份 0.50 g(精确至 0.01 g)，放入冰箱中－18 ℃冷冻备用。使用时，从冰箱中取出，室温下解冻，在已解冻的猪肉中加入一定量的混合标准溶液，暗处放置 20 min，使药物充分浸入样品中。

将已浸透混合标准溶液的肉样与硅胶 C_{18} 填料一起放入玻璃研钵中，研磨 5 min 左右，至看不到颗粒样品组织为止，使样品和 C_{18} 填料混合均匀。在 10 mL 注射器（去塞）底部放入 1 片滤纸，然后依次加入 1.0 g 无水硫酸钠、0.25 g C_{18} 填料，敲实压紧，装入研磨好的样品——C_{18} 填料混合物，再加入 1.0 g 无水硫酸钠，上部垫 1 片滤纸，用活塞将混合物压缩至 4 mL 左右，使中间无裂痕。然后先用 10 mL 正己烷淋洗，抽干，弃去淋洗液；

再用 8 mL 乙腈分 3 次洗涤研钵，洗涤液转入玻璃注射器中，流速控制在 1.0 mL/min，收集洗脱液，在 30 ℃水浴中用空气流吹至近干，用甲醇定容至 1 mL，过 0.45 μm 微孔滤膜后进行 HPLC 分析。

3. 色谱条件

流动相为乙腈-0.003 mol/L 磷酸水溶液（pH＝2.80），梯度洗脱，梯度条件如表 4-12所示，流速为 1.0 mL/min、柱温 25 ℃、进样量 20 μL。流动相在使用前用超声仪进行脱气。每测完一次，都要用流动相平衡 15 min 左右，至基线走平。

表 4-12　溶剂梯度表

时间/min	Φ(磷酸水溶液)/%	Φ(乙腈)/%
0	87	13
5	80	20
7	62	38
15	62	38
20	36	64
22	87	13

注：Φ 指物质的质量分数。

DAD 检测器为氘灯光源，检测波长可在 190～370 nm 范围内进行扫描，依诺沙星、洛美沙星的检测波长为 280 nm，敌敌畏的检测波长为 220 nm，并以保留时间作定性分析。

4. 标准曲线绘制

取系列标准工作曲线溶液，质量浓度分别为 0.005 μg/mL、0.01 μg/mL、0.05 μg/mL、0.1 μg/mL、0.5 μg/mL、1 μg/mL、5 μg/mL 和 10 μg/mL。在上述优化的色谱条件下进行分析，同一浓度平行测定 3 次，取其峰面积平均值绘制工作曲线，以平均峰面积 y 对浓度 x（μg/mL）进行回归计算，列出回归方程，计算相关系数，得到标准色谱图。

5. 加标回收实验

取肉样两份，向其中一份准确加入一定量（1.0 mg/kg）的标准混合溶液，按照上述样品处理方法和色谱方法进行加标回收实验。用 MSPD 法处理后，用 HPLC 法测定，将峰面积代入工作曲线方程中计算，扣除空白，求各药物的回收率、变异系数，得到加标样品的色谱图。

五、注意事项

(1)实验时要戴口罩、手套，在通风橱中操作。

(2)实验所用水均为超纯水。

(3)高效液相色谱仪每次用完后都要先用超纯水冲洗 30 min，再用乙腈或甲醇冲洗 30 min 后，方可关机。

(4)流动相磷酸水溶液要现用现配，使用前须过微孔滤膜。

(5)标准溶液和样品试液进样前要过针头微孔滤膜器。

六、思考题

(1)还能用什么方法测定猪肉组织中的氟喹诺酮和有机磷类药物残留量？

(2)为什么流动相磷酸水溶液要现用现配？

实验十七　苯和甲苯混合物中组分含量的测定

一、实验目的

(1)了解气相色谱仪的基本结构及使用方法。

(2)了解氢火焰离子化检测器的检测原理。

(3)掌握用归一化法定量测定混合物苯和甲苯百分含量的方法。

二、实验原理

1. 气相色谱法基本原理

气相色谱法是以气体(载气)作为流动相的色谱分离技术，其主要是利用试样中各组分在色谱柱中流动相和固定相间的分配系数不同而分离的。当汽化后的试样被载气带入色谱柱运行时，组分就在色谱柱的两相中进行反复多次的分配，由于固定相对各个组分的吸附或溶解能力不同(即保留作用不同)，因此各组分在色谱柱中的运行速度就不同，经过一定长度的色谱柱后，各组分彼此分离，依次离开色谱柱进入检测器。检测器将各组分的浓度或质量的变化转化成电信号，经过放大后在记录仪上记录下来。仪器由五个系统组成：气路、进样、分离、检测和记录，如图 4-10 所示。

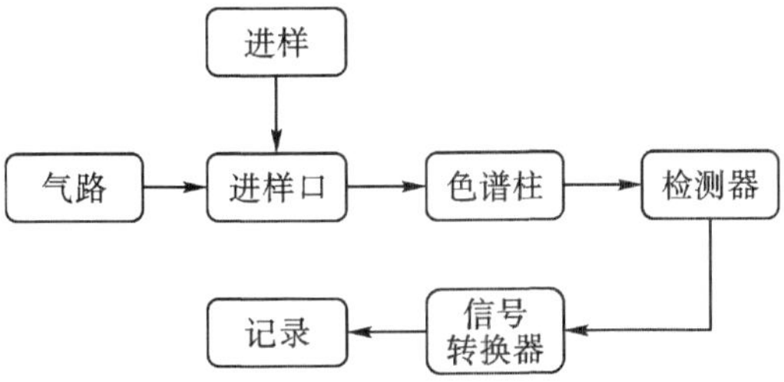

图 4-10　气相色谱仪流程图

2. 气相色谱法定性和定量分析原理

定性分析：在确定色谱条件下，每种物质都有一定的保留时间，利用这种特性可进行定性分析。

归一化法：进行色谱定量分析，要求试样中各组分都必须全部流出并得到完全分离，若试样中含有 n 个组分，且各组分均能洗出色谱峰，则其中某个组分的百分含量可按下式计算。

$$c_i(\%)=\frac{m_i}{m_1+m_2+\cdots+m_n}\times 100\%=\frac{f_i\cdot A_i}{\sum\limits_{i=1}^{n}(f_i\cdot A_i)}\times 100\ \%$$

式中，m_i 为各组分质量；f_i 为各组分的校正因子；A_i 为各组分色谱峰面积。

3. FID 原理

氢火焰离子化检测器(flame ionization detector，FID)，是以氢气和空气燃烧的火焰作为能源，利用含碳有机物在火焰中燃烧产生离子，在外加的电场作用下，使离子形成离子流，根据离子流产生的电信号强度，检测被色谱柱分离出的组分。

苯、甲苯及其混合物都是苯系物，这两种物质都带有苯环结构，它们的沸点分别是 80.1 ℃、110.6 ℃，用一般的方法较难分离及测定，用气相色谱法分析既快速又准确。混合苯系物在一定的色谱条件下被分离后，进入氢火焰(或热导)离子化检测器，得到每一组分的色谱峰，用标样对照，根据保留时间进行定性分析。使用归一化法定量，要求试样中的各个组分均流出，且在检测器上有信号响应，样品中各组分的百分含量可用峰面积归一化法进行计算。

三、仪器与试剂

1. 仪器

SHIMADZU 气相色谱仪、氢火焰离子化检测器、微量注射器(10 μL)、SPB－3 全自动空气源、SPH－200 氢气发生器、氮气瓶。

2. 试剂

苯(分析纯)、甲苯(分析纯)、苯和甲苯的混合样品。

四、实验内容

1. 开机前准备

准备好洗针用的溶剂，一般为甲醇、正己烷、丙酮等，且都是色谱纯。

2. 开机

依次打开氮气瓶、氢气发生器、全自动空气源、气相色谱仪、计算机。打开氮气瓶时，先将主控阀打开，然后调节减压阀使 N_2 出口压力为 0.5～0.9 MPa，一般为 0.6 MPa。氢气发生器压力为 0.3 MPa，流量为 30 mL/min。空气源压力为 0.4 MPa。

3. 打开 GCsolution 色谱工作站

双击打开 labsolution 软件图标“”，选择仪器类型为“GC”，双击“FID”或者“TCD”进入联机状态。

4. 设置方法

如图 4－11 所示，主要设定“SPL”“柱箱”“FID”“常规参数”，待各项参数设置完成后，单击“文件”→“方法文件另存为”，将此方法文件保存在之前已创建的文件夹中。

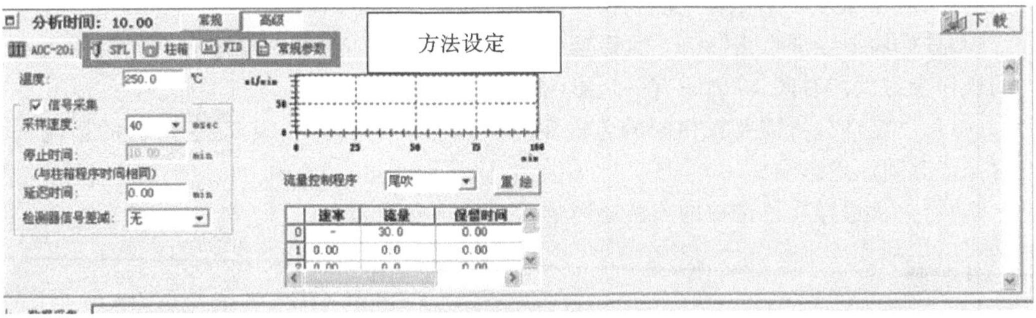

图 4-11　方法参数设置界面

5. 启动 GC

在软件辅助栏中点击“下载”图标，再点击“开启 GC”图标启动 GC。待检测器温度达到设定温度后，在“仪器监视”中点击“点火”。

6. 样品分析

单击“数据采集”栏中的“单次分析开始”图标，弹出“单次分析”窗口。输入样品名称，并输入数据文件名称。然后进样，进样后立即点击“start”且迅速拔针，样品开始采集。

7. 关机

关闭 GC 工作站，待柱温降到 50 ℃，检测器和进样口温度降到 100 ℃以下，关闭 GC 主机电源，关闭空气源、氢气瓶、计算机，最后关载气。

五、数据处理

(1)记录气相色谱实验条件。

(2)找出标准溶液的保留时间，以便对混合样进行定性分析，数据记录在表 4-13 中。

表 4-13　苯和甲苯实验数据记录表

纯试剂	苯	甲苯
保留时间		
峰面积		

校正因子的文献值：苯 $f_1=0.780$，甲苯 $f_2=0.794$。

样品中苯的质量分数：____________。

甲苯的质量分数：____________。

六、注意事项

(1)每次取样前，注射器必须用甲醇清洗 3～5 次，再用试样润洗 2～3 次，以减少残留物质引起的误差。

(2)注射器取样时不能有气泡,若有气泡,必须将气泡排出。

(3)进样后要立即点击"start"且迅速拔针。由此引起的误差对峰形有一定影响。不同的操作会对保留时间、峰面积有一定影响。

(4)色谱定性分析需要在相同的色谱条件下进行,不同时间、天气、色谱柱的情况都会对保留时间产生影响。

(5)前一次进样在色谱柱的残留会影响后一次进样的测定。

七、思考题

(1)色谱定量分析还有哪些方法?

(2)归一化法的要求条件有哪些?

八、扩展阅读

中国色谱之父——卢佩章院士

气相色谱法是一种重要的物质分析方法,其广泛应用于多个领域如化学、生物学、医学、环境科学等。这种方法是:先将样品转化为气态,然后使气态通过色谱柱进行分析,根据分析结果,可以确定样品中存在的物质及它们的相对质量。新中国成立初期,我国的气相色谱研究还是空白,大连化学物理研究所的卢佩章院士起初做的是催化研究工作,但国家任务的神圣感和科学家的责任感很快使他改变了专业兴趣,并与色谱结下了不解之缘。新中国成立初期,他完成了"熔铁催化剂水煤气合成液体燃料及化工产品"项目。1953 年,卢佩章院士和他的研究小组设计出我国第一台体积色谱仪,使分析石油样品的速度由原来的 30 多小时缩短到不到 1 小时,而且所用样品量仅是原来的千分之一。1954 年,卢院士首先把气-固色谱法的体积色谱成功用于水煤气合成产品的气体组分分析中,后成功用于石油产品分析中。1973 年,他带领团队研发了两种不同要求的密闭舱内大气成分自动分析色谱仪。70 年代中期,卢院士开展了高效液相色谱的研究,色谱柱是色谱仪的心脏,当时液相色谱普遍采用 37～44 μm 的薄壳填料,柱效每米三千理论塔板数,卢院士研制出了 5 μm 和 10 μm 粒度的液相色谱无定型硅胶微粒吸附型填料并在青岛海洋化工厂推广生产,随后利用这种基质又研制成功含有十八烷基键合相、氰基等 6 种键合相填料,并在天津试剂二厂推广生产,柱性能达到国际先进水平。80 年代中期,卢院士就开始思考如何发展能自动选择条件、自动分析的智能"色谱仪"了。谱图库是智能色谱的关键之一,之前的计算机内存特别小,远不能满足要求,卢院士团队研究了指数修正的高斯模型,用数学方法帮助解决了大量谱图存储的问题。卢院士也极力推动人才和学术的国际合作,让中国色谱走向世界舞台。他创办的《色谱》期刊成为一个让色谱学术思想深度交流的新阵地。1979 年卢院士参加了洛桑国际会议,介绍了我国色谱的研究成果,受到了国际同行的高度重视。1981 年我国启动了中德色谱合作,开展人员互派交流并创办中德色谱会议,向全球展示开放合作的胸怀,彰显中国色谱的风采。

实验十八　气相色谱法测定化妆品中的游离甲醇含量

一、实验目的

(1)掌握气相色谱仪的结构及基本原理。

(2)掌握用标准曲线法测定样品的含量。

(3)学习用气相色谱法测定甲醇的含量。

二、实验原理

近年来,以乙醇为溶剂的化妆品已从传统的花露水、卸妆水、香水发展到乳液、发胶等,由于乙醇中含甲醇等杂质,而甲醇在化妆品中被列为有毒物质,长期接触微量甲醇会对人体的皮肤、中枢神经等造成极大危害,因此,快速、准确、灵敏地测定化妆品中的甲醇含量,对确保化妆品的安全和消费者的健康有重要意义。

气相色谱法是一种高效、快速而灵敏的分离分析技术,具有极强的分离效能。一个混合物样品定量引入合适的色谱系统,样品被汽化后,在流动相携带下进入色谱柱,样品中各组分由于各自的性质不同,在柱内与固定相的作用力大小不同,导致在柱内的迁移速度不同,使混合物中的各组分先后离开色谱柱得到分离。分离后的组分进入检测器,检测器将物质的浓度或质量信号转换为电信号传输给记录仪或显示器,即可得到色谱图。利用保留值可进行定性分析,利用峰高或峰面积可进行定量分析。外标法是在一定操作条件下,用纯组分或已知浓度的标准溶液配制一系列不同组分含量的溶液,继而准确进样,根据色谱图中组分的峰面积(或峰高)对组分含量作标准曲线,在相同操作条件下,依据样品的峰面积(或峰高),从标准曲线上查出其相应组分含量。

利用气相色谱法可分离、检测化妆品中的甲醇含量,在相同的操作条件下,分别将等量的试样和含甲醇的标准样进行色谱分析,由保留时间可确定试样中是否含有甲醇,比较试样和标准样中甲醇峰的峰面积,可确定试样中甲醇的含量。

三、仪器与试剂

1. 仪器

岛津 GC-2014 气相色谱仪、氢火焰离子化检测器、色谱柱毛细管柱、微量注射器(10 μL)、SPB-3 全自动空气源、SPH-200 氢气发生器。

2. 试剂

甲醇(色谱纯)、75%乙醇、卸妆水。

四、实验内容

1. 色谱条件

色谱柱:毛细管柱(柱长 30 m、内径 0.25 mm、粒径 0.5 μm);流速:1.0 mL/min;进

样量:1 μL;进样方式:分流进样,分流比:20 ∶ 1;色谱柱温度:初始温度 75 ℃,保持 8 min,以 20 ℃/min 升温至 175 ℃,保持 5 min;进样口温度:250 ℃;检测器温度:250 ℃。

2. 标准溶液的配制

甲醇标准储备液:称取 1.0000 g 甲醇标准品(精确至 0.0001g),用 75%乙醇稀释定容至 100 mL 容量瓶中,配制成 10 mg/mL 的甲醇标准储备液。

甲醇标准工作溶液:用 75%乙醇将甲醇标准储备液配制成浓度为 0.002 mg/mL、0.005 mg/mL、0.01 mg/mL、0.02 mg/mL 和 0.05 mg/mL 的系列甲醇标准工作溶液。

3. 样品溶液

称取卸妆水样品约 1.0000 g (精确至 0.0001g),用 75%乙醇稀释定容至 10 mL 容量瓶中进行测定,上机分析前用 0.22 μm 滤膜过滤。

4. 标准曲线的绘制

分别量取系列甲醇标准工作溶液各 1 μL 进行气相色谱测定。按照上述测试条件,浓度由低到高进样测定,以峰面积-浓度作图,得到标准曲线。

5. 样品测定

量取待测样品 1 μL 注入气相色谱仪,记下色谱峰面积。根据峰面积-浓度曲线,求得样品溶液中甲醇含量。

五、数据处理

实验中的数据记录于表 4-14 中。

表 4-14 实验数据记录表

标准溶液浓度/(mg · mL^{-1})	保留时间/s	峰面积
0.002		
0.005		
0.01		
0.02		
0.05		

六、注意事项

(1)微量注射器是易碎器械,使用时应多加小心,不用时要洗净放入盒内,不要来回空抽,否则会损坏其气密性,降低其准确度。

(2)要注意经常更换进样器上的硅胶密封垫片,该垫片经 10~20 次穿刺进样后,气密性降低,容易漏气。

(3)取好样后应立即进样,进样时,注射器应与进样口垂直,针尖刺穿硅胶垫圈,插到底后迅速注入试样,完成后立即拔出注射器,整个动作应进行得稳当、连贯、迅速。针尖在进样器中的位置、插入速度、停留时间和拔出速度等都会影响进样的重复性,操作时应注意。

(4)开机时必须先通载气，再开色谱仪（升温）；关机时，先关色谱仪（降温），后关载气。

七、思考题

(1)为什么可以利用色谱峰的保留值进行色谱的定性分析？

(2)为什么在分析有机物时常用到氢火焰离子化检测器？

实验十九　维生素 E 胶囊中的维生素 E 含量测定

一、实验目的

(1)掌握利用内标法进行定量测定。

(2)了解气相色谱仪的基本结构。

(3)了解气相色谱法在实际样品分析中的应用。

二、实验原理

维生素 E(Vitamin E)的水解产物为生育酚，是最主要的抗氧化剂之一。自然界中存在着 4 种类型的生育酚，即 α、β、γ 和 δ 生育酚，通常所说的维生素 E 是指 α 生育酚，其结构如图 4－12 所示。

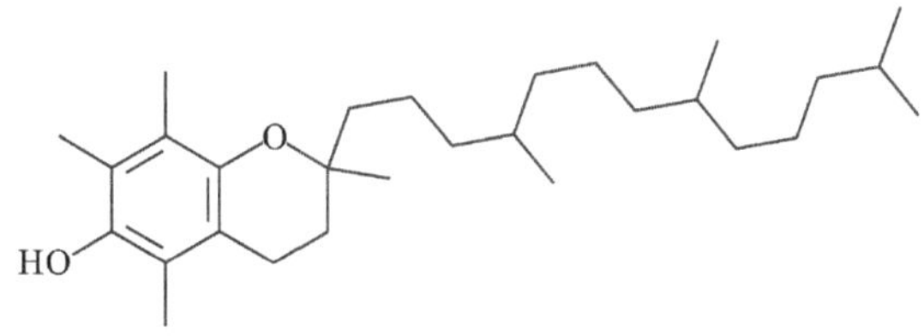

图 4－12　维生素 E 的结构

维生素 E 是一种脂溶性维生素，具有苯并二氢吡喃环的基本结构。维生素 E 因其良好的抗氧化性及在生命体内新陈代谢中的重要作用，在医药、食品、饲料及化妆品中得到了广泛的应用。

三、仪器与试剂

1. 仪器

岛津 GC－2014 气相色谱仪、氢火焰离子化检测器、毛细管色谱柱、微量注射器(10 μL)、SPB－3 全自动空气源、SPH－200 氢气发生器。

2. 试剂

维生素 E 胶囊、维生素 E 对照品、正三十二烷、环己烷溶剂。

四、实验内容

1. 色谱条件

进样口温度 280 ℃，分流比 1∶20，载气高纯氮，流速 1 mL/min；程序升温：初始温度 250 ℃，保持 1 min，以 10 ℃/min 升温至 300 ℃，保持 10 min；检测器温度 280 ℃，进样量 1 μL。

2. 溶液配制

内标溶液：准确称取正三十二烷 250 mg，加入环己烷溶剂溶解并稀释至 25 mL，制成 10 mg/mL 的内标溶液。

对照品溶液：准确称取维生素 E 对照品 500 mg，加入环己烷溶剂溶解并稀释至 25 mL，制成含维生素 E 20 mg/mL 的储备液。

标准溶液：准确移取维生素 E 对照品溶液 0.5 mL、1.0 mL、1.5 mL、2.0 mL 分别于 10 mL 容量瓶中，并分别加入 2 mL 内标溶液，用环己烷定容，配置成系列标准溶液。

样品溶液：准确称取维生素 E 胶囊相当于维生素 E 约 20.0 mg，准确加入内标溶液 2 mL，用环己烷定容至 10 mL 容量瓶中，密塞，振摇使维生素 E 溶解，静置，取上清液作为样品溶液。

3. 测定

用气相色谱法测定标准溶液系列及样品溶液。

五、数据处理

将数据与计算的数据记录在表 4-15 中。

图 4-15　实验数据记录表

编号	保留时间 t_s	峰面积 A	内标物峰面积 A_s	A/A_s	标准物质量 m/内标物质量 m_s
1					
2					
3					
4					
样品					

作标准曲线，以内标法测定样品溶液中维生素 E 的含量。

六、注意事项

(1)操作过程中，一定要先通载气再加热以防损坏检测器。

(2)在使用微量进样器取样时要注意不可将进样器的针芯完全拔出，以防损坏进样器。

(3)检测器温度不能低于进样口温度，否则会污染检测器，进样口温度应高于柱温的最高值，同时化合物在此温度下不分解。

(4)进样器所取样品要避免带有气泡以保证进样重现性。

(5)取样前用溶剂反复洗针，再用待分析样品至少洗2～5次以避免样品间的相互干扰。

七、思考题

(1)在分析有机物时常采用氢火焰离子化检测器，这是为什么？

(2)在色谱分析中，经常会出现色谱峰不对称的现象，除了进样量的影响之外，还有什么其他影响因素？

实验二十　饮料中邻苯二甲酸酯类增塑剂的测定

一、实验目的

(1)学习并掌握气相色谱-质谱联用仪的使用方法。

(2)学习并掌握饮料中邻苯二甲酸酯类增塑剂的测定方法。

(3)了解气相色谱-质谱联用仪的原理和仪器基本结构。

二、实验原理

塑化剂(plasticizer)又称增塑剂，是一种增加材料的柔软性或使材料液化的添加剂，其添加对象包含了塑胶、混凝土、墙壁材料、水泥与石膏等。同一种塑化剂使用在不同的对象上，效果往往并不相同。塑化剂以化学结构分类有脂肪族二元酸酯类、苯二甲酸酯类(包括邻苯二甲酸酯类、对苯二甲酸酯类)、苯多酸酯类、苯甲酸酯类、多元醇酯类、氯化烃类、聚酯类等百余种，但使用最普遍的是邻苯二甲酸酯类的化合物。

由于使用塑化剂的塑料产品很普遍，因此塑化剂在环境中广泛存在，在空气、水中均有分布。食品在储存过程中也会有微量增塑剂从包装材料中迁移到食品中，但合格的塑料包装材料迁移量不会超出有关标准。我国《食品容器、包装材料用添加剂使用卫生标准》(GB 9685—2016)严格规定了邻苯二甲酸二(2-乙基己)酯从食品包装材料迁移到食品的迁移量上限为1.5 mg/kg，邻苯二甲酸二异壬酯为9 mg/kg，与世界主要发达国家的标准一致。

食品中邻苯二甲酸酯类增塑剂的检测技术与其他食品中有毒有害类化合物的检测一样，一直朝着样品前处理方法更简便、仪器分析的分离能力更强、灵敏度更高的方向发展。目前，食品中塑化剂的检测常用的样品前处理方法是，先进行液-液萃取，然后经固相萃取柱和凝胶渗透色谱仪净化；仪器分析方法有GC法、HPLC法、GC-MS法，但主要集中在GC-MS法上，这是因为邻苯二甲酸酯类增塑剂均是具有半挥发性、弱极性或非极性结构稳定的化合物，HPLC法并不适合，而GC-MS法可同时进行定性和定量分析。

三、仪器与试剂

1. 仪器

SHIMADZU气相色谱-质谱联用仪、RtX-5MS毛细管色谱柱(柱长30 m、内径320 μm、粒径 0.25 μm)、10 μL 微量注射器、分液漏斗、水浴锅、氮气浓缩装置。

2. 试剂

正己烷、饮料、高纯氦气、氮气。

四、实验内容

1. 样品的配制

量取 10 mL 饮料于 50 mL 分液漏斗中,加入 10 mL 正己烷萃取三次,合并正己烷萃取液,于 50 ℃水浴上氮吹浓缩至 1 mL。

2. 气相色谱-质谱联用仪分析条件

毛细管色谱柱流速 1 mL/min,进样口温度 270 ℃,分流比 5∶1,溶剂延迟 2.5 min;程序升温至 60 ℃(保持 2 min),再以每分钟升温 15 ℃的速度升温至 280 ℃(保持 10 min);质谱接口温度 250 ℃,离子源温度 200 ℃,质量扫描范围 35～800 amu。

3. 测试前的准备

备好洗针用的溶剂正己烷。

4. 实验操作

(1)开机。依次打开氦气瓶、质谱仪、气相色谱仪、计算机。打开氦气瓶时,先将主控阀打开至最大,然后调节减压阀使氦气出口压力在 0.5～0.9 MPa 范围内,一般为 0.6 MPa。

(2)系统配置。双击打开计算机桌面的"GCMS Real Time Analysis"软件图标,点击主界面中的"系统配置",检查设置过的已用于分析的组件,如果没有,则在可用"组件"中选择,选择后,双击"色谱柱"图标,在已登记的色谱柱中单击要使用的柱名称。系统默认的 GC－MS 柱为 Rtx－5MS。如果要使用的柱没有登记,添加即可,确定后再进行设置。

(3)真空控制系统启动。单击主界面中的"真空控制"→"自动启动",显示完成时,点击"关闭"。

(4)检查泄漏。真空控制完成后,等待 10 min,待系统的高真空度达到 3×10^{-4}～4×10^{-4}后,单击"调谐",再点击"峰检测":在"监测组"列表中,单击"水,空气"→"灯丝开/关",打开灯丝,调节检测器电压使 m/z18(水)的峰高到显示窗口的 1/2 处,然后比较 m/z 18(水)的峰高与 m/z 28(氮气)的峰高,检查 m/z 28(氮气)的峰高是否为 m/z 18(水)峰高的一半以下(如果不是,就有可能发生了空气的泄漏)。单击"灯丝开/关",关闭灯丝。然后关闭"调谐窗口",不保存调谐文件。

(5)自动调谐。此步需要在启动仪器后大约 2 h(定性分析)或 4 h(定量分析)后进行。

a. 设置分析条件。在"GCMS 实时分析"窗口中,单击仪器监视器中的"详细",然后单击"Line1",输入分析条件参数。若未创建任何分析条件,直接从执行自动调谐开始操作。

b. 执行自动调谐。单击"调谐"→"峰监测"→"文件",新建调谐文件,后点击"开始自动调谐",输入一个文件名,单击"保存"以保存文件名,启动自动调谐,然后检查自动调谐结果，检查项目如下：

①检查 FWHM(full width at half maximum，半高宽)值是否在 0.5～0.7 范围内；

②检查检测器电压，不能超过 2 kW；

③检查基峰值是 18 还是 69；

④检查 m/z 502 的相对强度比率是否至少为 2%；

⑤检查 m/z 69 峰强是否为 m/z 28 峰强的两倍及以上。

如果检查上述结果出现异常，则需重新启动仪器进行分析。最后关闭“调谐”窗口，保存调谐文件。

(6)创建结果数据的保存路径。单击“实时”助手栏中的“数据采集”→工具栏中的“切换数据浏览器”图标→数据浏览器下的“选择文件夹”图标，选择“GCMS Solution”，再点击“新建文件夹”并输入文件夹名，然后关闭路径保存界面。注意此过程始终显示数据管理器。

(7)样品分析：单击“实时”助手栏中的“数据采集”图标→“文件”，新建方法文件。单击“采集”栏中的“方法细节”，然后根据自己的分析条件，分别对“进样器”“GC”“MS”进行设置，除了必须要改变的参数外，一般不建议随意改动系统设置的值。待各项参数设置完成后，单击“文件”→“方法文件”另存并命名，将此方法文件保存在之前已创建的文件夹中，然后即可进样。

(8)准确吸取 1 μL 样品试液注入进样口，并按下气相色谱仪的“Start”键，开始进行色谱分析。

五、数据处理

在系统的“Data Analysis”模式下打开刚完成的样品文件数据，观察出峰情况，提取各峰质谱图，并用 NIST08 图库检索，确定是否存在塑化剂。

六、思考题

(1)气相色谱-质谱联用仪分析样品的要求是什么？

(2)实验所得总离子色谱图，是否可以根据色谱峰面积进行定量？

(3)简述一般 GC-MS 定量方法。

实验二十一　气相色谱法测定水中的己内酰胺

一、实验目的

(1)了解气相色谱仪的构造和使用方法。

(2)理解气相色谱仪的分离原理。

(3)掌握用气相色谱法测定物质的含量。

二、实验原理

科技发展带来生活环境和质量改变的同时，工业三废和生活垃圾日益增加，引起了国内外学者的高度重视。已内酰胺($C_6H_{11}NO$)是一种重要的化工原料，主要应用于化纤纺织、机械制造等领域。已内酰胺及其合成物对人体各组织均有毒性，临床表现多种多样。已内酰胺属低毒类化合物，主要作用于中枢神经特别是脑干，可引起实质性的器官损害，即使其浓度低于国家最高允许浓度，仍能导致头痛、乏力、失眠、记忆力减退、食欲下降、皮肤瘙痒、牙龈出血等症状。化学分析、合成的深入探索，将推动人类生活的进步，更好地保护人们的生命健康。根据世界卫生组织国际癌症研究机构公布的致癌物清单，已内酰胺在 4 类致癌物清单中，因此检测水质中存在的已内酰胺含量对人体健康具有重要的意义。

水体中已内酰胺的监测分析方法有羟胺-三氯化铁法、高效液相色谱法和紫外分光光度法等，羟胺-三氯化铁法操作繁琐、稳定性差，高效液相色谱法对试剂要求较高，紫外分光光度法灵敏度差。本实验采用的气相色谱法操作简便、稳定性好、检出限低、灵敏度高，通过标准曲线法得到测试结果，按下式计算已内酰胺在水中的含量：

$$W_{已内酰胺}=m/V$$

式中，$W_{已内酰胺}$为水样中已内酰胺的质量浓度，mg/L；m 为从标准工作曲线上查得的水样中已内酰胺的质量，μg；V 为水样体积，mL。

三、仪器与试剂

1. 仪器

岛津 GC - 2014 气相色谱仪、氢火焰离子化检测器、毛细管色谱柱、微量注射器(10 μL)、SPB - 3 全自动空气源、SPH - 200 氢气发生器、旋转蒸发仪、恒温水浴锅、圆底烧瓶、瓷坩埚。

2. 试剂

已内酰胺标准溶液(1 g/L)、二硫化碳、氯化钠溶液(150 g/L)、高纯氮气。

四、实验内容

1. 样品预处理

取 25.0 mL 水样置于 30 mL 瓷坩埚中，加入 1.0 mL 氯化钠溶液，在 65 ℃水浴蒸干。取下冷却后，用 3 mL 二硫化碳分数次在玻璃棒搅拌下洗脱样品中的已内酰胺，将洗液转入圆底烧瓶中，用旋转蒸发仪浓缩，并定容至 1.0 mL。

2. 测定条件

进样口温度 280 ℃，进样方式为不分流进样，柱流量 1 mL/min；程序升温：35 ℃保持 2 min，再以 16 ℃/min 升温至 275 ℃；进样量 1.0 μL，检测器温度 280 ℃；气相色谱柱：HP - 5，柱长 30 m、内径 0.32 mm、粒径 0.25 μm。

3. 建立标准曲线

在 6 个瓷坩埚中，依次加入 0.0 μg、5.0 μg、15.0 μg、30.0 μg、50.0 μg 和 100.0 μg

己内酰胺标准溶液，再分别：加纯水至 25 mL，加 1 mL 氯化钠溶液，在 65 ℃水浴蒸干，冷却后用二硫化碳洗脱，旋转蒸发后定容至 1.0 mL。按照浓度由低到高的顺序依次测定，在表 4-16 中记录相应数据，以峰面积-质量作图，得到标准工作曲线。

表 4-16　数据记录表

序号	己内酰胺标准溶液/μg	峰面积(*A*)
1	0.0	
2	5.0	
3	15.0	
4	30.0	
5	50.0	
6	100.0	

4. 样品测定

取预处理后的样品溶液 1.0 μL 按照上述条件进行测定，在标准工作曲线上查找对应的质量，并计算样品中己内酰胺的含量。

五、注意事项

(1)进样过程的操作应迅速，防止样品挥发。

(2)为使测定结果准确，标准溶液和样品溶液的进样量要保持严格一致。

六、思考题

(1)本实验中采用气相色谱法测定水中己内酰胺含量有哪些不足？

(2)气相色谱法定量分析和定性分析的依据分别是什么？

七、扩展阅读

气相色谱(gas chromatogram，GC)的发展历程可以追溯到早期的分离科学。

①初期。早在 19 世纪 50 年代，英国科学家诺贝尔就利用气体吸附的原理，开展了气体分配系数的研究。然而，这种分离手段并没有得到广泛的应用。

②诞生。气相色谱真正的诞生是在 1941 年，由英国科学家马丁和詹姆斯首先提出并应用在实验室中，即通过带有固定相的柱子进行气体的分离。

③发展。1952 年，马丁和詹姆斯发表了气相色谱的理论基础，使得这种分离技术得以逐渐发展和完善；20 世纪 50 年代，气相色谱在分析化学中的应用越来越广泛，特别是在有机化学和环境科学中的运用，这一期间，人们发明了许多新的探测器和固定相材料，使得气相色谱的分析能力大大提高；现代气相色谱设备最早出现于 19 世纪 60 年代，包括计算机控制的样品载入系统、自动采样和数据处理系统等，此后的几十年中，气相色谱的技术和设备不断发展和完善，至今仍被广泛用于环境、食品安全、石油化工、制药等许多领域的样品分析中。

4.3 热分析实验

实验二十二 聚氯乙烯的热重分析

一、实验目的

(1)了解热重分析法在物质分析中的应用。

(2)掌握热重分析仪的工作原理及操作方法。

(3)掌握热重曲线的谱图处理和数据分析方法。

二、实验原理

热重分析(thermogravimetric analy-sis,TGA)法是一种在程序控温下测量物质质量与温度关系的分析技术。基于这种测量技术而建立的分析仪器就是热重分析仪。热重分析仪主要由四部分组成,分别是电子天平、加热炉、程序控温系统和数据处理系统(微计算机)。TGA 中,由试样的质量残余率 Y(%)对温度 T(℃)作图所得曲线,就是热重曲线(thermogvavimetric curve,TG 曲线)。由试样的质量残余率 Y(%)随时间的变化率 dY/dt(%/min)对温度 T(℃)作图所得曲线,就是微商热重曲线(derivative thermagravimetric curve,DTG 曲线)。常见的 TG 曲线和 DTG 曲线如图 4-13 所示。

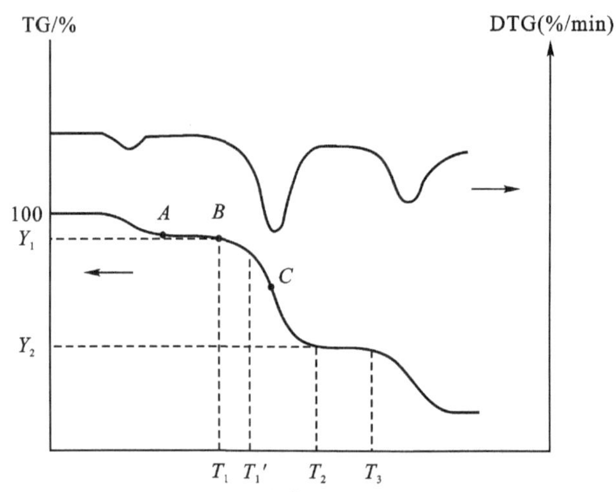

图 4-13 TGA 谱图

由上图可以看出,刚开始时由于试样中残余小分子物质的热解,试样有少许的质量损失,损失率为$(100-Y_1)$%;经过一段时间的加热后,温度升至 T_1,试样开始出现大量的质量损失,直至 T_2,损失率达(Y_1-Y_2)%;在 T_2 到 T_3 阶段,试样存在着其他的稳定相;然后,随着温度的继续升高,试样进一步分解。图中,T_1 称为分解温度,有时取 C 点的切线与 AB 延长线相交处的温度 T_1'作为该段分解的初始分解温度，后者数值偏高。

TGA 的实际应用非常广泛。例如，可以研究不同气氛下高聚物的热稳定性和热分解作用；测定物质所含水分及挥发物；测定物质烧蚀后的残渣或残碳率；测定增塑剂的挥发性、水解和吸湿性；研究物质的吸附和解吸过程；测定反应的汽化速度和汽化热；测定物质的升华速度和升华热；研究材料的氧化降解；研究缩聚高聚物的固化程度；研究高聚物中填料和掺和物的组成；进行共聚物和共混物的分析；进行材料中添加剂和挥发物的分析；测定水分（含湿量）；测定材料氧化诱导期；分析固化过程及预测使用寿命等等。

TGA 的实验结果，和其他分析方法一样也会受到许多外界因素的影响，再加上测试中温度的动态特性和天平的平衡特性，使得影响 TG 曲线的因素更加复杂，但基本上可以分为两类。①仪器因素，如升温速率、反应气氛、气体流速、样品支架、坩埚材质、炉子几何形状、电子天平灵敏度及桌面震动等。②样品因素，如样品的质量、粒度大小，样品装填的紧密程度，样品的受热膨胀程度、导热性、反应热，反应放出气体在样品中的溶解性等。

三、仪器与试剂

1. 仪器

热重分析仪（METTLER 公司型号 TGA2）、十万分之一天平、Al_2O_3 坩埚、加料漏斗、镊子、剪刀、称量纸、恒温循环水浴，气瓶。

2. 试剂

聚氯乙烯。

四、实验内容

1. 仪器预热

依次打开热重分析仪主机、循环水浴、氮气及空气气瓶主阀、计算机，在仪器中放置空坩埚，选择软件中已建好的“空烧”程序，炉体会快速升温至 1000 ℃并保温 5 min，而后炉温逐渐恢复至室温，备用。

2. 试样准备

打开外置十万分之一天平，坩埚去皮后准确称取聚氯乙烯样品 1～5 mg（称量结果记录精度至 0.01 mg），并用镊子小心夹取放入炉体中。

3. 样品测试

打开计算机桌面的 TGA 软件，进入测试界面，点击界面中的“程序编辑”按钮，选择“新建”或“打开”选项，设置合适的测试程序。将“起始温度”设置为 25 ℃、“终止温度”设置为 700 ℃、“升温速率”设置为 10 ℃/min。打开氮气气瓶分压阀，将“气体流量”设置为 50 mL/min。输入“样品名称”和“质量”的相关信息，点击“发送”按钮。待炉体稳定至 25 ℃时，点击“确定”按钮，仪器开始测试。

4. 试样分析

在仪器软件中点击主界面菜单栏中的“文件”→“打开曲线”，选择需分析的曲线后，可对所选曲线进行以下的常用分析操作。①点击菜单栏中的“数学计算”→“一阶导数”，可得到 DTG 曲线，方便在谱图上寻找每一步热反应的温度区间及该温度范围内的最快反应温度，以及其中所伴随副反应的微弱质量变化。②点击菜单栏中的“分层显示”，可将 TG 曲线和 DTG 曲线分上下两层显示。③按住鼠标左键并拖动，可以对曲线按框切割，选择待分析谱图或者某个台阶的分析范围。④点击菜单栏中的“热分析”→“水平阶跃”，可分析选择台阶的质量变化及百分比；⑤点击菜单栏中的“热分析”→“起始点”，可以分析所选择台阶的外延起始分解温度；⑥点击菜单栏中的“热分析”→“终止点”，可以分析所选择台阶的外延终止分解温度。通过上述分析，可得到样品每个台阶对应的温度区间及样品质量变化的信息。⑦点击菜单栏中的“文件”→“导入导出”→“其他格式”，可将数据保存为图片或者“.txt”格式。

5. 关机

测试完毕，待炉体温度降至室温后，用镊子取出坩埚。依次关闭气瓶阀、恒温循环水浴、仪器主机、计算机。整理台面卫生，盖好仪器。

五、数据处理

(1)分析谱图中 TG 曲线每个台阶的起始分解温度、终止分解温度、质量变化及百分比，以及质量减少 10%、20% 和 50%时的分解温度。

(2)对谱图中每个台阶质量变化的原因进行分析。

六、注意事项

(1)往炉体中放样或取样时，一定要按要求轻拿轻放，以免损坏样品支架。

(2)使用气体时，注意所用气体种类(N_2、空气等)及流量(分压表显示在 0.05 MPa)。

(3)测试中恒温循环水浴应处于正常工作状态，以免损坏热天平。

(4)试样质量要适宜或者体积不宜超过坩埚容量的 1/4，避免其在加热过程中膨胀溢出而出现异常曲线或导致仪器故障。

(5)在测试中或者在高温下禁止打开炉体，以免烫伤或者损坏仪器。

(6)所用坩埚为灼烧过的氧化铝坩埚，储于干燥器中备用，整个实验过程中禁止用手直接抓取坩埚。

(7)为防止样品坩埚与支架直接粘连，支架上的坩埚垫片请勿移走。

(8)测试过程中禁止按压实验台面，以免谱图出现“毛刺”。

七、思考题

(1)影响 TGA 实验结果的因素有哪些？

(2)TGA 在实际中的主要应用有哪些？

八、扩展阅读

热重及热分析技术简介

1977 年，国际热分析协会(International Conference for Thermal Analysis，ICTA)在日本京都召开的第七次会议上，给热分析下了如下定义：热分析是在程序控制温度下，测量物质的物理性质与温度的关系的一类技术。常见的热分析方法有热重分析(TGA)、差示扫描量热法(DSC)、差热分析(DTA)、热机械分析(TMA)等。

1786 年，英国人埃德伍德(EdgWood)在研究陶瓷黏土时发现，当加热陶瓷黏土达暗红色时有明显的失重，而在其前后的温度范围内则失重都极小。

1899 年，英国的罗伯茨-奥斯汀(Roberts-Austen)研究出了差热分析技术。

1903 年，“热分析”术语被提出。

1915 年，本多光太郎发明了第一台热天平，从而有了热重分析法。由于当时的热天平是极为粗糙的，重复性差、灵敏度低、分辨率也不高，难以推广，所以在很长一段时间内热重分析技术进展缓慢。

第二次世界大战后，由于仪器的自动化程度提高，热分析方法开始普及。

1945 年，美国的利兹-诺思拉普(Leeds - Northrup)公司开始制造商品化电子管式的差热分析仪器，此后也出现了商品化的热天平。

1953 年，奈特尔鲍姆(Teitelbaum)研究出了逸气检测法，即对试样在加热时放出的气体进行检测。

1959 年，吉姆(R. E. Gim)研究出了逸气分析法，即对试样在加热时放出的气体进行定性和定量的分析。

1962 年，吉兰(Gillan)研究出了扭辫分析法，主要用于测量高分子材料的模量和内耗等参数随温度变化的曲线。

1963 年，沃斯顿(Waston)等研究出了差示扫描量热法，后来，国际热分析协会称之为功率补偿式差示扫描量热法。根据这个方法生产出来的仪器称为功率补偿式差示扫描量热仪。

1965 年，第一次国际热分析会议召开。

1968 年，国际热分析协会(ICTA)成立。

1969 年，热分析杂志(*Jounal of Thermal Analysis*)创刊。

1970 年，热分析学报(*Thermochimica Acta*)创刊。

如今，热分析技术的诞生和发展已逾百年，应用领域遍及化学、物理学、地质学、生物学等基础科学领域及化工、冶金、地质、电工、陶瓷、轻纺、食品、医药、农林、消防等行业。

实验二十三　测定 $CaC_2O_4 \cdot H_2O$ 的热分解过程

一、实验目的

(1)了解热重分析仪的基本工作原理。

(2)掌握热重分析仪的基本操作步骤、谱图处理及注意事项。

(3)通过测定 $CaC_2O_4 \cdot H_2O$ 的热分解过程,掌握样品制备、参数设置及数据分析等技术。

(4)通过分析 $CaC_2O_4 \cdot H_2O$ 的热重曲线,了解制样方法、升温速率、气氛等因素对实验结果的影响。

二、实验原理

草酸钙又名乙二酸钙、乙二酸钙盐,是一种白色结晶性粉末,化学式为 CaC_2O_4。其难溶于水,可溶于盐酸和硝酸,常用于陶瓷上釉、制备草酸等,呈弱酸性。

工业中,一般是用氯化钙与草酸或草酸钠来制备 $CaC_2O_4 \cdot H_2O$。如用氯化钙水溶液和草酸水溶液共热反应制得 $CaC_2O_4 \cdot H_2O$ 后,再在热气流中干燥至恒重即得无水草酸钙。或者用精制氯化钙的稀水溶液与草酸水溶液共热反应析出的沉淀溶于热盐酸中,再加氨水进行再沉淀,滤集沉淀并热水洗涤后于 105 ℃左右干燥即可得到 $CaC_2O_4 \cdot H_2O$。或者在室温下往浓度为 0.25 mol/L 草酸钠水溶液(含 5%盐酸)中加入稍过量的 0.25 mol/L 氯化钙水溶液,将生成的沉淀与母液一起在 40 ℃下保持两天后再在室温下搅拌一周,用玻璃砂芯漏斗滤集沉淀,用 1%盐酸洗涤后再用水充分洗涤,直至滤液不再有氯离子为止。然后将沉淀再置于水中搅拌三周,滤集沉淀并用水充分洗涤后,在 40 ℃干燥至恒重即制得 $CaC_2O_4 \cdot H_2O$,将其置于 250 ℃的干燥气流中干燥至恒重,即得无水草酸钙。

晶体 $CaC_2O_4 \cdot H_2O$ 在热重分析仪中受热时会逐渐分解。当加热至 200 ℃左右时,其会失去结晶水变为 CaC_2O_4;继续加热至 500 ℃左右时,会继续失去 CO 进而变为 $CaCO_3$;等加热至 700 ℃左右时,会继续失去 CO_2,最后只剩下 CaO 固体。具体分解过程如下:

$$CaC_2O_4 \cdot H_2O \longrightarrow CaC_2O_4 + H_2O\uparrow$$

$$CaC_2O_4 \longrightarrow CaCO_3 + CO\uparrow$$

$$CaCO_3 \longrightarrow CaO + CO_2\uparrow$$

通过谱图处理后,不仅可以得到每一步分解的具体温度范围,而且还可得到每一步分解中的质量变化,通过分析谱图中三个台阶的质量损失率就可以清楚地了解到 $CaC_2O_4 \cdot H_2O$ 依次失去 H_2O、CO、CO_2 的分解过程。

三、仪器与试剂

1. 仪器

热重分析仪(METTLER 公司,型号 TGA2)、十万分之一天平、陶瓷坩埚、加热漏斗、恒温循环水浴、镊子、剪刀、气体钢瓶。

2. 试剂

$CaC_2O_4 \cdot H_2O$。

四、实验内容

1. 测试准备

依次打开仪器主机、恒温循环水浴、计算机。用分析天平称量 1～5 mg 粉末样品,称量结果须准确记录至 0.01 mg，用样品勺和加料漏斗将 $CaC_2O_4 \cdot H_2O$ 晶体置于已去皮的陶瓷坩埚中并用镊子将坩埚小心放入炉体中。

2. 样品测试

点击打开计算机桌面的 TGA 分析软件，在测试界面中点击“常规编辑器”，选择合适的已建测试程序或者新建测试程序。将“起始温度”设置为 25 ℃、“终止温度”设置为 850 ℃、“升温速率”设置为 20 ℃/min。依次打开氮气气瓶主阀及分压阀，将气体流量设置为 50 mL/min。输入“样品名称”和“质量”，点击“发送实验”。待炉体温度稳定至 25 ℃时，点击“确认”，仪器开始测试。试样测试完毕后，仪器会自动降温至 25 ℃，便于下一组同学进行测试。

3. 谱图处理

点击仪器分析软件，进入谱图分析界面，可对数据进行以下的常规分析操作。利用一阶导数功能处理后的 DTG 曲线，在谱图上精确选择 $CaC_2O_4 \cdot H_2O$ 三步分解过程的起点和终点；利用分层显示功能，将 TG 和 DTG 曲线分为上下两层显示；利用按框切割功能，选择 $CaC_2O_4 \cdot H_2O$ 分解过程中每一步的谱图分析范围；利用水平阶跃功能，依次分析 $CaC_2O_4 \cdot H_2O$ 失去 H_2O、CO、CO_2 时的质量变化；最后利用导入导出功能，将测试和分析结果保存为图片或“.txt”等格式。

4. 关机

测试完毕，待炉体温度降至室温后，小心取出坩埚。依次关闭气瓶主阀及分压阀、恒温循环水浴、仪器主机、计算机。清点所用漏斗、镊子等工具，整理台面卫生。

五、数据处理

(1)利用仪器自带软件，依次标出谱图中 $CaC_2O_4 \cdot H_2O$ 三步分解过程的起始分解温度、终止分解温度、质量变化及百分比。

(2)对谱图中每一步分解过程中质量变化的原因进行分析。

六、注意事项

(1)往炉体中放样或取样时一定要按要求轻拿轻放，以免损坏样品支架。

(2)看清所用气体种类，准确设置气体流量(分压表的压力值为 0.05 MPa)。

(3)测试前一定要确认恒温循环水浴处于工作状态。

(4)样品测试完毕后，须待仪器温度降至 80 ℃以下，方可打开炉体。

(5)全程用镊子取放坩埚，避免污染样品而导致测试结果异常。

(6)用外置天平准确称量试样质量，可减少仪器故障的概率。

(7)热重分析仪天平极其灵敏，整个测试过程中禁止按压桌面，可避免因人为按压台面使天平失准而出现异常谱图。

七、思考题

(1)增加或减少样品质量，测试结果会出现什么变化？

(2)提高或降低升温速率，测试结果会出现什么变化？

(3)为什么测试中气体的流速须准确控制?

(4)本次实验可否选择铝坩埚进行测试?

实验二十四 聚对苯二甲酸乙二醇酯的热转变分析

一、实验目的

(1)了解差示扫描量热仪的基本工作原理。

(2)掌握差示扫描量热仪的基本操作步骤、谱图处理、谱图分析及注意事项。

(3)通过测定聚对苯二甲酸乙二醇酯的热转变,掌握样品的制备方法及利用仪器自带软件进行样品的谱图分析。

二、实验原理

物质在制备或者使用中不仅有结晶、熔融、脱水、晶型转变等物理变化,也有化合或分解等化学变化。这些过程中往往伴随着热力学性质如热焓、比热、导热系数的变化。利用差示扫描量热法准确测量这些热力学参数对于制备或改进材料有非常重要的意义。

1. 差示扫描量热法

差示扫描量热法(differential scanning calorimetry,DSC),是在程序控制温度下(升降温或者恒温)和一定的气氛下(惰性气体或氧化性气体),测量流入流出试样和参比物的热流或输给试样和参比物的加热功率与温度和或时间的关系的一种分析方法。其中,热流是单位时间交换的热量,单位是 J/s。差示扫描量热曲线(DSC 曲线)以热流率($\mathrm{d}H/\mathrm{d}T$)为纵坐标、以温度(T)为横坐标,即($\mathrm{d}H/\mathrm{d}T$)- T 曲线。曲线离开基线的位移即代表样品吸热或放热的速率($\mathrm{mJ \cdot s^{-1}}$),而曲线中峰或谷包围的面积即代表热量的变化。因而差示扫描量热法可以直接测量样品在发生物理或化学变化时的热效应。

2. 差示扫描量热仪的工作原理

差示扫描量热仪(differential scanning calorimeter,DSC)可分为热流型和功率补偿型两种。

热流型 DSC 的工作原理是将样品和参比物放在同一个炉体中,给样品和参比物相同的功率,由于参比物在所测试的温度范围内不具有任何热效应,此时仪器可以检测到样品和参比物两端之间的温差 ΔT,然后根据热流方程,将温差 ΔT 换算成热量差 ΔQ 并作为信号输出。

功率补偿型 DSC 的工作原理是将样品和参比物分别放在两个独立的炉体中,当样品发生热效应时系统会立即调整两个炉体的功率,以维持样品和参比物温度始终一致。测定输入到样品和参比物之间的功率差,并且将其直接作为信号输出。在功率补偿型 DSC 中,通常不区分样品温度和参比物温度,而统称为炉体温度或样品温度。

3. 聚合物结晶温度 T_c 和结晶热 ΔH_c 的测定

如果聚合物在升温或者降温过程中发生了结晶,由于在此过程中放出结晶热会使样品所在的炉温升高，样品和参比物之间产生短暂的温差而触发温差检测系统，从而对其进行负功率补偿，即减小样品侧的加热功率以维持两侧炉温一致，最终用功率差对温度或者时间作图即可得到相应的 DSC 谱图。通常把结晶峰所对应的温度称为结晶温度，把在程序升温或者降温中发生结晶过程时的焓变称为结晶热。根据 DSC 谱图，就可以对该聚合物的结晶温度 T_c 及结晶热 ΔH_c 进行分析。实际中，聚合物的结晶能力和结晶速度差异很大，某些聚合物在 DSC 升温或者降温过程中并不结晶，即不出现结晶峰，这里包括本身就不能结晶的非结晶聚合物、结晶速度较慢的聚合物、在升温过程中来不及结晶及在升温测试前已经有较高结晶度的聚合物等。

4. 聚合物熔点 T_m 和熔融热 ΔH_m 的测定

如果测试已经结晶的聚合物或是在升温过程中会发生结晶行为的样品时，当程序升温到结晶部分的熔融温度时，结晶开始融化，伴随着吸热现象的出现。这样会使得样品所在一侧的炉温降低，而参比物一侧则无这种变化，因此在样品与参比物之间产生的短暂温差便会触发温差检测系统，从而对其进行功率补偿，即增加样品侧的加热功率，从而维持两侧炉温一致。用功率差对温度或时间作图，就可得到相应的 DSC 谱图。根据 DSC 谱图就可以对该聚合物的熔点 T_m 和熔融热 ΔH_m 进行分析，进一步还可确定样品的结晶度。

5. 玻璃化转变温度 T_g 的测定。

玻璃化转变是聚合物的一种普遍现象。对于非晶态聚合物而言，是指其从玻璃态到高弹态的转变；对于晶态聚合物，则是指其中非晶部分的这种转变。聚合物通常难以形成 100％的结晶，因此总有非晶区的存在。根据聚合物玻璃化转变的热力学理论，在发生玻璃化转变时，吉布斯自由能的二阶偏导数如恒压热容、体膨胀系数等会显示出不连续的变化，因此玻璃化温度常被称为二级转变点。用差示扫描量热法对聚合物进行程序升温，当聚合物发生玻璃化转变时热容会出现突变，在 DSC 谱图上常常表现为基线的突变，由此可确定聚合物的玻璃化转变温度 T_g。需要注意的是，聚合物在发生玻璃化转变时链段运动开始被激发，然而链段运动是一个弛豫过程，因此玻璃化转变温度 T_g 强烈地依赖于测试条件，如升温速率或降温速率等，故其不是真正的二级转变点。

三、仪器与试剂

1. 仪器

DSC 214 polyma 差示扫描量热仪、铝坩埚、十万分之一分析天平、封口机、打孔器、镊子、加样漏斗、钢勺、恒温冷却循环水浴。

2. 试剂

聚对苯二甲酸乙二醇酯。

四、实验内容

1. 开机预热

依次打开计算机、DSC 214 polyma 仪器主机、恒温冷却循环水，逆时针旋转打开氮气气瓶主阀，总压表显示 1～15 MPa 均为正常，顺时针打开分压阀，调节分压表压力为 0.05 MPa，对炉体进行空烧。

2. 制备样品

准备一张干净白纸，用于放置坩埚及坩埚盖；将铝坩埚盖置于 DSC 专用橡胶垫上，用专用大头针扎一小孔；打开十万分之一天平，放入称量纸，称量铝坩埚（带盖）质量并记录；用无纺纸擦净专用漏斗和样品勺，小心地加入样品，准确称量样品质量并记录，一般取 2～3 mg；用封口机封口，并用记号笔在坩埚盖上编号；用平头镊子将样品坩埚放置于样品室右侧；在样品室左侧放置一个称过质量的带盖空坩埚作为参比坩埚，不放任何样品。依次盖好样品室内盖、外盖。

3. 样品测试

（1）打开计算机桌面的"NETZSCH-Proteus-70（仪器软件文件夹）"，点击打开"DSC 214 Polyma on USBc1（测试软件）"，仪器进行自动刷新。刷新后直接点击菜单栏中的"新建"或点击"FILE"→"NEW"新建文件，弹出测量设定对话框，点击"下一步"，进入基本信息设置界面。

（2）"样品信息"设置："测量类型"模块选择"样品"，"样品框"模块内输入"样品编号""名称""样品质量""坩埚质量"等信息，"参比"模块内输入"参比质量（一般填 0）""参比坩埚质量"等信息；点击"下一步"，进入"温度程序"设置界面。

（3）"温度程序"设置："段条件"模块中勾选"吹扫气 2""保护气"选项；"初始温度"信息框中输入 30 ℃，点击"增加"；"终止温度"信息框中输入 300 ℃，点击"增加"；"升温速率"信息框中输入 10 K/min，点击"增加"；"恒温时间"信息框中输入 1 min，点击"增加"；"结束"信息框中默认参数即可，点击"增加"；"结束等待"选择默认参数即可，点击"增加"；点击"下一步"，进入"校正"设置界面。

（4）"校正"设置：依次选中"温度校正""热流校正"和"高级 Tau - R 校正"模块中的校准文件，完成后点击"下一步"，进行"文件存储"及"初始化"设置。

（5）"文件存储"及"初始化"设置：在计算机中选择合适、规范的文件存储位置；点击"初始化气体开关"，选择"吹扫气""保护气""冷却"，点击"确定"；点击菜单栏中的"诊断"，查看信号和剩余测量时间；最后点击"开始"按钮，仪器达到指定温度后，会自动开始测样。

4. 谱图分析

打开计算机桌面"NETZSCH - Proteus - 70"文件夹中的测试软件，进入谱图分析界面，对数据进行以下分析操作：点击"时间/温度"选项，切换 X 轴为温度；点击"段"选项，调整段的显示与衔接；点击"平滑"选项，对聚对苯二甲酸乙二醇酯曲线进行平滑处理；点击"起始点"和"终止点"选项，选择合适的范围；点击"玻璃化转变"选项，对所选范围内的曲线进行玻璃化转变温度的计算；点击"峰的综合分析"选项，对所选范围内的曲线进行综合分析；保存谱图并打印。

5. 关机

待炉体温度降至室温后取出坩埚，依次关闭气瓶阀、循环水浴、仪器、计算机，整理台面卫生，盖好仪器罩布。注意关闭气瓶时先顺时针关闭主阀，再逆时针关闭分压阀。

五、注意事项

(1)炉体内左侧放置参比坩埚,右侧放置样品坩埚。

(2)两侧铝坩埚最好是同一批次所购置,两坩埚(不含样品)质量差必须小于 10%。

(3)取放坩埚时需用镊子,禁止用手直接抓取。

(4)样品量不宜取得太多,以避免样品在加热过程中发生膨胀或溢出坩埚。

六、思考题

(1)当 DSC 谱图中出现基线突变时即表明聚合物发生了玻璃化转变,简述其原因。

(2)当实验中的升温速率改为 5 ℃/min 和 20 ℃/min 时,对玻璃化转变的测试结果有什么影响?

(3)当增加和减少实验中样品的质量时,分别对实验结果有什么影响?

七、扩展阅读

差热分析技术发展史

1887 年,法国的勒沙特利耶(Le Châtelier)利用热电偶测量温度的方法对试样进行升温或降温来研究黏土类矿物的热性能时,获得了一系列黏土试样的加热和冷却曲线,并根据这些曲线鉴定了一些矿物试样。此外,他还使用了水、硫、硒、金等高纯度的物质作为标准物质来标定温度。为了提高仪器的灵敏度,以便观察黏土在某一特定温度时的吸热和放热现象,他采用了分别测量试样温度和参比物温度的差示法读取数据,第一次发表了最原始的差热曲线,为此,他被公认为差热分析技术的创始人。

1899 年,英国人罗伯茨·奥斯汀(Roberts Austen)改进了差示测量时的差示法,他把试样与参比物放在同一个炉体中加热或冷却,并采用两对热电偶反向串联,分别将热电偶插入试样和参比物中的测量方法,提高了仪器的灵敏度和重复性。

1955 年以前,人们在进行差热分析实验时,都是把热电偶直接插到试样和参比物中测量温度和差热信号,这样容易使热电偶被试样或试样分解出来的气体所污染和老化。1955 年布尔斯马(Boersma)针对这种方法的缺陷提出了改进办法,即在坩埚里面放入样品和参比物,通过坩埚底部与热电偶接触获得热效应信号。目前商品化的差热分析仪基本都采用了这种办法。

1963 年,沃斯顿(Waston)等发明了差示扫描量热法以后,国际热分析协会称其为功率补偿式差示扫描量热法。根据这个方法生产出来的仪器称为功率补偿式差示扫描量热仪。

20 世纪 70 年代末,珀金埃尔默公司制成了商品化的专用于热分析仪器方面的微机处理温度控制器,接着,日本理学电机、第二精工舍、岛津,瑞士梅特勒(Mettler)、美国杜邦(Du－Pont)等公司相继制成了类似的产品。

在 20 世纪 80 年代初,这些公司又先后把微型计算机用于热分析方面的数据处理,并制成了商品化的差热分析数据台。

随着电子技术的发展，特别是近代半导体器件、电子计算机技术和微处理机的发展，自动记录、信号放大、程序控温和数据处理等智能化方面有了很大的改进和提高，使仪器的精度、重复性、分辨率和自动数据处理装置大为改善和提高，操作也越来越方便，推动了热分析技术逐步向纵深方向发展，应用也更为广泛。

从差热分析技术的应用来看，19 世纪末到 20 世纪初，差热分析法主要用来研究黏土、矿物及金属合金。到 20 世纪中叶，差热分析技术才应用于化学领域中。起初用于无机物领域，而后才逐渐扩展到络合物、有机物和高分子领域中。在 20 世纪 70 年代初，差热分析技术又开辟了对生物大分子和食品工业方面的研究。从 20 世纪 80 年代开始，该方法用于胆固醇和前列腺结石的研究及解毒药的毒性和活性分析等方面。

现在，差热分析技术已渗透到物理、化学、化工、石油、冶金、地质、建材、纤维、塑料、油漆、高分子、食品、地球化学、生物化学等多个领域，其几乎是所有行业都可以用得上的热分析技术。因为任何物质在从超低温到超高温的程序控温过程中总是有热效应发生的，而且有可能不止一个，这就形成了表征物质变化过程的特征图谱。

实验二十五　差示扫描量热法测定聚丙烯的结晶度

一、实验目的

(1)了解差热分析法的基本原理和差热分析仪的基本构造。
(2)掌握用差示扫描量热法测定聚合物的结晶度。
(3)学会 DSC 曲线的数据处理。

二、实验原理

1. 热分析方法

热分析是一种很重要的分析方法，是在程序控制温度下，测量物质的物理性质与温度关系的一种方法。在加热或冷却的过程中，随着物质的结构、相态和化学性质的变化，都会伴有相应的物理性质的变化。这些物理性质包括质量、温度、尺寸和声、光、热、力、电、磁等。热分析主要用于研究物理变化(晶型转变、熔融、升华和吸附等)和化学变化(脱水、分解、氧化和还原等)，不仅可提供热力学参数，还可给出有一定参考价值的动力学数据，因此，热分析在材料的研究和选择、热力学和动力学的理论研究上都是很重要的分析手段。

2. 差示扫描量热法(DSC)

当物质的物理性质发生变化(例如结晶、熔融或晶型转变等)，或者物质发生化学变化时，往往伴随着热力学性质如热焓、比热、导热系数的变化。差示扫描量热法(DSC)就是通过测定其热力学性质的变化来表征物理或化学变化过程的。目前，常用的差示扫描量热仪分为两类：功率补偿型和热流型，本书实验中使用的是热流型 DSC。热流型 DSC 是在给予样品和参比样品相同的功率下，测定样品和参比样品两端的温差 ΔT，然后根据热流方程，将 ΔT(温差)转换成 ΔQ(热量差)并将其作为信号输出，即在程序控制温度下

(升降温或者恒温)和一定的气氛下(惰性气体和氧化性气体),测量流入流出试样和参比物的热流或输送给试样和参比物的加热功率与温度和或时间的关系。热流是单位时间交换的热量,其单位是 J/s。差示扫描量热曲线以热流率(dH/dT)为纵坐标、以温度(T)为横坐标,即(dH/dT)- T 曲线。曲线离开基线的位移即代表样品吸热或放热的速率($mJ \cdot s^{-1}$),而曲线中峰或谷包围的面积即代表热量的变化。因而差示扫描量热法可以直接测量样品在发生物理或化学变化时的热效应。

3. DSC 测定聚合物的结晶度

高聚物的许多重要性质都和其结晶度密切相关,所以结晶度是高聚物的特征参数之一。DSC 可以用来测定聚合物的结晶速度、结晶度。结晶度的数值大小和样品分子量、结晶温度、结晶时间、退火时间有关。由于结晶度和熔融热焓值成正比,因此可以利用 DSC 法测定聚合物的百分结晶度。先根据高聚物的 DSC 熔融峰面积计算熔融热焓 ΔH,假设 ΔH_f 是 100%的结晶样品的扩散热,结晶度可按下式求得:

$$X_c(\%)=\frac{\Delta H}{\Delta H_f}\times 100\%$$

式中,ΔH、ΔH_f 在相同条件下求得。这里聚丙烯的 ΔH_f 取 190 J/g。

三、仪器与试剂

1. 仪器

差示扫描量热仪 DSC3(瑞士 Mettler 公司)、电子分析天平(十万分之一,精确到 0.01 mg)。

2. 试剂

聚丙烯。

四、实验步骤

1. 开机准备

(1)打开气瓶阀门,调节副压表压力小于 0.1 MPa,调节干燥气流量至 150 mL/min。

(2)打开 DSC3 主机电源,打开计算机,双击计算机桌面上的“STARe(软件)”图标进入 DSC3 软件界面,软件会自动建立与仪器的连接,当软件下方的灰条变绿后表示仪器与软件连接成功。

(3)准备实验前打开机械制冷仪。

2. 样品称量

用分析天平称量样品 5～10 mg,平整地放入标准铝坩埚中,不超过坩埚容积的 1/3,记下样品质量。

3. 样品制备

用镊子将装有样品的铝坩埚放到封口机的样品支架上,盖上坩埚盖,转动旋把一周并压制,铝坩埚的盖子和盘就被冷焊密封起来了。注意在盖子上扎一个孔通气以使坩埚内外气压相同,避免升温过程中坩埚内气压增大使盖子脱落。

4. 编辑实验方法

(1)打开热分析软件“STARe”的方法窗口,点击实验界面左侧的“Routine Editor(常规编辑器)”编辑实验方法:点击“new(新建)”编辑一个新的方法。

(2)点击“Add Dyn(添加动态温度段)”选项以添加升降温程序,点击“添加等温段”以添加恒温程序,编辑“起始温度”“等温时间”等信息,“升降温速率”设置为 10 K/min,实验气氛为 N_2。

(3)点击界面下方的“Pan(坩埚)”选项来选择 40 L 标准铝坩埚。

(4)在“Segment Gas”选项里选择对应气体并输入气流量 50 mL/min。

(5)编辑完方法后,在“Sample Name”一栏中输入样品名称,在“Size”一栏中输入样品质量,然后点击“发送实验”。

5. 样品测试

当计算机屏幕左下角的状态栏中出现“等待装样”时,打开 DSC 的炉盖,将封好的铝坩埚取下并置于样品室中右侧,左边为空白参比坩埚,依次盖好样品室盖子。然后点击软件中的确认键,实验即自动开始。

测试结束后,当计算机屏幕左下角的状态栏中出现“移除样品”时,打开炉盖,将样品取出,然后盖上炉盖,仪器自动降温至实验的起始温度。

6. 关机

依次关闭机械制冷仪、仪器主机、计算机,最后关闭气瓶总阀及分压阀。

五、数据处理

(1)点击软件主窗口下的“Home/Evaluation Window(主页/数据分析窗口)”打开数据处理界面。

(2)单击“File/Open Curve(文件/打开曲线)”,在弹出的对话框中选中要处理的曲线,点击“Open(打开)”打开该曲线,根据需要对曲线进行处理。

(3)按操作步骤将实验结果导出成其他常用格式,包括“.txt”文本格式和“.png”图片格式等。

六、注意事项

(1)测试前应对待测样品的性质有大概了解,DSC 不能用于样品分解类实验,测试温度应低于分解温度。

(2)采集数据的过程中应避免仪器周围有明显的震动,严禁高温时打开炉盖。

(3)禁止在采集数据的过程中调整气体流量,因为气体流量的轻微改变就会对 DSC 热流曲线产生明显的影响。

七、思考题

(1)差示扫描量热法测定聚合物结晶度的原理是什么?

(2)差示扫描量热法实验中,影响实验结果的因素有哪些?

实验二十六　石蜡相变过程的热分析

一、实验目的

(1)通过热分析法测定相变材料的相变温度。

(2)了解相变材料在温度变化过程中的物相转变规律。

二、实验原理

相变材料是一种能够在外界条件改变时发生物理或化学相变的材料。相变是物质从一种状态转变为另一种状态的过程,常见的相变包括固态到液态、液态到气态等。相变材料广泛应用于热管理、能量存储和传感器等领域,相变温度是其重要的参数,决定了其在特定应用中的使用效果。相变温度是指物质在特定外界条件下发生相变的温度,不同类型的相变材料具有不同的相变温度。不同相变材料的相变温度存在差异,这与其分子结构、晶格结构等因素有关。此外,相变材料的相变过程也表现出不同的热效应和动力学特征。常见的相变材料包括金属合金、聚合物、无机盐类等。根据其不同的结构和性质,这些材料可以表现出固态到液态、液态到气态及其他形式的相变。

热分析法是一种通过测量物质在加热或冷却过程中的热学参数,研究物质相转变规律的方法。其中,差示扫描量热法(DSC)是最常用的一种,可以用来测定材料的熔点、玻璃化转变温度等。DSC 的基本原理是测量样品在加热或冷却过程中热量的变化,与标准物质之间的热效应进行比较,从而得到样品的熔点、玻璃化转变温度等热力学参数。

本实验将采用 DSC 来测定相变材料的相变温度,该分析方法具有快速、准确、无破坏性等优点,可用于批量样品的测试和分析,提高实验效率。然而,对于某些具有复杂结构和多相转变的样品,仍需结合其他分析方法进行深入研究。

三、仪器与试剂

1. 仪器

DSC 214 polyma 差示扫描量热仪、烘箱、十万分之一天平、坩埚、镊子、剪刀、铝勺、剪刀、气瓶。

2. 试剂

石蜡。

四、实验内容

1. 开机

打开 DSC 214 polyma 主机。打开气瓶主阀与分压阀:逆时针旋转气瓶主阀,顺时针旋转分压阀,调节分压表压力为 0.05 Mpa。启动计算机。

2. 样品制备

所用样品质量一般为 3～5 mg,可根据样品性质适当调整加样量。把样品压制得尽量延展平整,以保证压制样品时坩锅底的平整。把装有样品的坩埚置于压片机中,盖上坩埚盖,旋转压样机扳手,把坩埚样品封好。同时不放样品,压制一个空白坩埚作为参比样品。压完后检查坩埚是否封好,且要保证坩埚底部清洁无污染。用镊子移开炉盖和盖片,把空白坩埚放置于左边参比盘,把制备好的样品坩埚放置于右边样品盘中,盖上盖片和炉盖。

3. 设定测定参数与样品测试

(1)打开软件:点击计算机桌面的“NETZSCH - Proteus - 70”软件文件夹,启动测试软件“DSC 214 Polyma on USBc1”,仪器进行自动刷新。

(2)新建文件:直接点击测试软件主界面的“FILE(文件)”→“NEW(新建)”,弹出测量设定对话框,设置默认,点击“下一步”。

(3)设置基本信息:测量类型选择“样品”,样品选项中输入样品编号、名称、样品质量和坩埚质量。参比选项中输入参比质量、参比坩埚质量。其他信息请勿修改,完成后点击“下一步”。

(4)设置温度程序:“段条件”勾选“吹扫气 2”和“保护气”选项;程序根据实验需求编辑实验参数;设置初始测量温度 30 ℃,点击“增加”;设置终止温度小于等于 300 ℃,点击“增加”;设置升温速率为 5 K/min,点击“增加”;设置恒温时间为 2 min,点击“增加”;结束默认参数即可,点击“增加”;结束等待默认参数即可,点击“增加”;完成后点击“下一步”。

(5)校正:选择温度校正、热流校正或高级 Tau - R 校正;完成后点击“下一步”。

(6)最后的条目:选择合适、规范的存储位置,禁止存储于计算机桌面。

(7)初始化气体开关:选择“吹扫气 2”“保护气”“冷却”,点击“确定”。

(8)诊断:点击主界面菜单栏中的“选择”→“查看信号”和“剩余测量时间”。

(9)开始:到指定温度后,点击“开始”,测试样品。

4. 数据分析

打开计算机桌面的“NETZSCH - Proteus - 70”文件夹,点击打开测试软件,进入谱图分析界面,可对数据进行常用分析操作。

5. 关机

样品测量完成后,等待样品腔温度降到室温后,取出样品,依次关闭:气瓶、循环水浴、仪器主机、计算机。

五、数据处理

(1)通过 DSC 曲线,观察样品在加热过程中的物相转变规律,确定相变温度范围。

(2)对比不同样品之间的 DSC 曲线,分析不同相变材料的相变温度和相变过程的差异。

六、注意事项

(1)实验前必须对样品进行充分的干燥处理,以保证实验结果的准确性。

(2)在实验过程中,应注意控制升温速率,避免因升温过快导致样品分解或相变过程不充分。

七、思考题

(1)什么是相变材料?相变材料在现实生活和工业生产中有什么应用?

(2)在本实验中,我们采用了DSC来测定相变材料的相变温度。除了DSC,还有哪些热分析方法可以用于测定相变温度?它们的原理和应用范围有何不同?

实验二十七　硼硅玻璃热膨胀系数的测定

一、实验目的

(1)了解测定材料膨胀曲线的意义。

(2)掌握测定热膨胀系数的原理和方法。

(3)利用材料的热膨胀曲线,确定其膨胀系数。

二、实验原理

物体的体积或长度随着温度的升高而增大的现象称为热膨胀。热膨胀系数是材料的主要物理参数之一,是衡量材料热稳定性好坏的一个重要指标。测定材料线膨胀系数的方法很多,有示差法(或称"石英膨胀计法")、双线法、光干涉法、重量温度计法等。国内外示差法所采用的测试仪器很多,主要有分立式膨胀仪和卧式膨胀仪两种。对于一般的普通材料,通常所说的膨胀系数指的是线膨胀系数,其意义是温度升高1 ℃时材料单位长度上所增加的长度,单位为cm·(cm·℃)$^{-1}$。

假设物体原来的长度为L_0,温度升高后长度的增加量为ΔL,则

$$\Delta L/L_0=\alpha_1\Delta T$$

式中,α_1为线膨胀系数,也就是温度每升高1 ℃时,物体的相对伸长量。

当物体的温度从T_1上升到T_2时,其体积也从V_1变化为V_2,则该物体在$T_1\sim T_2$的温度范围内,温度每上升一个单位,单位体积物体的平均增长量为

$$\beta=\frac{V_1-V_2}{V_1}(T_1-T_2)$$

式中,β为平均体膨胀系数。

从测试技术来说,测量体膨胀系数较为复杂。因此,在讨论材料的热膨胀系数时,常常采用线膨胀系数:

$$\alpha=\frac{L_1-L_2}{L_1}(T_1-T_2)$$

式中，α 为玻璃的平均线膨胀系数；L_1 为在温度为 T_1 时试样的长度；L_2 为在温度为 T_2 时试样的长度。

α 与 β 的关系：

$$\beta=3\alpha+3\alpha^2\cdot\Delta T^2+\alpha^3\cdot\Delta T^3$$

上式中的第二项和第三项非常小，在实际中一般略去不计，而取 $\beta\approx3\alpha$。

膨胀系数实际上并不是一个恒定的值，而是随着温度变化的，所以上述膨胀系数都是具有在一定温度范围 ΔT 内的平均值的概念，因此使用时要注意其适用的温度范围，一些材料的线膨胀系数见表 4-17。

表 4-17　一些材料的线膨胀系数(0～1000 ℃)

材料名称	线膨胀系数/$10^{-6}K^{-1}$	材料名称	线膨胀系数/$10^{-6}K^{-1}$	材料名称	线膨胀系数/$10^{-6}K^{-1}$
石英玻璃	0.5	滑石瓷	7～9	MgO	13.5
钠钙硅玻璃	9.0	钛酸钡瓷	10	SiC	4.7
硼硅玻璃	3	莫来石	5.3	TiC	7.4
黏土耐火砖	5.5	尖晶石	7.6	BeC	9.0
刚玉瓷	5～5.5	ZrO_2	4.2		
硬质瓷	6	Al_2O_3	8.8		

示差法是利用热稳定性良好的材料——石英玻璃(棒和管)在较高温度下，其线膨胀系数随温度而改变的程度很小，当温度升高时，石英玻璃管与其中的待测试样及石英玻璃棒都会发生膨胀。但是待测试样的膨胀系数比石英玻璃管上同样长度部分的膨胀系数要大。因而使得与待测试样相接触的石英玻璃棒发生移动，这个移动是石英玻璃管、石英玻璃棒和待测试样三者的同时伸长和部分抵消后所显示的 ΔL 值，包括试样与石英玻璃管和石英玻璃棒的热膨胀系数之差值。测定出这个系统的伸长之差值及加热前后温度的差值，并根据已知石英玻璃的膨胀系数，便可算出待测试样的热膨胀系数。

试样升温达到测试温度后，根据记录结果，按下式计算出试样加热至 t ℃时的线膨胀百分率和平均线膨胀系数。

线膨胀百分率计算公式：$\delta=\dfrac{\Delta L_t-K_t}{L}\times100\%$

平均线膨胀系数计算公式：$\alpha=\dfrac{\Delta L_t-K_t}{L}(t-t_0)$

两公式中，L 为试样室温时的长度(mm)；ΔL_t 为试样加热至 t ℃时测得的线变量值(mm)(仪器示值)，ΔL_t 数值的正负表示试样的膨胀与负膨胀(收缩)；K_t 为测试系统 t ℃时的补偿值(mm)；t 为试样加热温度(℃)；t_0 为试样加热前的室温(℃)。

测试杆在相应温度下的综合膨胀值，所以应将标样在相应温度下的膨胀值从膨胀量中扣除，剩下的膨胀量即为仪器在相应温度下的补偿值 K_t。而标样的膨胀系数为已知的话，则 K_t 可用以下公式求出，即已知 $\alpha_{标}$、$L_{t标}$、$L_{标}$、t、t_0，则：

$$K_t=\Delta L_{t标}-\alpha_{标}\times L_{标}\times(t-t_0)$$

三、仪器与试剂

1. 仪器

DIL402C 热膨胀仪、镊子。

2. 试剂

硼硅玻璃样品。

四、实验内容

1. 试样准备

(1)取无缺陷材料作为测定膨胀系数的试样。

(2)试样尺寸依仪器的要求而定。试样(管棒)直径为 5～6 mm,长为 25 mm。

(3)把试棒两端磨平。

2. 样品测试

(1)准备好测试样品,水平移动炉腔,将松紧旋钮旋松。

(2)将样品平整地放入支架内的两个套圈内。注意不能让镊子针尖碰到传感器表面,也不能用手直接拿样品。小心地将炉腔水平地移回原位,观察其与支架的相对位置有无异常。

(3)等待几秒,当仪器与计算机完成自动连接时软件测试窗口下面会显示“在线”,此时开始进行实验设定。若仪器自检无法通过则必须立即向管理人员汇报并且做好实验记录。

(4)等到测试软件主界面出现 “在线”字样时,点击菜单栏中的“诊断”→“调整”,旋转松紧旋钮,观测屏幕将“△”调到零位置。

(5)点击菜单栏中的“文件”→“打开”,选择 DIL 402 基线文件→所需基线→“样品＋修正”,填入样品编号、样品长度、样品名称,并在参数数据和温度校正前打钩,再点击“继续”。这时起始温度和升温速率不可更改,只能更改结束温度而且必须低于当前的设置温度,设置好后,点击“继续”。

(6)放入样品,点击“确定”→“初始化工作条件”→“开始”,开始测试样品。测试完毕,进行曲线校正,步骤:鼠标右键点击所选曲线,切换 y 轴单位,再右键点击所选曲线,点“校正”按钮即可,校正前打钩的曲线表示该条曲线已校正。

五、注意事项

(1)仪器工作完毕时,观察屏幕左上角或右下角的温度显示,等炉腔内的温度小于 100 ℃,最好降到室温,才能打开炉腔取出样品。

(2)样品的两个端面必须平行、平整。

(3)放样过程中,当样品推竿接触样品时,不能发生抖动。

(4)测量过程中,不要碰触操作台及膨胀仪测量单元。

六、思考题

(1)为什么膨胀曲线出现抖动现象?

(2)如何防止样品与支架黏结？

实验二十八　利用热膨胀仪测定聚四氟乙烯的膨胀系数

一、实验目的

(1)掌握利用热膨胀仪测定聚合物的物理膨胀曲线、工程膨胀曲线的原理和方法。

(2)掌握热膨胀仪的基本操作、谱图处理、谱图分析及操作注意事项。

(3)通过测定聚四氟乙烯(poly(tetrafluoroethy－lene)，PTFE)的膨胀系数，了解聚合物的结构特性。

二、实验原理

物体因温度改变而发生的膨胀现象称为热膨胀。通常在外界压强不变的情况下，大多数物体在温度升高时体积增大，在温度降低时体积缩小。在相同条件下，气体膨胀程度最大，液体膨胀程度次之，固体膨胀程度最小。也有少数物体在一定的温度范围内，温度升高时体积反而减小。固体材料的热膨胀是因为温度升高时，分子运动的平均动能增大，分子间的距离也增大，固体的体积随之而增大；温度降低，固体冷却时分子的平均动能变小，使分子间距离缩短，于是固体的体积就要减小。又由于固体、液体和气体分子运动的平均动能大小不同，因而从热膨胀的宏观现象来看亦有显著的区别。

材料热膨胀的程度可通过线(体)膨胀系数(α)来比较。线(体)膨胀系数为温度升高1 K时，物体的长度(体积)的相对增加量。对于每种固体都有一个德拜温度(以下称“特征温度”)，低于此特征温度时，α 随温度强烈变动；高于此特征温度时，α 实际上是常数。处在室温下的许多普通材料，其温度都接近或高于各自的特征温度，其长度随温度变化的规律，可用近似式 $l=l_0(1+\alpha t)$ 表示，式中，l 是试件的长度，l_0 为零摄氏度(0 ℃)时试件的长度，t 是摄氏温度。

热膨胀的程度与温度、热容、结合能及熔点等物理性能有关。与温度热容相关的格林艾森定律：热膨胀系数与定容比热容成正比，它们有相似的温度依赖关系，在低温下随温度升高急剧增大，而到高温则趋于平缓。膨胀系数与结合能熔点的关系是熔点较高的金属具有较低的膨胀系数。线膨胀系数和熔点的关系可由经验公式表示为 $\alpha_l T_m=0.022$。原子间的结合力强，势能曲线深而狭窄，升高同样的温度，质点振幅增加得较少，热膨胀系数小。

影响材料膨胀性能的主要因素为相变、材料成分与组织、各向异性。

(1)相变的影响。一级相变中体积突变，V-T 曲线的变化不连续，转变点处膨胀系数无穷大。二级相变中 V-T 曲线连续变化，膨胀系数有突变。

(2)材料成分与组织的影响。①形成固溶体。固溶体的膨胀系数取决于溶剂基体和溶质的膨胀系数及它们的相对含量。当溶质的膨胀系数高于溶剂的膨胀系数时将增大其膨胀系数，当溶质的膨胀系数低于溶剂的膨胀系数时将减小其膨胀系数。组元之间形成无限固溶体时，任意成分固溶体的膨胀系数将处于两组元膨胀系数之间。②不同结构的物质。固体结构疏松,内部空隙较多,当温度升高时原子振幅加大,原子间距离增加,部分被结构内部空隙所容纳,宏观膨胀就小。如结构紧密晶体的膨胀系数就比较大,而类似于无定形的玻璃则往往具有较小的膨胀系数(石英为 $12\times10^{-6}K^{-1}$,石英玻璃为 $0.5\times10^{-6}K^{-1}$)。敞旷式的结构如石英、锂霞石、锂辉石等,它们是由硅氧四面体形成的架状结构,其中存在较大的空洞,热振动比较复杂,有两个额外效应可能发生:首先,原子可以向结构中空旷处振动,导致膨胀系数减小,锂霞石 $LiAlSiO_4$ 的热膨胀系数是 $2\times10^{-6}K^{-1}$;其次,四面体协同旋转效应,导致材料具有异常大或小的膨胀系数。③多相体。多相体的膨胀系数可按特纳(Turner)公式计算。复合体中有多晶转变组分时,因多晶转变的体积的不均匀变化,导致膨胀系数的异常变化。复合体内的微裂纹可引起热膨胀的滞后现象,尤其是大晶粒样品。

(3)各向异性的影响。结构对称性较低的单晶体,其膨胀系数具有各向异性,不同的晶向有不同的线膨胀系数。一般来说,弹性模量高的方向将有较小的膨胀系数,反之亦然。多晶材料往往存在微晶的择优取向,从而在一定程度上具有晶体的各向异性。

热膨胀仪是实验室中最常用的测量线膨胀系数的仪器。在一定的温度程序控制、负载力接近于零的情况下,其可测量样品的尺寸变化随温度或时间的函数关系,可测量固体、熔融金属、粉末、涂料等各类样品,广泛应用于无机陶瓷、金属材料、塑胶聚合物、建筑材料、涂层材料、耐火材料、复合材料等领域。除研究材料的线膨胀与收缩外,热膨胀仪还可进行材料的玻璃化温度、致密化和烧结过程、热处理工艺优化、软化点检测、相转变过程、添加剂和原材料对一些过程的影响、反应动力学等研究。

本实验所用仪器为 NETZSCH 公司生产的型号为 DIL402C 的热膨胀仪,其主要参数如下:温度范围为室温～1100 ℃;升温速率为 0～50 ℃/min;测试气氛为氧化、惰性的动态或静态气氛;量程为±5000 μm;测量分辨率为 2 nm;样品长度自动检测;样品载荷为 10 mN～3 N;样品形态可以是固体、液体、粉末;具备谱图检索、速率控制烧结功能。实验中所用样品支架为石英材质,共有 Φ4 mm、Φ6 mm、Φ8 mm、Φ10 mm、Φ12 mm 五种,可测量直径为 4～12 mm 范围内的长度小于 25 mm 的圆柱体试样。

三、仪器与试剂

1. 仪器

热膨胀仪(NETZSCH 公司,型号 DIL402C)、恒温水浴、液氮制冷装置、试样支架、镊子、游标卡尺。

2. 试剂

聚四氟乙烯(PTFE)。

四、实验内容

1. 测试准备

依次打开仪器主机、控制单元、恒温水浴(温度设为 22 ℃)、氮气气瓶主阀及分压阀,调整气体流量为 0.05 MPa,预热 30 min。

2. 温度校正

(1)标准样品测试。用镊子将标准样品放入炉体中,打开热膨胀测试软件,点击菜单栏中的“文件”→“新建”,输入样品基本信息。设置温度程序:从 25 ℃开始,以 10 ℃/min 的速率升到 400 ℃后恒温。校正过程中不使用 STC(sample temperature control,样品温度控制),依次设置程序中“开始”→“动态”→“恒温”→“动态”→“结束”选项中的参数,点击“下一步”。较低温度结束测试时,紧急复位温度应高于结束温度 30 ℃。

(2)分析测试结果。打开热分析软件,点击菜单栏中的“文件”→“打开”,选中分析曲线,点击“分段”,选择温度曲线,右键选择“c - DTA -选区间”,适当平滑后选择合适的起止区间,记录温度。

(3)生成校正文件。依次点击分析软件菜单栏中的“附加功能”→“温度校正”→“文件”→“新建”,点击“确定”,选择“升温速率”和“吹扫气体”,并输入实验值,点击“计算”→“确定”→“保存校正文件”,结束。

3. 测试基线

当样品热膨胀系数较大时,基线变化对测试结果的影响较小,此时可省略该步骤。

(1)打开测试软件,点击菜单栏中的“新建”→“修正测量类型”,选择“温度校正”,选择氮气作为吹扫气,并设置分压表气体压力为 0.05 MPa。

(2)温度设置。在温度设置界面内,设置“初始等待”,其升温速率设为 2 ℃/min 并保持 20 min;“动态”模块中升温速率设置为 5 ℃/min;设置“结束温度”;点击“保存”。实验结束温度应大于样品的理论测试温度,较低温度结束测试时紧急复位温度应高于结束温度 30 ℃。

4. 样品膨胀系数测试

打开炉体,用镊子将长为 25 mm 左右(测试前须准确测量样品长度)、直径为 4~10 mm 的圆柱形试样条放入炉体中。点击测试软件主界面中的“打开”,选择已有基线测试结果,选择“温度校正”“修正+样品”,设置“终止温度”,点击“保存”。

5. 软化点检测

打开测试软件,点击菜单栏中的“文件”→“仪器设置”→“特殊仪器控制”,选择“软化点”,点击“确定”。选择样品测试模式,设置软化点测试温度(高于此温度开始测试,当收缩率大于设定阈值时停止测试)。

6. 数据分析

用热膨胀仪自带软件进行数据处理后,打印谱图,分析在实验温度范围内所测得聚四氟乙烯的物理膨胀系数、工程膨胀系数、软化点,并分析原因。

7. 关机

测试完毕,启动液氮冷却装置,待炉体温度降至室温后,取出样品。关闭软件、计算机、仪器主机及氮气气瓶,最后关闭电源。

五、注意事项

(1)设置程序时,测试温度禁止超过聚合物的熔融温度,避免造成炉体污染或损坏。

(2)禁止在高温下打开炉体,须等降至室温后方可打开炉体,取出样品。

(3)禁止修改恒温水浴的温度。

(4)仪器测试前需要预热 20～30 min。

(5)使用液氮后不能移动炉体或液氮罐,防止折断液氮传送管道。

(6)实验中需选择合适尺寸的石英支架。

六、思考题

(1)为什么必须将圆柱体样品的端面打磨平滑?

(2)为什么测试样品前需要调用原始校准文件?

(3)热膨胀仪的升温速率设置多少较好?

实验二十九　聚氨酯的动态力学性能分析

一、实验目的

(1)了解动态力学分析仪的测量原理及仪器结构。

(2)掌握动态力学分析仪的试样准备、基本操作及谱图处理等。

(3)了解动态力学分析的影响因素,设置合适的实验条件。

(4)掌握动态力学分析在聚合物分析中的应用。

二、实验原理

动态力学分析(dynamic mechanical analysis,DMA)是用来测定力学性质与温度关系的一门热分析技术。塑料、橡胶、纤维及复合材料等聚合物材料具有黏弹性,聚合物的黏弹性是指聚合物既有黏性又有弹性,其实质就是聚合物的力学松弛行为,可以用动态力学的方法研究聚合物的黏弹性。通过考察模量和力学损耗随温度、频率及其他条件变化的特性可得到聚合物结构和性能的许多信息,如阻尼特性、相结构及相转变、分子松弛过程、聚合反应动力学等。

DMA 可通过瞬态实验或者动态实验测定材料的黏弹性。瞬态实验测试包括蠕变或引力松弛测试,动态实验测试最常用的是动态振荡测试。当样品受到变化着的外力作用时会产生相应的应变,在这种外力作用下,对样品的应力-应变关系随温度等条件的变化进行分析,即为动态力学分析。动态力学分析是研究聚合物结构和性能的重要手段,可得到聚合的储能模量、损耗模量和力学损耗,这些物理量是决定聚合物使用特性的重要参数。研究聚合物的黏弹性常采用正弦的交变应力,使试样产生的应变以正弦方式随时间变化。这种周期性外力会引起试样周期性的形变,其中一部分所做功以位能形式储存在试样中没有损耗;而另一部分所做功在形变时以热量形式消耗掉,应变始终落后应力一个相位差。以拉伸为例,如果在试样上施加一个正弦应力 σ,频率为 ω,振幅为 σ_0,则应变 ε 也以正弦方式改变,为

$$\varepsilon=\varepsilon_0\sin\omega t$$

应力与应变之间有一相位差 δ,即

$$\sigma=\sigma_0\sin(\omega t+\delta)\left(0<\delta<\frac{\pi}{2}\right)$$

式中，σ_0 为应力振幅；ε_0 为应变振幅；ω 为角频率；δ 为应变相位差。以上两式也说明应力变化要比应变领先一个相位差 δ。

将 $\sigma=\sigma_0\sin(\omega t+\delta)$ 展开，即为

$$\sigma=\sigma_0\sin\omega t\cos\delta+\sigma_0\cos\omega t\sin\delta$$

应力可分解为两部分，$\sigma_0\sin\omega t\cos\delta$ 与应力同相位，峰值为 $\sigma_0\cos\delta$，与储存的能量有关；$\sigma_0\cos\omega t\sin\delta$ 与应变有 $\frac{\pi}{2}$ 的相位差，峰值为 $\sigma_0\sin\delta$，与能量的损耗有关。

储能模量 E' 为同相位的应力和应变的比值，即

$$E'=(\sigma_0/\varepsilon_0)\cos\delta$$

损耗模量 E'' 为相位差 $\pi/2$ 的应力和应变的振幅的比值，即

$$E''=(\sigma_0/\varepsilon_0)\sin\delta$$

力学损耗角正切 $\tan\delta$ 的表达式如下：

$$\tan\delta=\sin\delta/\cos\delta=E''/E'$$

此时，模量是一个复数，称为复数模量 E^*：

$$E^*=E'+iE''$$

式中，E' 为实数模量也称储能模量，表示材料在形变过程中由于弹性形变而储存的能量；E'' 为虚数模量也称损耗模量，表示材料在形变过程中以热量的方式损耗掉的能量。

$$\tan\delta=E''/E'$$

式中，$\tan\delta$ 为损耗角正切或者损耗因子。

动态模量的绝对值为

$$|E|=(E'^2+E''^2)^{1/2}$$

在交变应力作用下，样品在每一周期内所损耗的机械能可通过下式计算：

$$\Delta W=\pi^3E''\varepsilon_0{}^2$$

ΔW 与 E'' 成正比，因此样品损耗机械能的能力高低可以用 E'' 或 $\tan\delta$ 的大小来衡量。

动态力学分析对分子运动非常灵敏，当一定温度下高分子链段运动频率与仪器施加的频率一致时，由于链段运动而产生的分子间摩擦作用能最大限度地损耗机械能，此时 $\tan\delta$ 值达到最大值，储能模量也随温度上升而大幅度下降。

为了研究聚合物的动态力学性能，可以在在较为宽广的温度范围内对聚合物进行测定，简称温度谱；在较为宽广的频率范围内对聚合物进行测定，简称频率谱；在较为宽广的时间范围内对聚合物进行测定，简称时间谱。

温度谱扫描是指试样在固定频率下测量动态模量及损耗随温度的变化。可以用来评价材料力学性能的温度依赖性。通过 DMA 温度谱可得到一系列特征温度，这些特征温度，除了在研究高分子结构与性能的关系中具有理论意义外，还具有重要的实用价值。

频率谱扫描是指试样在恒温恒应力下测量动态力学参数随频率的变化。可以用于研究材料力学性能的频率依赖性。从频率谱获得各级转变的特征频率后取倒数，即可得到各转变的特征松弛时间。利用时温等效原理，还可以将不同温度下有限频率范围内的频率谱组合成跨越几个甚至十几个量级的频率主曲线，从而评价材料的超瞬间或超长时间的使用性能。

时间谱扫描是指在恒温恒频率下测量材料的动态力学参数随时间的变化，主要用于研究材料动态力学性能的时间依赖性。例如用来研究树脂固化剂体系的等温固化反应动力学，可得到固化反应动力学参数、固化反应活化能等。

通过对样品温度谱、频率谱及时间谱的测试，可研究聚合物结构和性能的关系，得到聚合的储能模量 E'、损耗模量 E''和力学损耗角正切 $\tan\delta$ 等决定聚合物使用特性的重要物理量参数。

三、仪器与试剂

1. 仪器

动态力学分析仪（TA 公司，型号为 DMA8000）、空压机、液氮冷却装置、拉伸夹具、热压机、扭矩扳手、游标卡尺、裁样机。

2. 试剂

长×宽×厚为 50 mm×10 mm×2 mm 的样品条若干。

四、实验内容

1. 制备样品

用裁刀将用热压机压制后的表面光滑平整、无气泡的自制薄片裁成长 50 mm、宽 10 mm、厚 2 mm 的试样条备用。

2. 开机自检

检查 DMA 和控制器之间的所有线路连接，确保每个组件都已插入正确的接头中，打开仪器电源开关，预热 30 min。启动电脑，双击“DMA8000（软件图标）”进入软件操作界面，等待仪器完成初始化。

3. 仪器校准

在操作界面点击“calibration（校准）”进行“balance/zero（驱动轴的振动零位和回归零位）”校准和“夹具”校准。先做位置校准，然后再做夹具校准。每次重新开机后都要先做位置校准，每次重新安装夹具后要做夹具校准。进行位置校准前，必须检查仪器是否已安装夹具且固定夹具的螺丝已上紧。

4. 样品测试

用游标卡尺精确测量试样长度、宽度和厚度后，将样品条加载到仪器相应位置上，关闭炉体。设定实验参数，在操作界面的测量向导中输入样品名称，然后选择或输入测试类型、频率、振幅、温度范围、升温速率、降温速率、样品尺寸等实验参数，最后选择保存文件的路径。当温度达到设定的测试温度后，在测量窗口内点击右上角的“go”，仪器将根据模板设定的参数进行自动测试，并在计算机屏幕上显示实验结果。

5. 结束实验

实验结束后，自动温度控制器将停止工作，卸载样品。关闭软件、计算机和主机，最后关闭电源。

五、注意事项

(1)每次更换夹具都要重新校准。

(2)设置温度程序时,测试温度禁止超过聚合物的熔融温度。

(3)严格遵守操作规程,避免造成仪器、夹具等损坏,避免被炉体烫伤或被液氮冻伤。

(4)所有工具及夹具禁止带出实验室。

六、思考题

(1)什么叫聚合物的内耗?研究聚合物内耗有何重要意义?

(2)为什么在玻璃化转变区内 tanδ 会出现最大值?

(3)讨论聚合物动态力学性质与温度频率和时间的关系。

实验三十　动态力学分析仪测定有机玻璃的力学性能

一、实验目的

(1)了解动态力学分析仪的工作原理和主要操作要点,拓宽现代分析测试技术在高分子材料性能评价中的认识。

(2)通过动态力学分析,考察在交变应力下高分子材料的储能模量、损耗模量等黏弹性特征随温度的变化。

(3)结合实验结果,理解高分子的链段、分子链的运动对温度的响应,深化对高分子结构与性能关系的认识。

二、实验原理

动态力学分析(DMA)是考察高分子材料在交变应力或交变应变作用下,其应变或者应力随时间的变化。在 DMA 系统中,可以根据样品的尺寸等特点,选择拉伸、弯曲、剪切和单悬臂梁等多种测试方式,其测试温度最低可至 -150 ℃(采用液氮冷却),最高可达 600 ℃。测试过程提供关于高分子的储能模量(G'或 E')、损耗模量(G''或 E'')及损耗角正切(tanδ)三个重要参数。模量表示材料抵抗应力的能力,力学损耗是指高分子材料的机械能转化为热量的部分。高分子由于链缠结具有黏弹性,在交变应力作用下,其应变(ε)总是滞后于施加的应力(σ),ε 和 σ 分别可表示为

$$\varepsilon=\varepsilon_0 e^{i\omega t} \tag{1}$$

$$\sigma=\sigma_0 e^{i\omega t+\delta} \tag{2}$$

式(1)、(2)中,ε_0 和 σ_0 分别为最大振幅对应的应变和应力;ω 为应变力的角频率;δ 为滞后相位。

复数模量 E^* 可表示为

$$E^*=\frac{\sigma_0}{\varepsilon_0}(\cos\delta+i\sin\delta)=E'+iE'' \tag{3}$$

对应地,E'和 E''可分别表示为

$$E'=\frac{\sigma_0}{\varepsilon_0}\cos\delta \tag{4}$$

$$E''=\frac{\sigma_0}{\varepsilon_0}\sin\delta \tag{5}$$

E''和 E'的比值即为 $\tan\delta$，称为损耗角正切或者损耗因子。该值反映了高分子材料的内耗，$\tan\delta$ 越大，则表明高分子链段运动受到的内摩擦力越大，链段运动的滞后更加严重。一般柔性高分子的滞后较大，刚性高分子滞后较小。在远低于玻璃化转变温度(T_g)时，高分子的链段被冻结，运动困难，材料受到外力后的形变很小，而发生形变的速率很快，表现为储能模量处于较高的水平，随着温度升高，其储能模量呈现下降趋势，而损耗模量逐渐上升。到 T_g 附近温度时，储能模量急剧下降，而损耗模量达到峰值，相应的 $\tan\delta$ 也达到峰值，$\tan\delta$ 的峰值对应的温度也被认为是高分子材料的玻璃化转变温度(T_g)。在 T_g 以上，链段能够自由运动，相应的内耗也减小。在固定频率下，以 $\tan\delta$ 对温度 T 作图，即得到高分子的力学损耗温度谱，一般含有多个内耗峰。在给定温度下，改变应力作用的频率，即能够得到力学损耗频率谱。当作用频率很低时，链段运动能够跟上外力的变化，内耗很小，表现为高弹性；高频下，链段运动难以跟上外力的变化，内耗也很小，只有在中间频率时，链段运动对外力变化略有滞后，内耗出现峰值，对应样品的黏弹性。

通过 DMA 能够分析高分子材料在较宽的温度范围及一定频率的交变应力作用下的力学性能和黏弹性能等的变化，能够测定高分子材料的模量、阻尼、玻璃化转变温度、弱化温度、固化速率和固化度、黏度、凝胶点、吸声性和抗冲击性、蠕变、应力松弛等性能。DMA 能够广泛应用于热塑性塑料、热固性材料、复合材料、弹性体、陶瓷、金属和其他黏弹性材料及纤维、薄膜等材料的研究和开发中，为设计阻尼材料，开发新型交联聚合物体系等提供参考。典型交联高分子的储能模量、损耗模量和 $\tan\delta$ 随温度的变化曲线如图 44－14 所示。

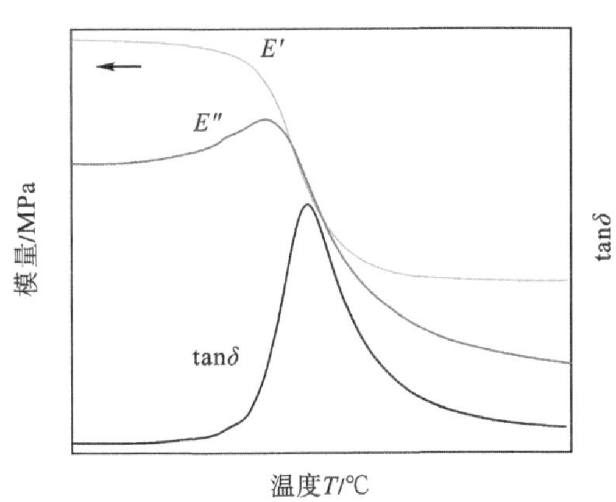

图 4－14　典型交联高分子的储能模量、损耗模量和 $\tan\delta$ 随温度的变化曲线

三、仪器与材料

1. 仪器

动态力学分析仪(TA 公司，型号为 Q800)、空压机、液氮冷却装置、拉伸夹具、扭矩扳

手、游标卡尺、裁样机。Q800 型动态力学分析系统如图 4 - 15 所示。

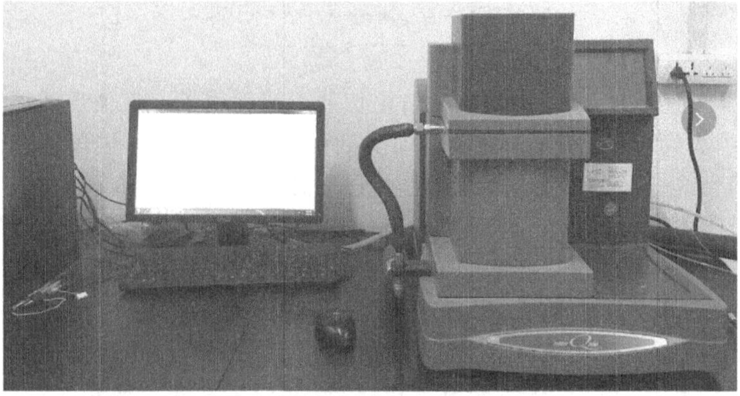

图 4 - 15 Q800 型动态力学分析系统

2. 材料

有机玻璃 PMMA(polymethylmethacrylate,聚甲基丙烯酸甲酯)矩形薄片[厚度 1.5 mm,长度和宽度分别为(25±2)mm 和(4±1)mm],用砂纸将样品的边缘打磨光滑。

四、实验内容

1. 开机预热

先打开仪器主机,再启动控制计算机,随后打开空气压缩机和液氮存储装置(如果有需要)。双击计算机桌面的"TAIE. exe(仪器软件)"图标,仪器预热 30 min 后,控制软件上方的对话框显示"Air Bearing: OK(空气轴承正常)""Frame Temp: OK(框架温度正常)"时,才方可进行下一步操作。

2. 仪器校准

先校准主机位置。打开炉体,点击"Control(控制)"→"Furnace(炉体)",移除所有夹具,关闭炉体,点击软件主界面菜单栏中的"Calibrate(校准)"→"position(位置)",再点击"calibrate(校准)",进行主机位置校准。

再校准夹具。每更换一次夹具,都要校准一次。以拉伸模式下的实验为例,分别按照下列顺序操作:

(1)点击菜单栏中的"Calibrate(校准)"→"Clamp(夹具)",夹具类型选"Tensile(拉伸)",点击"Next(下一步)"→"校准";

(2)点击"next(下一步)"→夹持半缺口钢片(长 12.80 mm)→点击"校准";

(3)夹持薄钢片[长度×宽度(5.75 mm)×厚度(0.12 mm),长度直接从右边读出],点击"校准"→"结束"。

若有时出现了不经过第(2)步,直接到第(3)步的情况,解决方法:点击菜单栏中的"Tool(工具)"→"Instrument(仪器)" →"Set up(设置)"→"Next(下一步)"→"Next(下一步)"→"Instrument reset(仪器重置)",此时仪器会重启,重启计算机即可。

3. 样品测试

(1)样品夹持。选择合适的夹具,安装于仪器上。测定样品的宽度、厚度(单位为 mm),将样品夹持于夹具上,选择测量模式("Creep"之前都为动态,之后为静态),选择控制程序("Custom"为自定义,其他按程序进行),输入试样的长度和宽度(拉伸夹具自动测量长度,单悬臂梁和弯曲夹具长度固定,单悬臂梁用辅助工具测量,粉末夹具的尺寸为[长 35×宽 10×厚 1)mm,压缩样品厚度自动测量],选择文件保存路径。

(2)设置测试程序(分为"method"和"Frequency"两部分)。以温度谱为例,在测试界面,设置"Amplitude(振幅)"参数,一般先设置为 5 μm,然后逐步增加,测试力在 1~10 N 范围内为宜;点击"Edit(编辑)"编辑测试程序(常用"Ramp"即可),包括试验模式起始温度、升温速率;选择"Frequency(频率)",设置频率。如果要进行应力松弛、蠕变等其他模式的测试,基于仪器自带的程序修改相关参数即可。

(3)测试。双击测试界面中"运行"前的小方框,重置参数后,点击"开始",启动测试,无法测试时去掉方框中的小红勾。

(4)低温测试。检查液氮开关和接头(开关开,接头接好),试样不能立刻拧紧,待冷却后拧紧。在测试界面点击"Control(控制)"→"Go to temp(到设定温度)"→输入起始温度,确认后自动开始降温。设置测试程序(一般需要平衡等温一段时间后,再开始升温),待温度降低至所需温度后打开炉体,快速拧紧螺丝,再次点击"Control(设定)"→"Go to temperature(到设定温度)"进行降温,待温度达到设定温度后开始测试。

4. 结束测试及关机

测试结束后,采用 TA Analysis 软件导出数据,数据格式一般为". txt"。待炉体冷却至 40 ℃以下时,移除所有夹具,关闭炉体。在控制软件主界面中点击菜单栏中的"Control(控制)"→"Instrument shutdown(关机)",然后关闭仪器。

五、思考题

(1)升温过程中热塑性高分子和热固性高分子的储能模量分别如何变化?

(2)为什么一般情况下采用动态力学分析仪测试得到的玻璃化转变温度比使用差示扫描量热仪测定的玻璃化转变温度滞后(略高)?

4.4　其他仪器分析实验

实验三十一　光学法测定接触角和表面张力

一、实验目的

(1)了解液体在固体表面的润湿过程及接触角的含义与应用。

(2)掌握用光学接触角测量仪测定接触角和表面张力的方法。

二、实验原理

润湿是自然界和生产过程中常见的现象。在固体的表面上滴上少许液体，在未滴液体之前固体是和气体接触的，滴上液滴后取代了部分固-气界面，产生了新的固-液界面，这一过程称为润湿过程。将液体滴在固体表面上，由于液体性质不同，有的会铺展开来，有的则黏附在表面上成为平凸透镜状，前者称为铺展润湿，后者称为黏附润湿。如果液体不黏附而保持椭球状，则称为不润湿。此外，如果是能被液体润湿的固体完全浸入液体之中，则称为浸湿。各种润湿类型如图 4-16 所示。

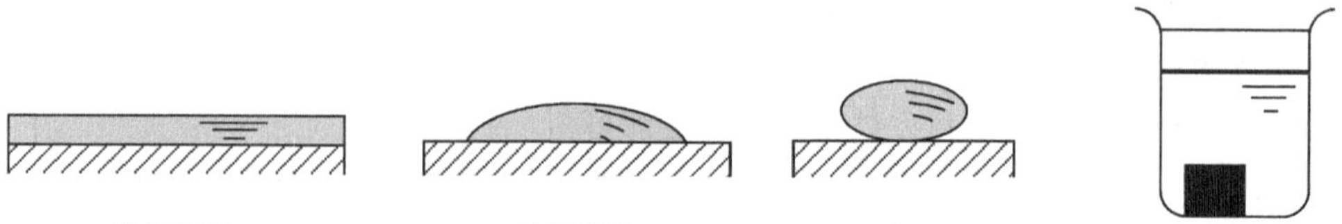

图 4-16　各种类型的润湿

假定不同的界面间力用作用在界面方向的界面张力来表示，则当液滴在固体平面上处于平衡位置时，这些界面张力在水平方向上的分力之和应等于零，这个平衡关系就是著名的杨方程(Yong equation)，即

$$\gamma_{s-g}-\gamma_{s-l}=\gamma_{l-g}\cdot\cos\theta \tag{1}$$

式中，γ_{s-g}、γ_{l-g}、γ_{s-l}分别为固-气、液-气和固-液的界面张力(表面张力)；θ 为接触角。

在恒温恒压下，黏附润湿、铺展润湿过程发生的热力学条件分别是

$$\text{黏附润湿}\qquad W_a=\gamma_{s-g}-\gamma_{s-l}+\gamma_{l-g}\geqslant 0 \tag{2}$$

$$\text{铺展润湿}\qquad S=\gamma_{s-g}-\gamma_{s-l}-\gamma_{l-g}\geqslant 0 \tag{3}$$

式中，W_a、S 分别为黏附润湿、铺展润湿过程的黏附功、铺展系数。

若将式(1)代入式(2)、(3)，得到下面结果：

$$W_a=\gamma_{s-g}+\gamma_{l-g}-\gamma_{s-l}=\gamma_{l-g}(1+\cos\theta) \tag{4}$$

$$S=\gamma_{s-g}-\gamma_{s-l}-\gamma_{l-g}=\gamma_{l-g}(\cos\theta-1) \tag{5}$$

以上方程说明，只要测定了液体的表面张力和接触角，便可以计算出黏附功、铺展系数，进而可以据此来判断各种润湿现象。

接触角指在气、液、固三相交点处所作的气-液界面的切线穿过液体与固-液交界线之间的夹角(θ)，在 0°～180°范围内，如图 4-17 所示。接触角是反应物质与液体润湿性关系的重要尺度，可以作为判别润湿情况的依据。通常把 $\theta=90°$ 作为润湿与否的界限，当 $\theta>90°$时，称为不润湿，当 $\theta<90°$时，称为润湿，θ 越小润湿性能越好；当 $\theta=0°$时，液体在固体表面上铺展，固体被完全润湿。

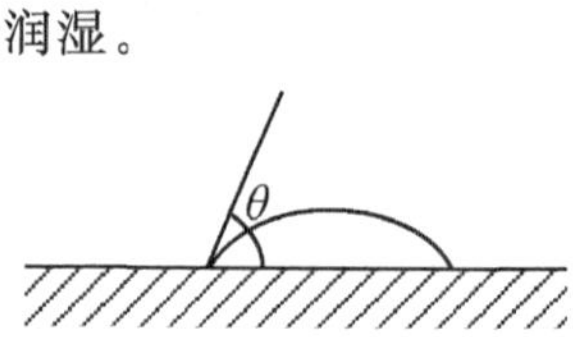

图 4-17　接触角示意图

接触角测定广泛应用于硅晶、液晶、玻璃、纤维、合成材料、油墨、涂料、农药等领域的测试与研究中。

决定和影响润湿作用及接触角的因素很多。如,固体和液体的性质及杂质、添加物的影响,固体表面的粗糙程度、不均匀性的影响,表面污染等。原则上说,极性固体易为极性液体所润湿,而非极性固体易为非极性液体所润湿。玻璃是一种极性固体,故易为水所润湿。对于一定的固体表面,在液相中加入表面活性物质常可改善润湿性质,并且随着液体和固体表面接触时间的延长,接触角有逐渐变小趋于定值的趋势,这是表面活性物质在各界面上吸附的结果。

测量接触角的方法有很多,根据直接测定的物理量可将其分为四大类:角度测量法、长度测量法、力学测量法,透射测量法。其中,液滴角度测量法是最常用的,也是最直截了当的一类方法,即在平整的固体表面上滴一滴小液滴,直接测量接触角的大小。

本实验所使用的 Attension 光学接触角测量仪配备有高质量的单色冷 LED 光源、高分辨率数码镜头、高质量的光学器件,它们连同精确的液体拟合方法确保了所获图像的高质量。再使用液滴轮廓拟合方法对获得的图像进行分析,从而测定接触角和表面张力。

三、仪器与试剂

1. 仪器

Attension 光学接触角测量仪、计算机、微量注射器、容量瓶、镊子、玻璃载片、涤纶薄片、聚乙烯片、金属片(不锈钢、铜等)。

2. 试剂

蒸馏水、无水乙醇、十二烷基苯磺酸钠溶液(质量分数:0.01%、0.02%、0.03%、0.04%、0.05%、0.1%、0.15%、0.2%、0.25%)。

四、实验内容

(1)考察水在不同固体表面上的接触角。

(2)等温条件下醇类同系物(如甲醇、乙醇、异丙醇、正丁醇)在涤纶片和玻璃片上的接触角和表面张力的测定。

(3)等温条件下不同浓度的乙醇溶液在涤纶薄片和玻璃载片上的接触角和表面张力的测定。

(4)等温条件下不同浓度表面活性剂溶液在固体表面的接触角和表面张力的测定。

五、Attension 光学接触角测量仪的使用方法

Attension 光学接触角测量仪外观如图 4-18 所示。

图 4 - 18　Attension 光学接触角测量仪外观

1. 仪器使用前准备

(1)仪器开机。启动计算机及打开仪器光源系统开关,启动“OneAttension”软件,弹出用户登录界面,输入设定的账户和密码,点击“Login(登录)”完成登录,如图 4 - 19 所示。登录后的初始操作界面如图 4 - 20 所示。

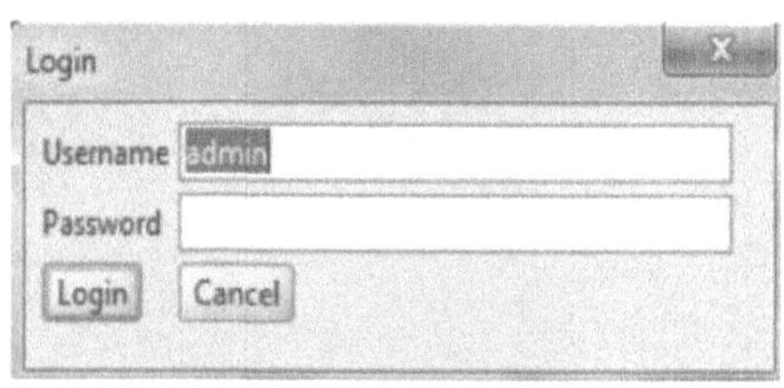

图 4 - 19　软件登录界面

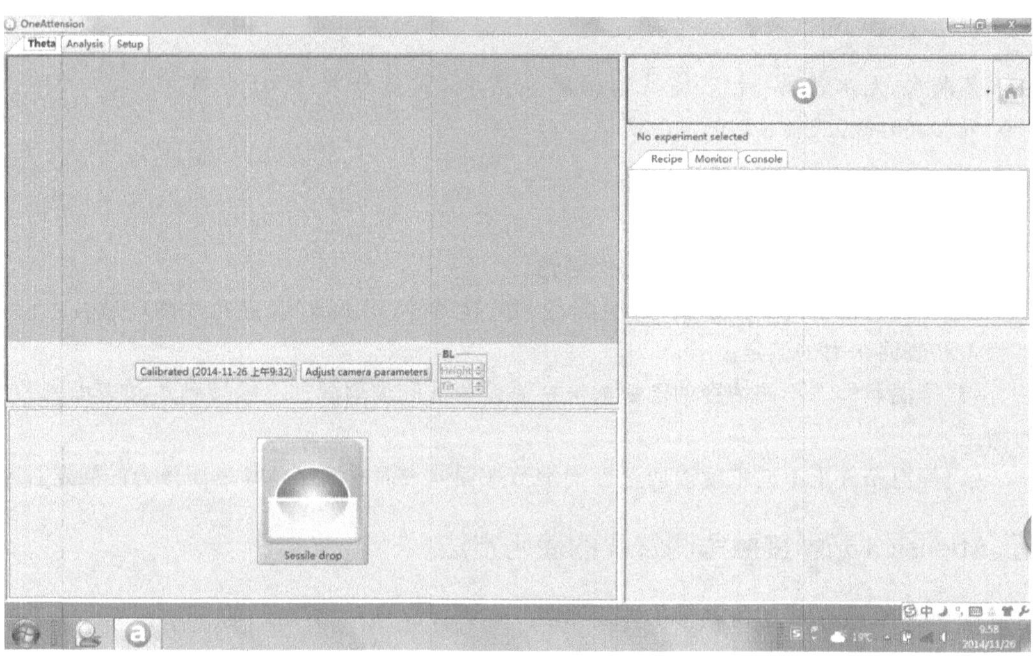

图 4 - 20　初始操作界面

(2)仪器镜头校准:将专用的校准球放置在样品台上并调节样品台和小球的位

置，使其处于注射器针头的正下方（可以通过升降注射器支架或样品来保证针头和校准球的相对位置正确合理）。尽量使校准球处于屏幕显示的正中央，在保证校准球能够完全呈现在屏幕中的前提下，调整其像素使其尽量大到充满屏幕。在采集的实时图像中的校准球边缘，单击鼠标右键出现“Focus Tool（对焦工具）”选项，单击“Focus Tool（对焦工具）”选项，弹出对焦辅助对话框，如图 4－21 所示。

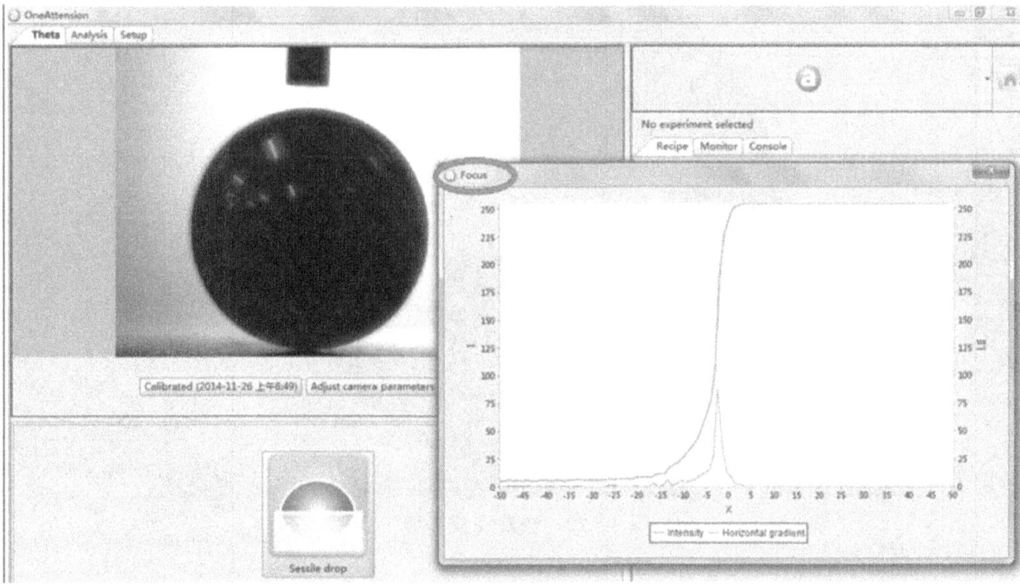

图 4－21　对焦辅助对话框

通过调节相机距离样品台的远近位置、光圈的大小、镜头的焦距等来调节相机的清晰度，使球边缘最清晰曲线的尖峰峰值在 75～125 范围内（见图 4－21），关闭对焦辅助对话框，单击“Calibrate（校准）”，出现如图 4－22 所示的“Image calibration（图像校准）”界面。

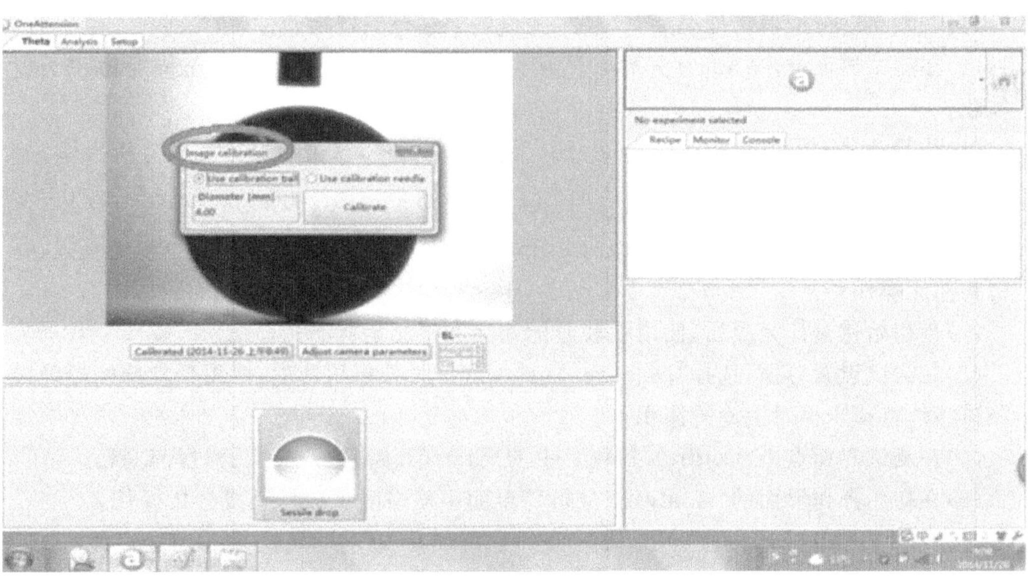

图 4－22　图像校准界面

在图 4 - 22 中点击“Calibrate(校准)”选项，如果校准成功，则会弹出如图 4 - 23 所示界面，否则需要重新调整相机的聚焦。

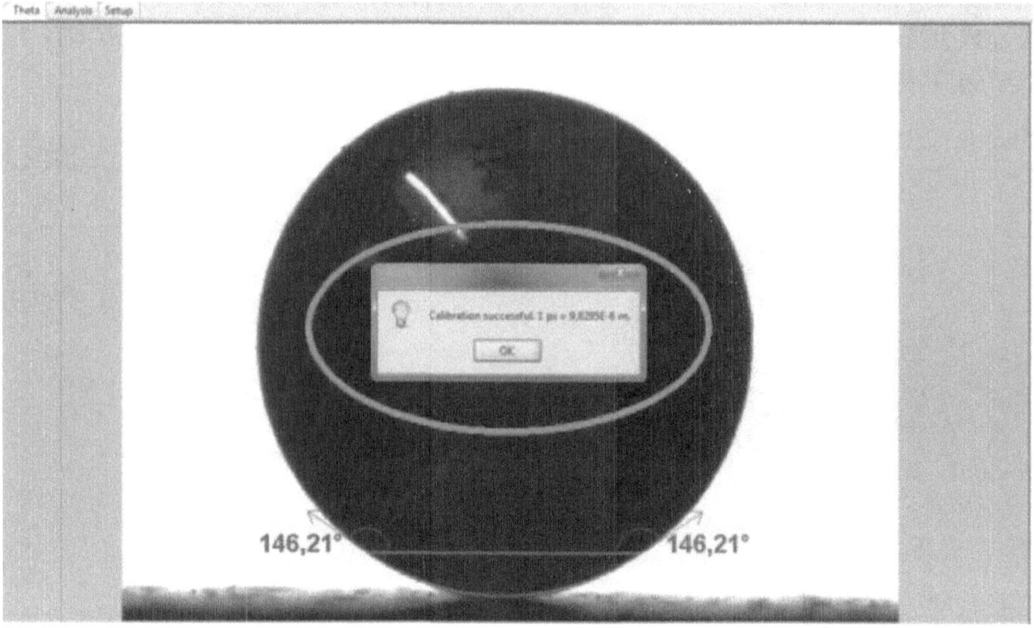

图 4 - 23　校准完成界面

2. 接触角的测定

(1)在图像校准界面，点击“Sessile drop(座滴法)”选项(见图 4 - 22)，选择接触角测试模式，并进行初始化操作；

(2)待初始化操作完成后，将薄膜样品放置于样品台上，调整样品台高度至适当位置；

(3)调整手动分配器高度至适当位置，并设定手动分配器初始位置；

(4)在测试界面点击“Start(开始)”选项，旋转手动分配器进样螺旋至样品体积为设定体积；

(5)待手动分配器归位后，在“Analysis(分析)”页面中，双击数据行完成分析操作。

3. 表面张力的测定

(1)在图像校准界面，点击“Pendant drop(悬滴法)”选项，选择表面张力测定模式，并进行初始化操作；

(2)待初始化操作完成后，使用手动分配器吸取待测定样品；

(3)在测试设置界面，选择“Do Live Analysis(实时分析)”选项，使用手动分配器确定待测试液体将掉未掉时液滴的体积；

(4)在测试界面点击“Control(控制)”中的“Start(开始)”，开始实验过程记录；

(5)在初始操作界面的“Analysis(分析)”界面中双击测试数据完成分析操作。

六、数据处理

以下表 4－18～表 4－20 为本实验的实验数据记录表。

表 4－18　水在不同固体表面的接触角的测定记录表

实验温度＿＿＿＿

固体表面	θ/(°)		平均 θ/(°)
	左	右	
玻璃			
涤纶			
金属			

表 4－19　等醇类同系物在涤纶薄片和玻璃载片上的接触角和表面张力的测定记录表

实验温度＿＿＿＿

醇类同系物	θ/(°)	cosθ	$\gamma/(\mathrm{mN\cdot m^{-1}})$
甲醇			
乙醇			
异丙醇			
正丁醇			

表 4－20　等温条件下不同浓度表面活性剂溶液在固体表面的接触角和表面张力的测定

实验温度＿＿＿＿

浓度	θ/(°)		cosθ		$\gamma/(\mathrm{mN\cdot m^{-1}})$	$W_a/(\mathrm{mN\cdot m^{-1}})$		$S/(\mathrm{mN\cdot m^{-1}})$	
	涤纶	玻璃	涤纶	玻璃		涤纶	玻璃	涤纶	玻璃
0.01%									
0.02%									
0.03%									
0.04%									
0.05%									
0.10%									
0.15%									
0.20%									
0.25%									

注：表中，W_a 为黏附功；S 为铺展系数。

用所测得的表面张力数值对十二烷基苯磺酸钠溶液的浓度作图，根据其表面张力曲线了解该表面活性剂的特性。

七、注意事项

(1)正式测试前,应确保实验环节中使用的器具都是清洁的。

(2)实验测试过程中,校准或者测试动作都要缓慢。

(3)测试液滴体积需控制在 2.9 μL～3.1 μL 范围内。

八、扩展阅读

自清洁材料

自清洁涂层指材料表面在化学、物理方法的作用下形成特殊结构,通过清水或气流冲刷作用达到自清洁的效果。自清洁材料的主要特点是具有超疏水性和超亲油性。通过这两种特性,自清洁材料可以在接触到水滴或油脂时,迅速将其分散,从而达到自我清洁的效果。

早在 20 世纪 70 年代,德国波恩大学的教授用扫描电子显微镜对荷叶表面进行观察时,从微观结构方面对荷叶的自清洁作用进行了阐述。他们的研究发现,荷叶表面的蜡质层和微纳米突起结构是其具有超疏水性的根本原因,其中,荷叶表面的低表面能由表面蜡质层产生,而微纳米结构则起到减小水滴和表面之间接触面积的作用,从而实现了表面的自清洁能力。现实生活中,除了荷叶之外,一些动植物体的表面,如蝴蝶的翅膀、甘蓝叶、水稻叶等都具有自清洁作用,原因是在它们表面微观结构的固-液界面上形成了空气层,故表面难以被水滴润湿。

目前,研究者开发出了多种自清洁涂层的制备方法,如溶胶-凝胶法、化学蚀刻法、模板法、水热法等。其中,溶胶-凝胶法是最为优异的技术,其是用高活性化学物质作前驱体,在液相混匀、水解,从而在溶液中形成稳定的溶胶体系,这些溶胶体系聚合后便形成凝胶。在基底上通过喷涂工艺覆盖凝胶,再固化处理可得到自清洁涂层。

自清洁涂层是一种新型微纳米复合材料,应用领域广泛,可用于建筑材料、电子显示器保护玻璃、建筑隔墙玻璃、淋浴房玻璃和灯具玻璃罩的自清洁膜材料,也可用于纺织、防腐和污水处理等行业。随着微纳米复合材料制备方法和技术的不断更新,微纳米材料在自清洁领域也将有更广泛的应用。

实验三十二　核磁共振波谱测定有机化合物的结构

一、实验目的

(1)了解核磁共振的原理和仪器基本结构。

(2)学习 BRUKER AVANCE 400 核磁共振波谱仪的使用方法。

(3)学习利用核磁共振波谱仪测定核磁共振氢谱的方法。

二、实验原理

具有磁矩的原子核在外磁场作用下，由于磁性的相互作用，会产生能级分裂，继而产生能级差，让处于外加磁场中的原子核受到一定频率的电磁波辐射，当辐射所提供的能量($h\nu$)恰好等于该核两能级的能量差(ΔE)时，原子核便吸收该频率电磁辐射的能量从低能级向高能级跃迁，改变自旋状态，这样就形成了一个核磁共振信号。而不同分子中原子核的化学环境不同，将会有不同的共振频率，产生不同的共振谱，由此可判断该原子在分子中所处的位置及相对数目，并对有机化合物进行结构分析。

核磁共振波谱作为分析物质的手段，由于其可深入物质内部而不破坏样品，并具有迅速、准确、分辨率高等优点而得以迅速发展和广泛应用，其应用已经从物理学渗透到化学、生物、地质、医疗及材料等学科，在科研和生产中发挥着巨大作用。

三、仪器与试剂

1. 仪器

BRUKER AVANCE 400 核磁共振波谱仪、核磁样品管(直径 5 mm)，药匙、定深量筒。

2. 试剂

样品、氘代试剂。

四、实验步骤

1. 样品配制

取洁净干燥、直径 5 mm 的样品管一支，用药匙加入固态样品约 5 mg(液态样品取 0.02～0.04 mL)，加入氘代试剂 0.50 mL 左右，盖上样品盖，用纸巾擦净样品管外壁，备测。

2. 测试前准备

(1) 打开空压机电源(电源开关向上推)；

(2) 打开空压机的排气口；

(3) 取下磁体样品腔上端的盖子；

(4) 将样品管插入转子中，然后用定深量筒控制样品管的高度，这个步骤不能缺少，如果样品管插入得太长，有可能会损坏探头。

3. 实验操作

参见本教材“3.6.3 核磁共振波谱仪的使用”章节内容。建立一个新的实验，输入样品名，溶剂、实验项目等样品信息。参数设置时将采样次数设置为 16。

五、数据处理

参见本教材“3.6.3 核磁共振波谱仪的使用”章节内容，对谱图进行定标、标峰、积分计算等。

六、注意事项

(1)实验前空压机必须打开,保证气流流畅。

(2)打开气流前,查看样品腔的上盖是否取下。

(3)尽量不要携带具有铁磁性的物质靠近磁体。

(4)匀场好坏对谱图质量影响很大,一定要做好匀场。

(5)数据转移时使用光盘,不允许使用其他工具如 U 盘等。

七、思考题

(1)化学位移是否随外加磁场而改变?为什么?

(2)除^{1}H 核磁共振谱外,在有机分析中常用的还有哪些核的核磁共振谱?

八、扩展阅读

核磁共振与诺贝尔奖

核磁共振技术是人类最伟大的发明之一,自 1944 年科学家拉比发明了研究气态原子核磁性的共振方法起,共有 5 位科学家因磁共振相关的技术获得诺贝尔奖,相关奖项包括 1952 年的物理学奖,1991 年和 2002 年化学奖及 2003 年的生理学或医学奖。

1. 1944 年拉比(I. I. Rabi)获诺贝尔物理学奖

物理学家伊西多·拉比发现磁场中的原子核会沿磁场方向呈正向或反向有序平行排列,而施加无线电波之后,原子核的自旋方向发生翻转。这是人类关于原子核与磁场及外加射频场相互作用的最早认识。因发明研究了气态原子核磁性的共振方法,拉比于 1944 年获得了诺贝尔物理学奖,他也因此被誉为核磁共振(nuclear magnetic resonance, NMR)成像的理论奠基人。

2. 1952 年珀塞尔(E. Puercell)与布洛赫(F. Bloch)获诺贝尔物理学奖

1946 年,斯坦福大学的瑞士物理学家布洛赫和哈佛大学的美国物理学家珀塞尔两位科学家几乎同时发现了核磁共振现象,虽然几乎同时观测到同样的核磁共振信号,珀塞尔和布洛赫却有不同的理论解释,他们分别用感应法和吸收法各自独立地发现了宏观核磁共振现象,并发明了可行的能够进行核磁共振的设备,彻底把拉比的核磁共振理论付诸实践。

1945 年,珀塞尔在实验中,将石蜡填充在谐振腔里,使谐振腔在高频线圈的中心,而这一线圈又置于一个强磁体所产生的磁场中,这样强磁体使微小的磁核整齐地排列。然后,珀塞尔通过无线电波改变它们的方向,通过记录原子核跃迁吸收能量的频率,计算出使原子核跃迁所需要的能量,因此也就找到了核磁矩,且其精度超过了物理学中几乎所有的其他测量精度。珀塞尔因从事物质核磁共振现象的研究获得了 1952 年诺贝尔物理学奖。

布洛赫认为,在共振条件下,水中的质子在强磁场中共振时,将会围绕线圈感应出射频电压,即法拉第感生电动势。这样,原子核就核变成了“微型无线电发报机”,而且布洛赫观测到了其发射的信号,由示波器屏幕上条纹的方向就可以知道核旋转是顺着磁场方向还是相反的。因此,布洛赫与珀塞尔分享了 1952 年诺贝尔物理学奖。

3. 1991 年恩斯特(R. R. Ernst)获得诺贝尔化学奖

物理学家发现核磁共振现象之后，化学家便将这项技术应用于物质结构的测定上。越来越多的物质被核磁共振波谱仪所研究，但是当时的核磁共振实验存在测量时间过长、测量精确度不够的缺陷。1966 年，瑞士化学家恩斯特提出了一个提高核磁共振精确度的设想：用短而强的射频脉冲取代低频扫描，然后把信号按其脉冲的时间函数进行测定。后来他按此设想进行了实验，但是用时间函数测定的信号却不能直接用来解释测定值。恩斯特后来想到使用数学中的傅里叶变换技术，将这些时间函数转化为频率函数，而傅里叶变换可以采用电子计算机迅速完成。由于这种改进，成百倍地提高了物质结构的测定灵敏度，自然界当中存在数量较少的磁核例如^{13}C、^{15}N、^{31}P 等也可以被精确地测量出来。这个技术迅速地被化学家们所采用，多种有机分子中常见的原子都可以使用核磁共振波谱仪进行测定。这样，傅里叶变换核磁共振波谱研究便成为了有机化学家常规的测试手段。20 世纪 70 年代，恩斯特受到了比利时科学家杰纳尔(Jeener)的启发发明了二维核磁共振方法，大幅度简化了复杂化合物的结构确定过程。鉴于以上两项贡献，恩斯特荣获了 1991 年诺贝尔化学奖，评委会称赞他“在高分辨核磁共振方法学的发展上作出了贡献”。

4. 2002 年，维特里希(K. Wüthrich)获诺贝尔化学奖

瑞士核磁共振波谱学家维特里希使波普成像的应用有了更加深远的引申，他发明了“利用核磁共振技术测定溶液中生物大分子三维结构的方法”，并利用多维 NMR 技术在测定溶液中蛋白质结构的三维构象方面做了开创性研究，因此获得了 2002 年诺贝尔化学奖，表彰他利用多维 NMR 波谱技术在测定溶液中蛋白质结构的三维构象方面的开创性贡献。

5. 2003 年，劳特布尔(P. C. Lauterbur)与曼斯菲尔德(P. Mansfield)获诺贝尔生理学或医学奖

美国科学家劳特布尔于 1973 年发现在静磁场中使用梯度场，能够获得磁共振信号的位置，从而可以得到物体的二维图像。英国科学家曼斯菲尔德进一步发展了使用梯度场的方法，指出磁共振信号可以用数学方法精确描述，从而使磁共振成像技术成为可能，他发展的快速成像方法为医学磁共振成像临床诊断打下了基础。2003 年的诺贝尔生理学或医学奖授予劳特布尔与曼斯菲尔德，表彰他们在磁共振成像(magnetic resonance imaging, MRI)技术领域的突破性成就。

核磁共振的发现不是偶然的，有着必然的背景和自然的过程。布洛赫和珀塞尔等之所以成为发现者，除了本身的智慧和勤奋之外，他们在前人的工作和自己的实践中萌发了新的思想，在实验与理论的结合中找到了可行的方法，这些伟大的关于核磁共振的基础研究，为后续的医学、化学、生物学、物理学、地质学等各个学科的发展提供了最为坚实的基础。

实验三十三　循环伏安法测定电极反应参数

一、实验目的

(1)学习循环伏安法测定电极反应参数的基本原理。

(2)掌握利用电化学工作站进行循环伏安法测量的实验技术。

二、实验原理

循环伏安法(cyclic voltammetry,CV)是最重要的电化学研究方法之一,该方法使用的仪器简单,操作方便,图谱解析直观,在电化学、无机化学、有机化学、生物化学等许多研究领域被广泛使用。

循环伏安法是将循环变化(对称的三角波)的电压施加于工作电极和参比电极之间,记录工作电极上得到的电流与施加电压的关系。

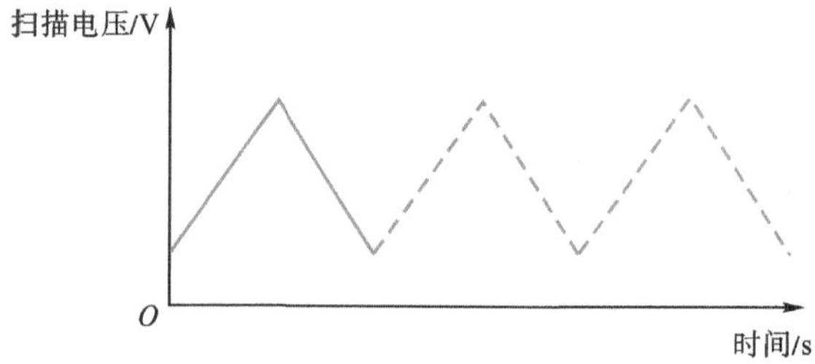

图 4-24　循环伏安法关系图

当对工作电极施加扫描电压时,将产生响应电流,以电流对电位作图,称为循环伏安图(见图 4-25)。典型的循环伏安图如下:

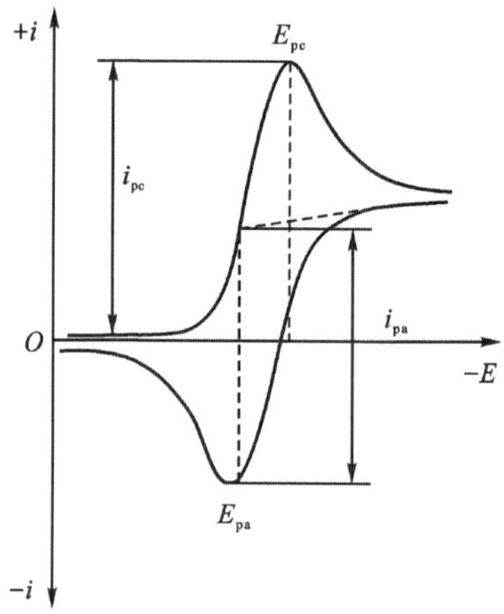

图 4-25　循环伏安图

从循环伏安图中可得到阳极峰电流(i_{pa})、阳极峰电位(E_{pa})、阴极峰电流(i_{pc})、阴极峰电位(E_{pc})等重要的参数,从而提供电活性物质电极反应过程的可逆性、化学反应历程、电极表面吸附等许多信息。

对于可逆氧化还原电对,式量电位 E' 与 E_{pc}和 E_{pa}的关系为

$$E'=\frac{E_{pa}-E_{pc}}{2},\Delta E=E_{pa}-E_{pc}\approx\frac{0.056}{n}$$

$$\frac{i_{pa}}{i_{pc}}\approx 1$$

正向峰电流为

$$i_p=2.69\times 10^5\ n^{3/2}AD^{1/1}v^{1/2}c$$

式中，i_p 为峰电流(A)；n 为电子转移数；A 为电极面积(cm^2)；D 为扩散系数(cm^2/s)；v 为扫描速度(V/s)；c 为溶液浓度(mol/L)。从峰电流公式可以看出，在其他条件不变的情况下，峰电流与扫描速度的二次方根成正比(具体情况可由实验数据验证)。根据峰电位、峰电流及 $i_p-v^{1/2}$、i_p-c 的关系，可判别电极反应是否可逆。

三、仪器与试剂

1. 仪器

PRINCEDON PAR2237 电化学工作站(采用三电极系统)、玻碳电极、铂丝电极、铂片电极、电解池。

2. 试剂

2×10^{-2} mol/L 二茂铁乙腈溶液、1 mol/L 四丁基四氟硼酸铵乙腈溶液。

四、实验内容

1. 溶液配制

取 5 个 50 mL 容量瓶，依次标记为 1# ～5#，分别加入 2×10^{-2} mol/L 的二茂铁溶液 0 mL、0.50 mL、1.00 mL、2.00 mL 和 5.00 mL，再各加入 1 mol/L 四丁基四氟硼酸铵乙腈溶液 5.00 mL，用二氯甲烷稀释至刻度，摇匀，备用。

2. 检查仪器连线状态

确保主机电源连接可靠，USB 通信接线及电极线各接头正常。

3. 连接电解池

(1)检查仪器面板上的“Cell Enable(电解池可用)”键处于“off”状态。

(2)在电解池中倒入 1# 溶液，正确连接工作电极、对电极(辅助电极)、参比电极至被测体系并确保仪器操作环境无任何干扰。注意对电极与工作电极间不要短路。

(3)三电极体系连接：工作电极(绿线)与第二参比电极(灰线)接玻碳电极；对电极(红线)接铂片电极；参比电极(白线)接铂丝电极。

(4)打开仪器电源。

4. 实验测定

(1)双击计算机桌面的“Power Suite”仪器软件图标，依次点击主界面菜单栏中的“Tools(工具)”→“Data management(数据管理)”→“Create New Database(创建新数据库)”，设置存储位置。

(2)点击菜单栏中的“Experiment(实验)”→“New(新建)”，选择“PowerCV－cyclic(循环伏安法)”→“Voltammetry (Ramp)(伏安法)”→“(def)CV/Two Vertex(伏安法-两极)”→“Name of(名称)”，对所测实验进行命名。

(3)在“Scan Definition(扫描设置)”界面内，选择合适的“Working Electrode(工作电极)”和“Reference Electrode(参比电极)”。

(4)在“Scan Definition(扫描设置)”界面内，输入合适的 E_0、E_1、E_2、E_3，在“Scan Rate

(扫描速率)”设置栏中输入合适的扫描速率;在“Equilibration(平衡)”设置栏中选择是否平衡及平衡时间;点击“Finish(结束)”,选择存储路径,输入文件名称(文件后缀为“.mdb”)。(E_0 电位设为-0.7 V,E_1 电位设为-1.7 V,E_2 电位设为 1 V,E_3 电位设为-0.8 V,以 50 mV/s 的扫描速度测量,记录循环伏安图)。

(5)点击软件主界面右侧的“△”图标,选择“Use External Cell(用外部电解池)”,打开仪器主机前面板上的“Cell on(电解池开启)”按钮。

(6)检查并确认所设参数均正确无误后,点击“Run(运行)”;按提示点击“使用外部电解池”选项,开始测试。

(7)将配制的 2# ～5# 二茂铁溶液依浓度由低到高的顺序转移至电解池中进行测试。

(8)取 5# 溶液,逐一变化扫描速度:20 mV/s、50 mV/s、100 mV/s、125 mV/s、150 mV/s、175 mV/s、200 mV/s 进行测量。

(9)测试结束后,确认保存文件,确认电解池已经关闭,确认“Cell on(电解池开启)”指示灯熄灭。取下电极,移走电解池。

5. 关机

关闭测试软件、主机电源、计算机、仪器电源并认真填写仪器使用记录。

五、数据处理

(1)浓度对二茂铁测量结果的影响实验记录见表 4-21。

表 4-21　浓度对二茂铁测量结果的影响实验记录表(扫描速度为 50 mV/s)

浓度/(10^{-4} mol · L^{-1})	E_{pa}/V	i_{pa}/μA	E_{pc}/ V	i_{pc}/μA
0				
2				
4				
8				
20				

二茂铁的 i_p-c 关系曲线可绘制在图 4-26 所示方格中。

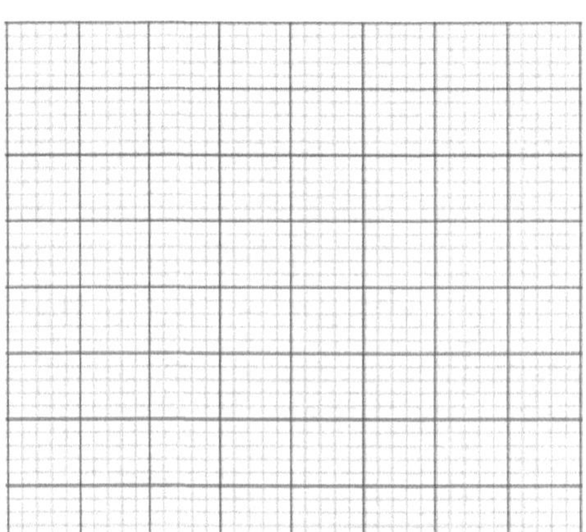

图 4-26　二茂铁的 i_p-c 的关系曲线方格

(2)扫描速度对二茂铁测量结果的影响实验记录见表 4－22。

表 4－22　扫描速度对二茂铁测量结果的影响实验记录表

扫描速度/($mV \cdot s^{-1}$)	E_{pa}/V	$i_{pa}/\mu A$	E_{pc}/V	$i_{pc}/\mu A$
20				
50				
100				
125				
150				
175				
200				

二茂铁 $i_p - v^{1/2}$、$i_p - v$ 的关系曲线可分别绘制在图 4－27、图 4－28 所示的方格中。

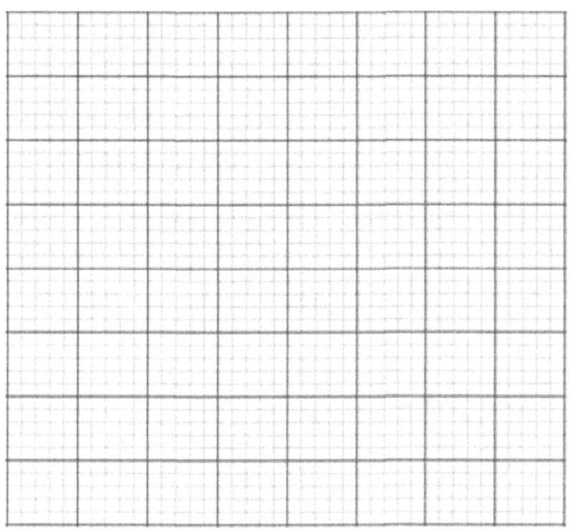

图 4－27　二茂铁 $i_p - v^{1/2}$ 的关系曲线方格

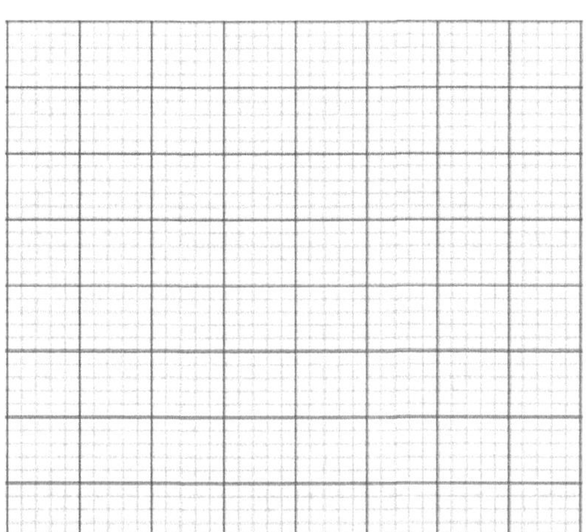

图 4－28　二茂铁 $i_p - v$ 的关系曲线方格

六、注意事项

(1)玻碳电极在实验前或者使用一段时间后，需用麂皮将其表面打磨处理干净。

(2)为了使液相传质过程只受扩散控制，应在电解质溶液处于静止状态时进行测试。

(3)每次扫描之后，为使电极表面恢复至初始状态，应将电极提起后再放入溶液中，或将溶液搅拌并待溶液静止后再扫描。

(4)避免电极或夹头间互碰而造成仪器短路。

七、电化学工作站测试系统构造

1. 电化学工作站

电化学工作站(electrochemical workstation)是电化学测量系统的简称，是电化学研究和教学常用的测量设备。其将多种测量系统组成一台整机，内含快速数字信号发生器、高速数据采集系统、电位电流信号滤波器、多级信号增益、IR 降补偿电路及恒电位仪、恒电流仪，可直接用于超微电极上的稳态电流测量；如果与微电流放大器及屏蔽箱连接，可测量 1 pA 或更低的电流，如果与大电流放大器连接，电流范围可拓宽为±100 A；某些实验方法的时间尺度的动态范围极为宽广，一些工作站甚至没有时间记录的限制；可进行循环伏安法、交流阻抗法、交流伏安法、电流滴定、电位滴定等测量。仪器还有外部信号输入通道，可在记录电化学信号的同时记录外部输入的电压信号，例如光谱信号、快速动力学反应信号等，这为光谱电化学、电化学动力学等实验带来了极大的方便。

2. 电极系统

电化学工作站可以同时进行两电极、三电极及四电极的工作方式。四电极可用于液-液界面电化学测量，对于大电流或低阻抗电解池(例如电池)也十分重要，可消除由于电缆和接触电阻引起的测量误差。

(1)工作电极：也叫研究电极，接绿色线夹。工作电极是指在测试过程中可引起试液中待测组分浓度明显变化的电极，常见有玻碳电极、铂丝电极、铂片电极。

(2)对电极：也叫辅助电极，接红色线夹。对电极的作用是和工作电极组成回路以通过电流。对电极应该不影响工作电极上的反应，故常选择铂这类稳定的物质。

(3)参比电极：接白色线夹。参比电极是测量各种电极电势时作为参照比较的电极。将被测定的电极与精确已知电极电势数值的参比电极构成电池，测定电池电动势数值，就可计算出被测定电极的电极电势。在参比电极上进行的电极反应必须是单一的可逆反应，电极电势稳定和重现性好。参比电极有很多种如氢电极、甘汞电极、银|氯化银电极、汞|氧化汞电极、汞|硫酸亚汞电极、便携式硫酸铜参比电极、固态参比电极等。通常多用微溶盐电极作为参比电极，氢电极只是一个理想的但不易于实现的参比电极。

3. 微机系统

微机系统中可选择测试类型、设定测试程序、进行谱图处理与分析。

八、思考题

(1)若实验中测得的 ΔE 值与文献值有差异，试说明原因。

(2)为何要在电解质和溶液处于静止的条件下进行电解?

九、扩展阅读

伏安法与极谱仪

尽管人们很早就知道了伏安法,但是由于早期伏安法存在许多问题,限制了其在分析化学中的应用。早期,伏安法中有 2 个典型的问题始终得不到解决:①汞在比+0.2 V 更正的电位下会被氧化,这使得分析处在正电位区间的物质非常困难;②电极表面大电容充电产生的残余电流。

1. 伏安法的发展历史

1922 年,32 岁的捷克斯洛伐克化学家海罗夫斯基(J. Heyrovsk)首次记录到流过滴汞电极的电流对外加电位的第一依赖性时,他逐点测量并绘制了电流-电压曲线,这被认为是世界上第一个极谱图。为了进一步研究这个过程,他与鹿田(Shikata,日本化学家及电化学先驱)一起构建了现在所知的极谱仪,并用该仪器在几个小时内用照片的方式记录了相同的曲线。海罗夫斯基首先认识到了电势及其控制的重要性,也意识到了测量极限电流的机会。他是将滴汞电极引入现代电化学分析领域的重要人物之一。1959 年,海罗夫斯基因此还获得了诺贝尔化学奖。

1934 年,伊尔科维奇(Ilkovič)提出了扩散电流理论,用于定量分析。

1938 年,马西森(Matheson)和尼科尔斯(Nichols)首先在研究中采用了循环伏安法。

1942 年,希克林(A. Hickling)发明了第一台三电极恒电位仪,这是电化学领域的一个重要进步,这种恒电位仪可以用来控制电极的电压。与此同时,在 20 世纪 40 年代末,科尔(K. S. Cole,美国生物物理学家)发明了一种电子电路,他将其称为电压钳。这种电压钳可以用来分析神经离子传导。

1958 年,凯穆拉(Kemula)和库布利(Kubli)发展了伏安法,并将其应用于有机化合物电极过程的研究中。此后这种方法得到更广泛的应用。

20 世纪 60 年代中期处于大发展时期,各种伏安技术被提出,大量用于医药、生物和环境分析,与 HPLC 联用使该法更具生机。

20 世纪 60 年代和 70 年代,伏安法在理论、仪器和引入计算机辅助和控制系统方面取得了许多进展。因此,基于汞电极的现代极谱法和伏安法主要分为三个研究方向:①汞电极,至今,人们研制了各式各样的汞电极:滴汞电极、蒸汞电极、悬汞电极、静态滴汞电极、汞膜电极、汞齐电极、汞微电极、化学修饰汞电极、控制生长汞电极、可收缩汞滴电极等;②测量技术,由于计算机技术的发展,涌现出了各种测量技术:经典直流极谱法、示波极谱法、卡卢塞克开关极谱法、交流极谱法、正常脉冲极谱法、微分脉冲极谱法、方波伏安法、循环伏安法、阳极溶出伏安法、卷积法和消除法等;③预富集技术,这是伴随阳极溶出伏安法、阴极溶出伏安法和吸附溶出伏安法的发展而产生的,可以提高汞电极的灵敏度。这些进展不仅提高了伏安法的灵敏度,创造了新的分析方法,更促使工业领域生产出了更便宜的恒电位仪、电极和电池,可以有效地用于日常分析工作。

2. 伏安法的分类及应用

(1)线性扫描伏安法(linear sweep voltammetry,LSV):根据电流一电位曲线测得的峰电流与被测物的浓度呈线性关系，可作定量分析，适合于有吸附性物质的测定。

(2)阶梯循环伏安法(staircase cyclic voltammetry，SCV)：高扫描速度，常用于研究电子转移速率等。

(3)方波伏安法(square wave voltammetry，SWV)：广泛应用于物质的定量分析和动力学研究。

(4)循环伏安法(cyclic voltammetry，CV)：一般用于测量扩散系数和半电池还原电位。

(5)阳极溶出伏安法(anodic stripping voltammtry，ASV)：用于金属阳离子的痕量分析。金属阳离子先沉积在工作电极上，再被氧化溶出并测量溶出过程的电流。

(6)阴极溶出伏安法(cathodic stripping voltammetry，CSV)：用于阴离子的痕量分析。采用正电位将汞电极氧化，形成不可溶的阴离子沉淀，然后施加负电位将沉积的膜还原到溶液中。

(7)吸附溶出伏安法：用于痕量分析。分析物通过吸附沉积在电极表面，然后电解产生信号。通常采用化学修饰电极。

(8)交流伏安法：常用于测量电极反应的动力学参数和研究反应机理。

(9)极谱法：采用滴汞电极作为工作电极，其具有氢超电压大、可快速达到浓差极化、表面不断更新及易于提纯等优点。

(10)旋转电极伏安法：基于流体动力学技术开发的高速转动的特殊工作电极，一般分为旋转盘电极(rotating disk electrode，RDE)或旋转环盘电极(rotating ring - disk electrode，RRDE)。该技术主要用于研究半反应的动力学和电化学反应机理。

(11)常规脉冲伏安法：在一个固定电位上施加一个幅度逐步增加的电位脉冲。

(12)微分脉冲伏安法：在一个线性增加的电位上施加一个幅度固定的电位脉冲。

(13)计时电流法：在工作电极与参比电极之间施加一个阶跃电势作为激励，由氧化还原反应产生的随时间变化的响应电流流过工作电极和对电极，电流初始值较大，并随时间增大逐渐减小。多用于电化学反应的机理研究中。

实验三十四　X射线粉末衍射法物相定性分析

一、实验目的

(1)学会 X 射线粉末衍射仪的基本操作方法。

(2)掌握 X 射线粉末衍射物相鉴定的方法。

二、实验原理

每种结晶物质均有其特定的结构参数，对应自己独特的 X 射线衍射图。单相物质的多晶衍射线条的位置和强度是该物相的特有标志。尽管物质的种类很多，但很少能找到衍射图完全相同的两种物相。

由多相物质组成的试样，所得衍射图是所含单相物质衍射图的简单叠加，各个物相仍然能够保持各自特征的衍射花样不变，多相物质之间一般不会产生干扰。根据这一原理，可以从一幅多相物质粉末衍射图中将各物相鉴别出来。由未知物相的衍射图测算出各衍射线条的晶面间距 d 和相应的相对强度，把这些实测数据与已知物相的相应数据进行比较，如果两者均相同，则待鉴定的物相就是该已知物相。

国际粉末衍射标准联合会(Joint Committee on Powder Diffraction Standards，JCPDS)收集世界各国发表的单相结晶物质的 X 射线粉末衍射图，经过审定、整理、汇编成 JCPDS 粉末衍射卡，出版发行。实际工作中，只需将测得的样品的 X 射线衍射数据(晶面间距 d 和相应的相对强度)与存储的数据进行匹配检索，以鉴定物相。

三、仪器与试剂

1. 仪器

布鲁克 D8 advanced X 射线衍射仪(见图 4－29)、玛瑙研钵。

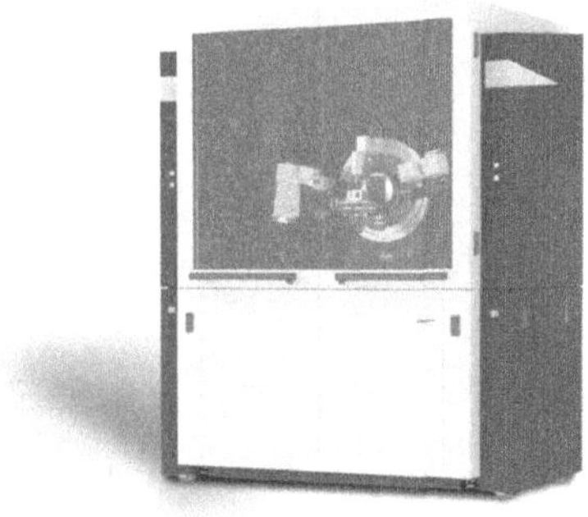

图 4－29　布鲁克 D8 advanced X 射线衍射仪

2. 试剂

Cl/Br/I 无机盐的纯物质或者混合物。

四、实验内容

1. 样品预处理

(1)研磨：用研钵将颗粒状固体研磨成粉末状态(无颗粒感)。

(2)装样：将粉末状样品倒入干净的样品盘中心处，然后用干净的玻璃片压实样品，使样品表面平整。

2. 仪器测试

(1)仪器开机：启动计算机，开启仪器低压开关→冷却水→高压开关，打开测试软件。

(2)测试：打开"DIFFRACplus measurement"→" XRD commander"程序，升压(如果经常使用，可直接将电压设置为 40 kV，电流设置为 40 mA；如仪器长时间未使用，可设为 5 kV、5 mA)，输入测试条件(角度范围一般为 10°～70°、扫描速度为 0.1 s/Step 或者 0.2 s/Step、步长为 0.02 或者 0.04)；扫描方式为固定耦合方式，X 射线靶枪材质为铜(λ=0.15406 nm)。参数设置界面如图 4－30 所示。

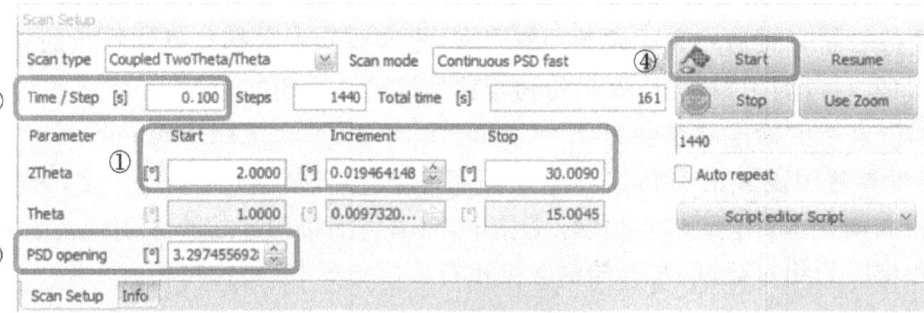

图 4-30　参数设置界面

设置完成后，按在仪器面板中"Open Door(开门)"按钮，开门换样，关门后点击"Star(开始)"开始测试，测试完毕后点击"Stop(停止)"并保存测试数据。

(3)关机：将所有使用的程序全部退出，关闭高压开关，等待 10 min 关闭冷却水，最后关闭低压开关。

3. 实验结果分析

物相检索也就是物相定性分析，其基本原理基于以下三条原则：①任何一种物相都有其特征衍射谱；②任何两种物相的衍射谱不可能完全相同；③多相样品的衍射峰是各种物相的机械叠加。

物相检索的步骤包括：①给出检索条件，包括检索子库(有机还是无机、矿物还是金属等)、样品中可能存在的元素等；②计算机按照给定的检索条件进行检索，将最可能存在的 100 种物相列出一个表；③从列表中检定出一定存在的物相。

五、注意事项

(1)打开 X 射线高压开关前，一定要检查循环水是否正常工作。因为高压下电子轰击靶枪时，除了少部分能量以 X 射线的形式放出外，其余能量转化为热量，需要冷却水吸收。如果冷却水循环没有正常工作，会对设备会造成严重的损坏。

(2)对于颗粒较大的样品，一定要充分研磨。同时，换样时动作应缓慢细致以避免将样品洒落到样品台。样品盘在接触样品台时，切勿发生碰撞(发生碰撞会导致部分样品弹出，这样便有可能导致样品表面不平整，影响测量角度。)

(3)在测量一般角度范围(10°～70°)时，一般选择 1.0 mm 的狭缝；如果测量小角度范围(0.5°～10°)，选择 0.1 mm 的狭缝。

六、思考题

(1)实验中如何防止 X 射线的辐射？

(2)实验中如何制备样品？检测时如何填充样品？

(3)样品颗粒过大对实验结果有何影响？

实验三十五　利用激光粒度分析仪测试样品的粒径大小

一、实验目的

(1)了解激光粒度分析仪的基本操作方法。

(2)学会用激光粒度分析仪测定样品的粒度分布。

二、实验原理

激光粒度分析仪是以激光作为光源，根据光的散射原理测量颗粒的粒度分布，是一种比较通用的粒度分析仪，具有测量精度高、测量速度快、重复性好、可测量粒度范围宽、可非接触式测量、自动化程度高等优点。

激光粒度分析仪一般是由光路系统、光电接收器阵列、信号转换与传输系统、样品分散系统、数据处理系统等组成的。光路系统主要由光源(激光器)和光束处理器组成，为测试提供单色的平行光。激光粒度分析仪的工作过程：光源发出的激光束，经滤波、扩束、准值后变成一束单色的平行光，照射到样品颗粒上；当通过某种特定的方式将颗粒均匀地放置到平行光束中时，激光将发生衍射和散射现象，一部分光将与光轴成一定的角度向外扩散；米氏散射理论证明，大颗粒引发的散射光与光轴之间的散射角小，小颗粒引发的散射光与光轴之间的散射角大；这些不同角度的散射光通过傅里叶透镜后汇聚到焦平面上将形成半径不同、明暗交替的光环，不同半径的光环都代表着粒度和含量信息；这样，在焦平面的不同半径上安装一系列光的电接收器，将光信号转换成电信号并传输到计算机中，再用专用软件进行分析和识别这些信号，就可以得出样品的粒径分布情况。

三、仪器与试剂

1. 仪器

Nano ZS90 纳米粒度及 Zeta 电位分析仪(见图 4 - 31)。

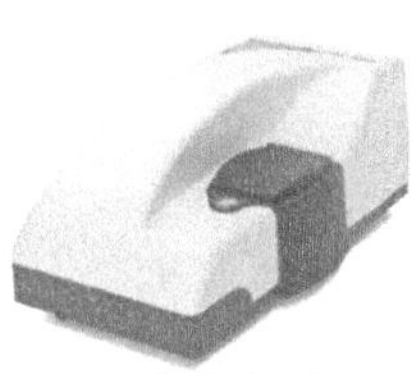

图 4 - 31　Nano ZS90 纳米粒度及 Zeta 电位分析仪

2. 试剂

纳米二氧化钛。

四、实验内容

(1)打开 Nano ZS90 纳米粒度仪电源开关，仪器需预热 15～20 min。

(2)启动计算机,打开“Zetasizer Software”软件,点击软件主界面的“File(文件)”→“New(新建)”→“Measurement File(测试文件)”,新建测试文件(见图 4-32)。

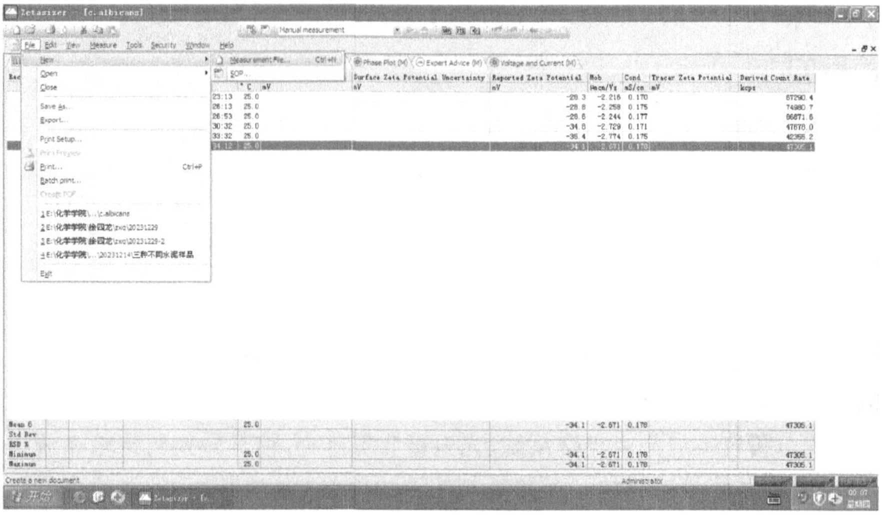

图 4-32　新建测试文件界面

(3)在新建文件窗口,点击菜单中的“Measure(测试)”→“Manual(手动)”,出现手动测量参数设置对话框。在手动测量参数设置对话框中,点击“Measurement type(测量类型)”,选择测量类型为“Size(粒度)”(见图 4-33)。

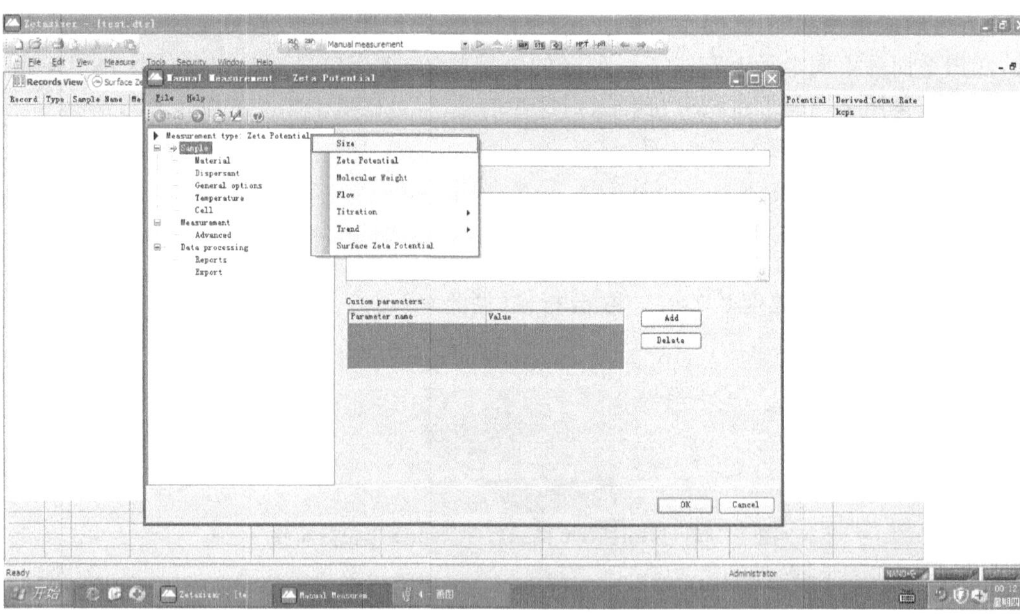

图 4-33　粒度测试界面

①材料参数设置(见图 4-34):在测试界面的“Sample(样品)”选项中输入样品登录信息及操作者注解;在“Material(材料)”选项中输入颗粒样品的折射率及吸收率(注:如果测试侧重于颗粒样品的体积分布,需输入颗粒样品的折射率及吸收率,如果侧重于光

强分布，不用考虑样品的折射率及吸收率）。

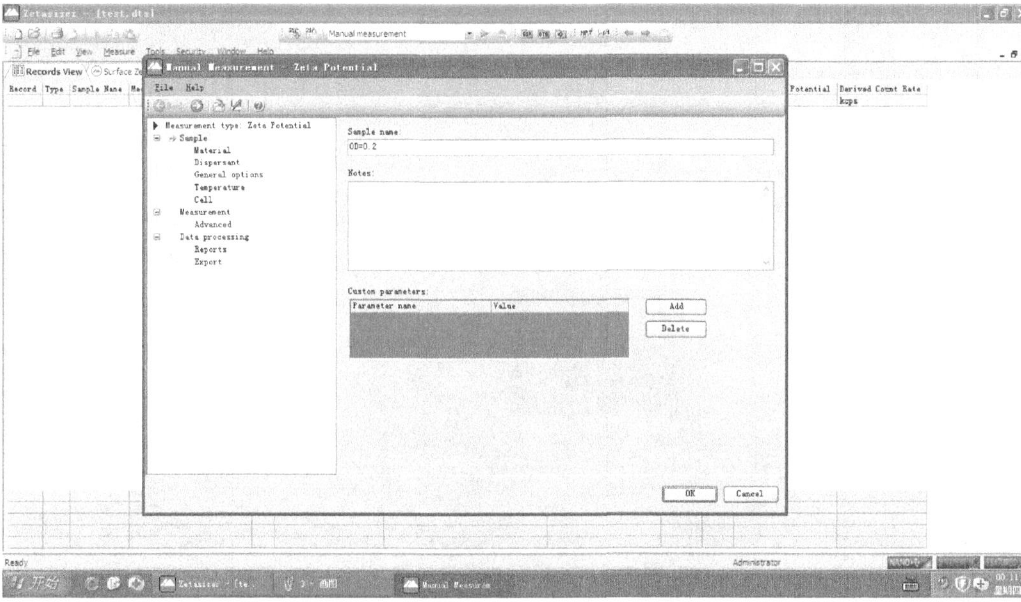

图 4 - 34　材料参数设置界面

②分散剂参数设置（见图 4 - 35）：点击参数设置界面中的“Dispersant（分散剂）”，设置分散剂在某个温度下的折射率以及黏度；点击“Temperature（温度）”，设定温度及平衡时间。

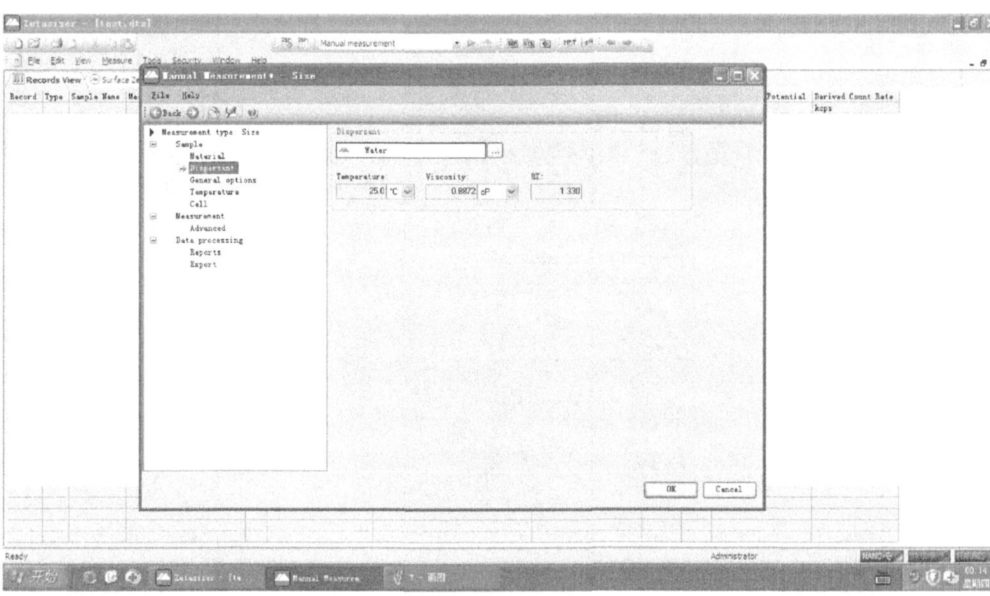

图 4 - 35　分散剂参数设置界面

③样品池设置（见图 4 - 36）：点击参数设置界面中的“Cell（样品池）”选项，选择合适的样品池。

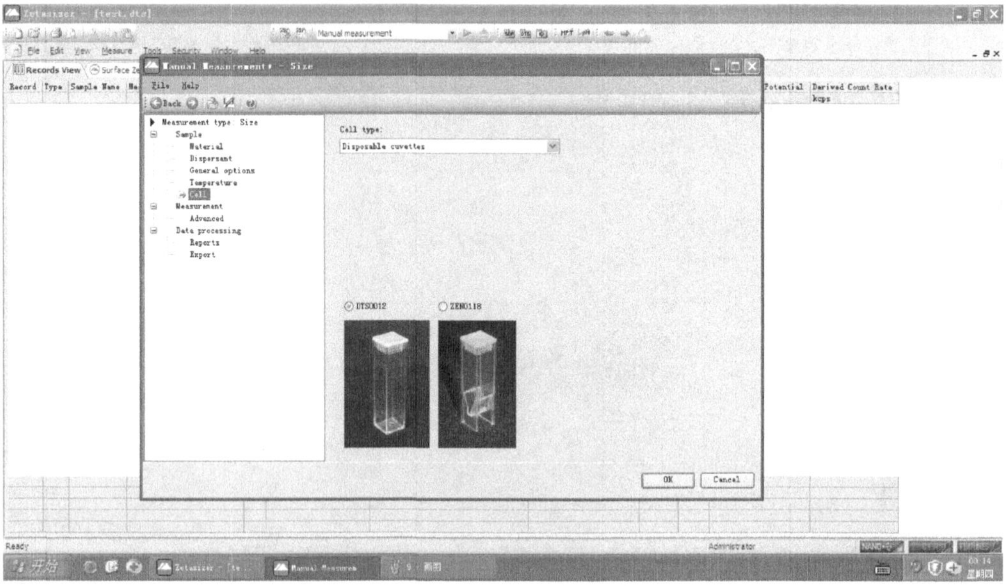

图 4－36 样品池设置界面

④测试参数设置(见图 4－37):点击参数设置界面中的"Measurment(测试)"→"Angle of detection(检测角度)",一般保持默认,NanoZS 选择 13°,ZS90 选择 90°;点击"Measurement duration(测量间隔)",设置为"Automatic(自动)";点击"Measurment(测试)"→" Number of measurements(测量次数)",一般设置为 1～3 次。再在此界面中点击"Data processing(数据处理)"选项,选择"General purpose(通用)"→"normal resolution(普通分辨率)"。

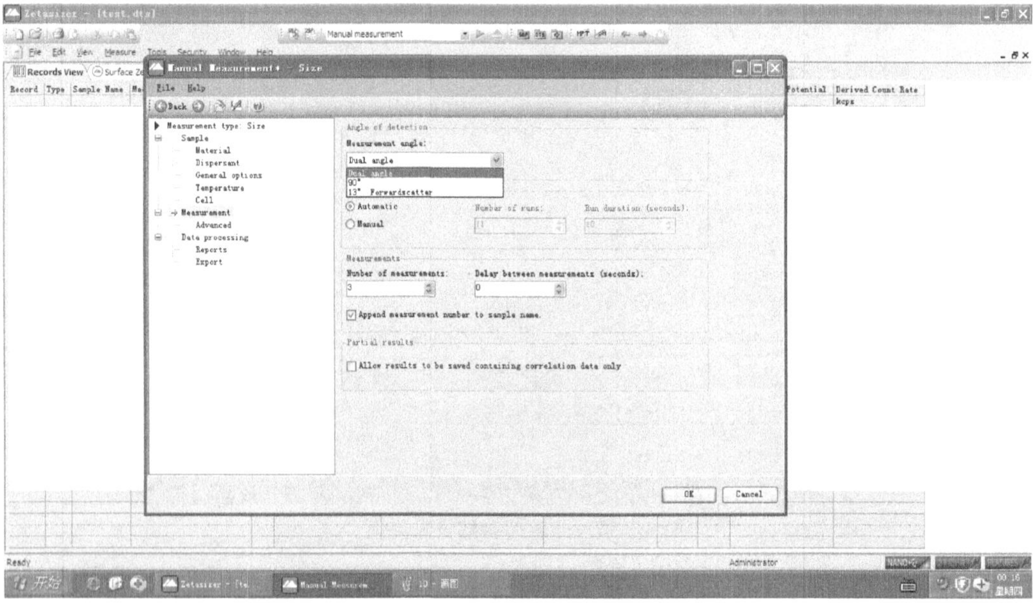

图 4－37 测试参数设置界面

(4)设置完成后确定,弹出"Manual measurement(手动测试)"窗口(见图 4-38);

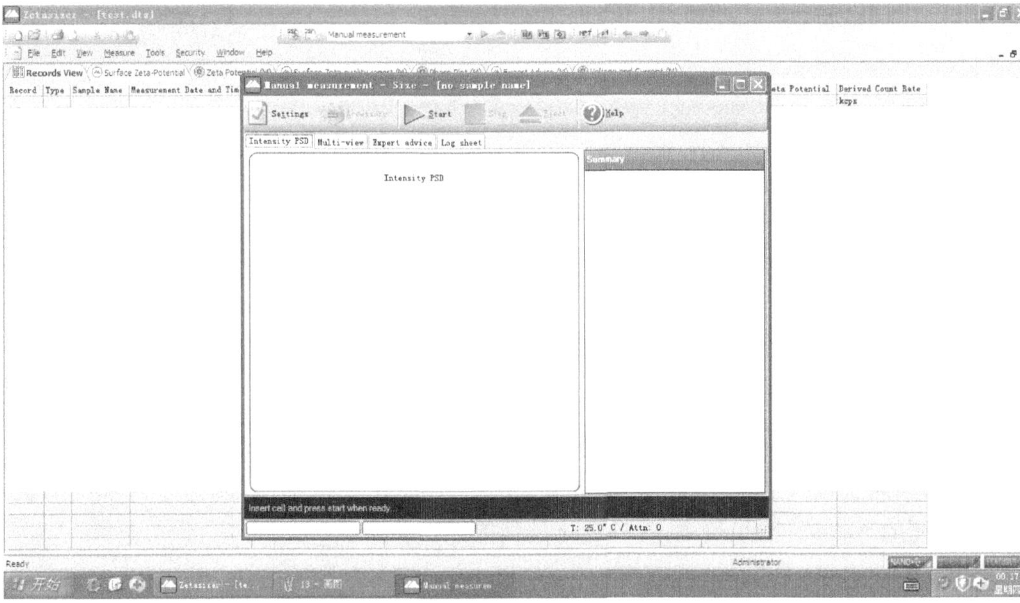

图 4-38　手动测试窗口

(5)将分散好的待测样品(要求分散好的样品应为半透明状)放入样品池中,按下 Nano ZS90 的绿色指示灯,放置待测样品(插入聚苯乙烯样品池时,要使顶部的▽面向测试者),关闭盖子,点击"Manual measurement(手动测试)"窗口的"Start(开始)"选项,开始测试。

(6)测试结束后,关闭"Manual measurement(手动测试)"窗口,点击主界面的"Record view(数据存储视图)",选中测试数据,点击"IntensityPSD"→" File(文件)"→"Print(打印输出)",输出测试数据。测试完成后关闭计算机和测试仪器。

五、注意事项

(1) 样品应在液体介质中具有良好的分散性,液体介质在测试中应不产生散射信号(或者信号极低)。常用的液体介质有水、乙醇、丙酮等。

(2)测试前必须确保样品充分混合且分散,必要时需进行超声处理。

六、思考题

(1)用激光粒度分析仪分析样品时,样品前处理需注意哪些问题?

(2)纳米材料的粒度分析还有哪些方法? 简述激光粒度分析仪在粒度测试方法中的优势。

实验三十六　电介质材料的介电性能测试

一、实验目的

（1）了解宽频介电谱仪的工作原理和主要操作要点，拓宽现代分析测试技术在高分子材料性能评价中的认识。

（2）探讨电介质材料的介电常数与损耗随测试频率及温度的变化规律。

（3）结合实验结果，深化对电介质材料的化学结构与介电性能关系的认识。

二、实验原理

按照物质电结构的观点，任何物质都是由不同的电荷构成的，而且在电介质中存在原子、分子和离子等。当固体电介质置于电场中会显示出一定的极性，这个过程称为极化。对不同的材料、温度和频率，各种极化过程的影响不同。

1. 介电常数

某一电介质（如硅酸盐、高分子材料）组成的电容器在一定电压作用下所得到的电容量 C_x 与同样大小的介质为真空的电容器的电容量 C_0 之比被称为该电介质材料的相对介电常数：

$$\varepsilon=\frac{C_x}{C_0}$$

式中，C_x 为电容器两极板充满介质时的电容；C_0 为电容器两极板为真空时的电容；ε 为电容量增加的倍数，即相对介电常数。

介电常数的大小表示该介质中空间电荷互相作用减弱的程度。作为高频绝缘材料，其值要小，特别是用于高压绝缘时。在制造高储能电容器时则要求其值要大，特别是小型电容器。

在绝缘技术中，特别是选择绝缘材料或介质储能材料时，都需要考虑电介质的介电常数。此外，由于介电常数取决于极化强度，而极化强度又取决于电介质的分子结构和分子运动的形式，所以，通过介电常数随电场强度、频率和温度变化规律的研究还可以推断高分子材料的分子结构。

2. 介电损耗

介电损耗指的是电介质材料在外电场作用下发热而损耗的那部分能量。在直流电场作用下，介质没有周期性损耗，基本上只有稳态电流造成的损耗。在交流电场作用下，介质损耗除了稳态电流损耗外，还有各种交流损耗，由于电场的频繁转向，电介质中的损耗要比直流电场作用时大许多（有时达到几千倍）。因此，介电损耗通常是指交流损耗。

在工程中，常将介电损耗用介质损耗角正切 $\tan\delta$ 来表示。$\tan\delta$ 是指绝缘体无效消耗的能量在有效输入中所占的比例，其表示的是材料在一个周期内热功率损耗与储存能量之比，是衡量材料损耗程度的物理量。

介电谱仪具有极宽的频率范围（3 μHz～3 GHz），能灵敏地测量极低电导率和极低损耗的材料，并且运用数字技术可使其达到 10^{-5} 的分辨率。介电谱仪通过测量材料的介电性质及其随频率和温度的变化，可直接测得材料的介电损耗，从而研究材料的介电损耗机制(材料的弛豫、相变、微结构变化、分子团重新取向等)。另外，介电谱仪对于聚合物分子的链接、取向和固化极为灵敏。

三、仪器与材料

1. 仪器

实验用仪器为德国 NOVOCONTROL 公司的 Concept40 型宽频介电谱仪(见图 4-39)，频率范围：3 μHz～10 MHz，温度范围：－160～300 ℃，仪器所配三个平行板电极的直径分别为 20 mm、30 mm、40 mm。测试软件为 WinDETA、分析软件为 WinFIT。

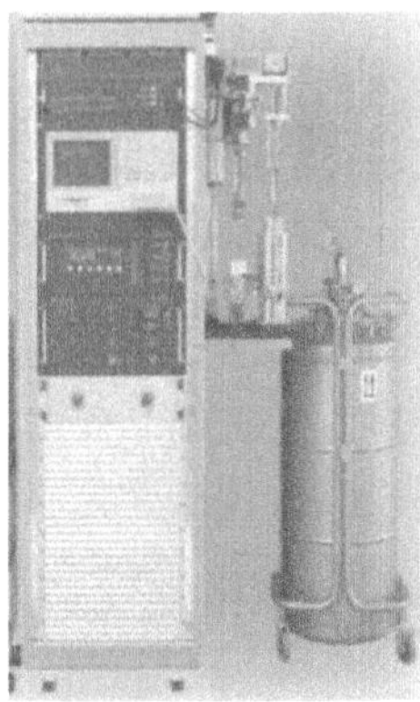

图 4-39　Concept40 型宽频介电谱仪外观

2. 材料

实验材料为裁切为矩形的有机玻璃 PMMA 薄片，厚 15 μm，直径为 1 cm，使用磁控溅射仪器在材料两面镀金属电极。

四、实验内容

1. 频谱测量

1)仪器开机

打开仪器主机，室温下频谱测试需要将频谱旋钮按顺时针扭动(见图 4-40)，即可打开频谱测试模块。双击打开控制计算机桌面的“WinDETA”测试软件，即可开始测试。

图 4-40　频谱开关旋钮

2)样品参数

(1)点击测试软件菜单栏中的“Measurement(测量)”→“Sample Specification(样品规格)”,输入样品的准确直径和厚度,点击“OK”确认,如图 4-41 所示。

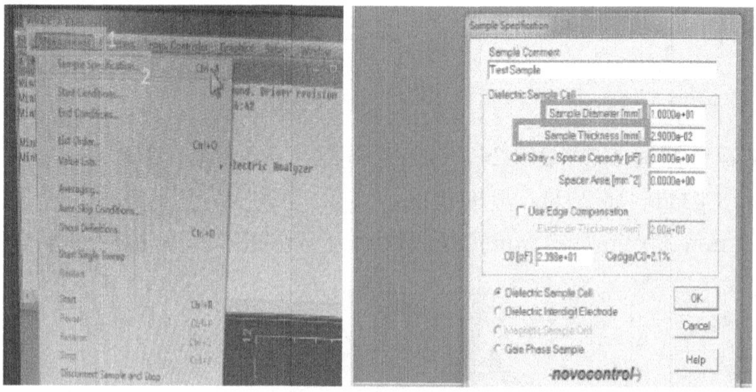

图 4-41　样品信息确认界面

(2)点击测试软件菜单栏中的“Measurement(测量)”→“Value lists(值列表)”→“Frequency”→“Clear(清空)”,清空上一测试频率范围,点击“Point(点值)”,选择频率范围,如图 4-42 所示,从高频往低频设置,范围为 $10^7 \sim 10^{-2}$ Hz。

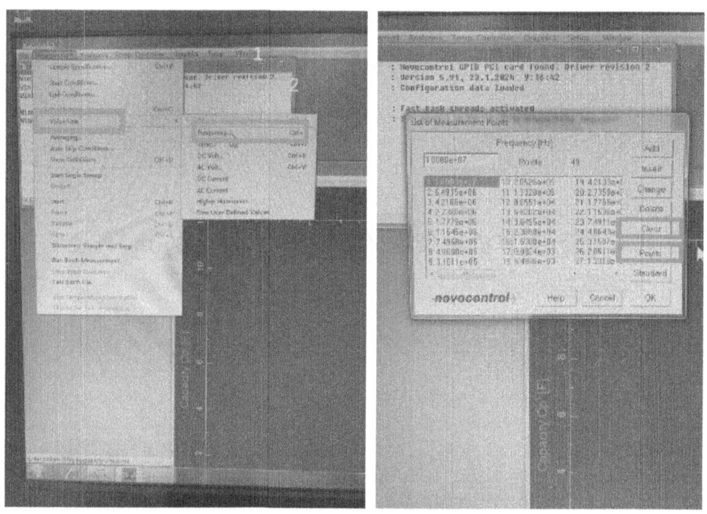

图 4-42　频率范围选择命令界面

3)开始测试

将样品置入电极,夹入样品架后拧紧。点击测试软件菜单栏中的“Measurement(测量)”→“Start(开始)”,开始测试,如图 4-43 所示。

4)数据存储

点击测试软件菜单栏中的“File(文件)”→“Save measurement Result(保存原始文件)”→“Save Measurement As ASCII(保存数据格式)”,选择自己需要的数据导出,如图 4-44 所示,注意要按对应的温度数值导出。

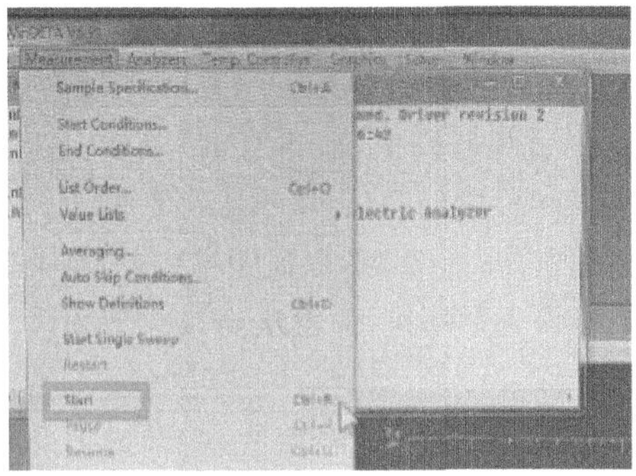

图 4-43　开始测试命令界面

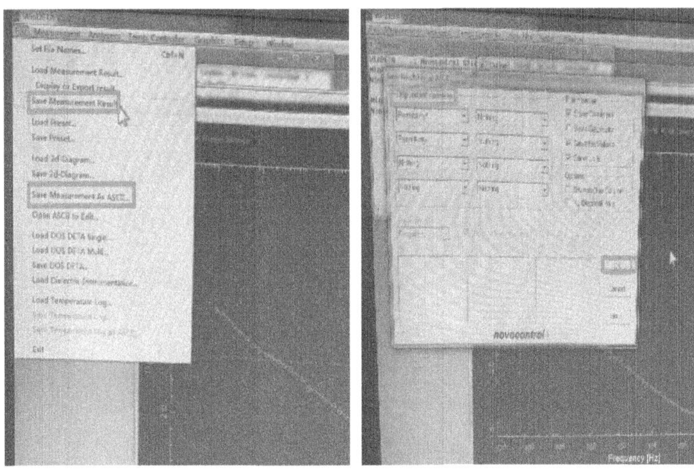

图 4-44　数据存储命令界面

5)关机

测试结束后,移除所有夹具,关闭测试仪器、测试软件、计算机。

2. 温谱测量

1)仪器开机

测试前确保液氮罐中加入足够的液氮,保证测试完不得低于 20 L。打开仪器主机,温谱测试需要将泵、温谱、频谱旋钮均按顺时针扭动(见图 4-45),即可打开测试模块。双击打开控制计算机桌面的“WinDETA”测试软件,即可开始测试。

图 4-45　温谱开关旋钮

2)样品参数

(1)点击测试软件主界面菜单栏中的“Measurement(测量)”→“Sample Specification(样品规格)”,输入样品的准确直径和厚度,点击“OK”确认。

(2)点击测试软件主界面菜单栏中的“Measurement(测量)”→“List Order(列表顺序)”,选择频率和温度两个变量,频率优先级大于温度,保证频率在前;在菜单栏中的“Measurement(测量)”→“Value Lists(值列表)”中设置频率点,注意从高频往低频设置,分别为 10^6 Hz、10^5 Hz、10^4 Hz、10^3 Hz、10^2 Hz。

(3)如图 4-46 所示,设置温度程序,在温度程序界面内:①设置“Temperature(此时为初温)”后,点击“Add(添加)”;②勾选“Use Temp. Ramp(使用温度速率)”选项,将“Gradient(温度梯度)”设置设为 4 K/min,设置“Temperature(此时为终温)”后,点击“Add(添加)”;③勾选“Measure continuously in Temp. Ramps(在温度范围内连续测)”选项,温度保持时间 120 s,设置“Temperature(此时为测试温度)”后,点击“Add(添加)”;④设置“Temperature(此时为结束温度)”后,点击“Add(添加)”。

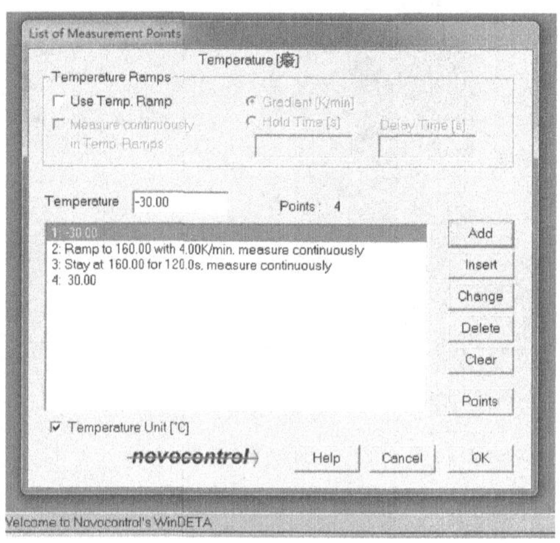

图 4-46 介电温谱设置程序示意图

3)开始测试

将样品置入电极,夹入样品架后拧紧。点击测试软件主界面菜单栏中的“Measurement(测量)”→“Start Single Sweep(开始单次扫描)”→“Start(开始)”,开始测试。

4)数据存储

点击测试软件主界面菜单栏中的“File(文件)”→“Save Measurement Result(保存原始文件)”→“Save Measurement As ASCII(保存数据格式)”,选择自己需要的数据导出,注意要按温度导出。

5)关机

测试结束后,移除所有夹具,然后关闭仪器、测试软件、计算机。

五、思考题

(1)试分析升温过程中,电介质材料的弛豫峰位置如何变化。

(2)为什么一般情况下介电常数快速变化的同时弛豫损耗也会快速变化?

实验三十七　扫描电子显微镜分析实验

一、实验目的

(1)了解扫描电子显微镜的原理、结构。

(2)掌握库塞姆(COXEM)EM-30 台式扫描电子显微镜的操作方法。

(3)掌握运用扫描电子显微镜进行样品微观形貌观察的方法。

二、实验原理

扫描电子显微镜(scanning electron microscope, SEM)是一种电子显微镜,主要利用聚焦电子束在样品表面扫描与样品中不同深度的原子的作用,将激发出来的各种物理信号(包括二次电子、反射或者背散射电子、特征 X 射线和光线、吸收电流和透射电子等)调制成像。其中二次电子是最主要的成像信号。

扫描电子显微镜主要由电子光学系统、信号收集及显示系统、真空系统及电源系统组成。

1. 电子光学系统

电子光学系统由电子枪、电磁透镜、扫描线圈和样品室等组成。由灯丝发射的热电子在 2～30 kV 的加速电压下,经过电磁透镜将电子束汇聚聚焦形成具有一定能量、强度和斑点直径(束斑为 5～10 nm)的入射电子束。入射电子束经扫描线圈产生的磁场作用,对试样表面进行光栅扫描。

样品室主要包含可三维空间移动的样品台。另外样品室一般还配置有各种型号的检测器及其他附件,如样品台加热、冷却或拉伸等,可对样品进行动态观察。

2. 信号收集及显示系统

信号收集及显示系统的作用是检测样品在入射电子束作用下,表面所产生的物理信号,然后经视频放大作为显像系统的调制信号。不同的物理信号需要不同类型的检测系统,大致可分为三类:电子检测器、阴极荧光检测器和 X 射线检测器。

在扫描电子显微镜中最普遍使用的检测器是电子检测器,其由闪烁体、光导管和光电倍增器所组成。当信号电子进入闪烁体时将引起电离;当离子与自由电子复合时便产生可见光。光子沿着没有吸收的光导管传送到光电倍增器进行放大并转变成电流信号输出,电流信号经视频放大器放大后就成为调制信号,调制信号经图像显示与记录系统转换便成为可显示的具有样品表面特征的扫描图像。

3. 真空系统与电源系统

由于电子束系统中的灯丝在普通大气中会迅速氧化而失效,并且为了增大电子的平均自由程,从而使得用于成像的电子更多,扫描电子显微镜需配置真空系统。真空系统主要包括真空泵和真空柱两部分。真空柱是一个密封的柱形容器,真空泵用来在真空柱内产生真空。一般情况下要保持高于 10^{-4}～10^{-6} mmHg 的真空度。成像系统和电子束系统均内置在真空柱中，并辅以纯氮气或者惰性气体保护。

三、仪器与试剂

1. 仪器

库塞姆(COXEM)EM－30 台式扫描电子显微镜。

2. 试剂

聚苯乙烯微球。

四、实验内容

1. 样品的制备

样品一般需要特殊的预处理来增加其电导率和稳定性，以便能够承受高真空条件和高能电子束的轰击。通常使用导电胶将样品牢固地安装在样品台或短柱上。

由于非导电样品被电子束作用时会有电荷的富集(特别是在二次电子成像模式下)，这会导致扫描故障和其他图片失真。因此在扫描电子显微镜的常规成像中，样品必须导电(至少应表面导电)，并且样品须电接地，以防止静电电荷的累积。

对于非导电材料，通常要通过低真空溅射或高真空蒸发沉积，在样品表面涂覆超薄的导电材料涂层。目前用于样品的涂层导电材料有金、金/钯合金、铂、铱、钨、铬、锇和石墨等。而对于一些生物样品则不须使用导电材料涂层，而是通过使用 OTO(osmium tetroxide，四氧化锇)染色方法增强细胞结构的对比度和稳定性。

对于粉末样品，应在样品台上粘一层导电胶，将样品粉末撒在导电胶上面，而后用洗耳球将表面多余的粉末吹去。也可将粉末样品制成悬浮液滴在样品台上，待液体挥发即可进行下一步操作。待粉末试样固定好后，再进行喷金镀膜操作。

2. 仪器的操作

(1)依次打开仪器、计算机、系统软件。光源：自动控制，钨丝阴极。聚焦：具有手动及自动聚焦功能。分辨率：8.0nm @30 kV SE。放大倍数：20～100000 倍。加速电压：1～30 kV。磁透镜系统由聚光镜和物镜组成。

(2)点击仪器的“Vent(排气)”按钮放气，等待真空度降至 0 后，即可进行下一步操作。

(3)装载试样，用量规量取高度，并调至合适高度(至少应留有 5 cm 的空白距离)。

(4)小心关上舱门，点击“VACUUM ON(抽真空)”按钮，等待真空度达 100%时，调节“Z 轴”逐次减小，使样品接近镜筒。

(5)寻找试样位置(点击鼠标的滚珠可以调节位置)，开始先点击“Mag(放大)”，逐级放大。当视野中图像模糊，但有图像时，点击“WD(物距)”再左右滚动左手边放置的轨迹球聚焦至图像清楚。重复操作，直至达到要求。

(6)拍照之前应检查亮度对比度是否合适，在“Speed(速度)”选项中选择扫描速度6～7(调节时 Speed 选择 4 以下，忽略单位)，点击快捷键保存照片。

(7)实验完成后应将仪器复位:①在"Z 轴"处输入"钨灯丝 100",使样品台降回原位;②放大倍数调至最小("Mag(放大)"可以直接输入"0",则自动变为最小值);③扫描速度调至最低("Speed(速度)"调节为"1");④关闭高压(在"HV(高压)"选项中设置)。

(8)点击"Vent(排气)"放气,全部完成后拉开舱门,取出样品。取样完成后关闭舱门并抽真空。

五、注意事项

(1)块体试样测试时,样品底面应尽量平整。

(2)测试时,应控制样品最高点与物镜距离及样品台的倾斜角度,避免撞击物镜或探测器。移动样品台高度或者倾斜样品台时,应尽量在 CCD(charge coupled device,电荷耦合器件)观察模式下进行。

六、思考题

(1)扫描电子显微镜对样品有什么基本要求?

(2)扫描电子显微镜的成像质量与哪些因素有关?

实验三十八　球差校正扫描透射电镜表征α-Cu_2Se的精细结构

一、实验目的

(1)了解球差校正扫描透射电镜的构造和使用方法。

(2)理解球差校正扫描透射电镜的工作原理。

(3)掌握分析测试样品结构的方法。

二、实验原理

Cu_2Se是一种离子-电子混合型超离子导体,因其符合同时具有玻璃的热性能和晶体的电性能的"电子晶体-声子玻璃"热电材料的概念而广受关注。Cu_2Se在升温过程中会发生相变,室温条件下Cu_2Se以低温α相形式存在,当温度升高至相变点附近则转化为高温β相Cu_2Se。高温β相Cu_2Se具有独特的快离子特性,Cu 离子能在晶格中快速跃迁参与导电。

无论是α相Cu_2Se还是β相Cu_2Se,都以 Se 原子面心立方作为晶体框架,不同之处在于 Cu 原子在 Se 晶格中的分布。α相Cu_2Se中 Cu 原子完全分布在四面体间隙位置上,但由于单斜晶系α相Cu_2Se的 Se 晶格有一定角度的倾斜,其中分布的 Cu 原子也会随之从四面体中心位置向四面体的三角形表面移动。图 4 - 47 所示的是α相Cu_2Se中各个密堆积层的示意图。研究工作已经证明β-Cu_2Se具有反萤石结构,相比β-Cu_2Se中 Cu 原子的均匀分布,α-Cu_2Se中则是集中于间隔开的亚晶格$\{111\}_c$面之间的空隙中,使得富

Cu 层和缺 Cu 层交替分布，形成 Se－Cu－Se 的层状结构。但包含完整有序排布细节的结构模型尚未给出，多数研究都只关注了平均结构，低温α相 Cu_2Se 的结构仍未得到彻底解析。

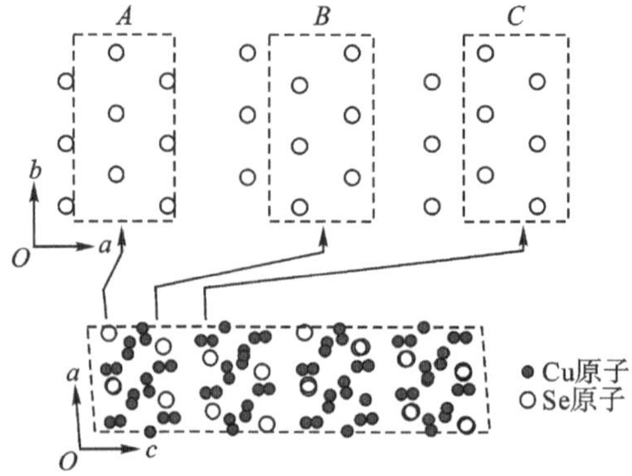

图 4－47　α相 Cu_2Se 中各个密堆积层的示意图

球差校正透射电镜（spherical aberration corrected transmission electron microscope，一般称为 AC-TEM）是用球差校正装置扮演凹透镜修正球差的透射电镜，是一种用于材料科学、物理学、基础医学、化学工程领域的分析仪器。球差是像差的一种，是影响透射电镜（TEM）分辨率的主要原因之一。由于像差（球差、像散、彗形像差和色差）的存在，无论是光学透镜还是电磁透镜，其透镜系统都无法做到完美。光学透镜中，可通过将凸透镜和凹透镜组合使用来减少由凸透镜边缘会聚能力强中心会聚能力弱所致的所有的光线（电子）无法会聚到一个焦点的缺点，可对于电磁透镜，没有凹透镜，球差便成了影响 TEM 分辨率最主要也是最难解决的问题。

球差电镜可分为 AC－TEM（使用 Image 模式时，影响成像分辨率的主要因素是物镜的球差，球差校正装置安装在物镜位置）和 AC－STEM[使用扫描透射电子显微镜（scan transmission electron microscope，STEM）模式时，影响分辨率的主要因素是聚光镜的球差，球差校正装置会安装在聚光镜位置]。STEM 模式下，可以使用各种明场和暗场探头收集各种图像，收集的图像有各种类型的，最大的优势是可得到原子结构图像，图像的衬度与原子序数有关，且该技术下处理数据较简单，能量色散 X 射线谱（X－ray energy dispersive spectrum，EDS）和电子能量损失谱（electron energy loss spectrum，EELS）的线扫描和面扫描都需要在此模式下进行。

近年来，随着球差电镜技术的发展，越来越多的材料研究中利用这一技术实现了更高分辨率的直接观测，本实验中借助 AC－STEM 拍摄到了α-Cu_2Se 原子级分辨率高角环形暗场像，以揭示更多微观结构细节，为更好地解析α-Cu_2Se 的具体结构提供依据。

三、仪器与试剂

1. 仪器

FEI Tecnai F30 透射电镜等。

2. 试剂

Cu_2Se、真空酯、液氮、无水乙醇、丙酮等。

四、实验内容

1. 电镜状态检查和测试准备

(1)启动电源,检查电镜真空状态。

(2)检查"TEM server (电镜控制服务器程序)"是否正常运行,正确的运行状态时,显示器右下角的状态图标是绿色的。

(3)依次打开"Tecnai User Interface(用户界面)""Gatan DigitalMicrograph(电镜图像分析软件)""TIA(TEM Image and Analysis)(TEM 图像分析软件)""RTEM"图标。

(4)在"Workset(工作)"窗口中找到并激活"Setup(设置)"菜单,确定如下状态:"Vacuum (Expert)(真空)"窗口,一红三绿。红色显示"Status: COL. Valves";"Gun"为 1 Log;"Column"为 6 Log;"Camera"为 24 Log;"Col. Valves Closed"显示黄色。

(5)"High Tension(高压)"窗口中的"High Tension"图标显示为黄色,数字读数为 300 kV。"FEG Control (Expert)(控制)"窗口中的"Operate(操作)"图标显示为黄色,"Gun Lens"读数为 1,"Ext. Voltage"读数为 4300,"Extraction Voltage(电压)"刻度显示蓝色,读数为 3950 V,"FEG Emission(电流)"读数为 45 μA,且刻度显示蓝色。

(6)"RTEM Control(控制)"窗口中的"OUT(输出)"的图标显示为绿色。

2. 实验预准备

(1)戴好防护目镜及防护手套,将液氮灌入 Dewar 瓶至离瓶口约为 2～3 cm 处。

(2)将样品装载到"Single Tilt Holder(单倾样品杆)"或"Double Tilt Holder(双倾样品杆)"上。

"Single Tilt Holder(单倾样品杆)"用法如下。

a_1. 取出专用圆规状不锈钢杆工具,并将其插入单倾杆前端的"Spring Clamp(弹簧压扣)"侧端的专用小孔,打开弹簧压扣。

b_1. 用五号镊子将样品放入样品杆环形中空样品位置。如果未一次放正位置,用牙签将样品轻轻推至正确位置(即样品与环形中空样品位置同心对称),这一过程不可使用镊子,以防刮伤样品杆和防止刮出的铁屑掉入电镜样品腔。

c_1. 使用不锈钢杆工具沿蓝色弧线轻轻放下弹簧压扣压牢样品(确保不会砸破易碎样品)。在光学显微镜观测下,握住样品杆尾部手握部分,在保护套座子里面旋转样品杆 360°,同时施加轻微震动,检测确保样品被压牢,没有滑动。注意:样品没有压牢,就有可能掉入电镜样品腔,造成大的损害。

"double tilt holder(双倾样品杆)"用法如下。

a_2. 取出双倾杆专用圆柱状、底部有六边形不锈钢杆工具,并将其按专业方法插入双倾杆侧端专用小孔,在确保没有向下压的前提下,在双倾杆侧端平面内做同心逆时针旋转,取出固定样品的螺丝帽(约一圈半丝道),轻轻旋转双倾杆手柄,倒出铍质垫片。

b_2. 用五号镊子将样品放入右侧样品杆环形中空样品位置。如果未一次放正位置,用牙签将样品轻轻推至正确位置(即样品与环形中空样品位置同心对称),这一过程不可使用镊子,以防刮伤样品杆和防止刮出的铁屑掉入电镜样品腔。

c_2. 类似样品操作,将铍质垫片放入。使用专用六边形不锈钢杆工具将固定样品的螺丝帽按顺时针方向旋转扣紧。

d_2. 在光学显微镜观测下，观察螺丝帽高度略低于样品杆环形中空环。

e_2. 握住样品杆尾部手握部分，在保护套座子里面旋转样品杆 360°，同时施加轻微震动，检测以确保样品被压牢，没有滑动。

3. 装载样品至电镜样品腔

(1)在“Tecnai User Interface(用户界面)”软件右下角，选择并点击“Vacuum Overview(真空视窗)”功能，弹出电镜真空示意图。

(2)再次确认在“Vacuum (Expert) (真空)”窗口中红色部分显示“Status: COL. VALVES”的状态下，点击“Turbo on(启动增压)”图标。1 s 后会听见机械泵启动运行的声音，“Turbo on(启动增压)”图标变为暗红色。等待 3 min，机械泵停止工作，“Turbo on(启动增压)”图标变为黄色，表示可以开始装载样品杆至样品腔了。

(3)将样品杆的“Holder pin(支架)”对准 5 点钟的位置，将样品杆推到底。中间约有 5 mm 距离为橡皮圈在金属管中的滑动距离，需要施加轻微力量推动样品杆。如果样品杆没有 5 mm 滑动过程就推不动，表示样品杆未对准正确位置，适当小范围(不超过 10°)左右旋转样品杆，即可找到正确位置将样品杆滑到底。

(4)等待大约 3 min 之后，显示灯熄灭，转动样品杆到 12 点钟的位置，在左手食指和中指保护下，将样品杆轻轻推进样品腔中。

4. STEM 工作模式校准及测试

(1)在“Bright Field(明场)”模式下将放大倍数调至“130 kx”，并使电子束中心对准样品中有无定型碳膜的位置。

(2)调节“C2(the second condenser lens)(第二个聚光镜头)”为 4，校正光路。

(3)将电子束斑扩至与荧光屏大小一致，点击操作界面上的“STEM”。

(4)压按仪器控制面板上的“Diffraction(衍射)”按钮以退出衍射模式，如图 4 - 48 所示。

(5)调节放大倍数“M=220 kx”，并用“Focus(聚焦)”旋钮将电子束斑聚成小点。

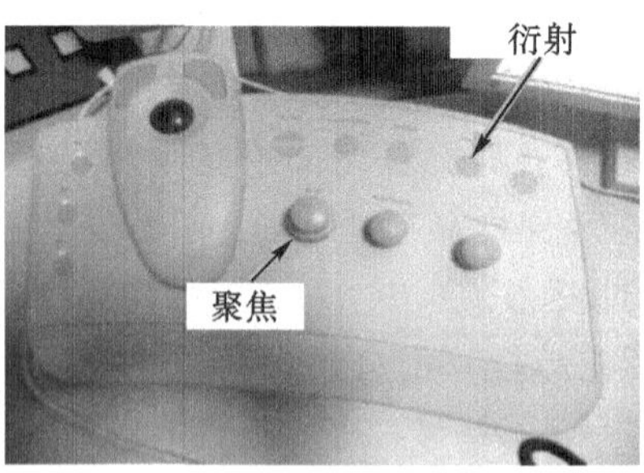

图 4 - 48　控制面板示意图

(6)将电子束斑移至荧光屏中心，然后调节“pp X”“pp Y”“Beam Shift(光束移位)”至合适的位置。

(7)压按控制面板上的“Diffraction(衍射)”，进入衍射模式，如图 4 - 48 所示。

(8)点击“STEM Detector(扫描透射电子显微镜检测器)”窗口中的“HAADF”图标

(黄色),以暂时退出高角环形暗场探测器,如图 4-49 所示。

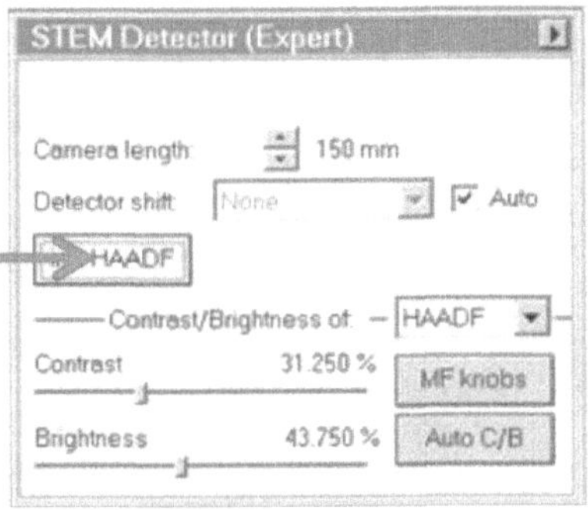

图 4-49　扫描透射电子显微镜检测器窗口

(9)观察屏幕中的电子束斑。

(10) 旋转控制面板中的"Focus(聚焦)"旋钮(期间适当调节步长),找到"Ronchigram(朗奇图)",如图 4-50(a)所示。

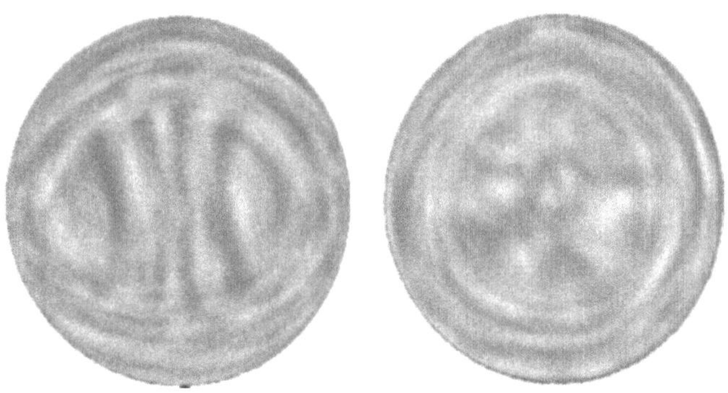

(a)　(b)

图 4-50　朗奇图

(11)点击"Workset(工作)"窗口中"Tune(调试)"下的"Condenser(聚光器)",如图 4-51所示。用控制面板中的"multifunction X and Y(X 轴和 Y 轴多功能)"旋钮调节朗奇图至图 4-50(b)所示状态(最中心有亮斑,整体呈翻滚状态)。

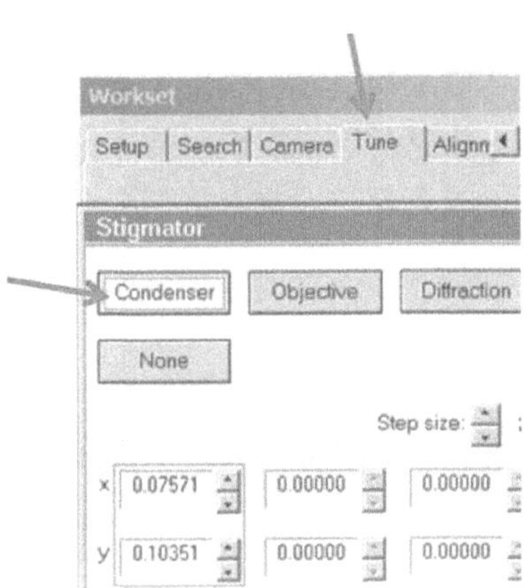

图 4-51　聚光器调试窗口

(12)通过镜筒右侧的“Beam Block”,确定朗奇图中心在“Beam Block”上的位置(即记住朗奇图中心相对于“Beam Block”的位置)。

(13)在“Beam Block”界面中,调节“CA2(聚焦棱镜光阑 2)”为 1,小屏幕上出现小亮点,调节“CA2”的“X”和“Y”,使小亮点移至上一步记住的位置。

(14) 退出“Beam Block”界面。

(15)点击软件主界面的“HAADF(高角环形暗场)”,将高角环形暗场探测器移入光路。

(16)点击软件主界面的“Search(搜索)”,观察样品。

(17) 移动样品,改变放大倍数,用控制面板中的旋钮“Focus”调节聚焦。

(18) 可点击软件主界面的“Auto C/B”以自动调节图像。

(19)退出“STEM(扫描透射电子显微镜)”模式:依次点击“HAADF”和“STEM”,并调节 CA2=4。

5. 实验结束

(1)点击软件主界面“Setup(设置)”窗口中的“Col. Valves Closed”至其变为黄色(即关闭 V7 阀),确定状态显示为“Status:COL. VALVES”。

(2) 点击软件主界面“Search(搜索)”窗口中“Control(控制)”子窗口中的“Holder(固定)”图标。等待至样品杆坐标指示归零或右下图蓝色十字标识移至网格正中央。

(3) 点击软件主界面“RTEM Control(RTEM 控制)”窗口中的“OUT(退出)”退出“EDX(X 射线能谱)”探测器,并实际检测“EDX”探测器硬件是否已经退出。

对于单倾样品杆:

拔出单倾杆至最大限度,以不能再退为准;将其顺时针旋到不能旋转为止,撤销旋转力;沿样品杆杆轴直线方向轻轻退出样品杆。

对于双倾样品杆:

(1)断开双倾杆电缆。

(2)拔出双倾杆至最大限度,以不能再退为准;将其顺时针旋到不能旋转为止,撤销旋转力;沿样品杆杆轴直线方向轻轻退出样品杆。

五、注意事项

(1)将铜丝束浸入液氮时不要太快,以防烫伤。

(2)如果橡皮圈过于干燥,涂抹少量专用真空脂,并尽量保证真空脂没有涂抹到金属杆上。

(3)装载样品前务必认真检查各部件及样品,以防损坏仪器。

六、思考题

(1)请查阅相关资料,详细了解 STEM 对样品的具体要求及适用范围。

(2)查阅文献,了解 STEM 谱图的解析并能用于实际的样品结构分析中。

实验三十九　透射电子显微镜分析实验

一、实验目的

(1)了解透射电子显微镜的原理、结构。

(2)掌握材料样品的制样方法。

(3)掌握运用透射电子显微镜进行样品微观结构表征的方法。

二、实验原理

透射电子显微镜(TEM)以波长很短的电子束为照明源，是具有超高分辨率、高放大倍数的电子光学仪器。TEM 的基本原理与光学显微镜类似。普通的光学显微镜由于波长限制一般无法看清小于 0.2 μm 的细微结构。由于电子的德布罗意波长更小，TEM 成像分辨率更高。TEM 的分辨率一般为 1～3 Å，放大倍数为 50～1200000 倍，因此 TEM 能够捕捉材料的细微细节——甚至小到一列原子，其主要用于获取材料的化学成分、晶体结构、显微组织的全部信息及其相互间的空间对应关系。TEM 是物理、化学和生物科学研究中的主要分析方法，主要应用于癌症研究、病毒学、材料科学及污染、纳米技术和半导体研究，也被认为是纳米科学在生物和材料领域里的重要工具。

1931 年，马克斯 · 克诺尔(Max Knoll)和恩斯特 · 鲁斯卡(Ernst Ruska)演示了第一个 TEM，该小组于 1933 年开发了分辨率大于光分辨率的第一个 TEM，并于 1939 年开发了第一个商业 TEM。1986 年，恩斯特 · 鲁斯卡因 TEM 的开发而获得诺贝尔物理学奖。

TEM 主要由电子光学系统、真空系统、电源与控制系统组成。

1. 电子光学系统

TEM 的电子光学系统由照明部分、成像部分和显示部分构成。照明部分包括发射加速电子的电子枪、聚焦电子束的聚光镜及电子束的调节系统。成像部分包括试样室、物镜、中间镜、投影镜、物镜光阑等。电子束穿过试样室使试样形成透射电子束，透射电子束在物镜后聚焦，形成衍射花样，在物镜像平面上会聚形成与试样组织相对应的放大显微组织像，并经过中间镜、投影镜的接力放大后获得最终的图像。显示部分一般包括荧光屏和照相机，另外还可以根据需要配备探测器和电子能量分析附件。试样图像经过透镜多次放大后，在荧光屏上显示出高倍放大的图像。

2. 真空系统

真空系统主要是为了保证整个通道中电子只与试样发生相互作用，避免电子与空气分子碰撞及试样的氧化。系统真空度不够会造成灯丝迅速氧化寿命缩短、极间放电、成像衬度变差等问题。TEM 的真空度一般为 10^{-4}～10^{-7} mmHg。

3. 电源与控制系统

TEM 的供电系统一般分为两部分：一是供给电子枪的高压部分；另一是供给电磁透

镜的低压稳流部分。加速电压和透射电流不稳定会造成电子光学系统产生严重像差，从而使仪器分辨率显著降低。

另外，TEM 除上述主要部分外，还配备有自动操作程序控制系统及数据处理系统等部件。

三、仪器与试剂

1. 仪器

FEI Tecnai G2 透射电子显微镜。

2. 试剂

纳米二氧化硅。

四、实验步骤

1. 样品的制备

由于电子对样品的穿透能力较弱(约为 X 射线穿透能力的万分之一)，故样品的厚度与穿过样品的电子的平均自由程相当(可能只有几十纳米)。对于常规 TEM，高质量 TEM 样品的厚度应小于 100 nm，制备方式取决于所分析的材料种类和从样品中获得的信息类型。

1)粉末样品

粉末样品制备的关键是将粉末颗粒分散(各自独立不相互团聚)开来。常用的粉末样品分散方法是超声波震荡法、喷雾法和悬浮液法等。粉末样品一般是将其稀释分散后沉积到支撑网格的薄膜上快速制备。

2)薄膜样品

对于块体材料，往往材料的厚度不能满足 TEM 测试的需求，需要对材料进行减薄，满足 TEM 的测试需求。对块体材料进行减薄的要求：①制备过程中不造成材料组织等的变化；②薄膜具有一定的强度和较大面积的透明区域；③制备过程易于控制，且具有一定的重复性和可靠性。目前常用的制备方法有机械铣削、化学侵蚀、离子刻蚀、离子铣削等。

3)生物样品

对于生物样品可以将其包埋嵌入树脂中，然后通过超微切片使其变薄至小于 100 nm。为了防止在透射电镜下观察时在样品表面积累电荷，组织样品需要涂上一薄层导电材料(如碳)。生物样品可以选用阴性染色材料(包括四氧化锇染色材料)，如对细菌和病毒进行醋酸铀酰染色，抑或在嵌入切片的情况下，选用重金属染色。

无机样品也可以嵌入树脂中，借助镀膜玻璃、蓝宝石或大角度金刚石刀具得到超薄切片。

2. 仪器的操作

(1)启动主程序“Tecnai User Interface(用户界面)”(一般是开启状态)，确认“Column Valves Closed(柱阀关闭)”按钮处于关闭状态(黄色)。

(2)查看真空值和高压值是否正常。真空：在“Tecnai User Interface(用户界面)”软件的“Setup(设置)”→“ Vacuum(真空)”控制面板中，“Gun”“Col”“Camera”的压力指示条应是绿色(见图 4-52)。在"FEG Control(控制面板)"中,"Operate(指示灯)"为黄色(灯丝开启状态)。

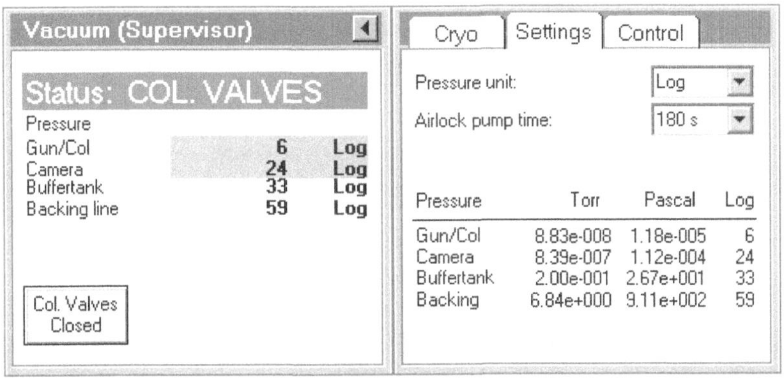

图 4-52　控制面板参数状态界面

(3)将投影室视窗用挡板挡住,将液氮小心地倒入杜瓦瓶中(离瓶口约为 2～3 cm),慢慢地将铜丝束浸入液氮中。

(4)将待测样品装入样品杆,样品正面须朝下(见图 4-53)。

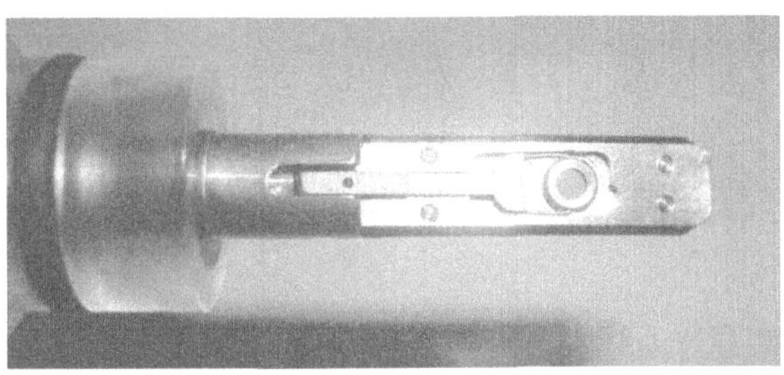

图 4-53　单倾样品杆

(5)待系统真空值小于 20 时,可开启阀门。开启阀门:点击软件主界面的"Column Valves Closed(柱阀关闭)"按钮,使其变灰。此时"Status(状态)"显示为"READY(准备)"(见图 4-54)。将样品杆插入镜筒中,逐步加高压到所需高压值(见图 4-55)。

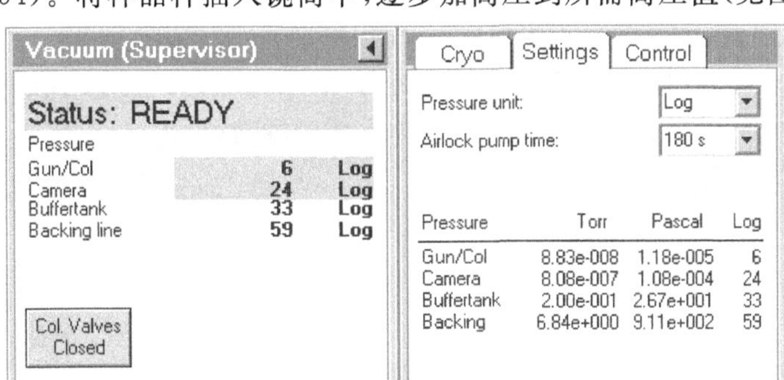

图 4-54　Vacuum 设置界面

(6)消聚光镜像散和光阑。用"Intensity(强度)"调节光强度,若发现光斑不是同心收缩(即光斑不圆)的,则需要调节聚光镜像散。点击软件主界面的"Tune(调节)"→"Stig-

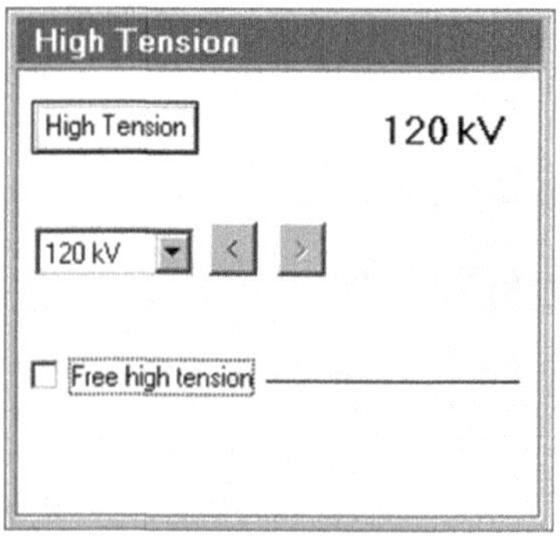

图 4－55　高压设置界面

mator(像散校正)”→“Condenser(聚光)”(见图 4－56)，使之变为黄色。用多功能键将光斑调圆，调好后点击“Done(确定)”确认。若发现光斑并未沿中心发散，需要调节聚光镜光阑。分别调节镜筒上的两个螺圈，使光斑沿中心扩散。

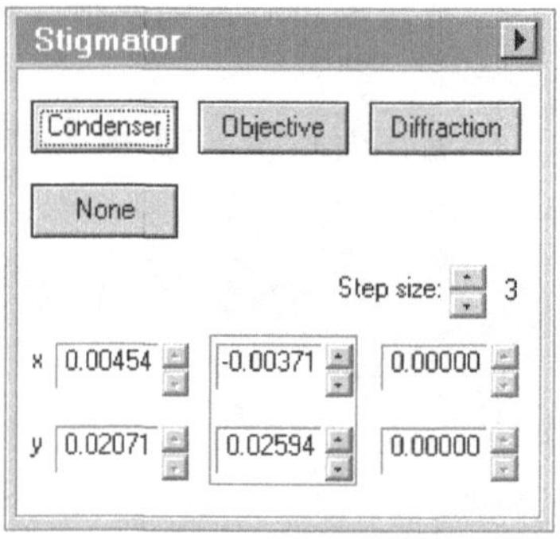

图 4－56　聚光镜像散调节界面

(7)样品“Rotation Center(旋转中心)”调整。在仪器控制面板中，调节“Mag.(放大)”旋钮将放大倍数增至 SA125kx；调节“Intensity(聚光)”，将光散开铺满整屏并调出小屏；调节“Focus(对焦)”，将样品图像调节到比较清楚的状态。在软件主界面点击“Tune(调节)”→“Direct Alignments(光路准直调节)”→“Rotation center(旋转中心)”，使小屏的图像不晃动，调整好后点击“Done(确定)”确认。

(8)调节“Intensity(聚光)”，使屏幕亮度小于 40 nA(必须是打开小屏时的值)。选择“CCD”设置“Search”“Preview”“Acquire”三种模式的参数(见图 4－57)。

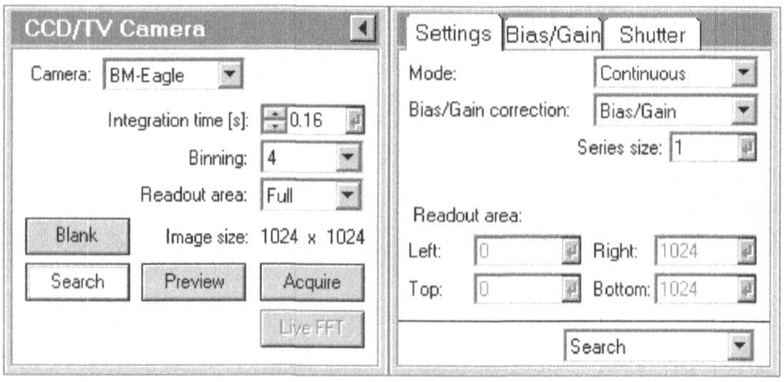

图 4－57　CCD 参数设置

(9)调节物镜像散。拍摄高分辨率图像时,需要调节物镜像散。在选择拍照区域调整焦距(微欠焦);在"Tem Imaging & Analysis"软件中选择"live FFT"并打开"FFT"窗口,同时打开"workset"中的"Stigmator"面板,选择物镜像散"objective"(见图4-58)。调整焦距,使快速傅里叶变换(fast Fourier transform,FFT)斑点中心圆环变大,同时调整物镜像散,使FFT环变圆。调整"Focus(对焦)"使中心圆环最大,调整物镜像散使圆环最圆(需要反复调整"Focus"和物镜像散),调整结果如图4-59所示。

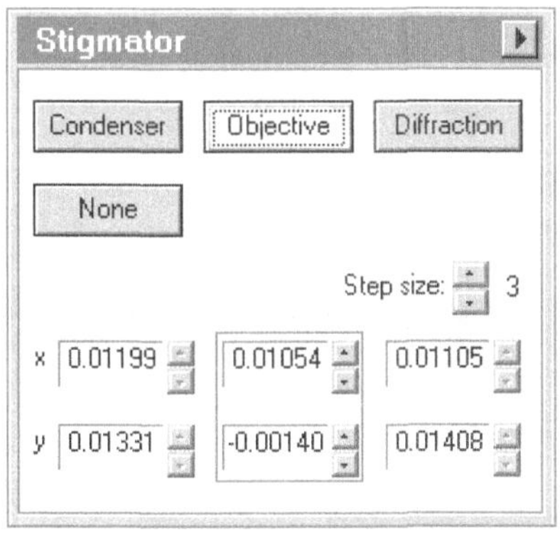

图4-58 Stigmator面板设置

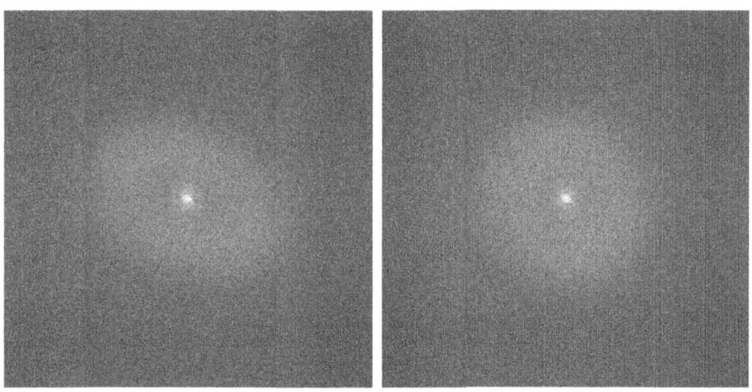

(a) 消像散前 (b) 消像散后

图4-59 调整物镜像散前后的圆环对比

(10)形貌观察及照片获得:用轨迹球选择样品感兴趣的区域,用"Mag.(放大)"旋钮选择合适的放大倍数,并将光发散至满屏。在"Focus(对焦)"中选择合适的步长,粗调至样品衬度最小。点击"Search(图像扫描)",细调"Focus(对焦)"至最佳聚焦值。点击"Acquire(获取)"进行拍照,拍照结束后点击"stop camera"停止拍照。保存图片:CCD图像可以存储为". dm3"的原始格式(只有"Digital Micrograph"软件才能打开和处理)和". tif"等格式(适用于普通图像处理软件)。

(11)实验完毕,先将放大倍数缩小至5200X以下,并将光发散。关闭阀门:点击"Column Valves Closed(柱阀关闭)"按钮,按钮由灰变黄,此时"Status(状态)"显示"COL. VALVES(柱阀)"。

(12)在确认阀门已经关闭,样品台已经归零之后,可以拔出样品杆。若发现样品台的红灯亮起，则不能直接拔出样品杆。此时，可以顺着轴向拔出样品杆到有阻力为止(注意力度不要太大)，绕轴顺时针转到头，约 120°；再顺着轴保持水平地将样品杆从样品台中拔出(手拖住样品杆的后杆部，勿使样品杆前端在彻底拔除时撞到样品室)。

(13)卸载样品。将样品杆放入样品架中，取出前端套管。在杆前端下部放置表面皿，(单倾杆)用工具将样品夹小心地抬起至最大角度，将样品杆旋转 180°，使铜网掉落下来；(双倾杆)用六角螺棒将上部螺母旋下，将样品杆旋转 180°，使垫片和铜网掉落下来。若不再测试，则用工具将样品夹小心放下，套上套管，将工具放回支架固定；若还需要继续测试，可按照装样品的步骤，装入下一个样品进行观测。

(14)真空低温。该步骤必须在测试完成且已取出样品杆后才能进行。将杜瓦瓶从支架上取出，点击“Setup(设置)”下“ Vacuum(真空)”的右拉菜单，再点击“Cryo(冷冻)”菜单中的“Cryo Cycle(冷冻循环)”按钮(见图 4－60)，按钮由灰色变为黄色。

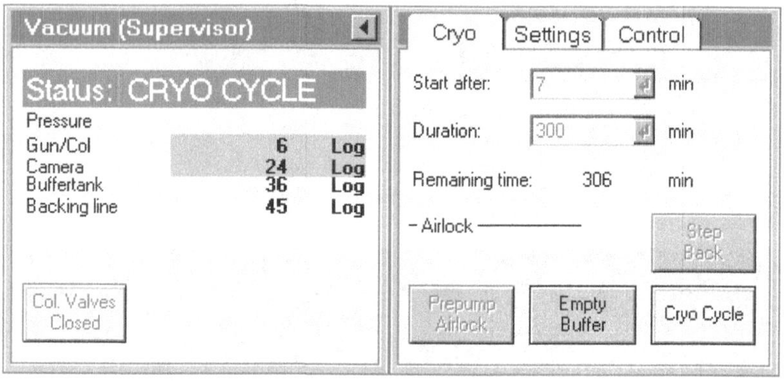

图 4－60 Vacuum 弹出框

五、注意事项

(1)对于试样，不导电样品应选择喷金或喷碳处理。

(2)装液氮时，应将投影室视窗用挡板挡住，以确保液氮不会溅落到上面。如果液氮溅落到视窗上，可能引起其上玻璃的破裂。

(3)样品杆属于仪器中极为精细的部件，需要小心操作，动作要轻。

(4)绝对不要在单倾样品杆上安装磁性样品。通常夹子力量不够大，不足以防止样品在受到物镜磁场作用下飞出并粘在物镜极靴上。

(5)装卸样品所用工具在使用后须及时放回原位。

(6)制备好的样品要等充分晾干后再装入电镜。

六、思考题

(1)简述 TEM 的工作原理是什么？

(2)简述粉末样品的一般制备方法。

实验四十　原子吸收分光光度法测定奶粉中的钙含量

一、实验目的

(1)掌握用原子吸收分光光度法测定奶粉中的钙含量。

(2)了解原子吸收分光光度计的结构及操作方法。

(3)掌握奶粉样品的前处理方法。

二、实验原理

1. *原子吸收分光光度法的原理*

原子吸收分光光度法是基于物质所产生的原子蒸汽对特定谱线的吸收作用进行定量分析的方法。在原子吸收分光光度法中,一般由空心阴极灯提供特定波长的辐射,即待测元素的共振线。由喷雾-火焰燃烧器或石墨炉等原子化装置使试样中的待测元素分解为气相状态的基态原子。当空心阴极灯的辐射通过原子蒸汽时,特定波长的辐射部分被基态原子所吸收,经单色器分光后,通过检测器测得其吸收前后的强度变化,从而求得试样中待测元素的含量。

2. *空心阴极灯的原理*

施加适当电压时,电子将从空心阴极内壁流向阳极,与充入的惰性气体碰撞而使之电离,产生正电荷,其在电场作用下,向阴极内壁猛烈轰击,使阴极表面的金属原子溅射出来,溅射出来的金属原子再与电子、惰性气体原子及离子发生碰撞而被激发,于是阴极内的辉光中便出现了阴极物质和内充惰性气体的光谱。用不同待测元素作阴极材料,可制成相应的空心阴极灯。空心阴极灯的辐射强度与灯的工作电流有关。

3. *原子吸收分光光度法的定量分析*

在使用锐线光源和低试样浓度的情况下,基态原子蒸汽对共振线的吸收符合比尔定律:

$$A=\lg(I_0/I)=KLN$$

式中,A 为吸光度;I_0 为入射光强度;I 为经原子蒸汽吸收后的透射光强度;K 为吸光系数;L 为辐射光穿过原子蒸汽的光程长度;N 为基态原子数。

在一定条件下,原子总数 N 与试样浓度 c 的比例是恒定的,有 $N=ac$,则上式可记为

$$A=KLac$$

K、L、a 均为常数,令 $K'=LaK$,则有 $A=K'c$,这就是原子吸收分光光度法的定量基础。

三、仪器与试剂

1. *仪器*

WFX-110 原子吸收分光光度计、WM-2B 型无油压缩机、电炉、容量瓶、吸量管、移

液管、洗耳球。

2. 试剂

HCl(6 mol/L)、钙标准溶液(100 g/mL)、浓 HNO_3、无水 $CaCO_3$、H_2O_2。

四、实验内容

1. 实验仪器测试条件

钙吸收波长:422.7 nm;空心阴极灯电流:5.0 mA;狭缝宽度:0.7 nm;燃气流量:2.7 L/min;空气流量:10 L/min。

2. 钙标准储备溶液的配制

取无水 $CaCO_3$ 在 120 ℃烘箱中烘 2 h,取出置于干燥器中,准确称取 $CaCO_3$ 0.0100 g,加去离子水润湿,再滴加 6 mol/L HCl 至 $CaCO_3$ 完全溶解,转移至 100 mL 容量瓶中,用去离子水稀释至刻度,摇匀备用。

3. 系列标准溶液的配制

取 6 个 50 mL 容量瓶,依次加入 0.00 mL、0.50 mL、1.00mL、1.50 mL、2.00 mL 和 2.50 mL 100 μg/mL 钙的标准储备溶液,用去离子水稀释至刻度,摇匀,制成钙的系列标准溶液。

4. 样品溶液配制

准确称取奶粉 0.2000 g,滴加少量水润湿(如有颗粒则要研平),加入 10 mL 浓 HNO_3,盖上表面皿缓缓加热 5～10 min,当溶液棕黄色变淡时,冷却,滴加 H_2O_2 10 滴,再加热 5～10 min,溶液冷却后定量转入 100 mL 容量瓶中,定容,过滤备用。

5. 仪器操作

(1)确定待测样品需要检测的元素(钙元素),准备相应元素灯。

(2) 检查乙炔气瓶是否能够维持正常使用,打开水路,测试条件不齐备时测试不能继续进行。

(3)仪器初始化。启动计算机,使计算机进入 Windows 操作系统,双击桌面上的“AAWin”图标,启动仪器分析测试程序,使仪器进入初始化阶段。

(4)选择元素灯。初始化成功后,系统将出现元素灯选择窗口,此窗口提供对元素灯及元素相关参数的设置。

(5)元素参数的设定。元素选择完毕后,将出现元素参数设定界面,调整完毕后,点击“下一步”,对参数进行调整,然后再对选定元素灯的特征波长进行寻峰操作,在下拉菜单中选择元素的特征波长,单击“寻峰”,即可进入寻峰画面。

(6)火焰法测试步骤如下:

①点击主菜单中的“仪器”→“点火”将火焰点燃。

②点击主菜单中的“测量”→“开始”即可打开测试窗口,测量谱图中将开始绘制测量曲线。

③单击测试窗口中的“开始”按钮进行采样。

④当完成了全部样品的测试,即可关闭测量窗口。如需要保存测试结果,单击主菜

单中的“文件”→“保存”即可。

(7)关闭系统。依次选择主菜单中的“文件”→“退出”，关闭“AAWin”软件，接着立即关闭仪器，并关闭相应的水、气及电路，防止出现意外。

五、数据处理

(1)以钙的系列标准溶液的吸光度绘制标准曲线，各实验数据记入表 4－23 中。

表 4－23　标准溶液的吸光度数据记录表

试液编号	标准溶液的量/mL	浓度/($\mu g \cdot mL^{-1}$)	吸光度
1#	0.00		
2#	0.50		
3#	1.00		
4#	1.50		
5#	2.00		
6#	2.50		

(2)根据未知试样溶液的吸光度，求出奶粉中钙的含量。

六、注意事项

(1)制备样品时同时做空白试验，加热要缓慢，样品消化必须在通风橱内进行。测试前的样品一定要过滤。

(2)灯电流不要设得太大，1.3 mA 较合适。

(3)测试完毕，要用去离子水清洗原子化器。

七、思考题

(1)原子吸收分光光度计为什么要用待测元素的空心阴极灯作光源？

(2)原子吸收分光光度计由几部分构成，每一部分的作用是什么？

实验四十一　样品中微量元素的定量分析

一、实验目的

(1)掌握等离子发射光谱法的基本原理。

(2)熟悉等离子发射光谱法的基本定量方法——标准曲线法。

(3)了解等离子发射光谱仪的基本结构、性能和操作方法。

二、基本原理

原子发射光谱法是根据处于激发态的待测元素原子回到基态时发射的特征谱线对

待测元素进行分析的方法。在室温下，物质中的原子处于基态（E_0），当受外能（热能、电能）作用时，核外电子跃迁至较高的能级（E_n），即处于激发态，激发态原子是十分不稳定的，其寿命大约为 10^{-8} s。当原子从高能级跃迁至较低能级或基态时，多余的能量以辐射形式释放出来，其能量差与辐射波长之间的关系符合普朗克公式：

$$\Delta E = E_1 - E_2 = hc/\lambda$$

由于不同元素的原子结构不同，当被激发后发射光谱线的波长不尽相同，即每种元素都有其特征波长，故根据这些元素的特征光谱就可以准确无误地鉴别元素的存在（定性分析），而这些谱线的强度又与试样中该元素的含量有关，因此又可利用这些谱线的强度来测定元素的含量（定量分析）。光谱定量分析的基础是谱线强度和元素浓度符合赛伯-罗马金公式：

$$I = ac^b$$

式中，I 是谱线强度；c 是元素浓度；b 是自吸系数；a 是与试样蒸发、激发过程及试样组成有关的一个参数。在经典光源中自吸收比较显著，一般用其对数形式绘制校正曲线，而在等离子体光源中，在很宽的浓度范围内 $b=1$，所以谱线强度与浓度成正比。

三、仪器与试剂

1. 仪器

SHIMADZUICPE－9000 光谱仪、空气压缩机、水冷却系统、容量瓶、氩气（99.99%）气瓶。

2. 试剂

Fe、Ca、Zn、Cu、Mg、Pb 各元素标准储备液（100 μg · mL^{-1}，用 3% HNO_3 逐级稀释），二次蒸馏水、LaCl 溶液、6 moL/L HNO_3、稀 HNO_3（4%～5%）未知水样。

四、实验步骤

1. 标准样品溶液的制备

（1）Fe、Ca、Zn、Cu、Mg、Pb 标准溶液的配制。分别准确吸取 10.0 mL Fe、Ca、Zn、Cu、Mg、Pb 标准储备液（100.0 μg/mL）于各 100 mL 容量瓶中，再分别用去离子水稀释至刻度，摇匀，这些溶液中 Fe、Ca、Zn、Cu、Mg、Pb 的含量都为 10.0 μg/mL。

（2）Fe、Ca、Zn、Cu、Mg、Pb 标准系列溶液的配制。准确吸取镁标准溶液（10.0 μg/mL）2.00mL、4.00mL、6.00mL、8.00mL、10.00 mL 分别放入 5 只 100 mL 容量瓶中，再分别加入 5 mL $LaCl_3$ 溶液，用去离子水稀释至刻度，摇匀，所制成的溶液的浓度依次为 0.20 μg/mL、0.40 μg/mL、0.60 μg/mL、0.80 μg/mL 和 1.00 μg/mL）。

（3）配制标准空白溶液。取 1 只 100 mL 容量瓶，加入 3 mL 6 mol/L HNO_3，用去离子水稀释至刻度，摇匀。

2. 样品的准备

准确吸取水样 2.00 mL，置入 100 mL 容量瓶中，加入 3 mL 6 mol/L HNO_3，用去离子水稀释至刻度，混匀，待测。

3. 试样的测试

(1)依次打开稳压器电源、仪器主机电源、计算机。

(2)打开排风扇电源开关,应听到风扇的转动声并有排风。打开氩气气瓶主阀门,观察余压不低于 1 MPa,并调节压阀出口压力为 0.45 MPa。

(3)打开高频线圈冷却循环水及电荷耦合器件(charge coupled device,CCD)检测器装置的电源开关。

(4)点击计算机桌面的“ICPE solution Launcher”图标,打开测试软件,确认各部位状态完好。

(5)选择所要分析的元素与波长、标准样品的个数及登记相应浓度。按照选定条件,点炬,用二次去离子水校零。

(6) 依次测试空白样品、标准样品、未知样品。

(7)实验完毕,用稀 HNO_3(4%～5%)依次清洗雾化器、进样管。

(8)测试完毕后,依次关闭等离子炬、循环冷却水和空气压缩机,并放空空气压缩机内的水。

(9)关闭测试软件、计算机、氩气瓶总开关及通风装置。

4. 结果处理

$$\text{元素含量}=\frac{(c_{\text{样品}}-c_{\text{空白}})\times V}{m}$$

式中,V 为定容体积(mL);m 为样品质量(g);$c_{\text{样品}}$ 为待测样品溶液中微量元素的浓度(mg/L);$c_{\text{空白}}$ 为空白溶液中微量元素的浓度(mg/L)。

五、ICP 发射光谱仪构造

电感耦合等离子体(inductively coupled plasma,ICP)发射光谱仪的基本结构包括进样系统、激发光源、分光系统和检测系统几部分。

1. 进样系统

进样系统是 ICP 发射光谱仪中极为重要的部分,也是 ICP 光谱分析研究中最活跃的领域,按试样状态不同可以分别用液体、气体或固体直接进样。

2. 激发光源

激发光源的作用是提供使试样中被测元素原子化和原子激发发光所需要的能量。等离子体是一种由自由电子、离子、中性原子与分子所组成的在总体上呈电中性的气体,利用 ICP 作为原子发射光谱的激发光源,气体的涡流区温度高达 10000 K。在该区,试样气溶胶与高温等离子体相遇,所经历的过程有去溶剂化、液体蒸发、原子化、进一步激发、产生发射光谱等。

3. 分光(色散)系统

复合光经色散元素分光后,可以得到一条按波长顺序排列的光谱,现在用得较多的是光栅分光系统。能将复合光束分解为单色光,并进行观测及记录的设备称为光谱仪,其作用是将光源发射的不同波长的光色散为单色光。

4. 检测系统

检测系统是指利用光电效应将不同波长的辐射能转化成光电流的信号，使指示仪上显示出与试样浓度呈线性关系的数值。

六、注意事项

(1)激发光源为高电压、高电流装置，要注意安全，遵守操作规程。

(2)精密光学仪器，不能用手或抹布去擦拭。

(3)等离子体光源发出的强烈的紫外线会灼伤眼睛，点炬后，严禁再打开防护门。

(4) 点炬前，打开通风设备，将有害蒸气排出室外。

七、思考题

(1)ICP 发射光谱仪的激发光源分为几个部分，各部分的作用是什么？

(2)原子发射光谱法定性分析的依据是什么？定量分析的依据是什么？

八、扩展阅读

微量元素指的是在生物体内必需的但含量非常少的元素，即尽管其总量较少，但对人体生命活动却起着至关重要的作用。常见的人体需要的微量元素包括铁、锌、铜、锰、硒、碘、氟、钼等，它们在人体中的作用各不相同。

(1)铁：主要作用于血液中的血红蛋白中，负责氧的运输。

(2)锌：对免疫系统、人体发育、皮肤健康和视力起重要作用。

(3)铜：对血液形成、能量产生、神经系统和免疫系统的正常运行等非常重要。

(4)锰：有助于骨骼发育和伤口愈合，也对神经系统有重要作用。

(5)硒：是许多重要酶(包括抗氧化酶)的组成部分，也对免疫系统有重要影响。

(6)碘：主要用于产生甲状腺激素，对人体的发育至关重要。

(7)氟：主要存在于骨骼和牙齿中，对预防蛀牙和保护牙齿健康非常重要。

(8)钼：虽然需要量很少，但仍然是一些重要酶的必要部分。

对于微量元素，需要注意的是，虽然它们对人体健康至关重要，但摄入过多也可能导致毒性反应，因此，要通过平衡健康的饮食来获取适量的微量元素，避免摄入过量。

实验四十二　未知样品的有机元素分析

一、实验目的

(1)学会有机元素分析仪的基本操作方法。

(2)掌握利用有机元素分析对未知样品进行定量分析的方法。

二、实验原理

有机元素通常是指有机物中含有的碳、氢、氮、硫、氧等最为常见且分布广泛的元素；通过测定各元素的百分比含量，可进一步确定该化合物的元素组成及化学式等诸多信息。

分析有机化合物中的碳、氢、氮、硫、氧等元素含量的方法种类繁多，其中包括气相色谱法、示差吸收法及各类电化学分析法（如电导分析法、库仑分析法）等。随着科技的进步，有机元素分析仪为满足人们高效、便捷的测试要求，逐步发展成为新一代具有自动化、计算机数据处理及多元素联合测定特点的仪器。

有机元素分析的测试原理非常简单，主要是利用高温燃烧法检测得到的有机化合物中各元素含量。其测试模式通常可分为 CHNS 模式、CHN 模式和 O 模式三种。CHNS/CHN 模式是样品在 1150 ℃、纯氧氛围的氧化管中完全燃烧产生 CO_2、H_2O、NO_x、SO_2、SO_3 等气体，随后该混合气在还原管（850 ℃、还原铜）中进一步还原为 CO_2、H_2O、N_2、SO_2 等气体，再经过吸附-解吸柱分离→色谱柱分离→热导池检测器检测，经标准样品对比分析后得到 C、H、N、S 元素的含量。O 模式是指在 1150 ℃将样品在高温管内热解，由氦气将热解产物携带通过涂有镍或铂的活性炭填充床，使 O 全部转化成 CO，混合气体通过分子筛柱，组分分离，通过热导池检测器检测 CO 气体，再与标准样品对比分析以达到定量分析的目的。

有机元素分析的样品通常以粉末、块体测试为主，但是也可以非水溶剂的液体样品（样品的熔程、沸程必须在允许范围内）进行测试。粉末样品一般需要 30 mg 以上，块体样品尺寸要求小于 2×2(mm)，液体样品至少需要 2 mL。所有测试样品均要求不能含有水及金属、Si、P 和卤素等元素（这些元素不仅会导致测试结果产生误差，也会对仪器有损伤）；强酸、强碱或能引起爆炸的样品（如汽油、柴油、炸药及部分硝化棉等）禁止使用有机元素分析测试。

三、仪器与试剂

1. 仪器

Vario EL Ⅲ 型元素分析仪、分析天平、氮气气瓶、氧气气瓶。

2. 试剂

氨基苯磺酸标准样品、未知样品。

四、实验步骤

1. 开启 Vario EL Ⅲ 型元素分析仪

(1)打开主机尾气的两个出口，移开仪器进样盘，开启仪器电源开关，待仪器运行球阀和进样盘底座初始化后，将仪器进样盘放回原处。

(2)打开氦气和氧气气瓶：氦气气瓶减压阀出口压力为 2.0 bar (0.2 Mpa)，此时仪器系统压力为 1.25 bar(0.125 MPa)，氧气气瓶减压阀出口压力为 2.5 bar (0.25 MPa)。

(3)启动“Vario EL”测试软件，在“Mode(菜单)”中选择分析模式(CHNS、CNS、CHN、CH、CN、N、S、O)。

2. 仪器测试

(1)选择 CHNS 分析模式，进入分析模式的“Standards(样品)”设置窗口，在对话框中设置标样名称，在“Theor.（理论值）”栏分别输入 N、C、S、H 的理论值。

选择“Factor Sample(校正样品)”进行样品的校正后，进行样品的测试。

选择“Calibration Sample(校正曲线)”进行校正曲线的绘制。

(2)仪器参数的确定。

①在软件主界面菜单栏的“Options(选项)”→“ Parameters (参数)”中输入或确认加热炉加热温度：

CHNS/CNS/S 模式：Furnace 1(炉 1)：1150 ℃；Furnace 2(炉 2)：850 ℃；Furnace 3(炉 3)：0 ℃；

CHN /CN/N 模式：Furnace 1(炉 1)：950 ℃；Furnace 2(炉 2)：500 ℃；Furnace 3(炉 3)：0 ℃；

O 模式：Furnace 1(炉 1)：1150 ℃；Furnace 2(炉 2)：0 ℃；Furnace 3(炉 3)：0 ℃。

②样品重量和名称的输入。从主界面进入“Edit(编辑)”→“Input (输入)”对话框(或将鼠标键移至菜单栏的“Name(名称)”下双击)，输入样品名称和重量，在“Method(方法)”栏选择合适的通氧方法。

③建议样品测试顺序。测试空白值，在测试界面的“Weight(重量)”栏输入假设的样品重量，在“Method(方法)”栏选择 Index2；

2～3 个标样测试，使用标样(约 2 mg)，在“Method(方法)”栏选择“Index1”；

3～4 个标样测试，使用标样(约 2 mg)，在“Method(方法)”栏选择“Index1”。

20～30 个样品测试，根据样品性质选择样品质量和通氧参数。

(3)标样的校正。检查标样数据是否平行(误差应在±0.3%之内)，若平行则对标样数据进行标记(选定数据行点击鼠标右键)，进入“MATH(计算)”功能，激活“FACTOR(校正因子)”功能完成校正因子的计算。

(4)关机程序。分析结束后，主机自动进入睡眠状态，待降温至 100 ℃以下，关闭 Vario EL 操作软件，关闭计算机和 Vario EL 主机电源，关闭氦气和氧气气瓶，堵住主机尾气的两个出口。

五、注意事项

(1)若更换备件诸如燃烧管、还原管或清除灰分管，必须进行检漏测试。若检漏测试没通过，需退出操作软件并激活维护程序。

(2)仪器改变测试模式后，当前的加热温度应比新选模式的设定加热炉温度高，否则过高的温度保护就会被激活。模式转换时应确保试管填充物满足各自的操作温度，否则填充物过热会引起试管熔化，而损坏加热炉。

(3)禁止对具有腐蚀性化学品、酸碱溶液、爆炸物或能引起爆炸性气体混合物的物质进行分析测试。氟、磷酸盐或含有重金属样品对分析结果或仪器部件的寿命都有负面影响。

六、思考题

(1)有机元素分析仪分析物质的基本原理是什么？

(2)氧气的纯度是否会影响测试结果？

实验四十三　旋转流变仪测定聚合物熔体黏度

一、实验目的

(1)了解旋转流变仪的基本结构和工作原理。

(2)掌握采用旋转流变仪测量聚合物的黏度的方法。

二、实验原理

流变学研究的是流动、变形与应力间的关系。根据流动和变形形式的不同,将流体物质分为牛顿流体和非牛顿流体。牛顿流体遵循牛顿流动法则,其剪切速率与剪切应力 τ 之间呈线性关系,且直线经过原点,如图 4－61(a)中的(1)所示,这时直线的斜率表示黏度,黏度与剪切速度无关,只要温度一定,黏度就一定。水、酒精、醇类、酯类、油类等均属于牛顿流体。非牛顿流体不遵循该法则,但凡流动曲线不是直线或虽为直线但不通过坐标轴原点的流体,都称之为非牛顿流体。

实际上大多数液体都不符合牛顿流动定律,如高分子溶液、胶体溶液、乳剂、混悬剂、软膏及固-液的不均匀体系的流动等,因此称它们为非牛顿流体(non－Newtonian fluid),此种物质的流动现象称为非牛顿流动(non－Newtonian flow)。对于非牛顿流体,可以用旋转黏度计测定其黏度,对其剪切应力 τ 随剪切速率的变化作图可得如图 4－61 所示的流动曲线或黏度曲线。根据非牛顿流体流动曲线的类型把非牛顿流动分为塑性流动、假塑性流动和胀塑性流动三种。

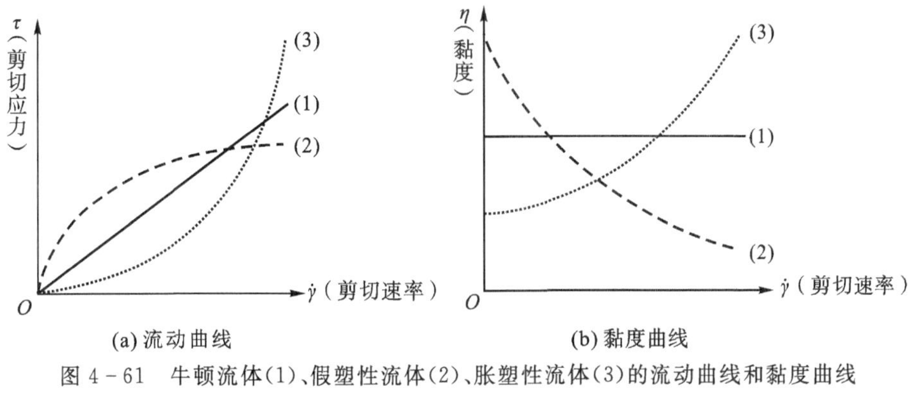

(a) 流动曲线　(b) 黏度曲线

图 4－61　牛顿流体(1)、假塑性流体(2)、胀塑性流体(3)的流动曲线和黏度曲线

随着剪切速率值的增大而黏度下降的流动称为假塑性流动,具有这种性质的流体称为假塑性流体或剪切稀化型流体。假塑性流动的流动曲线和黏度曲线如图 4－61 中的(2)号曲线所示。绝大多数黏弹性流体都属于假塑性流体,如聚合物溶液、聚合物熔体、油漆、涂料等。

胀塑性流动曲线如图 4－61 中的(3)号曲线所示,曲线经过原点,且随着剪切应力的增大黏度也随之增大,虽然这种流体不如假塑性流体常见,但生活中也有不少例子,如泥浆、糖果合成物、玉米淀粉类与水的混合物及沙-水混合物。此类流体的行为也可称为剪切增稠。

旋转流变仪是用连续的同方向旋转来施加应变或应力以得到恒定的剪切速率，在剪切流动达到稳态时，测量由于流体形变所产生的扭矩，可用于测定聚合物熔体、聚合物溶液、悬浮液、乳液、涂料、油墨和食品等材料的流变性质。旋转测试有两种方法，一种是控制剪切速率，即旋转速度（或剪切速率）为设定参数，扭矩（或剪切应力）为测试参数；另一种是控制剪切应力，即扭矩（或剪切应力）为设定参数，旋转速度（或剪切速率）为测试参数。

用于黏度等流变性能测试的几何结构有同轴圆筒、锥板和平行板等。平行板的结构由两个半径为 R 的同心圆盘构成，间距为 h，上圆盘可以旋转。在两个测试板之间加载样品，当在上平板施加一个扭矩时，就会在材料上产生一个旋转剪切应力，并测得所形成的应变或应变速率（切变速率）。对于直径为 25 mm 的圆盘，经常使用的间距为 1～2 mm，对于特殊用途，也可使用更大的间距。

黏度是高分子聚合物熔体和溶液最重要的性能参数之一，在生产过程中必须严格控制。影响黏度的因素较多，如温度、压力、浓度、剪切速率等，正确分析黏度曲线有利于高分子材料加工装备的设计及制造，本实验采用流变仪测试聚合物熔体在不同温度下的黏度曲线，并分析黏度曲线的温度依赖性关系。

三、仪器与试剂

1. 仪器

MCR302 型流变仪、空气压缩机、恒温水浴。

2. 试剂

高密度聚乙烯圆片（直径 2.5 mm、厚 1～2 mm）。

四、实验内容

1. 开机

（1）开启空气压缩机（此时空气阀处于关闭状态），待空气压力升到标准值[输出压力为 5 bar(0.5 MPa)]，打开空气阀。

（2）检查水浴液面是否正常，打开循环水浴开关（通常设定水浴温度为 20 ℃）。

（3）打开计算机，打开主机电源等待 MCR302 型流变仪主机自检完成，主机屏幕下方显示“Status：O. K.”，如图 4-62 所示。

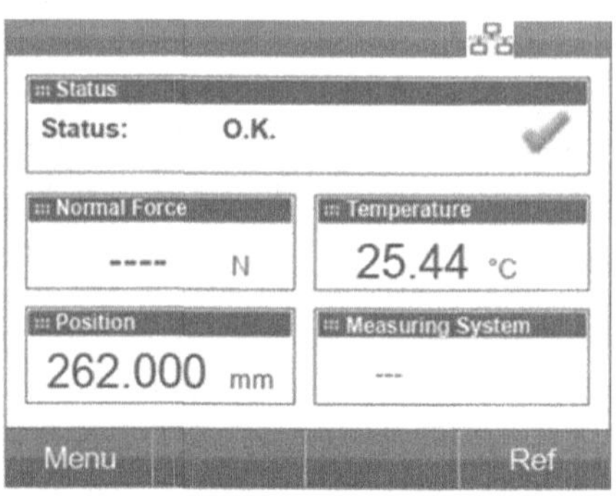

图 4-62　旋转流变仪主机部分屏幕显示

2. 测试步骤

(1)打开计算机及 RHEOPLUS 软件,进入测试界面,如图 4-63 所示。

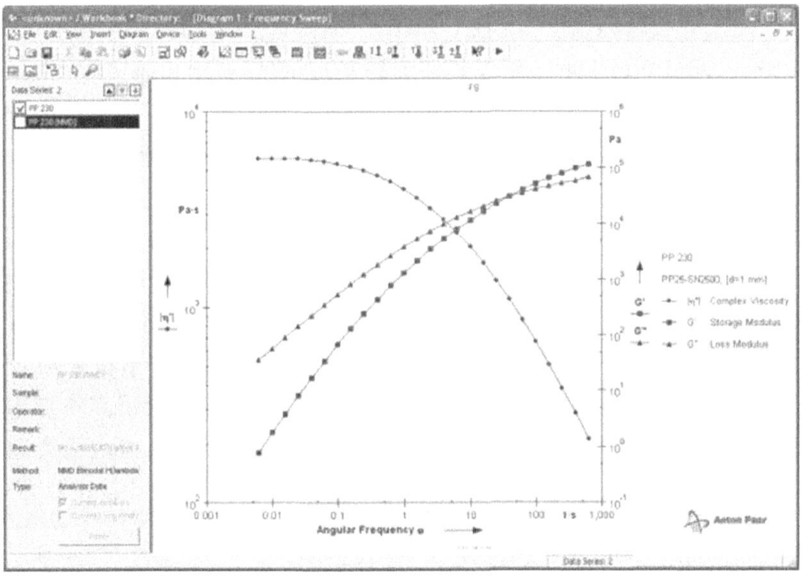

图 4-63　旋转流变仪测试界面

(2)仪器初始化。在测试界面(见图 4-63)单击 "晶"图标,进入仪器控制面板界面,如图 4-64 所示。在此界面,单击"Initialize(初始化)",仪器自动进行初始化连接(注意:此时测量头上不能连接任何转子);"Temperature(温度)"设置框内输入初始温度值,(一般实验温度设为 25 ℃),再单击"Set(设置)",设置完成。

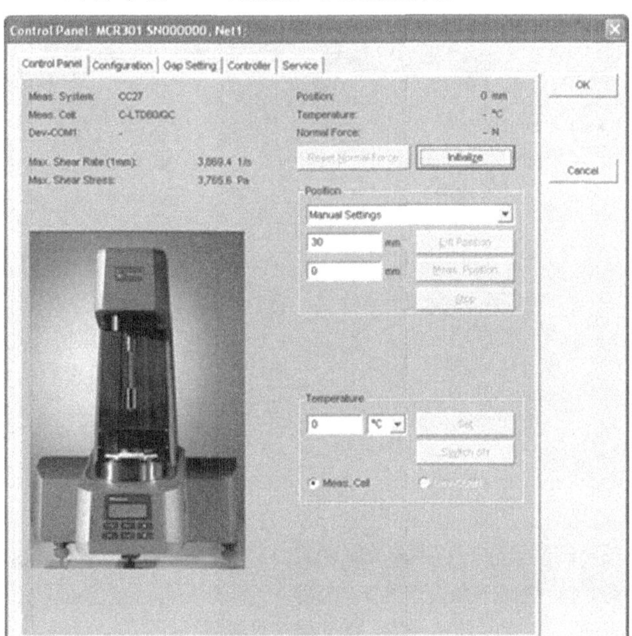

图 4-64　仪器控制面板界面

(3)安装测量夹具。把测量转子连接到测量头上(装入测量平板,安装 PP25 型平板夹具转子),等待主机自动识别出转子型号,听到"嘀"的一声后表示自检完成,再进行下一步操作。

(4)间隙归零。在仪器控制面板界面(见图 4 - 64),点击"Initialize(初始化)",仪器进行初始化连接(此时,测试测量头上不要安装任何转子)。仪器初始化连接后,"Initialize"按钮会变成"Set Zero Gap(设置零间隙)"按钮,并且"lift position"按钮和"Meas. position"按钮也由灰色(不可修改模式)改为可修改设置模式。单击"Set Zero Gap(设置零间隙)",进行零间隙校正。

(5)放置样品。零间隙校正完成后,在仪器控制面板界面(见图 4 - 64),"lift position(抬高位置)"选项输入抬高的位置,如"90 mm",然后单击"lift position(抬高位置)",使测量头抬起来。把适量样品加到样品盘的中心位置,在"Meas. Position(测量位置)"选项输入测试位置"1. 0 mm",单击"Meas. Position(测量位置)"按钮,此时,按钮前数据框内的数字为固定值,不可改变;测量转子下降到一定位置时(比测量位置稍高一点),软件上会弹出一个对话框,提示到达"Trimming Position(修剪位置)",表示到达了清理样品的位置,这时要把转子周围多余的样品清理掉。清理完成后,弹出 "Continue(继续)"按钮,点击"Continue(继续)"按钮让平板下降到测量位置。

(6)编辑测试程序,设置测试参数。在测试界面(见图 4 - 63),点击菜单栏中的"File(文件)"→"New(新建)"新建一个文件,选择所需的测量模式,编辑测试程序,以"Rotation $\dot{\gamma}$、n、φ、γ(旋转测量)"模式为例,如图 4 - 65 所示。

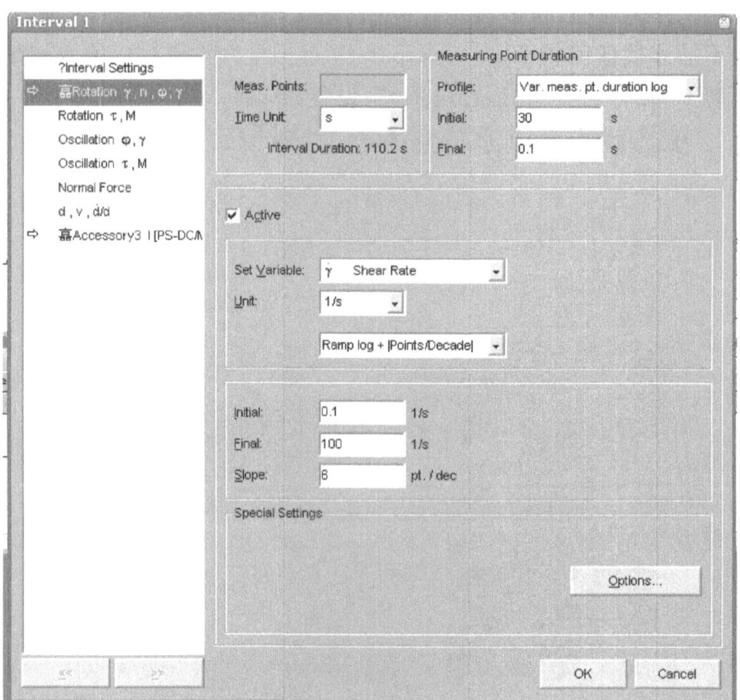

图 4 - 65 测试程序设置界面

①Sheer Rate(剪切速率)设置:"Sheer Rate(剪切速率)"控制模式设置为"Ramp log+

|points/decade|(按对数规律变化的剪切速率)”，“Unit(单位)”设置为“1/s”，“Initial(初始)”设置为“0.1 1/s”，“Final(结束)”设置“100 1/s”。

②Measuring Point Duration 时间控制设置：“Measuring Point Duration 时间控制方式”设置为“Profile = Var. meas. pt. duration log”，“Time Unit(时间的单位)”设置为“s”，“Initial(初始时间间隔)”设置为“30 s”，“Final(最终时间间隔)” 设置为“0.1 s”。此测试段的总测试时间为 110.2 s。

(7)开始测试。以上设置完成后，在测试界面(见图 4-63)，单击快捷键“▶(测量)”图标，输入要保存的文件名称后，点击“save(保存)”，然后程序会自动开始测试。(注意：在实验进行过程中，如果出现意外情况，可以随时点击“■(停止)”图标终止实验，已经测出的数据会自动保留。)

(8)测试结束，在测试界面(见图 4-63)快捷键栏可以看到“■(停止)”图标不停闪烁，当“■(停止)”闪烁至“▶(开始)”，表明测试结束，软件自动保存测试结果。

(9)测试结束后，在测试界面(见图 4-63)快捷键栏单击“ ”图标返回仪器控制面板界面(见图 4-64)，点击“Lift Position(抬高位置)”，可在此按钮前的方框中输入数字，控制测量头抬起的高度，使测量头抬起来。(注意：如果测试结束后，样品黏度非常大，可以先松开转子的连接头，再抬起测量头，手动将测量转子从测量杯中取出来。)

3. 关机。

(1)实验完成后清理干净样品，温度降到室温左右退出软件，确认流变仪处于正常运行状态，确认测量头处于最高位置，并且测量转子已经拆下，装好空气轴承保护套。

(2)关闭流变仪开关，关闭主机电源，关闭软件和计算机。

(3)关闭循环水浴电源，最后关闭空气压缩机，清理实验台面。

五、注意事项

(1)空气轴承是旋转流变仪的核心部分，在使用流变仪之前一定要接通空气，如果没有接通空气，任何使用和搬动流变仪都可能会导致空气轴承损坏。输出空气压力达到 0.5 MPa 以后，才能开启主机，并且在整个使用过程中应确保有正常压缩空气流通。

(2)恒温水浴里的水要没过里面的压缩管，否则里面的水很容易因为压缩管露出而结冰。

(3)要保证先打开空气压缩机充气，完成后再打开流变仪主机，关机时相反，先关闭流变仪主机后最后关闭空气压缩机。

(4)安装测量系统时，先松开螺丝，然后左手托住测量系统，右手拧紧螺丝。

(5)每次更换测量系统后都必须重新校零。

(6)样品加载过程中应避免破坏材料的结构。样品不要加得太多，也不要加得太少，可以使用平面刮刀将多余的样品刮掉。

(7) 测试结束后样品台、夹具等可能很烫，应小心触碰，以免烫伤，必要时应戴手套。

(8)禁止使用腐蚀性、酸性等液体清洗夹具。

六、数据处理

(1) 根据测试数据作图。

(2)分析聚合物的流变特性。

(3)分析测试温度对聚合物流变特性的影响。

七、思考题

(1)常用的流变参数有哪些?

(2)举例说明流变学在实际生产、生活中的应用。

实验四十四 原子吸收光谱法测定自来水中镁的含量

一、实验目的

(1)学习原子吸收光谱分析法的基本原理和基本结构。

(2)掌握火焰原子吸收分光光度计的使用方法。

(3)掌握用标准曲线法测定自来水中镁的含量。

二、实验原理

原子吸收光谱法(atomic absorption spectrometry,AAS)是由待测元素空心阴极灯发射出一定强度和波长的特征谱线的光,当它通过含有待测元素的基态原子蒸气时,原子蒸气对这一波长的光产生吸收,未被吸收的特征谱线的光经单色器分光后,照射到光电检测器上被检测,根据该特征谱线光强度被吸收的程度,即可测得试样中待测元素的含量。

在一定浓度范围内,被测元素的浓度(c)、入射光强(I_0)和透射光强(I)符合朗伯-比尔定律:$I=I_0\times(10-abc)$(式中,a 为被测组分对某一波长光的吸收系数,b 为光经过的火焰的长度)。根据上述关系,配制已知浓度的标准溶液系列,在一定的仪器条件下,依次测定其吸光度,以加入的标准溶液的浓度为横坐标,以相应的吸光度为纵坐标,绘制标准曲线。试样经适当处理后,在与测量标准曲线吸光度相同的实验条件下测量其吸光度,在标准曲线上即可查出试样溶液中被测元素的含量,再换算成原始试样中被测元素的含量。

火焰原子吸收光谱法是利用火焰的热能,使试样中待测元素转化为基态原子的方法。常用的火焰为空气-乙炔火焰,其绝对分析灵敏度可达 10^{-9} g,可用于常见的 30 多种元素的分析,应用最为广泛。

三、仪器与试剂

1. 仪器

wy-2220 型原子吸收分光光度计、镁空心阴极灯、无油空气压缩机、乙炔钢瓶、容量瓶、移液管等。

2. 试剂

10 μg/mL 镁标准溶液、1 mol/L 盐酸溶液、蒸馏水。

四、实验内容

1. 配制标准溶液系列

准确吸取 0.50 mL、1.00 mL、1.50 mL、2.00 mL、2.50 mL 上述镁标准溶液(10 μg/mL)，分别置于 5 只 100 mL 容量瓶中，用蒸馏水稀释至刻度，摇匀备用。

2. 自来水水样准备

准确吸取 2.00 mL 自来水置于 100 mL 容量瓶中，用蒸馏水稀释至刻度，摇匀备用。

3. 试样测试

(1)启动计算机，打开 wy－2220 系列主机电源。

(2)双击计算机桌面的“”图标，进入仪器测试界面，如图 4－66 所示。

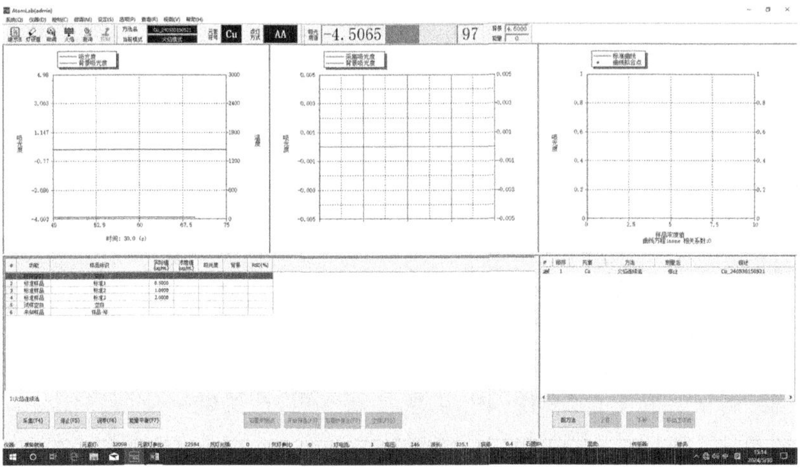

图 4－66　仪器测试界面

(3)待屏幕左下角显示：“仪器：准备就绪”，准备测试。

(4)单击菜单栏中的“”图标进入建方法界面(见图 4－67)，选择“元素名”“工作方法”，点击“下一步”进入配方法界面。

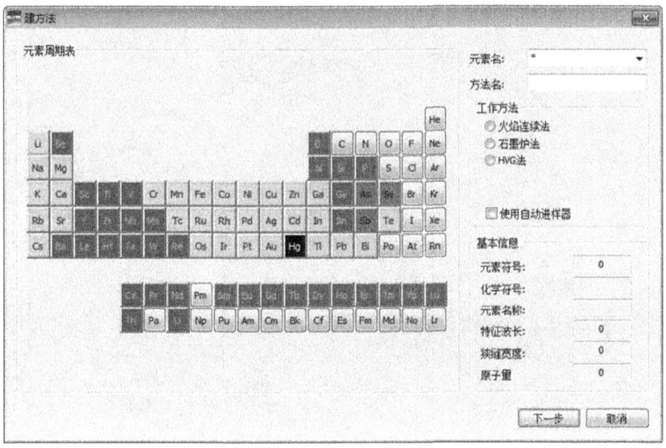

图 4－67　建方法界面

(5)在配方法界面(见图 4-68):设定“光学参数”“原子化器/气体流量”“标准曲线”“测量条件”“样品信息”等参数。参数设置完毕后,单击“保存参数”→“加入工作池”。

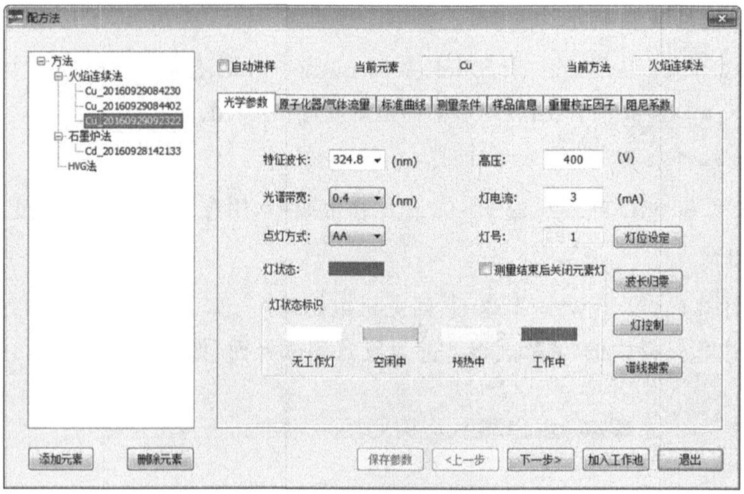

图 4-68　配方法界面

(6)方法加入工作池后,右击“加入工作池的方法”→“自动测量”,仪器将自动完成模式切换、原子化器位置调整、谱线搜索等操作,然后点击“谱线搜索成功”→“确定”,返回仪器测试界面(见图 4-66)。

(7)打开气体。打开空气压缩机电源,调节气体出口压力为 0.3 MPa 左右;打开乙炔气瓶总阀,检查总阀显示的气瓶压力,调节气体减压阀使出口压力在 0.07～0.08 MPa 范围内。注意:当压力低于 0.5 MPa 时,需更换新气瓶,严禁继续使用!!!

(8)仪器点火。在仪器测试界面(图 4-66),单击工具栏中的“火焰”图标,出现火焰控制对话框(见图 4-69),单击“点火”,火焰点着后,关闭火焰控制对话框,若能量有所下降,单击仪器测试界面的“能量平衡”按钮,开始测试。(注意:空气压缩机使用 1 h 需按下排水阀排水;点火及实验过程中要远离燃烧器,其上避免遮盖。)

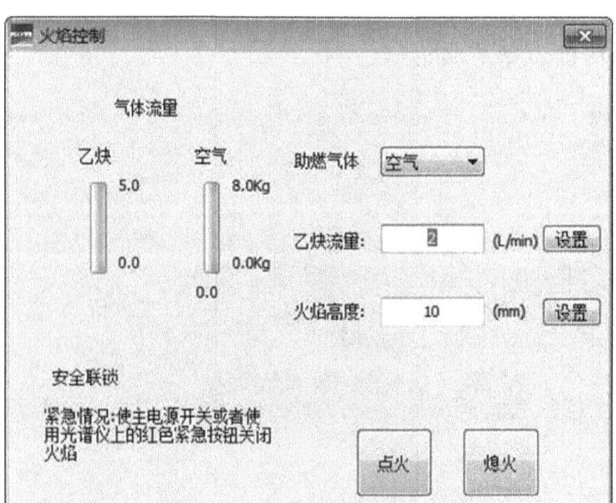

图 4-69　火焰控制对话框

(9)制作标准曲线：

调零：将样管放到超纯水中，当吸光度值实时图像的信号趋于稳定后，单击仪器测试界面(见图 4－66)底部的“调零”。

测试标样空白：把进样管放到标样空白中，当吸光度值实时图像的信号趋于稳定后，单击仪器测试界面(见图 4－66)底部的“采集”。

标准曲线制作：依次由稀到浓测定所配制的标准溶液的吸光度值。把进样管放入标准溶液中，吸光度信号趋于稳定后，单击仪器测试界面(见图 4－66)底部的“采集”，根据重复次数进行采集，采集数据显示于数据列表中，直至出现平均值，更换下一个样品并测试。

(10)样品测试：同样的方法测试样品空白及未知样品。把进样管放入超纯水中，直至吸光度降为 0.00XX 并稳定，吸喷空白样品，测试方法与测试标准样品相同。

(11)实验完毕，吸取蒸馏水 5 min 以上，关闭乙炔气瓶，火灭后退出测试程序，关闭主机、计算机和空气压缩机电源，按下空气压缩机排水阀进行排水。

五、数据处理

(1)实验数据记入表 4－24 中，根据镁标准液系列吸光度值，以吸光度为纵坐标，以浓度为横坐标，利用计算机绘制标准曲线，作出回归方程，计算出相关系数。

(2)根据自来水样吸光度值，依据标准曲线计算出镁的含量。

表 4－24　自来水中镁的含量测试数据记录

溶液编号试剂添加量	空白溶液	镁标准溶液(10 $\mu g \cdot ml^{-1}$)					自来水溶液
		1 号	2 号	3 号	4 号	5 号	
镁标准溶液/mL	0.00	0.50	1.00	1.50	2.00	2.50	2.00
定容体积/mL	100.00	100.00	100.00	100.00	100.00	100.00	100.00
标准溶液浓度/($\mu g \cdot ml^{-1}$)							
吸光度/[$L \cdot (mol \cdot cm)^{-1}$]							

六、注意事项

(1)乙炔为易燃、易爆气体，必须严格按照操作规程进行操作。开启乙炔气和点火前，要检查气路有无泄漏，废液管是否水封良好。

(2)在点燃乙炔火焰之前，应先开空气阀，然后开乙炔气瓶气阀。结束或暂停实验时，应先关闭乙炔气，再关闭压缩空气。

(3)当乙炔气瓶气压力小于 0.5 MPa 时，不能再使用；出口压力(分压阀)不能高于 0.1 MPa；移动过的乙炔气瓶需要至少沉淀 1 h 再使用。

(4)空气压缩机不允许带压启动，断电后需要排水。湿度大时需要 2～4 h 排水一次(排水时一定要在火焰熄灭的状态下进行)。

(5)液封水位缺少时需要注意加水。

(6)实验过程中，要打开排风机，抽去废气。

七、思考题

(1)为什么原子吸收分光光度计的单色器位于火焰之后，而紫外可见分光光度计的单色器位于样品池之前？

(2)原子吸收分光光度分析为何要用待测元素的空心阴极灯作光源？

参考文献

[1] 辛剑，孟长功，高占先，等．基础化学实验[M]. 北京:高等教育出版社，2004.

[2] 张晓丽，江崇球，吴波，等．仪器分析实验[M]. 北京:化学工业出版社，2006.

[3] 姚新生，吴立军，孔令义，等．有机化合物波谱分析[M]. 北京：中国医药科技出版社，2004.

[4] 中国科学技术大学化学与材料科学学院实验中心．仪器分析实验[M]. 合肥:中国科学技术大学出版社，2011.

[5] 齐广才，马红燕，高志均，等．仪器分析实验[M]. 西安：陕西科学技术出版社，2007.

[6] 李银环．现代仪器分析[M]. 西安:西安交通大学出版社，2016.

[7] 权英，丁建英，陈梦玲．现代仪器分析项目化教程[M]. 南京:南京大学出版社，2018.

[8] 孙尔康，张剑荣．仪器分析实验[M]. 南京:南京大学出版社，2019.

[9] 张晓丽．仪器分析实验[M]. 北京:化学工业出版社，2012.

[10] 张剑荣，余晓冬，屠一锋，等．仪器分析实验[M]. 北京:科学出版社，2013.

[11] 郑阿群，孙杨．大学化学实验[M]. 北京:科学出版社，2018.

附录1　本书相关数据及信息表

附表1　电磁波谱范围

光谱区域	波长范围/nm	跃迁类型	光谱类型
X射线光区	10～0.001	内层电子跃迁	X射线衍射
紫外光区	380～10	外层电子跃迁	紫外光谱
可见光区	780～380	外层电子跃迁	可见光谱
近红外光区	780～2.5	分子振动与转动能级跃迁	红外光谱
中红外光区	25～2.5	分子振动与转动能级跃迁	红外光谱
远红外光区	1000～2.5	分子转动能级跃迁	红外光谱
微波区	300～1	电子自旋能级跃迁	微波吸收谱
无线电波区	＞300	核自旋能级跃迁	核磁共振波谱

附表2　溶液颜色和吸收光颜色的关系

溶液颜色（视色）	吸收光		溶液颜色（视色）	吸收光	
	颜色（光谱色）	波长范围/nm		颜色（光谱色）	波长范围/nm
黄绿	紫	380～450	紫	黄绿	550～570
黄	蓝	450～480	蓝	黄	570～590
橙	绿蓝	480～490	绿蓝	橙	590～630
红	蓝绿	490～500	蓝绿	红	630～780
紫红	绿	500～550			

附表3　红外光谱中的常用符号

符号	名称	单位
λ	波长	μm
σ	波数	cm^{-1}
ν	频率	cm^{-1}或s^{-1}
ν_s	对称伸缩振动	cm^{-1}或s^{-1}
ν_{as}	反对称伸缩振动	cm^{-1}或s^{-1}
δ	面内弯曲振动	cm^{-1}或s^{-1}
ρ	面内摇摆振动	cm^{-1}或s^{-1}
γ	面外弯曲振动	cm^{-1}或s^{-1}
ω	面外摇摆振动	cm^{-1}或s^{-1}

附表4　红外光谱的八个重要区段

区段	波数/cm^{-1}	键的振动类型
N—H和O—H伸缩振动	3750～3000	O—H、N—H
不饱和C—H伸缩振动	3300～3010	C—H(—C≡C—H、—CH═CH_2、—Ar—H)
饱和C—H伸缩振动	3000～2700	C—H(—CH_3、—CH_2—、—CHO)
三键伸缩振动	2400～2100	C≡C、C≡N、—C≡C—C≡C—
羰基伸缩振动	1900～1650	C═O（醛、酮、酸、酰胺、酯、酸酐）
双键伸缩振动	1680～1500	C═C(脂肪族、芳香族)，C═N
饱和C—H面内弯曲振动	1475～1300	C—H
不饱和C—H面内弯曲振动	1000～650	C═C—H，Ar—H

附表5　常见化合物基团红外吸收特征的振动类型及波数

化合物	基团	振动类型	波数/cm^{-1}
烷烃	—CH_3	C—H伸缩	2962～2872
	—CH_2—	C—H伸缩	2926～2853
	—$(CH_3)_3$	C—H弯曲	1395～1385
	—$C(CH_3)_2$—	C—H弯曲	1385～1370
	—$(CH_2)_n$—	C—C伸缩	750～720
烯烃	—C═C—	C═C伸缩	1680～1620
	—C═C—	C═C伸缩	～1600
炔烃	R—C≡CH	C≡C伸缩	2140～2100
	R—C≡C—R	C≡C伸缩	2260～2190
	—C≡C—(共轭)	C≡C伸缩	2260～2235
	≡C—H	C—H	3320～3310
芳烃		C—H伸缩	3070～3030
		C—C伸缩	1600～1450
		C—H弯曲	900～695
	单取代	C—H面外弯曲	770～730
	邻位取代	C—H面外弯曲	770～730
	间位取代	C—H面外弯曲	900～860
		C—H面外弯曲	810～750
	对位取代	C—H面外弯曲	860～800
醇	伯醇	O—H伸缩	3643～3630
		C—O伸缩	1075～1000
	仲醇	O—H伸缩	3635～3630
		C—O伸缩	1120～1030
	叔醇	O—H伸缩	3620～3600
		C—O伸缩	1170～1110

续表

化合物	基团	振动类型	波数/cm^{-1}
酚	O—H	O—H 伸缩	3612～3593
	C—O	C—O 伸缩	1230～1140
醚	C—O—C（脂肪）	C—O—C 伸缩	1275～1200
	C—O—C(芳香)	C—O—C 伸缩	～1250
醛	O═C—H	C—H 伸缩	2820～2720
	C═O	C═O 伸缩	1745～1730
酮	C═O(脂肪)	C═O	1725～1705
	C—C(脂肪)	C—C	～1100
	C═O(芳香)	C═O 伸缩	1690～1680
	C—C(芳香)	C—C 伸缩	～1260
脂	C═O	C═O 伸缩	1750～1735
	C—O—C	C—O—C 伸缩	1260～1230
酸	O—H（芳酸）	O—H 伸缩	3560～3500
	O—H(二聚体)	O—H 伸缩	2700～2500
	C═O(芳酸)	C═O 伸缩	1700～1680
	C═O	C═O 伸缩	1725～1700
	C—O	C—O 伸缩	1440～1395
羧酸盐	COO^-	C═O 不对称伸缩	1610～1560
	COO^-	C═O 对称伸缩	1420～1300
酰卤	C═O	C═O 伸缩	1810～1775
	C—Cl	C—Cl 伸缩	730～500
酸酐	C═O	C═O 伸缩	1830～1800
	C—O—C	C—O—C 伸缩	1300～900
酰胺	伯酰胺 NH_2	N—H 伸缩	3520～3400
		C═O 伸缩	1690～1650
		C—N 伸缩	1420～1400
	仲酰胺 NH	N—H 伸缩	3500～3400
		C═O 伸缩	1680～1640
		C—N 伸缩	1300～1250
	叔酰胺	C═O 伸缩	1680～1630
		C—N 伸缩	1180～1060
胺	NH_2	N—H 伸缩	3500～3400
	R—NH—R’	N—H 伸缩	3350～3310
	R—NH—AR	N—H 伸缩	～3450
	R—CH_2—NH_2	C—N 伸缩	1120～1030
	R—CH_2—NH—CH_2—R	C—N 伸缩	1150～1080
	AR—NH_2	C—N 伸缩	1340～1250
	AR—NH—R	C—N 伸缩	1280～1180
	叔胺	C—N 伸缩	1230～1030

续表

化合物	基团	振动类型	波数/cm^{-1}
硝基化合物	C—NO_2(脂肪)	N═O 伸缩	1600～1530
	C—NO_2(芳香)	N═O 伸缩	1550～1490
	O—N═O	N═O 伸缩	1600～1500
卤代烃	C—F	C—F 伸缩	1400～1000
	C—Cl	C—Cl 伸缩	785～540
	C—Br	C—Br 伸缩	650～510
	C—I	C—I 伸缩	600～485
硫醇	S—H	S—H 伸缩	2600～2500
硫醚	C—S	C—S 伸缩	710～570
硫酮	—C═S	—C═S 伸缩	1200～1050
有机硅化合物	Si—H	Si—H 伸缩	2150～2100
	Si—O—C	Si—O—C 伸缩	1100～1000
	Si—O	Si—O 伸缩	970～920
	Si—C	Si—C 伸缩	860～720
	Si—O—Si	Si—O—Si伸缩	1100～1000
有机磷化合物	P—H	P—H 伸缩	2410～2280
	O—H(P—OH)	O—H 伸缩	2700～2100
	P—O	P—O 伸缩	1040～910
	P═O(AR—O—P═O)	P═O 伸缩	1350～1300
	P—O—P	P—O—P 伸缩	1000～870
	P—O—C	P—O—C 伸缩	830～740
	C—O(P—O—C)	C—O 伸缩	1260～1160
	P—O(P—O—C)	P—O 伸缩	1050～870
有机硼化合物	B—H	B—H 伸缩	2640～2350
	B—O	B—O 伸缩	1380～1310
	B—O—B	B—O—B 伸缩	1375～1260
	B—C	B—C 伸缩	1240～620
	B—F	B—F 伸缩	1500～1410
	B—N	B—N 伸缩	1465～1330
有机硒化合物	Se—H	Se—H 伸缩	2300～2280
	Se═O	Se═O 伸缩	855～825

附表 6　常见结构的 1H 和 13C 核的化学位移

类型	结构	$\delta_H/\times10^{-6}$	$\delta_C/\times10^{-6}$
烷烃	CH	1.4～1.8	29～8
	CH_2	1.2～1.5	21～45
	CH_3	0.6～1.2	5～30
环烷烃	三元环 CH_2－六元环 CH_2	－0.2～1.44	－2.9～27.3
烯烃	$=CH_2$	4.5～5.0	115
	$=CH_2$(共轭)	5.3～5.8	117
	$=CHR$	5.1～5.8	120～140
	$=CHR$(共轭)	8～6.6	130～140
	$C=C=CH_2$	4.4	75～90
	$C=C=C$	—	21～250
炔烃	$RC\equiv CH$	2.4～2.7	65～70
	$RC\equiv CR$	—	85～90
芳烃	Ar—H	6.8～8.5	110～160
醛	RCHO	9.4～9.7	200
	ArCHO	9.7～10.0	190
酮	R_2CO	—	205～215
	五元环 $C=O$	—	214
	六元环 $C=O$	—	209
	ArCOR	—	190～200
酸	RCOOH	9.7～10.0	165～185
酯	R_1COOR_2	—	155～180
酰氯	RCOCl	—	168～170

附录2 气相色谱柱的制备

色谱柱是色谱仪的心脏，样品的分离过程就是在色谱柱中完成的。通常，制备一根柱效较高的色谱柱时，需要先在载体上涂一层薄而均匀的固定液膜，再把涂好的固定相均匀地填充到柱管中，这是一项经验性很强的操作，也是重要的色谱操作技术。色谱柱的制备具体可分为以下五步。

1. 色谱柱的清洗

色谱柱大多是由不锈钢和玻璃制成的，使用时内壁一定要清洗干净。清洗时，先用10%的热碱或KOH-乙醇溶液洗去不锈钢管内的油污，接着用自来水冲洗至管面中性，再用蒸馏水冲洗数次，烘干备用。玻璃柱也可先用热洗液浸泡，然后冲洗烘干。已用过的色谱柱可根据原来装柱的固定液选择适当的溶液清洗。

2. 固定液的涂渍

固定液的涂渍方法因其配比的不同而不同，配比越小，涂渍操作要求越严格。对于配比大于5%的固定液，用常规法涂渍即可满足要求；对于低配比(3%)的固定液，由于液量少，几乎刚用单分子层覆盖住载体表面，如果涂不均，即使色谱柱老化也不能使其均匀，故需用抽空盘涂法或抽真空发来涂渍。

常规涂渍法：称好固定液后，倒入一定量的溶剂。将固定液全部均匀溶解在溶剂中后，倒入载体中，轻轻摇动(切勿用玻璃棒用力搅拌)，使固定液均匀地涂在载体上，然后将盛有载体的蒸发皿置于红外灯下，使溶剂挥发干净即可。

3. 色谱柱的填充

固定液填充得好坏，直接影响柱效率，对填充的要求，一是均匀，二是紧密，通常用泵抽提法进行填充。将柱管的尾部（即将来接检测器的一端，注意不要弄错）塞上玻璃棉，再盖上一层纱布，接到真空泵上；另一端（即将来接汽化室的一端）接一漏斗，在减压状态下加入固定相，并轻轻敲打柱管直到固定相不能进入为止；取下柱子，管头塞上玻璃棉。

4. 色谱柱的老化

如上制得的色谱柱，还需经过老化才能使用。老化过程不仅可彻底除去残留溶剂、挥发性杂质，还可促进固定液在载体表面上的分布，使其均匀牢固。

色谱柱老化的方法：将色谱柱在仪器上接好，通入载气，流速为5～10 mL/min，开机升温老化，柱温要比使用温度高，但要低于固定液的最高使用温度。老化完成的标准是记录仪基线平直，老化时间一般至少八小时，多则几十小时。

5. 注意事项

(1) 固定液一定要完全溶解于溶剂中，尤其对低配比固定液，因固定液含量少，仅能覆盖至载体表面，故在涂渍过程中，应保持适当的放置速度和一定的蒸发条件，以使载体与固定液接触均匀，使固定液均匀而牢固地分散在载体表面。

(2) 色谱柱老化过程中，其尾端应放空，以免污染检测器。特别注意上述老化色谱柱的接法，不适用于以氢气为载气柱的老化，否则氢气放空于色谱仪炉箱中易发生爆炸。

(3) 色谱柱是气相色谱分析的核心。色谱柱的涂渍效果和填充好坏将直接影响柱效能，故要求涂渍须均匀牢固，填充须均匀紧密，且不能使担体破碎。

附录 3　微量注射器的使用

微量注射器经常使用的规格有 100 μL、50 μL、10 μL、5 μL、1 μL 和 0.5 μL。可根据进样量的多少选用合适的微量注射器。微量注射器很精密，也很“娇贵”，使用时应多加小心，不用时要洗净放入盒内，不要随便乱放，以免滚落地上，更不要拿在手里来回空抽，这样容易破坏其气密性。另外要特别注意，使用微量注射器时，切记不要把针芯拉出针筒外，推针用力不要过猛，以免把针芯顶坏。微量注射器的使用方法如下所述。

1. 抽样

用微量注射器抽取液体时，通过反复地把液体抽入注射器内再迅速将其排回瓶中的操作来排除注射器内的空气。但必须注意，对于黏稠液体，推得过快会使注射器胀裂。

抽取样品时，可先抽出需用量的两倍体积，然后使注射器针尖垂直朝上，推注射器柱塞至所需读数，此时空气已排尽，将针头外面黏附的样品用滤纸擦净。

2. 注射

进样时针体保持水平或垂直，一手握住针头，插入进样口垫片，并帮助推送，另一手迅速平稳地推进针芯，将样品注入汽化室。注射器针头要完全插入进样口，然后尽可能快而稳地抽出针头。

3. 清洗

色谱进样为高沸点液体时，注射器用后必须用挥发性溶剂如丙酮等清洗。清洗办法是将洗液反复吸入注射器，待高沸点溶液被洗净后，将注射器针筒取出，使溶剂挥发干净即可。

4. 注射器使用注意事项

(1)微量注射器的洗涤：使用前要用丙酮等溶剂洗净，以免污染样品，使用后也要立即清洗，以免阻塞注射器。洗涤方法：将针尖插入溶剂，抽取溶剂，取出注射器，将废液排出，如此洗涤 5～6 次。

(2)抽取样品时，先用样品将注射器润洗几次，然后再吸取样品。取样时先取过量体积，取出后将针尖向上，准确调至所需刻度后，将针头外面黏附的样品用滤纸擦净。

(3)进样操作对实验结果的重复性和准确性都有影响，必须重视，但也不必过分紧张。